CHUQIN YIBING FANGZHI
YIBENTONG

畜禽疫病防治
一本通

李俊强　卢基忠　晋雪琴　阮武营　项黎丽◎主编

中国农业出版社
北　京

图书在版编目（CIP）数据

畜禽疫病防治一本通 / 李俊强等主编. -- 北京：
中国农业出版社，2025.7. -- ISBN 978-7-109-32499
-2

Ⅰ. S851.3

中国国家版本馆 CIP 数据核字第 2024HQ4817 号

畜禽疫病防治一本通
CHUQIN YIBING FANGZHI YIBENTONG

中国农业出版社出版

地址：北京市朝阳区麦子店街 18 号楼

邮编：100125

责任编辑：廖　宁

版式设计：书雅文化　责任校对：吴丽婷

印刷：中农印务有限公司

版次：2025 年 7 月第 1 版

印次：2025 年 7 月北京第 1 次印刷

发行：新华书店北京发行所

开本：787mm×1092mm　1/16

印张：24.75

字数：630 千字

定价：100.00 元

前 言

　　畜牧业健康发展是建设农业强国的重要一环，对增加农牧民收入、促进农牧区经济发展具有重要意义。畜禽疫病的发生与流行是制约我国养殖产业可持续发展的关键因素之一，同时还会对动物性食品的源头安全、人民健康及生态环境造成严重危害。

　　近年来，我国畜牧业综合生产能力不断增强，在保障国家食物安全、繁荣农村经济、促进牧民增收等方面发挥了重要作用。虽然我国畜牧业发展取得长足发展，专业化、产业化、组织化水平有所提高，产业体系框架基本形成，但目前依然存在一些问题，与高水平农业产业体系的要求还有一定的差距。

　　本书在全国范围内深入开展动物疫病诊疗和净化的前提下，从兽医微生物病原诊疗的基础知识入手，介绍了兽医微生物、兽医免疫学、兽医传染病学、兽医药理学、诊断和防控的相关知识，并就家畜和家禽常见重要疫病的病原学、流行病学、临床症状、病理变化、诊断方法和防控措施进行了重点解析。书中所涉及的有关兽药、生物制品、诊断试剂的选择和使用剂量仅作为参考，在实际使用时还需要严格按照国家有关部门的最新规定认真执行。

　　本书由河南农业大学李俊强老师牵头编写，编写过程中参阅了大量文献，并引入了新的诊断和治疗技术内容，在此对参考文献作者表示崇高敬意和衷心感谢。本书具有较强的实用性和针对性，可供畜牧养殖场兽医及相关人员使用。

由于水平有限，书中疏漏之处在所难免，恳请广大读者批评指正。

编　者

2025 年 3 月

CONTENTS

目　录

第一篇

诊 疗 基 础

第一章　兽医微生物学知识

微生物是一群形体微小、结构简单，必须借助于光学显微镜或电子显微镜才能看到的微小生物。

一、微生物的特点

微生物大都形体微小，结构简单，繁殖迅速，容易变异，种类多，数量大，分布广泛。

二、微生物的种类

根据微生物的结构特点，可将其分为三种类型。

1. 非细胞型

形体最小，结构最为简单，仅含有一种核酸 RNA 或 DNA，或仅为传染性蛋白粒子，仅在活的易感细胞中才能复制，且易变异，如病毒。

2. 原核细胞型

单细胞微生物，其细胞分化不完善，无核仁、核膜，细胞器不完整，如细菌、支原体、衣原体、螺旋体等。

3. 真核细胞型

其细胞分化完善，有核仁、核膜，细胞器完整，如真菌。

三、微生物与人和动物的关系

微生物广泛分布于自然界中，多数微生物对人类和动植物的生命活动是有益的，甚至是必需的，一小部分微生物能引起人和动植物的病害。能引起人和动植物发病的微生物称为病原微生物。

第一节　细　　菌

细菌是个体微小、形态与结构简单的单细胞原核微生物，具有细胞壁、细胞膜、细胞质和核质，但无核膜和核仁，缺乏细胞器，其繁殖是简单无性二分裂法，研究其形态与结构，对检测和控制动物病原微生物有重要的理论及实际意义。

一、细菌的形态结构

（一）细菌的大小与形态

1. 细菌的大小

细菌个体微小，要经染色后在光学显微镜下才能看清。测量细菌大小的单位通常是微米。不同细菌的大小和表示方法有一定差别。球菌以直径表示，通常为 0.5～2.0 微米。杆菌和螺形菌用长和宽表示：通常杆菌长 0.7～8.0 微米、宽 0.2～1.2 微米；通常螺形菌长 2～20 微米、宽 0.4～1.2 微米。

2. 细菌的外形和排列

细菌根据外形分为球菌、杆菌和螺形菌三类。

（1）球菌：多呈正球形，少数呈肾形或豆状，直径 0.8～1.2 微米，呈单球、双球、链状、葡萄状等多种排列形式。

（2）杆菌：种类繁多，长短粗细差异较大，直径 0.3～1.0 微米，长 0.6～10 微米。主要有以下几种形状：丝状（猪丹毒杆/丝菌）；卵圆形（球杆菌）；一端膨大，呈棒状（棒状杆菌）；形成侧支或分支（分枝杆菌）；菌体两端钝圆（巴氏杆菌）；平截（炭疽杆菌）；梭状（破伤风梭菌）。

（3）螺形菌：菌体弯曲或扭转，主要分为弧菌和螺菌两种。①弧菌，只有一个弯曲，呈弧形或逗点状，长 2～3 微米，如霍乱弧菌；②螺菌，菌体有两个以上弯曲，呈螺旋状，长 3～6 微米，如鼠咬热螺菌。

3. 细菌的群体形态

单个细菌在适合生长的固体培养基表面或内部，在适宜的条件下，经过一定时间培养（18～24 小时），生长繁殖出巨大数量的菌体，形成一个肉眼可见的、有一定形态的独立群体，称为菌落。若长出的菌落连成一片，则称为菌苔。

（二）细菌的基本结构

细菌的结构包括基本结构和特殊结构。细胞壁、细胞膜、细胞质和核质为细菌大都具有的基本结构，荚膜、鞭毛、菌毛和芽孢为某些细菌才具有的特殊结构。

1. 细胞壁

细胞壁是细菌最外层的坚韧且具有高度弹性的膜结构，厚 10～80 纳米。其组成较复杂，因不同细菌而异，主要组分为肽聚糖、脂多糖、磷脂、蛋白质和脂蛋白等，主要功能为保持一定的形态和保护细菌。

用革兰氏染色法可将细菌分为两大类，即革兰氏阳性菌和革兰氏阴性菌，其共有组分是肽聚糖。革兰氏阳性菌与革兰氏阴性菌因细胞壁结构不同，导致它们的染色性、抗原性、致病性和免疫性以及对抗生素的敏感性存在差异，从而在诊断方法及防治原则方面也不相同。例如，青霉素和头孢菌素能抑制革兰氏阳性菌肽聚糖的五肽交联桥，万古霉素和杆菌肽可抑制四肽侧链的联结，磷霉素和环丝氨酸能抑制聚糖骨架的合成，溶菌酶和葡萄球菌溶素可水解聚糖骨架的 β-1,4-糖苷键而发挥抗菌作用。革兰氏阳性菌与革兰氏阴性菌细胞壁结构比较见表 1-1。

表 1-1　革兰氏阳性菌和革兰氏阴性菌细胞壁结构比较

比较项目	革兰氏阳性菌	革兰氏阴性菌
厚度	15～80 纳米	10～15 纳米
强度	坚韧	疏松
肽聚糖组成	聚糖链支架、四肽侧链、五肽交联桥	聚糖链支架、四肽侧链
结构类型	三维立体结构	二维网状结构
磷壁酸	有	无
外膜	无	有
脂多糖	无	有

2. 细胞膜

细胞膜是紧贴于细胞壁下的柔软、致密的具有半透膜性质的生物膜，为包裹细胞质的结构，厚约 7.5 纳米，组成成分主要为蛋白质和脂类及少量多糖，与真核细胞膜相比，不含胆固醇。细胞膜的功能有渗透和运输、呼吸、生物合成、参与细菌分裂等。

3. 细胞质

细胞质位于菌体内部的原生质，内含核糖体、异染颗粒、间体、质粒、包涵体等多种重要结构，是细菌进行营养物质代谢以及合成蛋白质的场所。

4. 核体

核体是一个共价、闭合、环状的双链大型 DNA 分子，此外还有少量的 RNA 聚合酶和组蛋白样蛋白。核体在细胞质中心或边缘区，呈球状、哑铃状、带状、网状等形态。核体含细菌的遗传基因，其功能是控制细菌的遗传与变异，与真核细胞的染色体相似，所以通常也将核体称为细菌的染色体。

（三）细菌的特殊结构

细菌的特殊结构包括荚膜、鞭毛、菌毛及芽孢。

1. 荚膜

有些细菌在细胞壁的外面产生一种黏液样的物质包围整个菌体，用理化方法除去后并不影响菌体的生长和代谢。荚膜较厚，一般≥0.2 微米，大多数细菌的荚膜为多糖，少数为多肽。荚膜具有抗原性、抗吞噬、储存营养物质和排出废物的作用，为细菌的鉴别指征之一。由菌落可判断其有无荚膜，一般光滑型菌落或黏液型菌落有荚膜，粗糙型菌落无荚膜。

2. 鞭毛

弧菌、螺菌、占半数的杆菌及少数球菌从细胞膜长出游离于胞外的细长的蛋白性丝状体，称为鞭毛。根据鞭毛菌上鞭毛位置和数量，将细菌分为单毛菌、双毛菌、丛毛菌和周毛菌。鞭毛是运动器官，它使鞭毛菌趋向营养物质而逃避有害物质，其具有抗原性并与致病性有关。例如，沙门氏菌的 H 抗原具有使肠道菌穿透肠黏液层从而侵及肠黏膜上皮细胞的能力；霍乱弧菌只有一根鞭毛，菌体运动非常活泼，呈穿梭样或流星样。

3. 菌毛

许多革兰氏阴性菌及个别革兰氏阳性菌在其菌体表面存在着一种比鞭毛数量更多、更细、更短且直硬的毛发状细丝，称为菌毛。

菌毛分为普通菌毛和性菌毛两类。普通菌毛，数量多、短而直，是细菌的附属结构，与宿主细胞表面特异性受体结合，与致病性密切相关。性菌毛，仅数根，粗而长，它由F质粒表达，可将遗传信息如细菌毒力、耐热性等传递给受体菌。

4. 芽孢

需氧或厌氧芽孢杆菌属的细菌繁殖体在不利的外界环境下，会在菌体内形成厚而坚韧的圆形或卵圆形小体，称为芽孢。

芽孢是细菌的休眠体，内含生命物质，其抵抗力远远大于繁殖体，特别能耐高温、干燥、辐射、化学消毒剂和渗透压的作用，100 ℃下数小时不死。通常以杀死芽孢作为消毒灭菌彻底的标准，高压蒸汽灭菌是杀灭芽孢最可靠的方法。

芽孢可存活在自然界数年以上，一旦条件适宜，又能出芽恢复为繁殖体而致病。如炭疽、破伤风和气性坏疽等，均由芽孢菌引起。

芽孢的大小、形状、位置等随菌种而异，有重要的鉴别意义。普通的染色方法不能使芽孢着色，在光学显微镜下，呈现为无色的空洞状。应用特别强的染色剂可使芽孢着色，一经着色又不易脱色。

（四）细菌形态和结构的观察方法

1. 普通光学显微镜观察法

细菌经放大100倍的物镜和放大10倍的目镜联合放大1 000倍后，便能经肉眼看见。细菌无色半透明，经过染色后才能清楚观察到其形态和结构。细菌的染色方法很多，革兰氏染色法是最常用最重要的染色法，其染色效果与细胞壁结构有关。革兰氏阳性菌细胞壁所含脂类少，肽聚糖多，经95％酒精脱色时，其细胞壁孔隙缩小到不易让结晶紫与碘形成的复合物洗出细胞壁外，而被染为紫色；革兰氏阴性菌细胞壁脂类含量较多，而肽聚糖含量较少，以95％酒精脱色时，脂类被溶解，使得细胞壁孔隙变大，细胞壁孔隙缩小有限，故能让结晶紫与碘形成的复合物被酒精洗脱，而后来被红色的复染剂染成为红色。

2. 电子显微镜观察法

电子显微镜利用电子流代替可见光波，用电磁圈代替放大透镜，可放大数十万倍，能观察到1纳米的微粒，不仅能看清细菌的外形，内部超微结构可一览无遗。电子显微镜包括透射电镜和扫描电镜。

二、细菌的生理

（一）细菌的代谢特点

1. 细菌的化学组成

细菌主要由水分、矿物质和有机物组成。其中，有机物又主要包括蛋白质、核酸、糖类、脂类等。蛋白质在细胞壁、细胞膜、细胞质中都有存在；核酸主要包括 DNA 和 RNA；糖类主要以多糖的形式存在，并与脂类、蛋白质等形成复合物；脂类主要存在于细胞壁，一般菌体的含量不多，但有的细菌则含量较多，如在分枝杆菌中的含量可高达 24%。

2. 细菌的生长条件

细菌生长不仅需要充足的营养物质，还需要适宜的温度、合适的酸碱度及必要的气体环境。

（1）营养物质：细菌具有独立完成生命活动的能力，可以从周围环境中吸收代谢所需要的营养物质。其中，水分是维持生命的最基本物质；碳源用来供能；氮源是合成菌体的成分；无机盐类调节渗透压，也是酶、辅酶的必需基团；生长因子必须从外界得以补充，其中包括维生素、某些氨基酸、脂类、嘌呤、嘧啶等。

（2）温度：不同细菌对温度有不同适应范围。根据细菌对温度的适应范围，可将细菌分为三类：嗜冷菌，生长温度 -5～30℃，最适生长温度 10～20℃；嗜温菌，生长温度 10～45℃，最适生长温度 20～40℃；嗜热菌，生长温度 25～95℃，最适生长温度 50～60℃。病原菌基本上都是嗜温菌。

（3）酸碱度：大多数细菌在 pH 6～8 时可以生长，大部分病原菌的最适宜 pH 为 7.2～7.6。

（4）气体环境：根据细菌对氧的需求，可将其分为需氧菌、厌氧菌和兼性厌氧菌。需氧菌行需氧呼吸，必须在有一定浓度的游离氧的条件下才能生长繁殖；厌氧菌行厌氧呼吸，必须在无游离氧或氧浓度极低的条件下才能存活；兼性厌氧菌既可行需氧呼吸，又可行厌氧呼吸，通常在有氧环境比无氧环境生长更好。另外，有些细菌在生长上要求一定浓度的二氧化碳环境，例如布鲁氏菌在初次分离时要有 5%～10% 的二氧化碳环境。

3. 细菌的物质交换方式

细菌的物质交换方式有单纯扩散、促进扩散、主动输送和基团转位四种。

4. 细菌的营养类型

根据对碳源和能源的需求，可将细菌分为光能自养菌、化能自养菌、光能异养菌和化能异养菌。

（二）细菌的生长繁殖

1. 细菌个体的生长繁殖

细菌以简单的二分裂方式进行无性繁殖，并因分裂平面取向不同而形成各种细菌排列方式。细菌分裂倍增的必需时间称为代时。多数细菌的代时为 20～30 分钟，而分枝杆菌则每 18～20 小时分裂 1 次。

2. 细菌群体的生长繁殖

细菌群体生长繁殖规律可用生长曲线描述，即迟缓期、对数期、稳定期和衰亡期四个期，具体见图 1-1。对数期一般在培养后 8～18 小时。对数期细菌繁殖最快、代谢活跃，细菌形态、染色、生物活性都很典型，对外界环境因素的作用十分敏感。因此，研究细菌的生物学性状以此期细菌最好。稳定期细菌形态和生理性状常有改变。细菌的芽孢和抗生素、外毒素等代谢产物大多在稳定期产生。

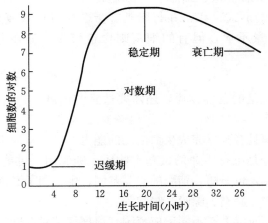

图1-1 细菌的生长曲线

(三)细菌的人工培养

1. 培养基及细菌的培养性状

细菌可用人工方法大量培养。培养基是由适于细菌生长繁殖需要的各种营养物质配制而成的基质。根据细菌的种类和培养目的不同,可采用不同的培养基。

(1)按培养基物理形态分类:分为固体、半固体和液体培养基三类。①液体培养基主要用于细菌的增菌。细菌在液体培养基中生长可表现为液体变混浊,表面形成菌膜,管底有沉淀物。②半固体培养基含有0.3%～0.5%低浓度的琼脂,可用于观察细菌的动力。有鞭毛的细菌可克服低浓度琼脂的阻挡,扩散至穿刺线以外,穿刺线变混浊;无鞭毛的细菌只能在穿刺线上生长,穿刺线清晰。③固体培养基含2%～3%的琼脂,平板固体培养基用于细菌的分离,试管固体培养基用于菌种的保存。菌落是单个细菌在固体培养基上生长繁殖后形成肉眼可见的细菌集团,是纯种细菌。细菌的菌落分为三种类型:光滑型菌落、粗糙型菌落和黏液型菌落。

(2)按培养基功能差异分类:分为鉴别培养基、选择培养基和厌氧培养基三类。鉴别培养基是在培养基中加入特定作用底物及指示剂,即可凭肉眼根据颜色识别。选择培养基是在培养基中加入某种化学物质,对不同细菌分别产生抑制或促进作用,从而可从混杂多种细菌的样本中分离出所需细菌。厌氧培养基是为培养厌氧菌而设计的,在培养基中加入还原剂或封住培养基表面,隔绝空气,从而形成无氧环境。

2. 细菌人工培养在兽医学中的应用

细菌的人工培养技术是微生物学研究和实践的十分重要的手段,多用于细菌性疾病的诊断和防治,并对细菌进行鉴定和研究,根据药敏试验的结果,选择合适的药物进行治疗。生物制品(如菌体疫苗、类毒素、抗血清等)的制备都需要培养细菌。

(四)细菌的生化反应

细菌的生化反应对鉴定细菌有重要作用,常用的生物反应有氧化酶试验、触酶试验、糖发酵试验、甲基红试验等。

1. 氧化酶试验

用于检测细菌是否有该酶存在，氧化酶在有分子氧或细胞色素 C 存在时，可氧化二苯二胺呈现紫色反应。假单胞菌、气单胞菌等呈阳性，肠杆菌科等呈阴性。

2. 触酶试验

触酶即过氧化氢酶，向触酶阳性菌的培养液中滴加过氧化氢能立即出现气泡，因过氧化氢被触酶催化分解为水和氧。乳杆菌和许多厌氧菌为触酶阴性。

3. 糖发酵试验

大肠杆菌能发酵乳糖和葡萄糖，而沙门氏菌、伤寒杆菌只能发酵葡萄糖。

4. 甲基红试验（MR）

产气肠杆菌发酵葡萄糖时生成乙酰甲基甲醇，而大肠杆菌发酵葡萄糖时不生成乙酰甲基甲醇。

5. VP 试验

原理与甲基红试验相似。

6. 枸橼酸盐利用试验

产气杆菌分解枸橼酸盐，使培养基变为碱性。

7. 吲哚试验

有些细菌（如大肠杆菌）能分解色氨酸生成吲哚，所以吲哚试验呈阳性。

8. 硫化氢试验

有些细菌（如变形杆菌）能分解胱氨酸、甲硫氨酸等含硫氨基酸，生成硫化氢。

9. 脲酶试验

变形杆菌能产生脲酶，分解尿素产氨，而沙门氏菌不能。

三、细菌的感染

（一）正常菌群与条件致病菌

1. 正常菌群

正常菌群是指在正常动物的体表或体内腔道经常有一层微生物或微生物层存在，它们对宿主不但无害，而且是有益的或必需的。呼吸道菌群以鼻腔细菌最多。消化道菌群以口腔细菌较多，如葡萄球菌、链球菌、乳杆菌、棒状杆菌等；食道和胃内细菌极少。正常菌群对其宿主具有营养、免疫和生物拮抗作用。

正常菌群与宿主间的生态平衡在某些情况下可被打破，造成菌群失调而导致疾病的发生。这样，正常时不致病的正常菌群就成为条件致病菌。宿主在患病、外科手术、环境改变和滥用抗菌药物时，机体某个部位的正常菌群中微生物种类、数量和栖居处将会发生改变，称为菌群失调。益生菌能抑制有害微生物的生长，维持宿主胃肠道微生物区系的平衡。

2. 条件致病菌

条件致病菌的致病条件主要有菌群失调、寄生异位、机体免疫力低下等。如某些大肠杆菌是肠道内的常见菌，当它们进入泌尿道，就会引起泌尿道感染，这就是寄生异位。

（二）细菌的致病性

细菌在宿主体内寄生、繁殖并引起疾病的性能被称为细菌的致病性。能使宿主致病的细菌称为致病菌。细菌致病力的强弱程度称为细菌的毒力，常用半数致死量（LD_{50}）或半数感染量（ID_{50}）表示。

病原菌侵入机体能否致病取决于三个因素，即细菌的毒力、细菌侵入的数量及侵入的部位。同一细菌的不同菌株，其毒力不一样，有强毒、弱毒及无毒株之分，毒力是菌株的特征。细菌的毒力是由侵袭力和毒素决定的。侵袭力指细菌突破宿主的防御屏障，在体内定居、繁殖及扩散的能力。细菌毒素按其来源、性质和作用的不同，可分为外毒素和内毒素两大类，其主要区别见表1-2。

表1-2　细菌外毒素和内毒素的主要区别

区别要点	外毒素	内毒素
来源	某些革兰氏阳性菌或阴性菌	革兰氏阴性菌
释放方式	生活状态下释放	死亡裂解释放
化学成分	蛋白质	脂多糖
耐热性	通常不耐热	极耐热
毒性作用	具有选择性特异毒性	引起发热等全身反应
毒性程度	强（往往致死）	弱（很少致死）
免疫原性	强（刺激机体产生中和抗体）	较弱（免疫应答不足以中和毒性）
能否产生类毒素	能（用甲醛处理）	不能

（三）细菌致病性的确定

细菌的致病性可经过经典科赫法则加以确定，基因水平的科赫法则是对经典科赫法则的补充和完善。

1. 经典科赫法则

（1）传染病是由一定的病原微生物引起的。

（2）该病原微生物能被分离培养获得纯种。

（3）将该纯培养物接种至易感动物，能产生同样病症。

（4）能从人工发病动物体内重新分离纯化到接种的微生物。

2. 基因水平的科赫法则

（1）应在致病菌株中检出某些基因或其产物，而在无毒力菌株中无。

（2）如有毒力菌株的某个基因被破坏，则菌株的毒力应减弱或消除。若将此基因克隆到无毒菌株内，后者则成为有毒力菌株。

（3）将细菌接种动物时，这个基因应在感染的过程中表达。

四、主要病原细菌

（一）葡萄球菌

1. 形态及染色

（1）革兰氏阳性，呈球形或椭圆形。

（2）直径 0.5～1.5 微米。

（3）典型的排列呈葡萄串状。

（4）在脓汁或液体培养基中常呈双球或短链状。

（5）幼龄培养物可见荚膜。

（6）无鞭毛、无芽孢。

（7）衰老、死亡或被中性粒细胞吞噬后转为革兰氏阴性。

（8）在青霉素等诱导下可形成细胞壁缺陷型细菌。

2. 培养特性

（1）需氧或兼性厌氧。

（2）致病性菌株最适温度 37 ℃，最适 pH 7.4。

（3）肉汤培养呈均匀混浊，管底稍有沉淀。

（4）普通琼脂培养形成圆形、隆起、表面光滑、湿润、边缘整齐、不透明的菌落，直径 1～2 毫米，菌落初呈白色，随后因种不同发展成为金黄色、白色或柠檬色。

（5）血琼脂培养形成明显溶血现象。

3. 分类

致病性葡萄球菌主要有金黄色葡萄球菌、表皮葡萄球菌、猪葡萄球菌。

4. 金黄色葡萄球菌

（1）形态及染色特征：革兰氏染色阳性；菌体呈圆形或椭圆形，直径为 0.7～1 微米，一些菌株可形成荚膜或微荚膜；在脓汁或液体培养基中，常呈双球或短链状；衰退型培养物或对青霉素具有抗药性的菌株亦可为革兰氏阴性。

（2）培养及生化特性：环境中二氧化碳含量达 20%～30% 时有利于毒素产生；于 37 ℃ 培养后，再置室温 1～2 天，色素产生明显；多数能分解乳糖、葡萄糖、麦芽糖、蔗糖，过氧化氢酶阳性，致病菌株多能分解甘露醇，不产生吲哚。金黄色葡萄球菌与表皮葡萄球菌、猪葡萄球菌在有甘露醇的琼脂上生长时，金黄色葡萄球菌菌落变黄，表皮葡萄球菌和猪葡萄球菌菌落呈红色。

（3）抵抗力：是无芽孢细菌中抵抗力最强者，耐干燥可达数月。80 ℃ 30 分钟才死亡；70% 乙醇几分钟可杀死；3%～5% 苯酚溶液 3～15 分钟即可致死。对磺胺类、青霉素、金霉素、新霉素等敏感，由于抗生素的广泛使用，耐药菌株增多。

（4）所致疾病：主要引起化脓性炎症，易感动物为家兔。

（5）微生物学诊断：

① 凝固酶试验：阳性。

② 菌落颜色：金黄色。

③ 溶血试验：溶血。

④ 生化反应：分解甘露醇。

⑤ 动物试验：将 24 小时培养物 1.0 毫升给家兔皮下接种，可引起局部皮肤溃疡坏死；静脉注射 0.1～0.5 毫升，于 1～2 天内死亡。剖检可见浆膜出血，肾、心肌等脏器出现脓肿。

（二）链球菌

1. 形态及染色

（1）球形或椭圆形，直径 0.5～1.0 微米。

（2）呈链状排列，一般致病性链球菌的链较长，在液体培养基中链较长，有时呈双或单个排列。

（3）革兰氏阳性菌，无芽孢，无鞭毛，有菌毛，有些能形成荚膜。

2. 培养与生化特性

（1）大多数为兼性厌氧菌，少数为厌氧菌。

（2）在普通琼脂上生长不良，在血液或血清培养基中生长良好。

（3）血清琼脂平板上呈灰白色、表面光滑、边缘整齐、透明或半透明的小菌落。

（4）在血清或葡萄糖肉汤中呈沉淀生长，上清液透明，不形成菌膜。

（5）溶血：不同种类链球菌可产生不同的溶血现象。

（6）生化特征：能分解葡萄糖，过氧化氢酶和氧化酶试验均为阴性。

3. 主要致病菌

（1）化脓性链球菌：致人猩红热、化脓性炎症、扁桃体炎、脑膜炎，牛乳房炎等。

（2）肺炎链球菌：致幼龄动物的败血症、肺炎。

（3）马链球菌兽疫亚种（兽疫链球菌）：致牛乳房炎、子宫炎、败血症、关节炎，禽类链球菌病。

（4）猪链球菌（猪链球菌Ⅱ型）：致猪脑膜炎、关节炎、肺炎、心内膜炎，人脑膜炎、败血症、心内膜炎，并可致死。

（5）无乳链球菌：致牛、羊急性或慢性乳房炎。

（三）大肠杆菌

1. 形态和染色

（1）革兰氏阴性短小杆菌，一般宽 0.4～0.7 微米、长 2～3 微米，两端钝圆。

（2）无芽孢，多数有鞭毛，少数有荚膜，大多有菌毛。

2. 培养特性

（1）兼性厌氧。

（2）普通琼脂培养菌落呈湿润、光滑、圆形、边缘整齐、隆起、半透明、灰白色，直径 2～3 毫米。

（3）麦康凯琼脂培养基上呈红色。

（4）SS 琼脂培养基上一般不生长。

（5）在血琼脂培养基上有些菌株呈 β 溶血。

（6）肉汤培养均匀混浊，形成菌环。

3. 生化反应

（1）分解糖类，大多数呈阳性。

（2）不产生 H_2S，不分解尿素。

（3）吲哚试验和 MR 试验均为阳性。

（4）VP 试验为阴性。

4. 抵抗力

不强，60 ℃ 30 分钟即死亡，胆盐、亮绿等染料能抑制其生长。

5. 所致疾病

致仔猪黄（白）痢、仔猪水肿病，家禽败血症、腹膜炎、气囊炎等。

6. 微生物学诊断

取病变的内脏组织、肠壁黏膜或病变处的肠系膜淋巴结接种血琼脂平板或麦康凯琼脂平板，挑取 β 溶血的典型菌落（血琼脂平板）或红色菌落（麦康凯琼脂平板）做纯培养，经生化试验确定菌属。还可进行血清型鉴定，鉴定 O 抗原、K 抗原、H 抗原。

（四）沙门氏菌

沙门氏菌是寄生于人和动物肠道内的一种革兰氏阴性、兼性厌氧的无芽孢球杆菌，大多数对人和动物有致病性，也是人类食物中毒的主要病原之一，故在医学、兽医学和公共卫生上均十分重要。

1. 形态及染色

（1）与大肠杆菌相似，菌体稍小。

（2）绝大多数有周身鞭毛（鸡白痢沙门氏菌、鸡伤寒沙门氏菌例外）。

（3）一般无荚膜。

2. 培养及生化特性

（1）SS 琼脂（18～24 小时）：黑色菌落。

（2）在普通琼脂上生长较差，形成较小的菌落，在血清琼脂上生长良好。

（3）一般不发酵乳糖和蔗糖。

（4）MR 试验阳性，吲哚试验阴性，VP 试验阴性。

3. 致病性

主要侵害幼龄动物，发生急性败血症、胃肠炎，为人畜共患病。

4. 主要致病菌

雏沙门氏菌导致鸡白痢；鸡沙门氏菌导致鸡伤寒；猪霍乱沙门氏菌（猪伤寒沙门氏菌）导致仔猪副伤寒。

5. 微生物学诊断

与大肠杆菌相似。

（五）多杀性巴氏杆菌

1. 形态及染色

（1）革兰氏阴性球杆状，两端钝圆，单在或成对排列。

（2）病料用瑞氏染色或亚甲蓝染色时，呈明显两极浓染。

（3）新分离强毒株有荚膜。

2. 培养特性

（1）需氧或兼性厌氧。

（2）血清琼脂培养呈淡灰白色、表面光滑、边缘整齐的闪光的露状小菌落。

（3）血琼脂培养呈露滴状小菌落，不溶血。

3. 抵抗力

抵抗力不强，60 ℃下 10 分钟即可杀死。易自溶，在无菌蒸馏水和生理盐水中迅速死亡。

4. 所致疾病

致禽霍乱，猪肺疫，猪萎缩性鼻炎，牛、羊肺炎或出血性败血症。

5. 微生物学诊断

（1）镜检：采新鲜病料制涂片，瑞氏染色或亚甲蓝染色。

（2）分离培养及生化鉴定。

（3）动物试验：小鼠皮下注射，24～48 小时死亡后，再进行剖检、镜检，进一步作分离培养。

（4）血清型鉴定。

（六）鸭疫里氏杆菌

1. 形态及染色

革兰氏阴性短小杆菌，瑞氏染色可见菌体呈典型的两极浓染。

2. 培养及生化特性

兼性厌氧，需要 $5\% \sim 10\%$ CO_2 进行培养，传 2～3 代后非厌氧条件下也能生长，但生长缓慢。在胰蛋白胨大豆琼脂和巧克力琼脂上生长，在普通琼脂和麦康凯琼脂上不生长，在血琼上不溶血，不发酵糖类。

3. 致病性

主要感染 2～3 周龄的雏鸭，引起败血症和浆膜炎。

4. 微生物学诊断

取脑组织、气囊渗出物、心血及肝，置巧克力琼脂上烛缸培养 48～72 小时，形成直径 2～3 毫米、圆形隆起、奶油状的菌落。与多杀性巴氏杆菌的鉴别要点为：不发酵葡萄糖、蔗糖；接种小鼠不易感。

（七）胸膜肺炎放线杆菌

兼性厌氧，需要 $5\% \sim 10\%$ CO_2 和 V 因子（辅酶 I 或辅酶 II）进行培养，巧克力琼脂上生长良好。在血琼脂平板上，如同时有葡萄球菌生长时，由于葡萄球菌能合成 V 因子，故在其菌落周围生长的胸膜肺炎放线杆菌或嗜血杆菌菌落较多，离葡萄球菌越远则越少，此现象称为卫星现象。

（八）嗜血杆菌

1. 形态及染色

革兰氏阴性杆菌，球杆状或杆状，有时表现多形性，无鞭毛，部分菌有荚膜。

2. 培养特性

需氧或兼性厌氧，需要血中的 X 因子（血红素及其衍生物）或 V 因子，巧克力琼脂上生长良好。

3. 主要致病菌

（1）副禽（鸡）嗜血杆菌：引起鸡传染性鼻炎。

（2）流感嗜血杆菌：引起人呼吸道感染及幼儿脑膜炎等。

（3）副猪嗜血杆菌：引起猪多浆病，包括心肌炎、腹膜炎、脑膜炎、关节炎等。

（九）布鲁氏菌

1. 形态与染色

大多呈球杆状、无鞭毛、不形成芽孢，革兰氏染色阴性。

2. 培养特性

专性需氧，初次分离培养需要 $5\%\sim10\%$ CO_2；最适 pH 6.6～7.4；营养要求高，在普通培养基上不生长，在血琼脂上不溶血。

3. 致病性

主要致病物质为内毒素，侵袭力强，可通过完整的皮肤黏膜进入宿主体内，并有很强的繁殖与扩散能力。引起母畜流产（常仅发生一次）；公畜发生睾丸炎、附睾炎。

4. 免疫性

机体感染布鲁氏菌后可产生免疫力，且各菌种和生物型之间有交叉免疫。以细胞免疫为主，T 细胞产生和释放的细胞因子能增强巨噬细胞的杀菌能力。

5. 主要致病菌

对人致病的有流产布鲁氏菌、马耳他布鲁氏菌、猪布鲁氏菌和犬布鲁氏菌。对动物致病的有在我国流行占绝对优势的羊布鲁氏菌。

（十）铜绿假单胞菌（绿脓杆菌）

1. 形态及染色

革兰氏阴性小杆菌，长 1.5～3.0 微米，宽 0.5～0.7 微米，呈单个、成对或短链状，能运动，一端有单鞭毛。

2. 培养特性

需氧，固体培养基上生长良好，菌落呈蓝绿色，并有芳香气味，菌落常互相融合，通常形成两种菌落，一种是呈荷包蛋样光滑型大菌落（从病料中分离），另一种是呈蜡样小菌落（从自然界中分离）；麦康凯琼脂培养基上生长良好，菌落不变红色；血琼脂平板上产生透明溶血环。

3. 致病性

铜绿假单胞菌为机会致病菌，感染多见于皮肤黏膜的受损部位，如烧伤、创伤等，也见于机体免疫力下降者。可引起创口局部化脓性感染、泌尿系统感染、牛乳房炎，也可引起生殖道的感染，甚至进入血流导致败血症。

（十一）支气管败血波氏菌

1. 形态及染色

球杆菌，呈两极染色，革兰氏染色阴性，有周鞭毛。

2. 培养特性

专性需氧，培养基中加入血液可助其生长；在葡萄糖中性红琼脂平板上的菌落为中等大小，呈透明烟灰色；肉汤培养液有腐霉味；在麦康凯琼脂培养基上生长；在鲜血琼脂平板上产生 β 溶血环；在绵羊血改良 BG 培养基上培养 40～48 小时，呈珍珠状或半圆形乳白色菌落，直径为 0.5～0.8 毫米，光滑不透明，有些周围有明显的 β 溶血环。

3. 致病性

能引起多种动物的呼吸道感染症，主要有猪传染性萎缩性鼻炎和肺炎，兔传染性鼻炎，仔犬传染性支气管炎，犬与猫的气管炎、支气管肺炎等。

（十二）李斯特菌

1. 形态及染色

革兰氏阳性球杆菌，两端钝圆，有时呈弧形；多单在，有时排成 V 形或栅状；无抗酸性；无芽孢，不产生荚膜；在 20～25 ℃下可形成四根鞭毛，能活泼运动。37 ℃时不长鞭毛或只长单鞭毛，运动性降低。

2. 培养特性

在普通琼脂上形成光滑的圆形淡蓝色透明小菌落，20～37 ℃下生长良好，4 ℃下生长缓慢；在鲜血琼脂上平板呈现微弱的 β 溶血环；在肉汤中培养不形成菌膜及菌环；在麦康凯琼脂培养基上不生长。

3. 致病性

细胞内寄生，猪、马、牛、羊、兔、鸡及人等均可感染，患畜以血液中单核白细胞增多为特征。在绵羊、牛、马和猪中主要可侵害中枢神经，引起脑膜炎。猪、牛、羊感染后可引起流产。

4. 微生物学诊断

（1）将可疑动物脑组织取出，磨碎制成肉汤乳剂，涂片镜检。菌体小，革兰氏染色阳性；有运动性；微弱 β 溶血。

（2）从可疑病料分离阴性时，可在 4 ℃放置 1 周再分离，可提高分离率。革兰氏染色阳性，不运动，有形成丝状趋势，不形成荚膜和芽孢，发酵糖类时产酸不产气，过氧化氢酶阴性。

（十三）丹毒杆（丝）菌

1. 形态及染色

革兰氏染色阳性平直或微弯杆菌，病料内的细菌单在、成对或成丛排列，菌体纤细，在白细胞内一般成丛存在；在陈旧的肉汤培养物和慢性病猪心内膜疣状物中多呈长丝状。

2. 培养特征

微嗜氧或兼性厌氧菌；在血液或血清琼脂培养基上，因菌株来源不同，可有光滑型（S）、粗糙型（R）和中间型（I）三个型；在血琼脂上形成露珠状针尖大小、透明、灰白色菌落，α 溶血；在普通琼脂上生长很差；在麦康凯琼脂培养基上不生长。

3. 致病性

猪中分离率最高，引起猪丹毒。可能存在健康猪带菌现象，存在于扁桃体腺及网状内皮系统内，在一定条件下诱发内源性感染。丹毒杆菌为细胞内寄生菌，在中性粒细胞中存活率很高，能在吞噬细胞中繁殖。

（1）猪：

① 急性型：出现败血症变化，急性丹毒后易形成关节炎。

② 荨麻疹型（打火印型）：在皮肤上出现微红、紫红，主要在两侧腹壁及背部皮肤，坏死脱落后形成痂皮或流血区。

③ 慢性猪丹毒：发生赘生性心内膜炎，心瓣糜烂，纤维蛋白沉积、覆盖形成菜花状。

（2）其他动物：

① 3～4 周龄的羔羊：慢性多发性关节炎。

② 鸡与火鸡：致衰弱和下痢。

③ 鸭：致败血症，并侵害输卵管。

④ 小鼠和鸽子：最易感，皮下注射 2～5 天后呈败血症，而后死亡。

⑤ 人：可经外伤感染，发生皮肤病变，称为类丹毒。

（十四）炭疽芽孢杆菌

1. 形态及染色

革兰氏阳性大型杆菌，无鞭毛，芽孢呈椭圆形，位于菌体中央，其横径不大于菌体。菌体直，两端平截，排列似竹节状，在人工培养基上常形成长链。在组织内可形成荚膜，荚膜抗腐败能力较强。动物体内的炭疽杆菌只有暴露接触空气中氧气之后才能形成芽孢。在含血液培养基中，CO_2 浓度达 10％～20％时，能形成荚膜。形成荚膜是炭疽杆菌毒株的特征，在其他需氧芽孢杆菌中罕见。

2. 培养特性

需氧菌，但在厌氧条件下也能生长。具有鉴定意义的五种生长表现如下。

（1）在普通琼脂上生长良好。强毒菌株，菌落大而扁平，灰白色，不透明，表面较干而粗糙，边缘呈卷发状。弱毒菌株，菌落稍小而隆起，表面光滑、湿润、边缘比较整齐。

（2）在血琼脂上生长多不溶血。

（3）肉汤中透明，有白色絮状沉淀。轻轻摇动则沉淀物慢慢上升，卷绕成团而不消散，无菌膜或菌环形成。

（4）明胶穿刺培养后培养物似倒立的雪松状，培养 2～3 天，明胶上部呈漏斗状。

（5）串珠反应：在含低浓度青霉素（0.5 国际单位/毫升）的培养基中，形成原生质体，相互连接成串；而高浓度青霉素抑制其生长。

3. 抵抗力

繁殖体抵抗力不强，60 ℃下 30～60 秒，或 75 ℃下 5～15 秒可死亡。在未解剖的尸体中，细菌可随着腐败而迅速死亡。芽孢的抵抗力特别强。经煮沸 15～25 秒，或 121 ℃灭菌 5～10 秒，或 160 ℃干热 1 小时才被杀死。有效消毒剂有 0.04％碘液、0.1％升汞、4％高锰酸钾等。

4. 致病性

（1）牛、绵羊、鹿等最易感，禽类一般不发生感染。主要通过消化道传染，也可通过呼吸道、皮肤创伤或吸血昆虫传播。

（2）草食动物发生急性败血症；猪发生慢性咽部感染；狗、猫和肉食兽发生肠炭疽；人发生肠炭疽、肺炭疽、皮肤炭疽。

5. 微生物学诊断

炭疽病畜尸体严禁剖检，可自耳根部采血，通过细菌学检查和血清学检查两种方法进行诊断。细菌学检查可进行病料涂片染色镜检和细菌分离培养。主要的血清学检查有 Ascoli 氏沉淀反应、串珠荧光抗体检查和琼脂扩散试验。其中，Ascoli 氏沉淀反应（热沉淀反应）的方法为加热抽提菌体多糖抗原，进行沉淀反应，该试验简单，应用广泛，但敏感性、特异性不强。

（十五）产气荚膜梭菌

1. 形态及染色

两端稍方的粗大正直杆菌，单在或成双排列，无鞭毛，可形成荚膜。芽孢呈卵圆形，菌体中央或近端，横径不大于菌体。

2. 生化特性

在牛乳培养基中呈"暴烈发酵"：牛乳酸凝（发酵乳糖），同时产生大量气体使凝块变成海绵状，严重时被冲成几段，甚至喷出管外。

3. 型别及病原性

产生 12 种毒素。主要根据致死性毒素中和试验将此菌分为 A、B、C、D、E 五型。B 型主要引起羔羊痢疾；C 型主要引起绵羊猝狙；B、C、D 型均可引起毒血症。

（十六）分枝杆菌

1. 形态及染色

革兰氏染色阳性，细长、直或微弯的杆菌；具有抗酸性，一般苯胺染料不易着色；不产生芽孢、荚膜，无运动性。

2. 培养特性

（1）专性需氧。

（2）营养要求较高，必须在含血清、卵黄、马铃薯、甘油以及含某些无机盐类的特殊培养基（如罗氏培养基）上才能生长良好。

（3）生长缓慢，每 14～18 小时分裂 1 次，在固体培养基上 2～5 周才出现肉眼可见的菌落。

（4）典型菌落为粗糙型，表面干燥呈颗粒状，不透明，乳白色或淡黄色，如菜花样。

3. 抵抗力

对理化因素抵抗力较强。耐干燥，在自然环境中可存活 6～8 个月；对湿热抵抗力弱，对低温抵抗力强，对紫外线敏感；耐酸，耐碱；对结晶紫、孔雀绿等染料有抵抗力，常用酸、碱处理病料中的杂菌，在培养基中常加入上述染料以达到控制杂菌的目的。

4. 致病性

主要表现为淋巴结、肝、脾、肺等部位有慢性结核结节。

（1）人型分枝杆菌：主要侵害人，对家畜的毒力较低。

（2）牛型分枝杆菌：主要使牛致病，人常因喝牛奶被传染。人结核病的 10％以上由牛型分枝杆菌引起。

（3）禽型分枝杆菌：主要致禽类结核病。

第二节　病　　毒

病毒是没有细胞结构，但有遗传、自我复制等生命特征的微生物，是目前已知的最小的生命体。病毒颗粒具有一定的形态、结构和传染性，必须借助电子显微镜才能观察到。病毒粒体中仅含有一种核酸（DNA 或 RNA）及蛋白质。它们具有专性寄生性，必须在活细胞中才能增殖。因此根据宿主的不同，有动物病毒、植物病毒、细菌病毒（噬菌体）和拟病毒等多种类型。有的病毒甚至没有蛋白质，只含有具有单独侵染性的较小型的核糖核酸（RNA）分子（类病毒），或只含有不具备侵染性的 RNA（拟病毒），或没有核酸而有感染性的蛋白质颗粒（朊病毒）。

一、病毒的形态结构

（一）病毒的基本特征

（1）只含有一种核酸：DNA 或 RNA。

（2）没有核糖体和转移 RNA，也没有合成蛋白质所必需的酶，严格细胞内寄生。

（3）病毒不会长大，不经分裂繁殖，而是在宿主细胞内合成大量组件，通过装配而增殖。

（4）对抗生素不敏感；绝大多数病毒在不同程度上对干扰素敏感。

（5）有些病毒的核酸能整合到宿主细胞的 DNA 中，从而诱发潜伏性感染或肿瘤性疾病。

（二）病毒的大小

病毒个体微小，一般为纳米级。各种病毒体的大小差别很大，大型病毒（如痘病毒）200～300 纳米；中型病毒（如流感病毒）约 100 纳米；小型病毒（如脊髓灰质炎病毒）仅 20～30 纳米。研究病毒大小可用高分辨率电子显微镜，放大几万到几十万倍直接测量；也可用分级过滤法，根据它可通过的超滤膜孔径估计其大小；或用超速离心法，根据病毒大小、形状与沉降速度之间的关系，推算其大小。

（三）病毒的形态与衣壳对称性

病毒体形态多数呈球状或近似球状，少数为杆状、丝状或子弹状，痘病毒呈砖块状，噬菌体则大多呈蝌蚪状。

病毒的形状同其壳体的基本结构有着紧密的联系。病毒的壳体有三种结构类型；与之相对应，病毒颗粒的形状大致可分为三种类型：螺旋对称型、二十面体立体对称型和复合对称型。

（四）病毒的结构与功能

1. 芯髓

位于病毒体的中央，其化学成分为 DNA 或 RNA。因此，将病毒分为 DNA 病毒或

RNA 病毒两大类。DNA 病毒核酸多为双股（除细小病毒、圆环病毒外），RNA 病毒核酸多为单股（除呼肠孤病毒、双 RNA 病毒外）。病毒核酸也称基因组，最大的痘病毒含有数百个基因，最小的微小病毒仅有 3～4 个基因。根据核酸结构及极性可分为环状、线状、分节段，以及正链、负链等不同类型。核酸为病毒的增殖、遗传和变异等功能提供遗传信息，决定了病毒的感染性。

2. 衣壳

在核酸的外面紧密包绕着一层蛋白质外衣，即病毒的衣壳。衣壳是由许多壳粒按一定几何构型集结而成，在电镜下可见，是病毒衣壳的形态学亚单位，它由 1 至数条结构多肽组成。

蛋白质衣壳的功能：除赋予病毒固有的形状外，还可保护内部核酸免遭外环境（如血流）中核酸酶的破坏；具有病毒特异的抗原性，可刺激机体产生抗原病毒免疫应答；具有辅助感染作用，与细胞表面相应受体有特殊的亲和力。

病毒的芯髓与衣壳组成核衣壳，最简单的病毒就是裸露的核衣壳。

3. 囊膜

某些病毒，如虫媒病毒、疱疹病毒等，在核衣壳外包绕着一层含脂蛋白的外膜，称为囊膜。囊膜中含有双层脂质、多糖和蛋白质。包膜是病毒在成熟的过程中以出芽方式向宿主细胞外释放时获得的，故含有宿主细胞膜或核膜的化学成分。有些包膜表面有蛋白质性质的钉状突起，称为刺突。有囊膜病毒对脂溶剂和其他有机溶剂敏感，失去囊膜后便丧失了感染性。

二、病毒的生理

（一）病毒的化学组成

病毒的基本化学组成是核酸和蛋白质。有囊膜的病毒和某些无囊膜的病毒除核酸和蛋白质外，还含有脂类和糖类。有的病毒还含有聚胺类化合物、无机阳离子等组分。

1. 核酸

核酸是病毒的遗传物质，是病毒遗传和感染的物质基础。一种病毒的病毒颗粒只含有一种核酸，DNA 或者 RNA。除逆转录病毒基因组为二倍体外，其他病毒的基因组都为单倍体。

2. 蛋白质

蛋白质是病毒的另一类主要成分，组成蛋白质的氨基酸及顺序决定着病毒株系的差异。根据是否存在于病毒颗粒中，病毒的蛋白质分为结构蛋白和非结构蛋白。

（1）非结构蛋白：指由病毒基因组编码的，在病毒复制或基因表达调控过程中具有一定功能，但不结合于病毒颗粒中的蛋白质。

（2）结构蛋白：指构成一个形态成熟的有感染性的病毒颗粒所必需的蛋白质。包括壳体蛋白、囊膜蛋白和毒粒酶等。

3. 脂质和糖

病毒体的脂质主要存在于囊膜中。有些病毒含少量糖类，也是构成囊膜的表面成分之一。因囊膜存在脂质，故脂溶剂可除去囊膜，使病毒失去感染性。

（二）理化因素对病毒的影响

1. 物理因素

（1）温度：大多数病毒（除肝炎病毒外）耐冷而不耐热。病毒一旦离开机体，经加热56～60 ℃ 30分钟，由于表面蛋白变性，而丧失其感染性，即被灭活。病毒对低温的抵抗力较强，通常在－196～－20 ℃仍不失去活性，但对反复冻融则敏感。

（2）盐类：可提高病毒对热的抵抗力。氯化镁对脊髓灰质炎病毒、硫酸镁对正黏病毒和副黏病毒、硫酸钠对疱疹病毒具有稳定作用。有囊膜病毒即使在－90 ℃也不能长期保存，但加入保护剂，如二甲基亚砜可使之稳定。

（3）酸碱度：病毒一般在 pH 5.0～9.0 的环境是稳定的。

（4）射线：γ射线和X射线以及紫外线都能使病毒灭活。有些病毒经紫外线灭活后，若再用可见光照射，因光修复酶的原因，可使灭活的病毒复活，故不宜用紫外线来制备灭活病毒疫苗。

2. 化学因素

病毒对化学因素的抵抗力一般较细菌强，可能是病毒缺乏酶的缘故。

（1）脂溶剂：有囊膜病毒可迅速被脂溶剂破坏，如乙醚、氯仿、去氧胆酸钠。这类病毒通常不能在含有胆汁的肠道中引起感染。

（2）甘油：大多数病毒在50％甘油盐水中能存活较久。因病毒体中含游离水，不受甘油脱水作用的影响，故可用于保存被病毒感染的组织。

（3）化学消毒剂：一般病毒对高锰酸钾、次氯酸盐等氧化剂都很敏感，升汞、酒精、强酸及强碱均能迅速杀灭病毒，但0.5％～1％的苯酚仅对少数病毒有效。β丙内酯及环氧乙烷可杀灭各种病毒。

（4）抗生素：抗生素及磺胺对病毒无效。利福平能抑制痘病毒复制，干扰病毒 DNA 或 RNA 合成，但也干扰宿主细胞的代谢，有较强的细胞毒性作用。

（5）中草药：板蓝根、大青叶、大黄、贯众和七叶一枝花等对某些病毒有一定的抑制作用。

（三）病毒的复制

病毒体在细胞外是处于静止状态，基本上与无生命的物质相似，当进入活细胞后便发挥其生物活性。病毒缺少增殖所需的酶系统、能量和原材料，只能在活细胞内进行增殖。病毒增殖的方式是以其基因为模板，合成与原来一样的基因。这种以病毒核酸分子为模板进行复制的方式称为自我复制。

病毒首先进入宿主细胞，经过基因组复制，转录，翻译出相应的病毒蛋白质，最后释放出子代病毒，称为一个复制周期。绝大多数病毒复制过程可分为下列六步：吸附、侵入、脱壳、生物合成、组装和释放。

三、病毒的分类

国际病毒分类委员会已提出和多次修订了病毒的命名和分类原则，并且建立了由目、科

（亚科）、属和种分类阶元构成的病毒分类系统。

（一）病毒分类和命名的规则

（1）病毒分类和命名应该是国际性的，并且适用于所有的病毒。

（2）国际病毒分类系统采用目、科（亚科）、属、种的分类阶元。

（3）国际病毒分类委员会不负责病毒种以下的分类和命名，病毒种以下的血清型、基因型、毒力株、变异株和分离株的名称由公认的国际专家小组确定。

（4）人工产生的病毒和实验室构建的杂种病毒在病毒分类上不予考虑，它们的分类由公认的国际专家小组负责。

（5）分类阶元只有在病毒代表种的特性得到了充分了解和在公开出版物上进行过描述，以至于明确了它们的分类地位，并使其分类阶元与其他类似的分类阶元相区别时，才能确定下来。

（6）当病毒有明确的科，而分属未确定时，这一病毒种在分类学上称为该科的未确定种。

（7）与第二条规则各分类阶元相关联，并得到国际病毒分类委员会批准的名称是唯一可以接受的。

（二）病毒具体分类

国际病毒分类委员会第七次报告将所有已知的病毒根据核酸类型分为 DNA 病毒、DNA 和 RNA 逆转录病毒、RNA 病毒和亚病毒传染因子四大类。

四、病毒的感染

病毒感染指病毒侵入体内并在靶器官细胞中增殖，与机体发生相互作用的过程。从分子生物学水平分析，病毒致病特征与其他微生物的差异很大；但从整个机体或群体上研究，发现病毒感染的流行病学和发病机理与细菌感染有很多相似之处。

病毒性疾病指感染后常因病毒种类、宿主状态不同而发生轻重不一的具有临床表现的疾病。有时虽发生病毒感染，但并不形成损伤或疾病。病毒侵入机体是否引起发病，取决于病毒的毒力和宿主的抵抗力（包括特异性和非特异性免疫因素），而且二者的相互作用受到外界各种因素的影响。

（一）病毒的感染方式

病毒的传播方式有水平传播和垂直传播两类。

1. 水平传播

指病毒在人群中不同个体间的传播。常见的传播途径主要经皮肤和呼吸道、消化道或泌尿生殖道等黏膜。在特定条件下也可直接进入血液循环。

2. 垂直传播

指通过胎盘或产道，病毒直接由母体传播给子代的方式，可引起流产、早产、产死胎等。

（二）病毒感染的类型

1. 按有无临床症状

按有无临床症状，分为隐性感染和显性感染两种。

（1）隐性感染：病毒进入机体后不引起临床症状的感染，对组织和细胞的损伤不明显。隐性感染虽不出现临床症状，但病毒仍可在体内增殖并向外界播散病毒，成为重要的传染源。

（2）显性感染：某些病毒（如新城疫病毒、犬细小病毒等）进入机体，可在宿主细胞内大量增殖，造成组织和细胞损伤，机体出现明显的临床症状。

2. 按病毒在机体内滞留时间的长短

按病毒在机体内滞留时间的长短，分为急性感染和持续性感染两种。

（1）急性感染：病毒侵入机体后，在细胞内增殖，经数日以至数周的潜伏期后突然发病。特点是潜伏期短、发病急、病程数日至数周；病后常获得特异性免疫。

（2）持续性感染：病毒可长期持续存在于感染动物体内数月、数年，甚至数十年，一般不显示临床症状；或存在于体外培养的细胞中而不显示细胞病变。某些病毒基因可整合到宿主细胞的基因组中；某些病毒无免疫原性（如朊病毒），不产生免疫应答；某些病毒对免疫细胞亲嗜，使免疫功能减弱或消失。

（三）病毒的致病机制

1. 病毒对宿主细胞的直接作用

根据不同病毒与宿主细胞相互作用的结果，可有溶细胞型感染、稳定状态感染和整合感染三种类型。

（1）溶细胞型感染：多见于无包膜病毒，如脊髓灰质炎病毒、腺病毒等。其机制主要有：阻断细胞大分子物质合成，病毒蛋白的毒性作用，影响细胞溶酶体和细胞器的改变等。

溶细胞型感染是病毒感染中较严重的类型。靶器官的细胞破坏死亡到一定程度，机体就会出现严重的病理生理变化。若侵犯重要器官，则危及生命或留下严重的后遗症。

（2）稳定状态感染：多见于有包膜病毒，如正黏病毒、副黏病毒等。这些非杀细胞性病毒在细胞内增殖，它们复制成熟的子代病毒以出芽方式从感染的宿主细胞中逐个释放出来，因而细胞不会溶解死亡。造成稳定状态感染的病毒，常在增殖过程中引起宿主细胞膜组分的改变，如在细胞膜表面出现病毒特异性抗原或自身抗原或出现细胞膜的融合等。

（3）整合感染：某些DNA病毒的全部或部分核酸，某些RNA病毒基因组经逆转录产生的DNA，结合至细胞染色体中，称为整合。整合作用可使细胞遗传性发生改变，引起细胞转化，与病毒的致肿瘤作用常有密切关系。

此外，已证实有些病毒（如人类免疫缺陷病毒、腺病毒等）感染细胞后，病毒本身或病毒编码蛋白会作为诱导因子引发细胞凋亡。

2. 病毒感染引起的机体变化

（1）组织器官的损伤及组织器官的亲嗜性：在大多数情况下，病毒对细胞的杀伤作用可导致组织和器官的损伤和功能障碍。病毒对机体组织的致病作用是有选择性的。例如，流感病毒和鼻病毒对呼吸道黏膜有亲嗜性；天花病毒和疱疹病毒对皮肤黏膜细胞有亲嗜性；脑炎病毒和脊髓灰质炎病毒则对神经组织具有亲嗜性。

（2）免疫病理损伤：

① 体液免疫病理作用：许多病毒（如狂犬病病毒、流感病毒等有囊膜病毒）侵入细胞后，能诱发细胞表面出现新抗原。这种抗原与特异性抗体结合后，在补体参与下可引起细胞的破坏。

② 细胞免疫病理作用：细胞免疫在抗病毒感染方面发挥重要作用；但是特异性 T 细胞可同时损伤因病毒感染而出现新抗原的靶细胞；病毒蛋白也可因与宿主细胞的某些蛋白间存在共同抗原性而导致自身免疫应答。

综上所述，病毒感染早期所致细胞损伤主要是由病毒引起，病毒感染后期的机体炎症和损伤则由复杂的免疫病理反应引起。因此，对于可引起免疫病理损伤的病毒，在临床上一般不宜使用免疫功能增强剂治疗这类疾病。

（3）病毒感染对免疫系统的影响：①引起的免疫抑制，如猪繁殖与呼吸综合征病毒、禽白血病病毒等；②对免疫活性细胞的杀伤；③引起自身免疫性疾病。

（四）病毒感染的诊断

除对病毒做分离和鉴定外，检测病毒的方法可分为三类：一是病毒感染性的检测，即感染单位的测定。二是病毒的血清学检测，基于宿主对病毒抗原与所产生的相应抗体的特异性免疫应答。可用已知特异性抗体检测感染细胞或组织中的病毒蛋白，也可检测宿主体内对病毒感染所产生的特异性抗体。三是病毒的分子检测与诊断，可以检测感染细胞或组织中的具有特定序列的病毒核酸片段。

1. 病毒的分离和鉴定

（1）标本的采集和准备：供病毒诊断的标本应尽早采取；在发病初期（急性期）采取较易检出病毒，越迟则阳性率越低。标本应由感染部位采取，如呼吸道感染采取鼻咽拭子或鼻液，肠道感染采取粪便，脑内感染采取脑脊液，皮肤感染采取病灶组织，有病毒血症时采取血液。某些病毒在室温中容易失去活性，相关病料应低温保存并尽快送检。若距离实验室较远，应将检材放入装有冰块或干冰的容器内送检。对本身带有杂菌（如棉拭子、粪便等）或易受污染的病料，在病毒分离培养时，应使用抗生素，以免杂菌污染细胞或鸡胚，而影响病毒分离。检测特异性抗体需要采取急性期与恢复期双份血清，以便对比双份血清抗体效价的动态变化。第一份尽可能在发病后立即采取，第二份在发病后 2～3 周采取。血清标本放 4 ℃保存，试验前血清标本以 56 ℃ 30 分钟处理去除非特异性物质及补体。无菌性脑炎患者也可取脑脊液检测特异性 IgM。

（2）病毒的分离和培养：细胞培养、鸡胚和实验动物可用于病毒的分离与培养，其中细胞培养是用于病毒分离与培养的最常用的方法，根据细胞的来源、染色体特性及传代次数，又可分为原代细胞培养、次代细胞培养和二倍体细胞培养。鸡胚对多种病毒敏感。根据病毒种类不同，可将标本接种于鸡胚的羊膜腔、尿囊腔、卵黄囊或绒毛尿囊膜上。动物接种是最原始的病毒培养方法，常用的动物有小鼠、大鼠、豚鼠、兔和猴等，接种的途径有鼻内、皮下、皮内、脑内、腹腔内、静脉等。

（3）病毒的理化特性测定：一般应进行病毒核酸型鉴定、耐酸性试验、脂溶剂敏感性试验、耐热性试验、胰蛋白酶敏感试验等，通常以细胞或鸡胚培养为观察体系，应设立已知病毒为对照。病毒核酸型鉴定是病毒理化特性测定的最主要指标,测定病毒是 DNA 病毒还是 RNA 病毒、核酸是单股还是双股。脂溶性试验和耐酸性试验是最常做的两项指标,判断病毒对有机溶剂和酸碱度的敏感性。

(4) 病毒的血清学和分子生物学鉴定:病毒分离后,可用已知的抗病毒血清或单克隆抗体对分离毒株进行血清学鉴定,以确定病毒的种类、血清型及其亚型。常用的血清学试验有血清中和试验、血凝抑制试验等。分子生物学技术已广泛应用于病毒的鉴定,包括病毒基因的 PCR 扩增及其序列分析、核酸杂交技术、病毒全基因组序列测定分析等,可获得分离毒株的基因组信息,确定分离毒株的基因类型。

2. 病毒感染性的测定

测定样品中病毒的浓度(病毒的滴度),可以通过用系列稀释的病毒接种培养细胞、鸡胚或实验动物,检测病毒增殖的情况而确定。常用的技术有空斑试验、终点稀释法、荧光-斑点试验、转化试验等。病毒在细胞内增殖可引起细胞病变(CPE),表现为细胞皱缩、变圆、出现空泡、死亡和脱落,通过普通光学倒置显微镜可观察到,空斑试验就是基于该原理进行的检测,但并非所有的病毒都能形成空斑。

测定病毒粒子的数量可用于估计样本中存在的病毒量,电镜技术常用于直接检测病毒颗粒,血凝试验和病毒酶活性测定也可用于检测病毒颗粒。

3. 病毒的血清学检测

血清学检测是根据抗原、抗体特异性结合的原理,利用抗原与相应抗体在体外一定条件下作用,出现肉眼可见的沉淀、凝集现象的诊断方法。常用的方法有病毒中和试验、血凝抑制试验、补体结合试验、免疫染色技术、免疫沉淀技术和酶联免疫吸附试验等。

免疫荧光法是较常用的免疫染色技术,用于鉴定病毒具有快速、特异性强的优点,细胞内的病毒或抗原可被荧光素标记的特异性抗体着色,在荧光显微镜下可见斑点状黄绿色荧光,根据所用抗体的特异性判断为何种病毒感染。

4. 病毒核酸的检测

病毒核酸检测是指利用一些分子生物学技术,如基因组电泳分析、核酸杂交、聚合酶链式反应、酶切图谱分析、寡核苷酸指纹图、DNA 芯片技术等,通过检测病毒的核酸而确证样本中病毒的存在。聚合酶链式反应方法敏感、快速,尤其适用于不易分离培养及含量极少的病毒标本,目前已广泛应用于病毒感染的诊断。

(五)病毒感染的防治

病毒感染的预防工作是一项综合性工程,人工免疫对于预防病毒性感染有重要意义。

1. 人工主动免疫

将疫苗接种于机体,使机体产生获得性免疫力的一种防治微生物感染的措施。疫苗有多种类型。灭活苗优点是易于保存,在 4 ℃时可以保存 1 年左右;缺点是接种剂量大,注射后局部和全身副反应较大,且常需接种多次。活疫苗优点是免疫剂量和副反应小,免疫期长;缺点是不易保存、存在毒力返强危险。

2. 人工被动免疫

人工被动免疫就是采用人工方法向机体输入其他动物产生的免疫效应物,如免疫血清、淋巴因子等,使机体立即获得免疫力,达到防治某种疾病的目的。其特点是产生作用快,输入后立即发生作用。但由于该免疫力非自身免疫系统产生，易被清除，故免疫作用维持时间较短，一般只有2～3周。主要用于治疗和应急预防。

五、主要动物病毒

（一）痘病毒科

本科病毒可引起人和许多动物的痘病，症状表现各异，既有持续较长时间的轻症，也有严重症状的致死性感染。

1. 各属的关系

各种禽痘病毒之间在抗原性上存在抗原交叉；各种哺乳动物的痘病毒之间也存在抗原交叉；禽痘病毒和哺乳动物的痘病毒之间不存在抗原交叉。

2. 生物学特性

（1）形态：多为砖形（250纳米×250纳米×200纳米），少数为卵圆形（260纳米×160纳米）。

（2）主要特点：基因组为单分子的线状双股DNA，约$200×10^3$个碱基对；细胞质内复制；主要以质膜出芽方式释放并获得囊膜；能在上皮细胞质中形成细胞质包涵体。

（3）抵抗力：怕热，55℃20分钟或37℃24小时丧失感染力；怕日光和紫外线，可迅速灭活；抗冷，抗干燥；在病灶干痘痂中毒力可保存几个月。

（4）培养：10～12日龄鸡胚绒毛尿囊膜接种，多数在膜上可形成痘斑，痘病毒的种类不同，痘斑的形态、颜色、大小以及形成时间也不同。鸡胚成纤维细胞培养，可产生细胞病变效应（CPE），并形成空斑。

3. 致病性

痘病毒可引起各种动物的急性和热性传染病，特征是皮肤和黏膜发生特殊的丘疹和疱疹。兔痘病毒所致的疾病为传染性皮肤纤维瘤和黏液瘤。禽痘病毒所引起的疾病特点是在上皮组织产生增生性和肿瘤性病。

4. 诊断

（1）病毒分离：采取无菌的清朗疱液或取痘斑研磨后，双抗处理后，鸡胚绒毛尿囊膜接种，在37℃孵育5～7天，可见形成增生性、坏死性痘疱。

（2）病理切片：将绒毛尿囊膜固定制作切片，用苏木素和伊红染色，在上皮细胞的细胞质内可以见到嗜酸性包涵体。

5. 常见痘病毒

（1）鸡痘病毒：禽痘病毒属成员。可分为三种病型，即皮肤型、白喉型和混合型。

（2）绵羊痘病毒：自然条件下只感染绵羊，致全身性疱疹，肺常出现特征性干酪性结节，各种绵羊对绵羊痘病毒的易感性不同，死亡率5%～50%。人直接接触病羊污染的物质也可感染。

（3）山羊痘病毒：该病毒与绵羊痘病毒之间存在共同抗原。

（二）疱疹病毒科

本科病毒为具有包膜的DNA病毒，现有70多种。基因组为单分子线状双股DNA，

$125×10^3 \sim 235×10^3$ 个碱基对。直径 150 纳米，162 个壳粒组成的二十面体对称，有囊膜，囊膜上有糖蛋白的纤突。病毒衣壳在细胞核内复制和装配，可形成巨大的包涵体，后经核膜以芽生方式获得囊膜。与养殖业密切相关的几种疱疹病毒有伪狂犬病病毒、禽传染性喉气管炎病毒、马立克氏病病毒和鸭瘟病毒。

1. 伪狂犬病病毒

（1）分类地位：为疱疹病毒甲亚科成员，又名猪疱疹病毒 1 型。

（2）致病性：①猪为原始宿主，也可感染马、牛、绵羊、山羊及多种野生动物。②成年猪多为隐性感染，少数出现轻微发热和神经症状；幼猪感染后呈发热、麻痹、昏迷等症状，死亡率很高；怀孕母猪主要表现为流产、死胎或木乃伊胎；其他动物感染后死亡率很高，特征症状为体躯某部奇痒。

（3）病毒分布与动物排毒情况：①最初位于扁桃体，感染 24 小时内可从头部神经节、脊髓及脑桥中分离到病毒。②康复猪可通过鼻腔分泌物及唾液持续排毒，但粪、尿不带毒。

（4）病毒培养：①易在鸡胚绒毛尿囊膜上生长，接种后 3～4 天能形成大小不一的隆起的白色痘斑。②常用猪肾细胞系（PK-15），病毒接种后 24～72 小时出现细胞病变。

2. 禽传染性喉气管炎病毒

（1）分类地位：为疱疹病毒甲亚科成员，又名禽疱疹病毒 1 型，仅 1 个血清型。

（2）致病性：①自然感染对象为鸡；各种年龄鸡均可被感染，仅以成年鸡的症状最典型。康复鸡可部分成为带毒鸡，成为传染的来源。②病鸡呈现呼吸困难和咳出血性渗出物；产蛋下降，蛋壳褪色，产软壳蛋。③主要发生在喉头和气管部分，气管黏膜肿胀、出血、坏死和糜烂，气管内有血样或黄白色渗出物。

（3）病毒培养：①鸡胚绒毛尿囊膜接种，在绒毛尿囊膜上形成大小不等的灰白色痘斑。②能在鸡胚肝、肾和肺细胞上繁殖。

（4）抵抗力：①对热敏感，-60～-20 ℃或冻干条件下可长期保存，至少 10 年；②对一般消毒药抵抗力不强。在 3%来苏儿或 1%氢氧化钠溶液中，不到 1 分钟即死亡。

3. 马立克氏病病毒

（1）分类地位：疱疹病毒甲亚科成员，又名禽疱疹病毒 2 型。

（2）病毒特性：基因组为线状双股 DNA，$166×10^3 \sim 184×10^3$ 碱基对，为传染性核酸；病毒核衣壳二十面体对称。

（3）病毒培养：①卵黄囊接种 4 日龄鸡胚，18 日龄左右可看到绒毛尿囊膜上形成白色痘疱，从针尖大到直径 1～2 毫米不等。②细胞培养：适合雏鸡肾细胞和鸭胚成纤维细胞上生长。

（4）传染性：感染鸡群的垫料和羽毛具有传染性，但不能垂直传播。

（5）致病性：①为细胞结合性病毒，靶细胞为 T 淋巴细胞。②主要感染鸡和火鸡，鹌鹑、雉鸡、鹧鸪也能感染。以淋巴细胞增生和形成肿瘤为特征，潜伏期较长。一般以 2～3 月龄的鸡发病最为严重。

4. 鸭瘟病毒

（1）分类地位：疱疹病毒甲亚科成员，又名鸭疱疹病毒 1 型，仅 1 个血清型。

（2）致病性：①以消化道感染为主。主要引起 1 月龄以上成年鸭的鸭瘟；也可感染鹅和其他雁形目禽类。②病鸭肝、脾、脑、食道和泄殖腔等组织含毒量最高。

（3）病毒培养：①绒毛尿囊膜接种 9～14 日龄鸭胚，4 天后死亡，胚体表面轻度充血和小点出血，绒毛尿囊膜水肿增厚并有灰白色坏死灶，肝脏表面有特征性灰白色或灰黄色针头大坏死灶。鸡胚内不能生长。②能在鸭胚成纤维细胞中生长，自第 6 代起可引起明显的细胞病变，形成核内包涵体和空斑。

（三）腺病毒科

1. 分类
分为哺乳动物腺病毒属和禽类腺病毒属。

2. 一般特性
（1）各种动物的腺病毒形态基本相同，衣壳结构清晰，易在电子显微镜下仔细观察，在感染细胞核内的病毒粒子经常排列成结晶状。而且腺病毒的核酸和蛋白质又易分离提取，故是目前动物病毒中在形态和化学结构上研究得最为详细的病毒之一。

（2）腺病毒没有囊膜，核衣壳的直径为 70～80 纳米，呈二十面体立体对称。内为线状的双股 DNA。DNA 被包于蛋白外壳即衣壳内。

（3）纤突直径 2 纳米，长 10～31 纳米。血凝素位于纤突顶端球部，可凝集大鼠、恒河猴或禽类红细胞，为型特异性抗原所在部位。

（4）病毒在细胞核内转录、复制、装配；通过细胞裂解释放。

3. 抵抗力
（1）腺病毒对酸的抵抗力较强，腺病毒对酸稳定，适宜 pH 为 6～9，能耐 pH 3～5，在 pH 2 以下和 pH 10 以上不稳定。能通过胃肠道而继续保持活性。

（2）由于没有脂质囊膜，对乙醚、氯仿有抵抗力，但在丙酮中不稳定。

（3）腺病毒对温度的耐受范围较宽，在冷冻状态下保存非常稳定，于 4 ℃存活 70 天，22～23 ℃存活 14 天，36 ℃存活 7 天；但 50 ℃经 10～20 分钟或 56 ℃ 2.5～5 分钟可以灭活。

4. 致病性与免疫性
（1）传播以粪-口为主途径，也可通过呼吸道或污染物品传播。

（2）病毒在咽、结膜尤其是小肠上皮细胞内增殖，偶尔波及其他脏器，隐性感染常见。

（3）疾病一般为自限性，感染后可获得长期持续的型特异性免疫力，中和抗体损伤作用重要。

（4）哺乳动物腺病毒有共同的可溶性补体结合性抗原。

5. 产蛋下降综合征病毒（EDS76）
最早分离于 1976 年，除鸡外，家鸭、野鸭及鹅也发病。

（1）致病性：产蛋母鸡的产蛋下降和蛋的质量降低，是危害种、蛋鸡的重要传染病之一；蛋色变淡、蛋壳粗糙不平，软壳蛋、薄壳蛋、破蛋；产蛋下降一般持续 4～10 周逐渐恢复。

（2）病毒培养：在鸭胚和鹅胚上复制的滴度高于鸡胚；能在鸭及鹅胚的肾细胞、肝细胞、成纤维细胞上复制，并产生细胞病变。

（3）生物特性：能凝集鸡及其他禽类的红细胞；对热、酸和外界环境抵抗力较强。

（四）细小病毒科

1. 一般特性

直径 18～26 纳米，二十面体对称的核衣壳，无囊膜；单分子单股线状 DNA，约 5.2×10^3 个核苷酸；细胞核内繁殖。

2. 抵抗力

对外界因素具有强大的抵抗力；对氯仿、乙醚以及热（56 ℃ 30 分钟）和酸（pH 3.0 60 分钟）均稳定。

3. 动物细小病毒及所致疾病

细小病毒导致的动物疾病较多，具体见表 1-3。

表 1-3　细小病毒科主要病毒及所致疾病

病　　毒	疾病症状
猫泛白细胞减少症病毒	全身性疾病、脑发育不全、全白细胞减少、肠炎
犬细小病毒	新生崽全身性疾病、肠炎、心肌炎、白细胞减少
貂肠炎病毒	泛白细胞减少、肠炎
猪细小病毒	死产、流产、死胎、木乃伊化、不育
鼠细小病毒	先天性胎儿畸形
鹅细小病毒	肝炎、心肌炎
鸭细小病毒	番鸭肝炎、心肌炎
貂阿留申病毒	慢性免疫复合物病、脑病
牛细小病毒	犊牛肠炎
犬细小病毒	无明显致病性

（五）圆环病毒科

圆环病毒是目前已知的除亚病毒因子外最小的病毒，球状，直径 17～22 纳米，二十面体对称核衣壳。基因组为单分子单股 DNA，$1.7 \times 10^3 \sim 2.3 \times 10^3$ 个核苷酸。抵抗力很强，60℃ 30 分钟或者 pH 3～9 稳定。

1. 鸡贫血病毒（CAV）

又称鸡传染性贫血因子。鸡胚中可繁殖，但不致死鸡胚；也能在部分淋巴瘤细胞系培养物中增殖。不具有红细胞凝集特性。不同毒株存在毒力差异，但抗原性相同。各种年龄的鸡均可感染，多呈隐性感染；2～3 周龄幼雏和中雏易感染发病。其特征性症状是严重的免疫抑制和贫血；其他症状为发育不良，精神不振，鸡体苍白，软弱无力，死亡率增加等。既可垂直感染，也可通过污染的饲料、饮水、工具等发生水平传播。

2. 猪圆环病毒（PCV）

（1）PCV-1：可垂直感染，致使初生仔猪发生先天性颤抖病。

（2）PCV-2：是猪断奶后衰竭综合征的主要病原体。分布于全身的巨噬细胞，但在淋巴细胞中极少发现，可造成机体免疫抑制。

（六）逆转录病毒科

此科病毒为球状，直径80～100纳米。病毒基因组是一个长度为 $7×10^3～11×10^3$ 个核苷酸的正链单股 RNA，非传染性核酸。衣壳为二十面体对称。有囊膜，具有糖蛋白纤突。所有成员均具有逆转录酶，病毒感染细胞后的最初活动是逆转录。该科动物病毒主要有禽白血病病毒、牛白血病病毒、马传染性贫血病毒等。

1. 禽白血病/肉瘤病毒

（1）分类地位：逆录病毒科甲型逆录病毒属成员；禽白血病病毒与肉瘤病毒紧密相关，故统称为禽白血病/肉瘤病毒。

（2）大小：直径80～120纳米，平均为90纳米。

（3）抵抗力：对脂溶剂和去污剂敏感；在 pH 5～9 稳定；对热抵抗力弱，病毒材料需保存在−60℃以下，在−20℃很快失活。

（4）病毒培养：①11～12 日龄鸡胚中可良好生长，在绒毛尿囊膜产生增生性痘斑。②腹腔或其他途径接种1～14 日龄易感雏鸡，可引起发病。③多数禽白血病病毒可在鸡胚成纤维细胞上生长，通常不产生细胞病变。

（5）致病性：可引起的禽类多种肿瘤性疾病，并造成免疫抑制。

2. 禽网状内皮组织增殖病毒

（1）分类地位：逆录病毒科丙型逆录病毒属的成员。

（2）形态大小：圆形，直径约 100 纳米，有囊膜，囊膜表面有纤突。

（3）致病性：感染雏鸡生长迟缓，精神沉郁，羽毛蓬乱。可垂直传播，也可水平传播，可造成免疫抑制。

（七）呼肠孤病毒科

病毒为球形，直径 80 纳米；病毒基因组是线状双股 RNA；有 2～3 层衣壳，二十面体对称，无囊膜；细胞质内复制。该科共有 9 个属，宿主范围广泛，其中对动物致病的有 6 个属。

1. 轮状病毒

（1）分类地位：该病毒属于呼肠孤病毒科轮状病毒属。

（2）一般特点：①球形，直径 70 纳米左右；②11 个节段的双股线状 RNA；③双层衣壳，外层呈轮缘状，围绕内层，内层衣壳呈放射状排列，形似车轮辐条，故称为轮状病毒。

（3）抗原性：各种动物的轮状病毒的内衣壳可发生交叉反应；但外壳抗原有型的特异性。

（4）血凝性：可凝集人（O型）、豚鼠、绵羊、马等红细胞。

（5）抵抗力：耐乙醚和弱酸，在−20℃可以长期保存，56℃ 1 小时可被灭活。

（6）培养：可在猴肾原代细胞中传代和繁殖。

（7）致病性：普通轮状病毒主要侵犯幼畜，引起病毒性胃肠炎。

2. 禽呼肠孤病毒

（1）分类地位：属于呼肠孤病毒科正呼肠孤病毒属。

（2）一般特性：①无血凝性；②卵黄中的病毒能耐 56 ℃ 24 小时或 60 ℃ 8～10 小时；③能抵抗乙醚、氯仿和 pH 3 的酸性环境；④能在鸡胚的卵黄囊、绒毛尿囊膜上增殖，也能在原代鸡肝、肺、肾和睾丸等细胞培养物上生长。

（3）致病性：主要引起鸡的病毒性关节炎与暂时性消化系统紊乱。鸡病毒性关节炎主要发生于肉用仔鸡，以关节炎和腱滑膜炎为特征，偶可致腱断裂。在急性发病群中，由于病鸡死亡、淘汰、生长停滞、饲料利用率低等均可造成严重损失。

3. 蓝舌病毒（BTV）

（1）分类地位：属于呼肠孤病毒科环状病毒属。

（2）致病性：主要发生于绵羊，山羊发病率稍低。以发热、白细胞减少，口、舌、唇糜烂性炎症和蹄冠炎、肌炎为特征。由库蠓等吸血昆虫传播。

（八）双 RNA 病毒科

本科涉及的动物病毒主要为传染性法氏囊病毒。

1. 病毒特性

属于双 RNA 病毒科禽双 RNA 病毒属。为双股双节段 RNA，二十面体立体对称，无囊膜。可通过消化道、呼吸道和眼结膜感染，污染病毒的蛋壳可传播病毒，但未有证据表明经卵传播。

2. 抵抗力

（1）病鸡舍中的病毒可存活 100 天以上。

（2）耐热，耐阳光及紫外线照射。56 ℃ 5 小时仍存活，60 ℃ 可存活 0.5 小时，70 ℃ 则迅速灭活。

（3）耐酸不耐碱，pH 2.0 下 1 小时不被灭活，pH 12 时则受抑制。

（4）对乙醚和氯仿不敏感。

（5）常规消毒剂敏感，3% 的来苏儿、0.2% 的过氧乙酸、2% 次氯酸钠、5% 的漂白粉、3% 的苯酚、3% 甲醛溶液、0.1% 的升汞溶液可在 30 分钟内灭活病毒。

3. 症状与病变

（1）可引起鸡的传染性法氏囊病，主要危害雏鸡的免疫抑制性传染病。

（2）有肾小管变性等严重的肾脏病变。

（九）副黏病毒科

本科病毒多形（以球形居多），直径 120～300 纳米。单链负股 RNA，基因组长 $15 \times 10^3 \sim 16 \times 10^3$ 个核苷酸；核衣壳螺旋对称。有囊膜，表面放射状排列纤突长 8～20 纳米。主要感染哺乳动物和禽类。

1. 新城疫病毒（NDV）

（1）分类地位：属于副黏病毒科副黏病毒亚科禽腮腺炎病毒属。

（2）一般特征：①成熟的病毒粒子呈球形，120～300 纳米。②核衣壳螺旋对称。③有囊膜，表面有纤突，可刺激宿主产生血凝抑制和病毒中和抗体。④单分子线状负链单股 RNA，约 15.6×10^3 个核苷酸。

（3）血凝素：可凝集人、鸡、豚鼠和小鼠的红细胞。

（4）血清型：只有 1 个血清型，不同毒株的毒力差异较大。

（5）抵抗力：在室温条件下可存活 1 周左右，56 ℃存活 30～90 分钟，4 ℃可存活 1 年，－70 ℃可存活 10 年以上。一般消毒药均对其有杀灭作用。

（6）毒力：根据毒力不同，可分为强毒型、中毒型、弱毒型。

（7）致病性：①是一种高度接触传染性、致死性疾病，主要侵害鸡、火鸡、野禽及观赏鸟类。②主要症状为呼吸困难，下痢，伴有神经症状；成鸡产蛋量严重下降；黏膜和浆膜出血。③病毒存在于所有组织器官、体液、分泌物和排泄物中，以脑、脾、肺含毒量最高，以骨髓存毒时间最长。

2. 犬瘟热病毒（CDV）

（1）分类地位：属于副黏病毒科副黏病毒亚科麻疹病毒属。

（2）致病性：所有狗科、鼬科、浣熊科和大部分猫科动物都易感，全世界都有分布。3～6 月龄母源抗体低下狗最易感，病犬的排泄物和分泌物中都有病毒，主要经呼吸道传染，也可间接接触传播。

3. 牛瘟病毒

属于副黏病毒科副黏病毒亚科麻疹病毒属。可感染多种细胞，多用牛肾细胞或绒猴淋巴细胞系 B95a 培养。可通过接触、气雾传递。牛、羊、猪和野生动物均可感染，我国已经消灭牛瘟。

（十）弹状病毒科

本科病毒的粒子为子弹状，故称弹状病毒科。病毒大小为 70 纳米×（130～380）纳米，病毒基因组为单分子负链单股 RNA，$11×10^3$～$15×10^3$ 个核苷酸，核衣壳螺旋对称，有囊膜。成员约有 175 种，其中狂犬病毒是典型的代表。

1. 狂犬病病毒

（1）分类地位：属于弹状病毒科狂犬病病毒属。

（2）毒力：①自然病毒，即从患者和病兽体内所分离的病毒，毒力强；②固定毒，即经多次通过兔脑传代后的病毒，毒力低，可制疫苗。

（3）抵抗力：①易被紫外线、甲醛、乙醇、升汞和新洁尔灭等灭活；②56 ℃ 30～60 分钟或 100 ℃ 2 分钟即失去活力；③对酚有高度抵抗力；④在冰冻干燥下可保存数年。

（4）致病性：可引起人畜共患的中枢神经系统急性传染病，称为狂犬病。

① 多见于狗、狼、猫等食肉动物，人多因被病兽咬伤而感染，病毒经伤口进入。

② 临床表现为特有的狂躁、恐惧不安、怕风恐水、流涎和咽肌痉挛，终至发生瘫痪而危及生命。

③ 多数病例在肿胀或变性的神经细胞质中可见 1 个或多个圆形或卵圆形、直径 3～10 微米的嗜酸性包涵体，即内基氏小体。

2. 牛暂时热病毒（BEFV）

（1）分类地位：属于弹状病毒科暂时热病毒属，又名牛流行热病毒或三日热病毒。

（2）致病性：可感染牛，地方性流行，蠓、库蚊可传播。发病率高达 100%，死亡率只有 1%～2%，肉牛和奶牛死亡率较高，为 10%～20%。

（十一）正黏病毒科

1. 共有特征

（1）病毒形态：圆形或多形，80～120 纳米，基因组为线状负链单股 RNA；核衣壳螺旋对称。

（2）有囊膜：纤突主要有血凝素和神经氨酸酶（H 和 N）。H 和 N 是流感病毒分类的 2 个重要指标。甲型流感病毒可分为：15 个 H 型和 9 个 N 型；可有各种组合，构成多种可能的类型；但并不是所有组合都致病，只有部分组合导致严重的疾病，其中 H1N1、H3N2 可使猪致病，H5N2、H7N1 对禽类具有高致病性。

（3）抗原漂移与抗原转换：①抗原漂移是指 H 和 N 位点变异幅度小，未产生的新的 H 型或 N 型；免疫反应不能提供完全保护；导致零星的暴发，局部、有限的流行。②抗原转换是指因 H 或 N 位点的大幅度变异，产生新的 H 型或 N 型，导致新亚型的出现；以前的抗体无保护作用；可能发生大流行。

（4）抵抗力：抵抗力不强，56 ℃ 30 分钟可灭活，对干燥、日光、紫外线敏感；室温下感染性很快消失，对乙醚、甲醛等敏感，酸性条件下更易灭活，但在 −70 ℃ 或冷冻干燥后活性可长期保存。

（5）传播：经过飞沫传播侵入呼吸道，引起发热、呼吸系统疾病以及全身症状。

2. 禽流感病毒（AIV）

（1）分类地位：属于正黏病毒科/甲型流感病毒属。

（2）一般特性：①球形，直径为 80～120 纳米，但也常有同样直径的丝状形式，长短不一。②单股负链 RNA，分 8 节段；螺旋对称核衣壳。③有囊膜，表面有纤突 H 和 N，是囊膜表面的主要糖蛋白；具有型特异性和多变性，在病毒感染过程中起着重要作用。

（3）培养：常用鸡胚及鸡胚成纤维细胞；有些毒株在鸽或其他细胞中培养后，对鸡的毒力减弱。

（4）致病性：引起各种类型的禽流感，被世界动物卫生组织（OIE）列为 A 类传染病，严重危害养禽业。

3. 猪流感病毒（SIV）

（1）分类地位：属于正黏病毒科甲型流感病毒属。

（2）血清型：主要有 H1N1、H3N2，近年来从猪体内还分离到丙型流行性感冒病毒，但对猪不致病。

（3）抵抗力：对热和日光的抵抗力不强，对一般消毒药敏感。

（4）致病性：存在于病猪和带毒猪的呼吸道分泌物中，可导致猪流行性感冒。

（十二）冠状病毒科

本科病毒为球形，120～160 纳米，核衣壳呈螺旋对称，基因组为单股正链 RNA，$27 \times 10^3 \sim 32 \times 10^3$ 个核苷酸，是基因组最大的 RNA 病毒，为传染性核酸，囊膜上有排列间隔较宽的大纤突，使整个病毒颗粒外形如日冕或冠状。

1. 猪传染性胃肠炎病毒（TGEV）

（1）分类地位：属于冠状病毒科冠状病毒属。

（2）病毒特点：圆形、椭圆形或多边形；单分子线状、单股正链 RNA；螺旋对称核衣壳；有囊膜，有 18～24 纳米长的冠状纤突。

（3）致病性：所有的猪均有易感性；但 10 日龄以内的仔猪发病最严重，而断奶猪、育肥猪和成年猪的症状较轻，大多能自然康复。

2. 猪流行性腹泻病毒（PEDV）

（1）分类地位：属于冠状病毒科冠状病毒属。

（2）病毒特点：形态、核酸、衣壳等特征与猪传染性胃肠炎病毒相似，但无抗原交叉。

3. 传染性支气管炎病毒（IBV）

（1）分类地位：属于冠状病毒科冠状病毒属。

（2）病毒特点：病毒粒子直径为 80～120 纳米，有时多形性。可见梨状纤突，放射状排列。

（3）抵抗力：①热稳定性随毒株不同而异；②多数在 pH 2～12 稳定，pH 7.8 稳定性最好；③20％乙醚只能降低病毒的滴度，不能完全灭活；1％苯酚室温 1 小时不能灭活；对其他消毒剂敏感。

（4）血凝性：鸡胚尿囊液以 1％胰蛋白酶或乙醚 37 ℃处理 3 小时后具有凝集鸡红细胞特性。

（5）培养：①能在鸡胚以及鸡胚的多种细胞上生长；初次分离最好尿囊腔接种 9～11 日龄鸡胚；感染组织内不形成包涵体。②该病毒能干扰新城疫病毒在雏鸡、鸡胚和细胞中的增殖；而鸡传染性脑脊髓炎病毒则又能干扰该病毒在鸡胚内的增殖。

（6）致病性：各种年龄的鸡均可感染，但 1～4 周龄雏鸡最易感；症状主要有呼吸道型、肾型等；产蛋鸡感染后可引起产蛋下降、产异常蛋。

（十三）动脉炎病毒科

该科只有 1 个属，即动脉炎病毒属。病毒粒子呈球形，直径 50～70 纳米；有囊膜，表面有纤突。核衣壳立方体对称；基因组为单分子线状正链 RNA，传染性核酸；抵抗力不强，对脂溶剂和酸敏感，不抵抗高温。

1. 猪呼吸与繁殖综合征病毒（PRRSV）

（1）该病毒无血凝性。

（2）根据核苷酸序列可分为两个基因型：欧洲基因型（A 群）和美洲基因型（B 群）。

（3）能在猪肺巨噬细胞和传代细胞中培养复制。

（4）可导致猪繁殖与呼吸综合征：①高度的传播性，主要侵害母猪和仔猪。②通过空气经呼吸道感染，亦可经精液由交配感染。③以母猪流产、不育症为特征，出生死胎、弱仔；仔猪呼吸困难，弥漫性间质性肺炎，死亡率高；育肥猪的症状类似猪流感。部分病猪耳部和躯体末端皮肤发绀，故称"蓝耳病"。

2. 马动脉炎病毒（EAV）

（1）目前只发现 1 个血清型。

（2）细胞培养：病马的体液、组织、精液，流产胎儿脾脏作为病料，常用兔肾细胞系进行培养，无论有无细胞病变，均应进行免疫荧光检测。

（3）致病性：主要引起马传染性动脉炎；高热 41 ℃，呼吸道和消化道黏膜卡他性炎症，白细胞减少，母马流产，公马暂时性不育，马驹虚弱、死亡。

（十四）小 RNA 病毒科

该科又名微 RNA 病毒科，为极小的圆形病毒，直径 20～30 纳米。基因组为单分子线状单股正链 RNA，$7.2\times10^3\sim8.4\times10^3$ 个核苷酸，具有传染性。衣壳二十面体对称；每个衣壳单体都由 VP1、VP2、VP3、VP4 四个蛋白组成，没有囊膜。该科的病毒在人医和兽医中均具有重要性。其中口蹄疫病毒是人类发现的第一个动物病毒，而且是目前研究最为广泛、深入的病毒之一。

1. 口蹄疫病毒（FMDV）

（1）分类地位：属于小 RNA 病毒科口蹄疫病毒属。

（2）血清型：目前发现有 A 型、O 型、C 型、南非 1 型、南非 2 型、南非 3 型、亚洲 1 型，包括近 70 个亚型。各型之间无交叉保护性，各亚型之间仅有部分交叉保护性。

（3）抵抗力：该病毒在酸中易灭活；常用消毒剂为过氧乙酸、1%～2%氢氧化钠、甲醛等。

（4）致病性：口蹄疫被 OIE 列为 A 类传染病，是全球性最重要的动物健康问题之一。易感动物为偶蹄兽，易感性最强的是牛，其次为猪，再次为绵羊、山羊和骆驼，马不感染。

（5）传播途径：经呼吸道、消化道（被污染的饲料、饮水）、伤口、皮肤、黏膜等。

（6）流行特点：有一定的季节性，传播迅速，一般沿交通线和水源进行传播。

（7）症状：①发热，口腔、蹄部、乳房部皮肤出现水疱，24 小时内小水疱逐渐融合成大水疱，继而破裂、形成烂斑；细菌感染后，引起蹄壳脱落，出血。②哺乳期的动物出现出血性胃肠炎。③病理剖检出现心肌切面为虎斑心。

2. 猪水疱病毒（SVDV）

（1）分类地位：属于小 RNA 病毒科肠病毒属。

（2）病毒特性：对低 pH 和温度变化有抵抗力。

（3）病毒培养：能在猪肾细胞生长，也能感染乳鼠，使其麻痹死亡。

（4）致病性：以接触传染为主，尤其是感染猪的粪便；发病猪场的蚯蚓体表、体内可分离到病毒。

3. 禽脑脊髓炎病毒（AEV）

（1）分类地位：属于小 RNA 病毒科肠道病毒属。

（2）病毒特性：只有 1 个血清型，不同毒株毒力有较大差异。

（3）抵抗力：抵抗氯仿、酸、胰酶、胃蛋白酶和 DNA 酶；在镁离子保护下可抵抗热效应，56 ℃作用 1 小时仍稳定。

（4）病毒培养：野毒株可在鸡胚卵黄囊发育，但不致死鸡胚；鸡胚特征病变有胚胎萎缩、爪卷曲、脑软化等；还可在鸡胚肾、成纤维和胰细胞中增殖，一般无细胞病变。

（5）致病性：AEV 大多为嗜肠性，但有些毒株为嗜神经性；粪-口传播；只对 1～21 日龄雏鸡致病，成鸡感染后可表现轻度腹泻，产蛋下降 10%～20%。

（十五）朊病毒

1. 主要特性

朊病毒是亚病毒中一类重要的感染因子，侵害动物与人类。主要由蛋白质构成，迄今尚无含有核酸的确切证据，故定名为朊病毒或蛋白侵袭因子；不具有病毒结构；传染性极强。

2. 抵抗力

（1）耐高温，患病动物脑组织匀浆，134～138 ℃ 1 小时后仍有感染力；植物油的沸点不足以灭活；360 ℃仍有感染力。

（2）耐甲醛、耐强碱，对蛋白酶、辐射、紫外线抵抗力强。

3. 蛋白酶抗性蛋白

朊病毒感染细胞后产生瘙痒病样纤维，这种纤维源自正常宿主编码蛋白。

4. 免疫反应

无炎症反应，不产生干扰素，无抗体反应，无细胞应答。

5. 致病性

（1）疾病特性：①持续性感染、潜伏期长；②不发热、无炎症、无特异性免疫应答；③病程缓慢，均终于死亡；④脑灰质发生海绵样变，神经元空泡化；⑤临床上出现进行性共济失调、震颤、痴呆和行为障碍等神经症状。

（2）瘙痒病：是羊的一种慢性致死性疾病，病羊具有中枢神经系统变性、剧痒、共济失调、高死亡率等特点。

（3）疯牛病（牛海绵状脑病）：病牛临床表现为步态不稳、共济失调、烦躁不安等神经症状。病程一般为 14～90 天，潜伏期长达 4～6 年。这种病多发生在 4 岁左右的成年牛身上。

第三节　其他微生物

一、真菌

（一）真菌的形态结构

真菌形体比较大，结构比较复杂。有的为单细胞形态；有的为多细胞形态。目前将真菌界分为 5 个门，分别是壶菌门、接合菌门、子囊菌门、担子菌门、半知菌门，酵母菌、霉菌等不是分类学名称，而是形态群的俗称，它们分属于真菌的各门，如霉菌分属于壶菌门、接合菌门、子囊菌门，与兽医有关的真菌有酵母菌和霉菌。

1. 酵母菌

酵母菌的个体类似于细菌，大多数以单细胞状态，酵母菌细胞比细菌大得多，具有典型的细胞结构，是真核细胞型微生物。

2. 霉菌

在自然界中分布很广，种类繁多，有 4 万余种，是数量最多的一类微生物。喜欢在偏酸性的条件下生活，能分解纤维素、木质素、淀粉和蛋白质等复杂的有机物。霉菌由两部分组成，即菌丝和孢子。

（1）菌丝：霉菌菌体是由分支或不分支的菌丝构成，在光学显微镜下观察，霉菌的细胞呈管状，肉眼看犹如细丝，故称为菌丝。霉菌与酵母菌的特异性区别是霉菌能形成真正的菌丝。霉菌的菌丝有一定程度的分化，根据功能不同可分为营养菌丝、气生菌丝和繁殖菌丝。

（2）孢子：孢子是霉菌的繁殖器官。孢子种类很多，大体可分为有性孢子和无性孢子。

（二）真菌的生理

1. 真菌的培养

（1）培养条件：营养要求较低，环境适应力较强；常用沙堡弱氏培养基，最适 pH 为 5.6～5.8；最适温度为 22～28 ℃，侵犯内脏的真菌为 37 ℃；生长缓慢，一般需培养 2～7 天以上。

（2）常见真菌菌落：单独的酵母菌细胞是无色的。固体培养基多数是乳白色，少数是黄色或红色菌落；表面光滑、湿润和黏稠，与某些细菌的菌落相似，但比细菌的菌落大而厚。霉菌的菌落较疏松，比细菌、酵母菌大几倍到几十倍。

2. 真菌的繁殖

（1）酵母菌的繁殖方式分为无性繁殖、有性繁殖及孤雌生殖等；但一般以无性繁殖为主，其中出芽生殖最为多见。

（2）霉菌的繁殖能力很强，且方式多样，如断裂增殖产生各种无性或有性孢子来繁殖等。

3. 真菌的抵抗力

（1）真菌的营养细胞抵抗力不强，60～70 ℃即可杀死，1％～3％苯酚、10％的甲醛溶液均可杀灭。

（2）霉菌孢子对热、射线、药物、渗透压、干燥等的抵抗力比其营养细胞要强，但比细菌的芽孢弱。有利于在各种不良环境中保存自己的种族。在适宜环境条件下，孢子首先吸水膨胀，继而突破孢子壁出芽，生长成新的菌体。

（3）对干燥、阳光具有较强的抵抗力。

（4）对灰黄霉素和制霉菌素以及硫酸铜等较敏感。

（三）真菌感染的诊断

1. 显微镜检查

可做抹片或湿标本片检查。抹片检查是将病料制成抹片，用吉姆萨或其他方法染色，检查真菌细胞、菌丝、孢子等结构。湿标本片有氢氧化钾片、乳酸石炭酸棉蓝液压片等。

2. 分离培养

将病料接种于沙堡弱氏培养基，某些深部感染的病料，还需接种血液琼脂，分别培养于室温及 37℃，逐日观察。

（四）病原真菌

对动物有害的真菌主要有感染性真菌和中毒性真菌，或者两种致病作用兼而有之。

1. 感染性病原真菌

（1）假皮疽组织胞浆菌：亦称假皮疽隐球菌，属于不完全菌纲，是马属动物流行性淋巴管炎的病原，也致人类疾病。本病在世界范围内分布，以皮下淋巴管及邻近淋巴结、皮肤和皮下结缔组织形成结节、脓肿和溃疡为特征。

① 脓汁中的病原为酵母型，圆形或卵圆形，一端或两端较尖锐，具双层膜。单在或成

双，也有呈短链者。大小为（0.2～0.3）微米×（0.3～0.4）微米。

② 培养物中形态为丝状型。菌丝分支分隔，粗细不匀，有的菌丝可形成厚垣孢子。

（2）曲霉：

① 属于曲霉菌属，自然界分布广泛，在秸秆、干草、谷粒、腐殖质、土壤、水中均可被发现，为实验室经常污染的真菌之一。

② 生长较快，最初形成白色绒毛状，之后呈颗粒状或粉状，可出现不同色泽。

③ 烟曲霉是禽类曲霉菌病的最常见病原，各种年龄的禽类均可感染，幼禽的发病率较高；幼禽多为急性经过，在肺脏及气囊等处致炎症和结节，死亡率达50％或更高，可造成重大经济损失；成年禽的较慢性病例，气囊及支气管壁上可能有暗绿色的真菌生长物。

④ 本菌可产生对动物有毒的物质。除烟曲霉外，曲霉菌属的其他种如黑曲霉、黄曲霉、构巢曲霉以及土曲霉等也有不同程度的病原性。

⑤ 马、牛、羊、猪以及人也可感染，但较少见。

2. 中毒性病原真菌

（1）真菌中毒是由一些真菌的有毒代谢产物所引起的一类疾病的统称。这些有毒代谢产物，称为真菌毒素，当动物摄食后即引起中毒。

（2）真菌毒素一般较耐热，不具免疫原性。

（3）在这类真菌中，有的为植物寄生菌，如麦角菌、锈菌等；有的腐生于饲料，如黄曲霉等。

二、螺旋体

螺旋体是一类菌体细长、柔软、弯曲呈螺旋状、无鞭毛而能活泼运动的原核单细胞微生物。在生物学上的位置介于细菌与原虫之间。它与细菌的相似之处是：具有与细菌相似的细胞壁，内含脂多糖和胞壁酸，以二分裂方式繁殖，无定型核（属原核型细胞），对抗生素敏感。与原虫的相似之处有：体态柔软，胞壁与胞膜之间绕有弹性轴丝，借助它的屈曲和收缩能活泼运动，易被胆汁或胆盐溶解。

螺旋体广泛存在于水生环境，也有许多分布在人和动物体内。大部分营自由的腐生或共生生活，无致病性，只有少部分可致人和动物的疾病。

（一）螺旋体的形态结构

（1）螺旋或波浪状，大小极为悬殊，长3～500微米，宽0.09～3.0微米，某些螺旋体可细到足以通过一般的细菌过滤器。

（2）基本结构与细菌相似，有细胞壁、原始核质。

（3）二裂方式繁殖。

（4）对某些抗生素等药物敏感。

（二）螺旋体的生理

1. 染色特性

（1）革兰氏染色阴性，但多不易着色；吉姆萨染色效果较好，有的染成红色，有的染成蓝色。

（2）用镀银染色法，螺旋体染成黑褐色，其他细菌和组织均染成黄色。用印度墨汁负染色法，螺旋体透明无色，背景衬有颜色，反差明显。

（3）常用相差和暗视野显微镜观察，既能检查形体，又可分辨运动方式。

2. 培养特性

螺旋体的培养与细菌相比，有的较为困难。但有些种属，特别是钩端螺旋体属的培养并不难。其他种属的培养则要求特殊的培养基，即便如此，有时也不易成功。钩端螺旋体属在需氧条件下可以生长，而密螺旋体属则要求严格的厌氧条件。

（三）螺旋体的分类

螺旋体目分为两个科，即螺旋体科和钩端螺旋体科，而该目与兽医学有关的属主要有疏螺旋体属、密螺旋体属、短螺旋体属和钩端螺旋体属。

1. 疏螺旋体属

本属螺旋体长 3～20 微米，宽 0.2～0.5 微米，厌氧，营寄生生活。螺旋疏松而不规则，较容易染色。一部分为病原菌，经蝇及虱传播，其中包括感染人的各种回归热的病原体。在兽医实践上具有重要意义者有鹅疏螺旋体，可引起鸭、火鸡、鸡及某些野禽的疏螺旋体病。

2. 密螺旋体属

本属螺旋体长 5～12 微米，宽 0.1～0.4 微米，营寄生生活；螺旋弯曲而致密，对一般细菌染料不易着染，用镀银法较好。细胞的折光率较低，因而对未染色标本的检查，除暗视野和相差显微镜检查外，难以观察。本属螺旋体常见于人和动物的口腔、肠道和生殖道内，营共生或寄生生活，部分种属具致病性。本属螺旋体多数厌氧，对培养条件要求苛刻，有的至今尚未能在人工培养基中培养成功。

3. 短螺旋体属

本属螺旋体长 7～9 微米，宽 0.3～0.4 微米；螺旋疏松而规则，末端尖锐，对一般细菌染料不易着染，用吉姆萨和镀银法较好。厌氧，营寄生生活，对培养条件要求苛刻。本属中常见的病原菌有猪痢短螺旋体。

4. 钩端螺旋体属

钩端螺旋体属是其一端或两端可弯曲呈钩状的一大类螺旋体。本属螺旋体长 6～12 微米，宽 0.1～0.2 微米；螺旋细而深，一端或两端呈钩状，以旋转和弯曲方式运动。对一般细菌染料不易着染，用镀银法较好。需氧，容易培养，本属有多种致病性血清型菌株。

（四）常见致病螺旋体

1. 鹅疏螺旋体

这是引起禽类经蜱传播的急性、败血性疏螺旋体病的病原体，也系本属唯一一种禽类的致病性螺旋体。

（1）生物学特性：

① 形态特点：平均长度为 8～20 微米，宽 0.2～0.3 微米，有 5～8 个螺旋。两端长细，呈波浪状线形体。能通过 0.45 微米微孔滤膜。

② 染色特性：瑞氏染色呈紫蓝色，碱性复红染色呈紫红色，暗视野显微镜观察时，螺旋体明亮细长，活泼运动。

③ 培养特性：微需氧，普通培养基不能生长，可用卵黄囊接种鸭胚或鸡胚进行繁殖。

④ 抵抗力：不强，56 ℃ 15 分钟即可灭活，在 4～5 ℃下可存活 2 个月左右；多种消毒液均可在 5 分钟内将其杀死，对多种抗生素亦敏感。

（2）致病性：

① 可感染鸡、鸭、鹅、火鸡及多种鸟类，而鸽、小鼠、家兔及其他哺乳动物均不易感。

② 该病的发生时间与蜱类的活动季节有密切联系。

③ 感染禽发病突然，以高温（42.9～43.6 ℃）、拒食、沉郁、腹泻和贫血为特征。发病率不一，死亡率相当高。剖检可见脾、肝显著肿大，有出血点和点状坏死灶，脏器组织有不同程度贫血、黄染，血呈咖啡色。

（3）微生物学检查：

① 镜检：病禽高温期采血涂片染色镜检，或制成血压滴标本片用暗视野显微镜观察，可初步诊断。

② 分离培养：病料卵黄囊接种易感鸡胚或鸭胚，或接种适宜培养基分离病原体。

③ 人工感染试验：接种雏鸡和啮齿动物，雏鸡发病而后者不发病。

④ 血清学试验：有琼脂扩散试验、凝集试验、间接免疫荧光技术等。

（4）防治：

① 治疗：对发病禽群用抗生素治疗的同时，对环境用有效杀虫剂灭蜱和虱。

② 预防：用鹅疏螺旋体灭活苗皮下或肌内注射。

2. 猪痢疾蛇形螺旋体

这是猪痢疾（又称血痢）的主要病原体。最常发生于 8～14 周龄幼猪。主要症状为严重的黏膜出血性下痢和迅速减重；以大肠黏膜黏液渗出性、出血性和坏死性炎症为特征；经口传染，传播迅速；发病率较高（约 75%），致死率较低（5%～20%）。

（1）形态结构及染色特性：

① 长 7～9 微米，宽 0.3～0.4 微米，每端有 8 或 9 根轴丝。菌体多为 2～4 个弯曲，两端尖锐。

② 暗视野显微镜下可见其呈活泼的蛇形运动。

③ 革兰氏染色阴性，维多利亚蓝染色、吉姆萨染色和镀银法均能较好着色。

④ 可通过 0.45 微米孔径的滤膜。

（2）生长要求及培养特性：

① 严格厌氧菌管理。

② 培养基要求苛刻：常用含 10% 胎牛血清或血液的胰蛋白胨大豆肉汤（TSB）培养基。

（3）防治：对猪痢疾目前尚无可靠或实用的免疫制剂以供预防之用；现普遍采用抗生素和化学药物控制此病。

3. 钩端螺旋体

（1）形态结构：

① 纤细圆柱形，（6～20）微米×（0.1～0.2）微米，至少有 18 个螺旋。

② 暗视野检查：细长的串珠样形态，一端或两端可弯曲呈钩状。

③ 运动形式多样：能翻转和屈曲运动；也可沿其长轴旋转而快速前进。

④ 其外膜相当于细菌荚膜，有良好的抗性。

（2）染色特性：

① 革兰氏染色阴性，但较难着色。

② 镀银染色法和刚果红复染较好；镀银法可使菌体变粗，螺旋不易显现而呈弯曲杆状。

（3）培养及生化特性：

① 需氧，营养要求不高，较易在人工培养基上生长。

② 最适 pH 为 7.2～7.4，最适生长温度为 28～30 ℃。

③ 在含动物血清和蛋白胨的柯氏培养基、不含血清的半合成培养基、无蛋白合成培养基以及选择性培养基等培养基上生长良好。

（4）抵抗力：

① 在中性的湿土和水中可存活数月之久。

② 对热和偏酸偏碱环境抵抗弱：45 ℃ 30 分钟，50 ℃ 10 分钟，60 ℃ 10 秒即可致死；4 ℃ 冰箱中可存活 1～2 周；－70 ℃ 可保存 2 年多。

③ 直射阳光和干燥均能迅速将其致死；常用消毒剂在 10～30 分钟内可将其灭活；对青霉素、金霉素、四环素等抗生素敏感。

（5）致病性：致病性钩端螺旋体能引起人和多种动物的细螺旋体病，是一种人畜共患传染病。

① 易感动物：致病性钩端螺旋体可感染大部分哺乳动物和人类，家畜中以牛和羊的易感性最高，其次为马、猪、犬、水牛和驴等，家禽易感性较低，许多野生动物也易感，特别是鼠类均易感。

② 感染途径：鼠类和猪是主要储存宿主和传染来源。大多呈隐性带菌感染而不显症状，但钩端螺旋体在肾脏内长期繁殖并随尿排出，污染土壤和水源等环境。人和家畜则通过直接或间接地接触这些污染源而被感染。

（6）微生物学诊断：

① 临床症状、解剖病变及流行病学分析。

② 微生物学检查：供检查用的病料需根据病程而定。发病 7 天内（发热期）采血、脑脊液、肝和肾；发病 7 天后（退热期）采集尿液；死后采肾，死亡病畜应在死后 3 小时内采样。采用暗视野进行活菌检查，分离培养，进行动物接种试验。

（7）免疫：钩端螺旋体病恢复后，可获得长期的高度免疫性。

三、支原体

支原体也称"霉形体"，是一类介于细菌和病毒之间的单细胞微生物，是目前已知能营独立生活的最小微生物；在自然界广泛分布，如污水、土壤、矿石、植物、昆虫、家畜、禽类和人体中；危害人、畜禽、植物。

（一）支原体的形态结构

（1）支原体的大小为 0.2～0.3 微米，可通过滤菌器，常给细胞培养带来污染。无细胞壁，不能维持固定的形态而呈现多形性。革兰氏染色不易着色，故常用吉姆萨染色法将其染成淡紫色。细胞膜中胆固醇含量较多，约占 36%，对保持细胞膜的完整性具有一定作用。凡能作用于胆固醇的物质均可引起支原体膜的破坏而使支原体死亡。

（2）支原体基因组为环状双链 DNA，分子质量小，仅有大肠杆菌的 1/5，合成与代谢很有限。

（3）肺炎支原体的一端有一种特殊的末端结构，能使支原体黏附于呼吸道黏膜上皮细胞表面，与致病性有关。

（二）支原体的生理

1. 抵抗力

支原体对热的抵抗力与细菌相似。对环境渗透压敏感，渗透压的突变可致细胞破裂。对重金属盐、苯酚、来苏儿和一些表面活性剂较细菌敏感，但对醋酸铊、结晶紫和亚锑酸盐的抵抗力比细菌大。对影响细胞壁合成的抗生素如青霉素不敏感，但红霉素、四环素、链霉素及氯霉素等作用于支原体核蛋白体的抗生素，可抑制或影响蛋白质合成，有杀灭支原体的作用。

2. 培养特性

（1）营养要求比一般细菌高，除基础营养物质外还需加入 10%～20% 人或动物血清，以提供支原体所需的胆固醇。

（2）最适 pH 7.8～8.0，低于 7.0 则死亡。

（3）大多数兼性厌氧，有些菌株在初分离时加入 5% CO_2 生长更好。生长缓慢，在琼脂含量较少的固体培养基上孵育 2～3 天出现典型的"荷包蛋样"菌落：圆形，核心部分较厚，向下长入培养基，周边为一层薄的透明颗粒区。此外，支原体还能在鸡胚绒毛尿囊膜或培养细胞中生长。

（4）繁殖方式多样，主要为二分裂繁殖，还有断裂、分支、出芽等方式。同时，支原体分裂和其 DNA 复制不同步，可形成多核长丝体。

3. 生化反应与分型

（1）一般能分解葡萄糖的支原体不能利用精氨酸，能利用精氨酸的不能分解葡萄糖。解脲支原体不能利用葡萄糖或精氨酸，但可利用尿素作为能源。

（2）各种支原体都有特异的表面抗原结构，很少有交叉反应，具有特异性。

（三）支原体的致病性

（1）支原体不侵入机体组织与血液，而是在呼吸道或泌尿生殖道上皮细胞黏附并定居后，通过不同机制引起细胞损伤。

（2）巨噬细胞、IgG 及 IgM 对支原体均有一定的杀伤作用。

（3）支原体宿主范围很窄，主要定居在呼吸道、泌尿生殖道、乳腺、消化道等黏膜表面；单纯性感染症状轻微或无临床表现；有细菌或病毒继发感染或受外界不良因素的影响可致疾病，如羊胸膜肺炎、猪气喘病、鸡呼吸道慢性感染等；潜伏期长，慢性经过，地方性流行。

四、立克次氏体

立克次氏体是一类严格细胞内寄生的原核细胞型微生物，在形态结构、化学组成及代谢方式等方面均与细菌类似：具有细胞壁；以二分裂方式繁殖；含有 RNA 和 DNA 两种核酸；由于酶系不完整，须在活细胞内寄生；对多种抗生素敏感等。立克次氏体病多数是自然疫源性疾病，且人畜共患。

(一) 立克次氏体的形态结构

(1) 具有多形态的特点，球杆状或杆状，(0.3~0.6) 微米×(0.8~2.0) 微米。

(2) 革兰氏染色阴性，但一般着染不明显，因此常用吉姆尼茨染色或吉姆萨染色，其中以吉姆尼茨法最好。该法着染后，除恙虫病立克次氏体呈暗红色外，其他立克次氏体均呈鲜红色。吉姆萨法将立克次氏体染成紫色或蓝色。

(3) 立克次体在结构上与革兰氏阴性杆菌非常相似。

(4) 专性细胞内寄生、二等分裂繁殖。

(二) 立克次氏体的生理

1. 培养特性

常用的培养方法有动物接种、鸡胚接种及细胞培养。

2. 抵抗力

立克次氏体对理化因素的抵抗力与细菌繁殖体相似。56 ℃ 30 分钟死亡；室温放置数小时即可丧失活力。对低温及干燥的抵抗力强，在干燥虱粪中能存活数月。对一般消毒剂敏感，对四环素和氯霉素敏感。磺胺类药物不仅不能抑制，反而促进立克次氏体的生长、繁殖。

(三) 立克次氏体的感染

1. 致病性

(1) 立克次氏体的致病物质已证实的有两种，一种为内毒素，由脂多糖组成，具有与肠道杆菌内毒素相似的多种生物学活性。另一种为磷脂酶 A，可分解脂膜而溶解细胞，导致宿主细胞中毒。

(2) 立克次氏体感染与节肢动物关系密切，如虱、蚤、蜱、螨等，寄生在吸血节肢动物体内，寄生宿主或储存宿主为传播媒介，或两者均可传播。

(3) 由于立克次氏体全是严格细胞内寄生的病原体，其抗感染免疫是以细胞免疫为主，体液免疫为辅。病后一般能获得较强的免疫力。感染后产生的特异性抗体有中和毒性物质和促进吞噬的作用。

2. 防治原则

(1) 预防立克次氏体的重点是控制和消灭中间宿主及储存宿主 (节肢动物)。

(2) 氯霉素和四环素类抗生素对各种立克次氏体均有很好效果，能明显缩短病程，大幅度降低病死率。但某些立克次氏体病的复发日渐增多，可能为药物未能杀死所有病原体的缘故。

(3) 病原体的最终清除仍有赖于机体免疫机能，尤其是细胞免疫。

（四）主要致病立克次氏体——附红细胞体

附红细胞体属于立克次氏体，其引起的疾病是猪和多种动物共患的一种热性、急性、溶血性传染病，在我国广泛流行。本病一年四季都可发病，但以夏秋多发。

1. 形态特点

有多种形态：球形、逗号形、卵圆形、月牙形等；直径 0.2～1.5 微米，最大可达 2.5 微米；附于红细胞表面，使红细胞变形为齿轮状、星芒状或不规则形；可在血浆内做摇摆、扭转、翻滚等运动；红细胞感染率一般为 50%～60%。

2. 染色特性

吉姆萨染色时，虫体为淡天蓝色；瑞氏染色时，虫体为蓝黑色。

3. 致病性

多经吸血昆虫、污染的针头、器械通过血液传播，也可经胎盘传染给仔猪。一年四季都可发病，但以夏秋季多发。以高热、贫血、黄疸为主要临床特征。病猪体温升高，达 40～42℃，稽留热型，精神沉郁、卧地、不愿走动，食欲降低或废绝，皮肤苍白黄染，或发绀，甚至全身发紫。

4. 诊断

根据贫血、黄疸、高温等症状，结合镜检即可确诊。

5. 防治

（1）治疗：可用四环素类抗生素治疗，效果较好。

（2）预防：吸血昆虫在传播中起主要作用，5—11 月多发；故对本病的预防，应保持圈舍卫生，扑灭媒介昆虫。

五、衣原体

衣原体是一类严格细胞内寄生，有独特发育周期，能通过细菌过滤器的原核细胞型微生物。与立克次氏体很相似，是介于立克次氏体与病毒之间的微生物。

（一）衣原体的形态结构

1. 衣原体的形态

革兰氏染色阴性，圆形或椭圆形。

2. 衣原体的结构

有细胞壁，其组成与革兰氏阴性菌相似；含有 DNA 和 RNA 以及核糖体。

3. 抗原结构

属特异抗原为脂多糖；种特异抗原为外膜蛋白（OMP）；型特异抗原为外膜蛋白抗原氨基酸可变区。

（二）衣原体的生理

1. 发育周期

衣原体在宿主细胞内生长繁殖时，可表现独特的发育周期，以二分裂方式繁殖，不同发育阶段的衣原体在形态、大小和染色性上有差异。个体形态又有大、小两种。一种是小而致密的，称为原体；另一种是大而疏松的，称为始体。

2. 培养特点

专性细胞内寄生，衣原体的培养只能用三种方法：鸡胚或鸭胚培养、动物接种和细胞培养。

3. 抵抗力

对热和消毒剂敏感；耐低温；对青霉素、金霉素、红霉素、四环素、氯霉素、多黏菌素等多种抗生素敏感。

（三）衣原体的感染

1. 致病机制

内毒素样物质可抑制细胞代谢，破坏细胞；外膜蛋白与吸附、侵入及阻止吞噬体和溶酶体融合有关；可引起Ⅳ型超敏反应。

2. 主要疾病

（1）鹦鹉热衣原体主要感染动物。鸽感染后表现为结膜炎、鼻炎和腹泻等症状；雏鸡感染后表现为白痢样腹泻、厌食。可引起牛、羊流产、早产、死产以及肺炎，猪肺炎、腹泻、关节炎和结膜炎等，孕猪发生流产、死产和传染性不育症。

（2）兽类衣原体可引起牛羊的多发性关节炎、脑脊髓炎和腹泻。

3. 免疫性

抗体持续时间短，免疫力不强，易造成持续感染和反复感染。

4. 微生物学诊断要点

（1）在人工培养基上不能生长，可在鸡胚卵黄囊上生长，并不被磺胺嘧啶钠抑制。

（2）在感染细胞的细胞质中可检查到病原体，主要为原体，也可见到始体，革兰氏染色阴性，碘染色反应阴性。

（3）免疫学实验：检查属共同抗原与种别抗原。

六、放线菌

放线菌是介于细菌与丝状真菌之间而又接近于细菌的一类丝状原核生物，因菌落呈放射状而得名。放线菌多为腐生，少数寄生，与人类关系十分密切。放线菌具有特殊的土霉味，易使水和食品变味。

（一）放线菌的形态结构

放线菌菌体为单细胞，大多由分支发达的菌丝组成。菌丝直径与杆状细菌差不多，大约1微米。革兰氏染色阳性，极少阴性。放线菌菌丝细胞的结构与细菌基本相同。根据菌丝形态和功能可分为营养菌丝、气生菌丝和孢子菌丝三种。

（二）放线菌的生理

1. 培养特性

一般圆形、光滑或有许多皱褶，光学显微镜下观察，菌落周围具辐射状菌丝。

2. 繁殖方式

放线菌主要通过形成无性孢子的方式进行繁殖。

3. 营养需求

除少数自养型菌种如自养链霉菌外，绝大多数为异养型。异养型的营养要求差别很大，有的能利用简单化合物，有的却需要复杂的有机化合物。大多数放线菌是好气的，只有某些种是微量好气菌和厌气菌。温度对放线菌生长亦有影响，大多数放线菌的最适生长温度为23～37 ℃。

第二章　兽医免疫学知识

免疫是指动物或人机体识别自己和非己抗原物质，并清除非己抗原物质，从而保持机体内外环境平衡的生理反应。它的基本特性是具有识别能力、特异性和免疫记忆；基本功能是免疫防御（抗病原微生物感染）、保持自身稳定（抗衰老）和免疫监视（抗肿瘤）。免疫分为非特异性免疫和特异性免疫。非特异性免疫指机体先天的、固有的，在种系发育、进化过程中形成，经遗传获得的免疫，作用范围广，并非针对特定抗原。特异性免疫是指机体受病原体感染或接种疫苗而获得的免疫，只有在接触特定抗原后产生，并且针对该抗原发生反应。

第一节　抗原和抗体

一、抗原

凡是能刺激机体产生抗体和效应性淋巴细胞，并能与之结合引起特异性免疫反应的物质称为抗原。

（一）抗原性质

抗原具有异物性（免疫原性）、大分子性和特异性（反应原性）。

1. 异物性

又称免疫原性，指进入机体组织内的抗原物质，必须与该机体组织细胞的成分不相同。抗原一般是指进入机体内的外来物质，如细菌、病毒、花粉等，也可以是不同物种间的物质，如马血清进入兔子的体内，马血清中的许多蛋白质就成为兔子的抗原物质。同种异体间的物质也可以成为抗原，如血型、移植免疫等。自体内的某些隔绝成分也可以成为抗原，如眼睛水晶体蛋白质、精细胞、甲状腺球蛋白等，在正常情况下固定在机体的某一部位，与产生抗体的细胞相隔绝，因此，不会引起自体产生抗体。但当受到外伤或感染，这些成分进入血液时，就像异物一样也能引起自体产生抗体，这些对自体具有抗原性的物质称为自身抗原，所产生的抗体称为自身抗体。由于自身抗体与自身抗原发生反应，于是引起自身免疫疾病，如过敏性眼炎、甲状腺炎等。机体其他自身组织的蛋白可因电离辐射、烧伤、某些化学药品和某些微生物等理化和生物因素的作用发生变性时，也可成为自身抗原，引起自身免疫疾病，如系统性红斑狼疮、白细胞减少、慢性肝炎等。

2. 大分子性

指构成抗原的物质通常是相对分子质量大于 10 000 的大分子物质，分子质量越大，抗原性越强。绝大多数蛋白质都是很好的抗原。抗原物质都是大分子物质，是因为大分子物质能够较长时间停留在机体内，有足够的时间和免疫细胞（巨噬细胞、T 淋巴细胞和 B 淋巴细胞）接触，引起免疫细胞作出反应。如果外来物质是小分子物质，将很快被机体排出体外，没有机会与免疫细胞接触，如大分子蛋白质经水解后成为小分子物质，就失了抗原性。

3. 特异性（反应原性）

指一种抗原只能与相应的抗体或效应 T 细胞发生特异性结合。抗原的特异性是由分子表面的特定化学基团所决定的，这些化学基团称为抗原决定簇。抗原以抗原决定簇与相应淋巴细胞的抗原受体结合而激活淋巴细胞引起免疫应答。换言之，淋巴细胞表面的抗原识别受体通过识别抗原决定簇而区分"自身"与"异己"。抗原也是以抗原决定簇与相应抗体特异性结合而产生反应的。因此，抗原决定簇是免疫应答和免疫反应具有特异性的物质基础。

（二）抗原结构

抗原决定簇又称抗原表位，是指抗原分子中与淋巴细胞特异性受体和抗体结合，具有特殊立体构型的免疫活性区域。一个抗原分子可带有不同的决定簇。抗原表位由 5～7 个氨基酸残基组成。抗原分子抗原表位的数量称为抗原价。含多个抗原表位的抗原称为多价抗原，只有一个抗原表位的抗原称为单价抗原。根据表位种类的不同，分为单特异性表位和多特异性表位，前者只含一种表位，后者则含有两种以上不同表位。构象表位是抗原分子中由分子基团间特定的空间构象形成的表位。顺序表位是抗原分子中直接由分子基团的一级结构序列决定的表位。被 B 细胞抗原受体和抗体分子所识别或结合的表位为 B 细胞表位，而被 T 细胞受体识别的表位为 T 细胞表位。

（三）抗原分类

1. 根据抗原性质分

可分为完全抗原和不完全抗原。

（1）完全抗原：是一类既有免疫原性，又有反应原性的物质。如大多数蛋白质、细菌、病毒、细菌外毒素等都是完全抗原。

（2）不完全抗原（半抗原）：只具有免疫反应性，而无免疫原性的物质，故又称不完全抗原。半抗原与蛋白质载体结合后，就获得了免疫原性。又可分为复合半抗原和简单半抗原。复合半抗原不具有免疫原性，只具免疫反应性，如绝大多数多糖（如肺炎球菌的荚膜多糖）和所有的类脂等；简单半抗原既不具免疫原性，又不具免疫反应性，但能阻止抗体与相应抗原或复合半抗原结合，如肺炎球菌荚膜多糖的水解产物等。

2. 根据对胸腺（T 细胞）的依赖性分

可分为胸腺依赖性抗原（TD-Ag）和非胸腺依赖性抗原（TI-Ag）。

（1）胸腺依赖性抗原：指需要 T 细胞辅助和巨噬细胞参与才能激活 B 细胞产生抗体的抗原性物质。胸腺依赖性抗原分为既能引起体液免疫应答，又能引起细胞免疫应答；产生 IgG 等多种类别抗体；可诱导产生免疫记忆。

（2）非胸腺依赖性抗原：指无须 T 细胞辅助，可直接刺激 B 细胞产生抗体的抗原。分为只能引起体液免疫应答，只能产生 IgM 类抗体，无免疫记忆。

3. 根据抗原来源分

可分为异种抗原、同种异型抗原、自身抗原和异嗜性抗原。

（1）异种抗原：来自与免疫动物不同种属的抗原物质。

（2）同种异型抗原：与免疫动物同种而基因型不同的个体的抗原物质。

（3）自身抗原：能引起自身免疫应答的自身组织成分。

（4）异嗜性抗原：与种属特异性无关，存在于人、动物、植物生物之间的共同抗原。

4. 根据化学性质分

可分为蛋白质、脂蛋白、糖蛋白、脂质、多糖、脂多糖、核酸抗原等。

此外，抗原还可分为内源性抗原和外源性抗原，以及天然抗原、人工抗原、合成抗原等。

（四）抗原的交叉性

自然界中不同抗原物质之间，不同种属的微生物间、微生物与其他抗原物质间，存在有相同或相似的抗原组成或结构，或有共同的抗原表位，这种现象称为抗原的交叉性或类属性。这些共有的抗原组成或表位称为共同抗原或交叉反应抗原。种属相关的生物之间的共同抗原又称为类属抗原。抗原的交叉性有三种情况：不同物种间存在共同的抗原组成；不同抗原分子存在共同的抗原表位；不同表位之间有部分结构相同。

（五）重要抗原

1. 微生物抗原

包括细菌、真菌、病毒等。细菌抗原结构复杂，是多种抗原的复合体，有菌体抗原、鞭毛抗原、荚膜抗原和菌毛抗原。病毒抗原有囊膜抗原、衣壳抗原、核蛋白抗原等。

2. 非微生物抗原

血型抗原、动物血清与组织浸液、酶类物质和激素。

3. 人工抗原

（1）合成抗原：依据蛋白质的氨基酸序列，用人工方法合成蛋白质肽链或短肽，并与大分子蛋白质的蛋白质载体连接，使其具有免疫原性。

（2）结合抗原：将天然的半抗原与大分子蛋白质载体连接而成，用于免疫动物制备针对半抗原的特异性抗体。

二、抗体

抗体是动物机体受到抗原物质刺激后，由 B 淋巴细胞转化为浆细胞后产生的，被免疫系统用来鉴别并中和外来物质（如细菌、病毒等）的大型 Y 形蛋白质，仅发现于脊椎动物的体液及其 B 细胞的细胞膜表面。所有的抗体都是免疫球蛋白，但免疫球蛋白不都是抗体。

（一）抗体结构

抗体具有 4 条多肽链的对称结构，其中 2 条是较长、相对分子质量较大的相同的重链

（H 链）；另 2 条是较短、相对分子质量较小的相同的轻链（L 链）。链间由二硫键和非共价键联结形成一个由 4 条多肽链构成的单体分子。轻链有 κ 和 λ 两种，重链有 μ、δ、γ、ε 和 α 五种。整个抗体分子可分为恒定区和可变区两部分。在给定的物种中，不同抗体分子的恒定区都具有相同的或几乎相同的氨基酸序列。可变区位于 Y 形结构的两臂末端。在可变区内有一小部分氨基酸残基的组成和排列顺序更易发生变异，称为高变区。高变区位于分子表面，最多由 17 个氨基酸残基构成，少则只有 2～3 个。高变区氨基酸序列决定了该抗体结合抗原的特异性。一个抗体分子上的两个抗原结合部位是相同的，位于两臂末端称为抗原结合片段（Fab）。

（二）抗体分类

1. 按作用对象分

可将其分为抗毒素、抗菌抗体、抗病毒抗体和亲细胞抗体。

2. 按理化性质分

可将其分为 IgM、IgG、IgA、IgE、IgD 五类。

（1）IgM 抗体：是免疫应答中首先分泌的抗体，它们在与抗原结合后启动补体的级联反应，它们还把入侵者相互连接起来，聚成一堆便于巨噬细胞的吞噬。

（2）IgG 抗体：激活补体，中和多种毒素。IgG 持续的时间长，是唯一能在母体妊娠期穿过胎盘保护胎儿的抗体。IgG 还可通过乳腺分泌进入初乳，使新生畜得到保护。

（3）IgA 抗体：进入身体的黏膜表面，包括呼吸、消化、生殖等管道的黏膜，中和感染因子。还可以通过初乳把这种抗体输送到新生儿的消化道黏膜中，是在母乳中含量最多、最为重要的一类抗体。

（4）IgE 抗体：其尾部与嗜碱细胞、肥大细胞的细胞膜结合，当抗体与抗原结合后，嗜碱细胞与肥大细胞释放组胺类物质促进炎症的发展。这也是引发速发型过敏反应的抗体。

（5）IgD 抗体：作用还不太清楚，它们主要出现在成熟的 B 淋巴细胞表面上，可能与 B 细胞的分化有关。

3. 按可见反应分

按与抗原结合后是否出现可见反应可分为：在介质参与下出现可见结合反应的完全抗体；即通常所说的抗体；以及不出现可见反应，但能阻抑抗原与其相应的完全抗体结合的不完全抗体。

4. 按抗体来源分

可将其分为天然抗体和免疫抗体。

（三）抗体生物活性

1. 特异性结合抗原

抗体本身不能直接溶解或杀伤带有特异抗原的靶细胞，通常需要补体或吞噬细胞等共同发挥效应以清除病原微生物或导致病理损伤。然而，抗体可通过与病毒或毒素的特异性结合，直接发挥中和病毒的作用。

2. 激活补体

IgM、IgG_1、IgG_2 和 IgG_3 可通过经典途径激活补体，凝聚的 IgA、IgG_4 和 IgE 可通过

替代途径激活补体。

3. 结合细胞

不同类别的免疫球蛋白，可结合不同种的细胞，参与免疫应答。

4. 可通过胎盘及黏膜

IgG 能通过胎盘进入胎儿血流中，使胎儿形成天然被动免疫。IgA 可通过消化道及呼吸道黏膜，是黏膜局部抗感染免疫的主要因素。

5. 具有抗原性

抗体分子是一种蛋白质，也具有刺激机体产生免疫应答的性能。不同的免疫球蛋白分子具有各自不同的抗原性。

6. 抗体对理化因子的抵抗力与一般球蛋白相同

不耐热，$60 \sim 70 \, ℃$ 即被破坏。各种酶及能使蛋白质凝固变性的物质，均能破坏抗体的作用。抗体可被中性盐类沉淀。在生产上常可用硫酸铵或硫酸钠从免疫血清中沉淀出含有抗体的球蛋白，再经透析法将其纯化。

7. 通过与细胞 Fc 受体结合发挥多种生物效应

IgG、IgM 与吞噬细胞结合，增强其吞噬能力；发挥抗体依赖的细胞介导的细胞毒作用。

（四）抗体功能

抗体的主要功能是识别并特异性结合抗原，从而有效地清除侵入机体内的微生物、寄生虫等异物。每种抗体与特定的抗原决定基结合。这种结合可以使抗原失活，也可能无效，但有时也会对机体造成病理性损害，如抗核抗体、抗双链 DNA 抗体、抗甲状腺球蛋白抗体等一些自身抗体。

（五）抗体的产生规律

1. 初次反应产生抗体

当抗原第一次进入机体时，需经一定的潜伏期才能产生抗体，且抗体产生的量也不多，在体内维持的时间也较短。

2. 再次反应产生抗体

当相同抗原第二次进入机体后，开始时，由于原有抗体中的一部分与再次进入的抗原结合，可使原有抗体量略为降低。随后，抗体效价迅速大量增加，可比初次反应产生的多几倍到几十倍，在体内留存的时间亦较长。

3. 回忆反应产生抗体

由抗原刺激机体产生的抗体，经过一定时间后可逐渐消失。此时若再次接触抗原，可使已消失的抗体快速上升。如再次刺激机体的抗原与初次相同，则称为特异性回忆反应；若与初次反应不同，则称为非特异性回忆反应。非特异性回忆反应引起的抗体的上升是暂时性的，短时间内即很快下降。

（六）单克隆抗体

单克隆抗体是指由一个 B 细胞分化增殖的子代细胞产生的针对单一抗原决定簇的抗体。

由于其具有高度特异性、高纯度、可重复性、效价高、交叉反应少、可大量生产等优点，被广泛应用于血清学诊断、免疫治疗、免疫学研究。

第二节　疫苗与免疫预防

一、疫苗

（一）免疫力获得途径

各种动物在胚胎发育或出生后，均能以不同的方式获得对病原微生物等抗原性物质的抵抗力，这种免疫力可分为先天性免疫和获得性免疫。其中，获得性免疫又可分为主动免疫和被动免疫，具体见图2-1。

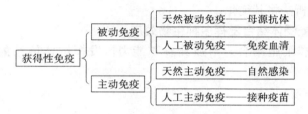

图2-1　获得性免疫的分类

其中，被动免疫是动物依靠输入其他机体所产生的抗体而产生的免疫力，如幼畜从母体获得的抗体而产生的免疫作用。主动免疫是动物受到病原体等抗原物质刺激后，自身所产生的针对该抗原的免疫力。如病愈后获得的对这种病的抵抗力为天然主动免疫，接种疫苗为人工主动免疫。疫苗是由免疫原性较好的病原微生物经繁殖和处理后制成的制品，接种动物机体后，刺激机体产生特异性抗体，当体内的抗体滴度达到一定数值后，就可以抵抗这种病原微生物的侵袭、感染，起到预防这种疾病的作用。疫苗的主要作用是预防传染病。

（二）疫苗的种类

1. 按防治类别分

可分为细菌性疫苗、病毒性疫苗、寄生虫疫苗等。

2. 按生产工艺分

（1）常规疫苗：包括灭活疫苗、弱毒疫苗、单价疫苗、多价疫苗、混合疫苗、同源疫苗、异源疫苗等。

① 灭活疫苗：把病原微生物经理化方法灭活后制造的疫苗，灭活后的病原生物仍然保持免疫原性，接种后使动物产生特异免疫力，这种疫苗又称为死疫苗，通常采用白油佐剂。

② 弱毒疫苗：即活疫苗，是利用从自然分离得到的天然弱毒株或经过人工致弱的毒株制造的疫苗，弱毒疫苗的毒力已经不能引起动物发病，但仍然保持着原有的免疫原性，并能在体内繁殖。

③ 单价疫苗：只利用同一种微生物菌（毒）株或同一种微生物中单一血清型菌（毒）株的增殖培养物制备的疫苗。

④ 多价疫苗：用同一种微生物若干血清型菌（毒）株的增殖培养物制备的疫苗。

⑤ 混合疫苗：利用不同微生物增殖培养物，按免疫学原理和方法组合而成。

⑥ 同源疫苗：利用同种、同型或同源的微生物制备的，而又应用于同种类动物免疫预防的疫苗。

⑦ 异源疫苗：利用具有类属保护性抗原的非同类微生物所制成的疫苗。

（2）亚单位疫苗：指提取微生物有效抗原部分，利用一种或几种亚单位结构成分制成的疫苗。

（3）生物技术苗：包括基因工程疫苗、合成肽疫苗、抗独特型疫苗等。

① 基因工程疫苗：基因工程疫苗是用分子生物学技术对病原微生物的基因组进行改造，以降低其致病性，提高其免疫原性，或者将病原微生物组中的一个或多个对预防疫病有用的基因克隆到无毒的原核或真核表达载体上制成的疫苗。如新城疫-禽流感重组二联疫苗。

② 合成肽疫苗：多肽疫苗是通过化学合成法人工合成病原微生物的保护性多肽，再加入佐剂制成的疫苗。由于多肽疫苗完全是合成的，不存在毒力回升或灭活不完全的问题，已成为一种新型的疫苗。

③ 抗独特型疫苗：利用抗独特型抗体可以模拟抗原，刺激机体产生与抗原特异性抗体具有同等免疫效应的抗体。

（三）弱毒苗和灭活苗的优缺点

弱毒苗和灭活苗各有优劣，具体见表 2-1，实践中结合实际情况使用不同种类的疫苗。

表 2-1　灭活疫苗和弱毒苗的优缺点比较

类别	优　点	缺　点
灭活疫苗	① 比较安全，不发生全身性副作用，无返祖现象 ② 有利于制备多价、多联等混合疫苗 ③ 制品稳定，受外界条件影响小，有利于运输保存	① 接种次数多、剂量大，必须注射，不产生局部免疫 ② 需要高浓度抗原物质，生产成本高
弱毒活苗	① 一次免疫接种即可成功，可采取自然感染途径接种（如注射、滴鼻、饮水、喷雾等） ② 可引起整个免疫应答，免疫力持久 ③ 产量高，生产成本低	① 残毒在自然界动物群中持续传递后毒力有返强的危险 ② 存在的污染毒有可能扩散 ③ 存在不同抗原的干扰现象 ④ 要求在低温、冷暗条件下运输、储存

二、免疫预防

（一）疫苗保存运输条件

在国内现有的条件下，活疫苗一般在 -15 ℃条件下保存，灭活苗在 2~8 ℃条件下保存。疫苗在运输过程中，应保持冷链运输系统的正常工作，疫苗由冷库进入冷藏车，被运往各地，或将疫苗装入具有冰块的保温箱内，经公路、铁路或飞机运往各地。活苗一般在－15 ℃条件下保存，这给疫苗的保存、运输和使用带来极大的不便，同时疫苗在稀释过程中由于温度变化，疫苗活力可能会有不同程度的降低，影响了疫苗的免疫效果。添加耐热保护剂的疫苗可在 2～8 ℃条件下保存，解决了疫苗在运输、使用过程中的诸多不便。

（二）疫苗的接种方法

疫苗的接种方法主要有注射、滴鼻、点眼、口服、气雾、刺种等。

1. 注射

主要包括皮下注射和肌内注射。猪的皮下注射一般选择皮薄、容易移动但活动性较小的部位，如大腿内侧、耳根后方。猪的肌内注射，一般选择肌肉丰满的颈部或臀部，体质瘦弱的猪一般不要臀部注射，以免误伤坐骨神经。鸡的肌内注射部位一般在肌肉发达处，如胸肌或腿部肌肉。所有的灭活疫苗一般均采用注射法。

2. 滴鼻、点眼

接种时要保证每只鸡都能得到规定剂量的疫苗。鸡传染性支气管炎可采取滴鼻法，鸡传染性喉气管炎活疫苗采用点眼法。

3. 口服

适用于大型鸡群，此法省时省力，简单方便，反应也最小；口服疫苗必须是活疫苗，灭活疫苗不适于口服；口服免疫时需加大疫苗的用量，一般认为口服苗的用量应为注射量的5～10倍；免疫前，应视地区、季节、饲料等情况禁水 2～4 小时，以保证喂饮疫苗时每个动物尽可能食入足够的剂量。饮完后经 1～2 小时再正常供水；饮水或拌料口服均可时，饮水比拌料效果好，因为饮水并非只进入消化道，还要经过与口腔黏膜、扁桃体等接触，而这些部位有较丰富的淋巴样组织，更易于诱发黏膜免疫应答。对饲喂的饲料品质及水质要有选择，过酸的饲料、过高的温度均会影响免疫的效果。在饮水免疫时，水中加入一定量的脱脂奶粉，免疫效果会更好。如用鸡传染性法氏囊病中等毒力活疫苗进行饮水免疫时，常加入少量的脱脂奶粉。

4. 气雾

气雾器的选择至关重要。气雾器喷出的粒子过小，粒子很容易蒸发，而且粒子会被鸡吸入肺泡，易引起肺部疾病；气雾粒子过大，不能在空气中悬浮，机体吸入的粒子较少，而达不到免疫接种的效果；粒子的直径在 20 微米时，能在空气中稳定地悬浮，机体吸入后可到达支气管，对肺的刺激性较小，免疫预防的效果较好。

5. 刺种

接种鸡痘疫苗时常用刺种法，用鸡痘刺种针或钢笔尖蘸取稀释的疫苗，于鸡翅膀内侧无血管处皮下刺种，在拔针时要防止将苗液带出一部分，使得接种剂量不足，导致个别鸡免疫不确实，散发鸡痘。

（三）疫苗使用注意事项

（1）按使用说明应用即可，如要加大或减少剂量，应有一定的理论依据或在当地兽医的指导下进行。只有保证待免疫动物群体的健康，才能进行接种。注射免疫时必须做到一个动物一个针头，注射用具必须严格消毒，以防交叉感染。

（2）饮水免疫时，注意饮水中绝对不能混入消毒药，同时水中不能含有漂白粉等能杀灭或抑制疫苗活力的有毒化学物质。

（3）疫苗必须现用现配，并争取在最短的时间内接种完毕，已稀释的疫苗必须一次用完。如免疫时间稍长（如超过 2 小时），最好随时将疫苗液放在 4 ℃冰箱内暂时储存，如无条件应放在水缸旁等阴凉处。

（4）接种疫苗期间，最好不应用抗生素，因为抗生素对细菌性活疫苗具有抑杀作用，对病毒性疫苗也有一定程度的影响。疫苗稀释后应立即使用，并于 4 小时内用完。使用疫苗时，严禁用热水、温水及含氯等消毒剂的水稀释。饮水免疫时，忌用金属容器，鸡群在饮水前要禁水 4～6 小时，时间长短可根据温度高低适当调整，要保证每只鸡都能充分饮水，并在短时间内饮完，饮完后经 1～2 小时再正常给水。免疫用具须灭菌处理。接种期间，应加强饲养管理水平，提高机体的抗病力。制定的免疫程序合理。

（5）虽然有了一种可靠的疫苗，但是由于疫苗使用、保存不当以及免疫程序制定不合理，常造成免疫失败。要改变"疫苗万能、漠视条件"的观点，应该认识到即使是最好的疫苗也不可能百分之百地保护动物，也就是说，疫苗的免疫预防保护能力的产生是有条件的，其中最重要的条件就是待免疫动物本身是健康的，同时还必须具有良好的、洁净的饲养环境以及科学的饲养管理。所以对动物传染病的预防必须建立在综合性预防措施的基础上，才能获得理想的效果。

（四）免疫失败的原因

在实际生产中，经常会遇到免疫失败的情况，造成免疫失败的原因很多，在遇到该情况时可参考图 2-2 从疫苗、动物、免疫方法、病原四个方面查找原因。

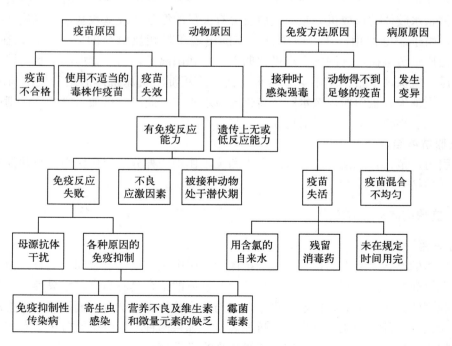

图 2-2　免疫失败原因分析

第三节　免疫学技术

一、抗原抗体反应

抗原抗体反应是指抗原与相应抗体之间所发生的特异性结合反应，可发生于体内，也可发生于体外。体内反应可介导吞噬、溶菌、杀菌、中和毒素等作用；体外反应则根据抗原的物理性状、抗体的类型及参与反应的介质不同，出现凝集反应、沉淀反应、补体参与反应及中和反应等各种不同的反应类型。因抗体主要存在于血清中，在抗原或抗体的检测中多采用血清做试验，所以体外抗原抗体反应亦称为血清反应。

（一）抗原抗体反应的原理

抗原与抗体能够特异性结合是基于两种分子间的结构互补性与亲和性，这两种特性是由抗原与抗体分子的一级结构决定的。抗原抗体反应可分为两个阶段。第一阶段为抗原与抗体发生特异性结合的阶段，此阶段反应快，仅需几秒至几分钟，但不出现可见反应。第二阶段为可见反应阶段，抗原抗体复合物在环境因素（如电解质、pH、温度、补体）的影响下，进一步交联和聚集，表现为凝集、沉淀、溶解、补体结合介导的生物现象等肉眼可见的反应。此阶段反应慢，往往需要数分钟至数小时。这两个阶段的反应所需时间亦受多种因素和反应条件的影响，若反应开始时抗原抗体浓度较大且两者比较适合，则很快能形成可见反应。

1. 亲水胶体转化为疏水胶体

抗体是球蛋白，大多数抗原亦为蛋白质，它们溶解在水中皆为胶体溶液，不会发生自然沉淀。这种亲水胶体的形成机制是因蛋白质含有大量的氨基和羧基残基，这些残基在溶液中带有电荷，由于静电作用，在蛋白质分子周围出现了带相反电荷的电子云。如在 pH 7.4 时，某蛋白质带负电荷，其周围出现极化的水分子和阳离子，这样就形成了水化层，再加上电荷的相斥，就保证了蛋白质不会自行聚合而产生沉淀。抗原抗体的结合使电荷减少或消失，电子云也消失，蛋白质由亲水胶体转化为疏水胶体。此时如再加入电解质，则进一步使疏水胶体物相互靠拢，形成可见的抗原抗体复合物。

2. 抗原抗体结合力

电荷引力、范德瓦尔斯力、氢键结合力和疏水作用四种分子间作用力参与并促进抗原抗体间的特异性结合。

（二）抗原抗体反应的特点

1. 特异性

抗原抗体的结合实质上是抗原表位与抗体超变区中抗原结合点之间的结合。由于两者在化学结构和空间构型上呈互补关系，所以抗原与抗体的结合具有高度的特异性。这种特异性如同钥匙和锁的关系。例如，白喉抗毒素只能与相应的外毒素结合，而不能与破伤风外毒素结合。但较大分子的蛋白质常含有多种抗原表位。如果两种不同的抗原分子上有相同的抗原表位，或抗原、抗体间构型部分相同，皆可出现交叉反应。

2. 按一定的比例关系进行

抗原抗体特异性反应中，生成结合物的量与反应物的浓度有关。无论在一定量的抗体中加入不同量的抗原或在一定量的抗原中加入不同量的抗体，均可发现只有在两者分子比例合适时才出现最强的反应。以沉淀反应为例，若向一排试管中加入一定量的抗体，然后依次向各管中加入递增量的相应可溶性抗原，根据所形成的沉淀物及抗原抗体的比例关系可绘制出反应曲线。曲线的高峰部分是抗原抗体分子比例合适的范围，称为抗原抗体反应的等价带。在此范围内，抗原抗体充分结合，沉淀物形成快而多。其中有一管反应最快，沉淀物形成最多，上清液中几乎无游离抗原或抗体存在，表明抗原与抗体浓度的比例最为合适，称为最适比。在等价带前后分别为抗体过剩或抗原过剩的情况，这种现象称为带现象。出现在抗体过量时，称为前带；出现在抗原过剩时，称为后带。

3. 可逆性

抗原抗体复合物解离取决于两方面的因素，一是抗体对相应抗原的亲和力；二是环境因素对复合物的影响。高亲和性抗体的抗原结合点与抗原表位的空间构型上非常适合，两者结合牢固，不容易解离。反之，低亲和性抗体与抗原形成的复合物较易解离。解离后的抗原或抗体均能保持未结合前的结构、活性及特异性。在环境因素中，凡是减弱或消除抗原抗体亲和力的因素都会使逆向反应加快，复合物解离增加。

（三）影响抗原抗体反应的因素

1. 电解质

抗原与抗体发生特异性结合后，虽由亲水胶体变为疏水胶体，若溶液中无电解质参加，仍不出现可见反应。为了促使沉淀物或凝集物的形成，常用 0.85% 氯化钠或各种缓冲液作为抗原及抗体的稀释液。由于氯化钠在水溶液中解离成 Na^+ 和 Cl^-，可分别中和胶体粒子上的电荷，使胶体粒子的电势下降。当电势降至临界电势（12～15 毫伏）以下时，则能促使抗原抗体复合物从溶液中析出，形成可见的沉淀物或凝集物。

2. 酸碱度

抗原抗体反应必须在合适的 pH 环境中进行。蛋白质具有两性电离性质，因此每种蛋白质都有固定的等电点。抗原抗体反应一般在 pH 为 6～8 进行。pH 过高或过低都将影响抗原与抗体的理化性质，例如，pH 达到或接近抗原的等电点时，即使无相应抗体存在，也会引起颗粒性抗原非特异性的凝集，造成假阳性反应。

3. 温度

在一定范围内，温度升高可加速分子运动，抗原与抗体碰撞机会增多，使反应加速。但若温度高于 56 ℃ 时，可导致已结合的抗原抗体再解离，甚至变性或破坏；在 40 ℃ 时，结合速度慢，但结合牢固，更易于观察。常用的抗原抗体反应温度为 37 ℃。每种试验都有其独特的最适反应温度，例如，冷凝集素在 4 ℃ 左右与红细胞结合最好，20 ℃ 以上反而解离。

此外，适当振荡也可促进抗原抗体分子的接触，加速反应。

二、常见的抗原抗体反应

根据抗原和抗体性质的不同和反应条件的差别，抗原抗体反应表现为不同的形式。颗粒性抗原表现为凝集反应；可溶性抗原表现为沉淀反应；补体参与下细菌抗原表现为溶菌反应，红细胞抗原表现为溶血反应；毒素抗原表现为中和反应等。利用这些类型的抗原抗体反应建立了各种免疫学技术，广泛用于抗原和抗体的检测。

（一）经典的免疫学反应

经典的免疫学反应包括凝集反应、沉淀反应、补体结合反应和中和试验等。

1. 凝集反应

当细菌和红细胞等颗粒性抗原与相应抗体特异结合后，在适量电解质存在条件下可逐渐聚集，出现肉眼可见的凝集现象，称为凝集反应。凝集反应试验分为直接凝集试验和间接凝集试验。间接凝集试验常用载体有乳胶颗粒、碳素颗粒、红细胞等。

2. 沉淀反应

可溶性抗原与相应抗体在液相中特异结合后，形成的免疫复合物受电解质影响出现的沉淀现象，称为沉淀反应。沉淀反应试验分为环状沉淀试验、絮状沉淀试验、免疫比浊试验和免疫扩散试验。

3. 补体结合反应

利用抗原抗体复合物同补体结合，把含有已知浓度的补体反应液中的补体消耗掉，通过补体浓度的降低来检出抗原或抗体。这是高敏度的检出方法之一。

4. 中和试验

以测定病毒的感染力为基础，以比较病毒受免疫血清中和后的残存感染力为依据，来判定免疫血清中和病毒的能力。

（二）免疫电泳技术

免疫电泳技术包括对流免疫电泳、火箭免疫电泳等。

（三）免疫标记技术

免疫标记技术包括荧光与发光免疫分析、酶标记免疫试验、放射免疫测定等。其中，酶标记免疫试验（ELISA）是广泛使用的方法。因酶促反应使测定的结果被放大，反应的灵敏度接近放射免疫分析法。常用于标记的酶有碱性磷酸酶、辣根过氧化物酶、β半乳糖苷酶和脲酶等。ELISA 有直接法、间接法及夹心法等不同反应方式。直接法是指用酶标记的抗原或抗体直接检测包被在酶标板上的抗体或抗原，被检抗原或抗体的量与产物颜色成正比。间接法是将酶标记在第二抗体上，当抗原与第一抗体结合后，再用酶标第二抗体来检查第一抗体是否与抗原结合。有酶底物显色的反应为正反应，反之为负反应。夹心法是先用一种未标记的抗体包被酶标板，用于捕获抗原分子，再用标记的具有相同抗原特性但来源于不同种类动物的抗体与之反应；也可用间接法中的第二抗体进行该项反应。夹心法可用于检测抗原，尤其是小分子的抗原，也可以用于检测抗体。

第三章　兽医传染病学知识

动物传染病是指由病原微生物引起，具有一定的潜伏期和临诊表现，并具有传染性的疾病。大多数病原体的感染宿主广泛，致使防治工作极为复杂。因此，人畜共患传染病在公共卫生安全乃至国际贸易中的地位日益重要。

第一节　传染病的发病机制

传染病的发生与发展都有一个共同的特征，就是疾病发展的阶段性。发病机制中的阶段性与临床表现的阶段性大多数是互相吻合的。

一、疾病发展的阶段

1. 入侵门户

病原体的入侵门户与发病机制有密切关系，入侵门户适当，病原体才能定居、繁殖及引起病变。例如，痢疾杆菌和霍乱弧菌都必须经口感染，破伤风杆菌必须经伤口感染，才能引起病变。

2. 机体内定位

病原体入侵成功并取得立足点后，在入侵部位直接引起病变；或在入侵部位繁殖，分泌毒素，在远离入侵部位引起病变；或进入血液循环，再定位于某一脏器（靶器官），引起该脏器的病变。每种传染病都各自有其规律性。

3. 排出体外

排出病原体的途径称为排出途径。有些病原体的排出途径是单一的，有些有多种途径，有些病原体则存在于血液中，等待虫媒叮咬或输血、注射才离开人体。病原体排出体外持续时间有长有短，因而不同传染病有不同的传染期。

二、组织损伤的发生机制

1. 直接侵犯

病原体借其机械运动及所分泌的酶可直接破坏组织，或通过细胞病变而使细胞溶解，或通过诱发炎症过程而引起组织坏死。

2. 毒素作用

许多病原体能分泌毒力很强的外毒素,选择性地损害靶器官或引起功能紊乱。革兰氏阴性杆菌分解后产生的内毒素则可激活单核-巨噬细胞分泌肿瘤坏死因子和其他细胞因子而导致发热、休克及播散性血管内凝血等现象。

3. 免疫机制

许多传染病的发病机制与免疫应答有关。有些传染病能抑制细胞免疫或直接破坏 T 细胞,更多的病原体通过变态反应而导致组织损伤,其中以Ⅲ型变态反应及Ⅳ型变态反应最常见。免疫系统介导的发病机制又称免疫发病机制。

三、重要的病理生理变化

(一)发热

发热常见于传染病,但并非传染病所特有。外源性致热原进入体内,激活单核-巨噬细胞、内皮细胞、B 淋巴细胞等,使后者释放内源性致热原如白细胞介素-1、肿瘤坏死因子、白细胞介素-6、干扰素等。内源性致热原通过血液循环刺激下丘脑体温调节中枢,使之释放前列腺素 E_2,后者使产热超过散热而引起体温上升。

(二)急性期改变

感染、创伤、炎症等过程所引起的一系列急性期机体应答称为急性期改变。它出现于感染发生后几小时至几日,也可见于某些慢性疾病如类风湿性关节炎、自身免疫性疾病和肿瘤。主要的急性期改变如下。

1. 蛋白代谢改变

肝合成一系列急性期蛋白,其中 C 反应蛋白是急性感染的重要标志,血沉加快也是血浆内急性期蛋白浓度增高的结果。糖原异生作用加速,能量消耗、肌肉蛋白分解增多、进食减少等均可导致负氮平衡。

2. 糖代谢改变

葡萄糖生成加速,导致血糖升高,糖耐量短暂下降,这与糖原异生作用及内分泌影响有关。

3. 水与电解质代谢改变

急性感染时,抗利尿激素分泌增加、尿量减少、水分潴留而导致低钠血症。由于钾的摄入减少和排出增加而导致钾的负平衡。吞噬细胞被激活后释出的介质则导致铁和锌由血浆进入单核-巨噬细胞系统,故持续感染可导致贫血。

4. 内分泌改变

在急性感染早期,随着发热开始,由促肾上腺皮质激素所介导的糖皮质激素和酮固醇在血中浓度升高,其中糖皮质激素水平可高达正常的 $2\sim5$ 倍。但在败血症并发肾上腺出血时则可导致糖皮质激素分泌停止。在发热开始以后,醛固酮分泌增加,导致氯和钠的潴留。中枢神经系统感染时由于抗利尿激素分泌增加而导致水潴留。在急性感染早期,胰高血糖素和胰岛素的分泌有所增加,血中甲状腺素水平在感染早期因消耗增多而下降,后期随着垂体反应刺激,甲状腺素分泌水平升高。

第二节 传染病的流行过程及影响因素

传染病的流行过程就是传染病在畜、人群中发生、发展和转归的过程。流行过程的发生需要有三个基本条件，分别是传染源、传播途径和畜群易感性。流行过程本身又受社会因素、自然因素等的影响。

一、流行过程的基本条件

（一）传染源

传染源是指病原体已在体内生长繁殖并能将其排出体外的动物。

1. 患畜

患畜是重要的传染源，急性患畜借其症状（咳嗽、吐、泻）而促进病原体的播散；慢性患畜可长期污染环境；轻型患畜数量多而不易被发现；在不同传染病中其流行病学意义各异。

2. 隐性感染动物

在某些传染病（沙门氏菌病、猪丹毒）中，隐性感染动物是重要传染源。

3. 病原携带者

病原携带者是指外表无症状但体内有病原体存在的宿主，病原能在其体内繁殖并被排出体外。一般分为潜伏期携带者（带毒）、恢复期携带者和健康病原携带者三类。

（二）传播途径

病原体离开传染源后，到达另一个易感者的途径，称为传播途径。传播途径由外界环境中各种因素所组成，从最简单的一个因素到包括许多因素的复杂传播途径都可发生。病原体由传染源排出后，经一定的传播途径再侵入其他易感动物所表现的形式称为传播方式，分为水平传播（传染病在群体之间或个体之间）和垂直传播（从亲代到其子代的传播）。

1. 垂直传播

包括经胎盘传播、经卵传播、经产道传播。

2. 水平传播

（1）直接接触传播：指病原体通过被感染的动物与易感动物直接接触、不需要任何外界条件因素的参与而引起的传播方式，其流行特点是一个接一个地发生，形成明显的连锁状。

（2）间接接触传播：指病原体通过传播媒介使易感动物发生传染的方式。主要有以下传播途径。

① 经空气、飞沫、尘埃传播：主要见于以呼吸道为进入门户的传染病。

② 经污染的饲料和水传播：主要见于以消化道为进入门户的传染病，如伤寒、痢疾等。

③ 通过被污染的物体传播：既可传播消化道传染病，也可传播呼吸道传染病。

④ 经活的媒介者传播：又称虫媒传播，见于以吸血节肢动物为中间宿主的传染病。

⑤ 经污染的土壤传播：当病原体的芽孢（如破伤风、炭疽）污染土壤时，则土壤成为这些传染病的传播途径。

（三）易感动物

对某一传染病缺乏特异性免疫力的动物称为易感动物，易感动物在某一特定畜群中的比例决定该畜群的易感性。易感动物的比例在畜群中达到一定水平时，如果又有传染源和合适的传播途径时，则传染病的流行很容易发生。某些病后免疫力很巩固的传染病，经过一次流行之后，要待几年后当易感者比例再次上升至一定水平，才发生另一次流行。这种现象称为流行的周期性。在普遍推行人工自动免疫的干预下，可把易感者水平降至最低，就能使流行不再发生。

二、影响流行过程的因素

（一）自然因素

自然环境中的各种因素，包括地理、气象、生态等条件对流行过程的发生和发展发挥着重要的影响。虫媒传染病对自然条件的依赖性尤为明显。传染病的地区性和季节性与自然因素有密切关系，如乙型脑炎有严格的夏秋季发病分布。自然因素可直接影响病原体在外环境中的生存能力，也可通过降低机体的非特异性免疫力而促进流行过程的发展，如寒冷可减弱动物呼吸道抵抗力。某些自然生态环境为传染病在野生动物之间的传播创造良好条件。

（二）饲养管理因素

畜舍的建筑结构、通风设施、垫料种类等都是影响疾病发生的因素。小气候又称为微气候，是指在确定小空间中的气候，如畜禽舍的小气候或动物体表几毫米处的小气候。小气候对畜禽疫病的发生有很大影响，因此饲养管理制度对疾病发生有很大影响。

（三）社会因素

社会因素包括社会制度，经济和生活条件，以及文化水平等，对传染病流行过程有重要影响。社会因素对传播途径的影响是最显而易见的。饮水卫生、粪便处理的改善，使血吸虫病、霍乱被控制或消灭就是明证。

三、疫源地和自然疫源地

有传染源及其排出的病原体存在的地区称为疫源地。疫源地具有向外传播病原的条件。疫源地的含义要比传染源的含义广泛得多，它除包括传染源之外，还包括被污染的物体、房舍、牧地、活动场所，以及这个范围内怀疑有被传染的可疑动物群和储存宿主等。而传染源则仅仅是指带有病原体和排出病原体的动物。

在防疫方面，对于传染源采取隔离、治疗和处理；而对于疫源地则除以上措施外，还应包括污染环境的消毒、杜绝各种传播媒介、防止易感动物感染等一系列综合措施。

（一）疫源地

当最后一个传染源死亡，或痊愈后不再携带病原体，或已离开该疫源地，对所污染的外界环境进行彻底消毒处理，并且经过该病的最长潜伏期，不再有新病例出现时，才能认为该疫源地被消灭。

疫源地按其范围大小可分为疫点或疫区。在疫源地存在的时间内，凡是与疫源地接触的易感动物，都有受感染并形成新传染源的可能。这样，一系列疫源地的相继出现，就构成了传染病的流行过程。

（二）自然疫源地

有些疾病的病原体在自然条件下，即使没有家畜的参与，也可以通过传播媒介（主要是吸血节肢动物）感染宿主造成流行，并且长期在自然界循环延续其后代。家畜的感染和流行，对其在自然界的保存来说不是必要的，这种现象称为自然疫源性。具有自然疫源性的疾病，称为自然疫源性疾病。存在自然疫源性疾病的地方，称为自然疫源地。自然疫源性的人畜传染病有狂犬病、流行性乙型脑炎、非洲猪瘟、布鲁氏菌病、炭疽、破伤风等。

第三节　传染病的特征

一、基本特征

传染病与其他疾病的主要区别在于具有下列五个基本特征。

1. 有病原体

每一种传染病都是由特异性的病原体所引起的。许多传染病（如霍乱、伤寒）都是先认识其临床和流行病学特征，然后认识其病原体的。

2. 有传染性

这是传染病与其他感染性疾病的主要区别。传染性意味着病原体能排出体外并污染环境。病畜有传染性的时期称为传染期，在每一种传染病中都相当固定，可作为隔离病畜的依据之一。

3. 有流行病学特征

传染病的流行过程在自然和社会因素的影响下，表现出各种特征。在质的方面有外来性和地方性之分；在量的方面有散发性流行、流行性流行、季节性流行等之分。传染病发病率在时间上、空间上、不同畜群（年龄、性别）中的分布，也是流行病学特征。

（1）散发性流行：疾病无规律性随机发生，局部地区病例零星地散在出现，各病例在发病时间与地点上无明显的关系。

（2）地方流行性流行：在一定的地区或畜禽群中，发病动物的数量较多，但传播范围不大，带有局限性传播特征。

（3）流行性流行：在一定时间内一定动物群体出现比寻常多的病例，它没有绝对的数量界限，而仅仅是指疾病发生频率较高的一个相对名词。

（4）大流行性流行：是一种规模非常大的流行，流行范围可扩大至全国，甚至可涉及几个国家或整个大陆。

（5）暴发流行流行：传染病病例的发病时间分布高度集中于一个短时间之内者。

（6）季节性流行：某些动物传染病经常发生在一定的季节，或在一定的季节出现发病率显著上升的现象。

（7）周期性流行：某些动物传染病的发病率呈周期性上升和下降，即经过一定的间隔期间可见到同一传染病的再度流行。处于两个发病高潮的中间一段时间称为流行间歇期。

4. 有感染后免疫

动物感染病原体后，无论是显性或隐性感染，都能产生针对病原体及其产物（如毒素）的特异性免疫。保护性免疫可通过抗体检测而获知。感染后免疫属于自动免疫，通过抗体转移而获得的免疫属于被动免疫。感染后免疫的持续时间在不同传染病中有很大差异。一般来说，病毒性传染病的感染后免疫持续时间最长，往往保持终身；被细菌、螺旋体等感染后免疫持续时间通常较短，仅为数月至数年。

5. 有特征性的临诊表现

大多数传染病具有特征性的综合症状、一定的潜伏期和病程。

二、临床特点

传染病的发展过程在大多数情况下具有严格的规律性，大致可以分为潜伏期、前驱期、明显期（发病期）和转归期四个阶段。

1. 潜伏期

从病原体侵入机体并进行繁殖时起，直到疾病的最初临床症状开始出现为止，通常相当于病原体在体内繁殖、转移、定位、引起组织损伤和功能改变从而导致临床症状出现之前的整个过程。每一个传染病的潜伏期都有一个范围（最短、最长），并呈常态分布。潜伏期的长短一般与病原体感染的量成反比。细菌性食物中毒，毒素在食物中已预先生成，则潜伏期可短至数小时。狂犬病的潜伏期取决于病毒进入体内部位（伤口），与伤口至中枢神经系统的距离成正比。

2. 前驱期

从出现疾病的最初症状开始，到传染病的特征症状刚一出现为止这段时间，潜伏期后即转入前驱期，特点是临诊症状开始表现出来，但该病的特征性症状仍不明显，通常是非特异性的，如发热、食欲不振等，为许多传染病所共有。起病急骤者，则无前驱期。

3. 明显期

前驱期之后一直到传染病的特征性症状逐步明显、充分表现出来这段时间。在此期间该传染病所持有的症状和体征通常都获得充分表达。

4. 转归期

是疾病发展的最后阶段，动物机体免疫力增长至一定程度，体内病理生理过程基本终止，患畜症状及体征基本消失，可以恢复体质，在此期间体内可能还有残余病理改变或生化改变，病原体还未完全清除，许多患畜的传染性还要持续一段时间，但食欲和机能均逐渐恢复，血清中的抗体效价逐渐上升至最高水平。如果病原体的致病性强，或动物体的抵抗力减退，则疾病过程以动物死亡为转归。

第四章　兽医药理学知识

第一节　基本药理知识

一、药物的概念

药物：用于治疗、预防或诊断疾病的物质。从理论上讲，凡能通过化学反应影响生命活动过程的化学物质都属于药物范畴。此外，兽药还包括能促进动物生长繁殖和提高生产性能的物质。

毒物：指对动物机体能产生损害作用的物质。药物超过一定剂量也能产生毒害作用。因此，从某些程度来说，药物与毒物间仅存在剂量的差别，没有绝对的界限，药物剂量过大或长期使用也可成为毒物。

二、药物对机体的作用——药效学

（一）药物的基本作用

1. 药物作用的基本表现

（1）药物作用：指药物与机体细胞大分子间的初始反应，是动因，是分子反应机制。

（2）药理效应：是药物作用的结果。表现为机体生理、生化功能的改变，是机体器官原有功能水平的改变。根据药物作用的基本形式分为功能性药物和化疗药物。功能性药物即功能提高（兴奋——机体活动增强）或功能降低（抑制——机体活动减弱），如去甲肾上腺素使血管收缩、血压升高；咖啡因使大脑皮层兴奋、使心脏功能加强，但对血管表现为扩张、松弛作用。化疗药物主要起辅助作用。

2. 作用的方式

（1）作用范围：一种是局部作用，吸收进入血液前在用药局部的作用；另一种是吸收作用，吸收进入全身循环后分布到作用部位产生的作用，又称全身作用。由于机体各部位受神经体液联系，因而药物的局部作用往往通过神经反射与体液传递产生全身性影响。

（2）作用顺序：分为直接作用和间接作用，直接作用即药物接触器官的原发性作用，又称原发作用。由于机体内环境的相对恒定和相互联系，在药物的直接作用下对某一器官的影响，必然产生对其他有关器官的相应反应，而呈现药物的间接作用。间接作用即通过直接作用的结果，产生的继发性作用，又称继发作用。

3. 作用的选择性

药物对某一器官、组织作用特别强，而对其他组织作用很弱，甚至对相邻的细胞也不产生影响。药物选择性是治疗作用的基础，选择性高，针对性强，效果好，相反亦然。但药物选择性低，应用范围广，如消毒药。

药物选择性产生的原因：一是药物对不同组织的亲和力不同，可选择性分布于靶组织，如碘在甲状腺的分布；二是药物在不同组织中的代谢速率不同，这与酶分布、活性有关；三是受体分布的不均一性，不同组织中的多少和类型差异。

4. 药物治疗作用与不良反应

（1）治疗作用：分为对因治疗（治本）和对症治疗（治标）。

（2）不良反应：其他与用药目的无关或对动物产生损害的作用。

（二）药物的构效关系与量效关系

1. 药物的构效关系

药物的化学结构与药理活性或毒性之间的关系称为药物的构效关系。相似化学结构的药物具有相似的作用。光学异构体往往具有不同的药理作用，多数左旋体有药理活性，而右旋体无作用。目前，绝大多数药物为混旋体（消旋体）。

2. 药物的量效关系

药理效应的强弱与剂量在一定范围内成正比例。可制作剂量反应曲线，即以药理效应为纵坐标，以药物剂量或浓度为横坐标，作图得到量效曲线。

（1）最小有效量：能引起药物效应的最小剂量，又称阈剂量。

（2）半数有效量（ED_{50}）：能引起药物效应的一半剂量。

（3）极量：出现最大效应的剂量。

（4）最小中毒量：出现中毒的最低剂量。

（5）致死量：引起死亡的量。

（6）半数致死量（LD_{50}）：半数动物死亡的量。

3. 量反应和质反应

量反应是指药理效应以数或量表示，如心率、血压、体温。质反应是指药理效应用有或无、阳性或阴性表示。

4. 治疗指数与安全范围

治疗指数指药物 LD_{50} 和 ED_{50} 的比值，比值越大越安全，与其 LD_{50} 的大小成正比，与 ED_{50} 成反比。但该指数不够准确，有人提出以 LD_5 和 ED_{95} 的比值作为安全范围来评价药物安全性比治疗指数更好。

（三）药物的作用机制

1. 药物作用的受体机制

（1）受体的概念：对特定的生物活性物质具有识别能力并可选择性与之结合的生物大分子，称作受体。对受体具有选择性结合能力的生物活性物质称为配体。受体的性质：①饱和性，即受体数量一定；②特异性，即配体在结构上与受体是互补的；③可逆性，即二者结合后，应以非代谢方式解离，解离得到的配体不是其代谢产物，而应是配体原形本身。

（2）受体的类型：根据受体蛋白的结构、位置、信息传导方式和效应等特点，大致将受体分为四类，即G蛋白偶联受体、含离子通道受体、具有酪氨酸激酶活性受体、细胞内受体。受体最初采用与之结合的递质或激素来命名，如乙酰胆碱受体、肾上腺素受体；后来又使用不同的药物研究不同组织或部位的受体，根据其亲和力效应的不同而命名该受体。

（3）受体的功能及作用方式：受体在介导药物效应中主要起传递信息作用，方式主要有脱敏和增敏两类。

2. 药物作用的非受体机制

药物的非受体机制主要通过以下途径产生作用：对酶的作用，影响细胞膜的离子通道，影响核酸代谢，影响神经递质，参与或干扰细胞代谢过程，影响免疫机能，影响生理物质转运，改变理化条件等。

三、机体对药物的作用——药物动力学

（一）药物的跨膜转运

药物的吸收分布及排泄过程中的跨膜转运有多种形式，但多数药物是以简单扩散的物理机制转运，扩散速度除了取决于膜的性质、面积及膜两侧的浓度梯度外，还与药物的性质有关。分子小、脂溶性大、极性小、非解离型的药物易通过生物膜。药物的解离度也因其 pK_a（酸性药物解离常数的负对数）及所在溶液的 pH 不同而不同。非解离型（分子态）药物可以自由通过生物膜，解离型药物不易通过生物膜。多数药物为弱酸性或弱碱性药物。弱酸性药物在酸性环境中解离少，分子态多，易通过生物膜；弱碱性药物则相反。由于膜两侧 pH 不同，当分布达平衡时膜两侧的药量会有相当大的差异。

药物转运方式包括被动转运（高浓度向低浓度转运）、主动转运（逆浓度转运，是直接耗能的转运过程）、易化扩散（顺浓度梯度进行，不消耗能量）、胞饮（吞噬）作用和离子对转运。

（二）药物的体内过程

药物的体内过程分为吸收、分布、生物转化和排泄。

1. 吸收

指药物从用药部位进入血液循环的过程。除静脉注射和静脉滴注外，其他过程均存在吸收过程。不同途径给药吸收快慢顺序：腹腔注射＞吸入＞舌下＞直肠＞肌内注射＞皮下＞口服＞皮肤。

（1）内服给药：吸收前从剂型中释放出来是其限速步骤。影响因素包括：①排空率；②pH；③胃肠内容物的充盈度；④药物相互作用；⑤首过效应。首过效应是指内服药物吸收后经门静脉进入肝脏，有些药物可被肝药酶和胃肠道上皮酶代谢，使进入全身循环的药量减少，称为首过效应，又称首过消除。内服优点是方便经济、相对安全、无感染发生；缺点是药物易受胃肠内容物影响而延缓或减少吸收，有的可能发生首过效应，有的根本不吸收，重症不适合。

（2）注射给药：优点是药物吸收快而完全，生效迅速；缺点是部分药物有刺激性、有一

定危险性、工作量大。

（3）呼吸道给药：缺点是对呼吸道黏膜有一定刺激性。

（4）皮肤给药：优点是用药方便；缺点是生物利用度低，相应制剂少。

2. 分布

是指药物从全身血液循环系统到达各组织器官的过程。药物的分布取决于药物本身的理化性质、血液和组织间的浓度梯度、组织的血流量和药物对组织的亲和力四个因素。

（1）与血浆蛋白结合：药物进入体内后，不论是在血中还是在器官中，都有两种形式，即游离型和结合型。结合型药物不能通过生物膜，只有游离型药物才能向组织分布发挥药理活性；结合型药物不能被转运并失去药理活性，但它是药物储存的形式。

（2）组织屏障：是体内器官的一种选择性转运功能，如血脑屏障、胎盘屏障、血眼屏障等。

3. 生物转化

转化的目的是生成更有利于排泄的代谢产物，又称代谢，是指药物在体内多种药物代谢酶（尤其肝药酶）作用下，化学结构发生改变的过程。主要分成两个过程：①首先进行氧化、还原、水解，在药物分子结构中引入或暴露出极性基团；②然后药物的极性基团与体内的内源性化合物结合，生成易溶于水且极性高的代谢物排出体外。

4. 排泄

即药物及其代谢产物通过各种途径从体内排出的过程。肾脏是药物排泄的主要器官，其次是肠道、唾液腺、乳腺、汗腺、肺等。

（1）肾排泄：是极性高（离子化）的代谢产物或原形药物的主要排泄途径。值得注意的是分泌机制相同的两类药物合用时，经同一载体的转运过程中可发生竞争性抑制。

（2）胆汁排泄：是极性太强而不能在肠内重吸收的有机阴离子和阳离子的消除机制，主要是相对分子质量在300以上并有极性基团的药物。

（3）乳腺排泄：大部分药物均可从乳汁中排泄，一般为被动扩散机制。

（三）药物动力学的基本概念

药物动力学是研究药物在体内的浓度随时间变化的规律的一门学科。采用数学模型描述或预测药物在体内的数量（浓度）、部位和时间三者之间的关系。

1. 血药浓度

一般指血浆中的药物浓度。可动态反应药物变化规律，此外，还有尿液、乳汁、组织样本或组织液中的浓度。

2. 速率过程

根据药物转运速率与药量或浓度间的关系，药物在体内的速率过程分为一级、零级和米-曼氏速率过程。

（1）一级速率过程：指药物在体内的消除或转运速率与药量或浓度的一次方成正比，即单位时间内按恒定的比例转运或消除。

（2）零级速率过程：指体内药物的转运或消除速率与浓度或药量的零次方成正比，即转运速率是恒定的。

（3）米-曼氏速率过程：指一级与零级速率过程相互转变的一种速率过程，在高浓度时是零级速率过程，在低浓度时为一级速率过程。

3. 药动学主要参数及意义

（1）半衰期：是指体内药物浓度或药量下降一半所需的时间，反映药物在体内消除速率的快慢。

（2）药时曲线下面积：反映到达全身循环的总量，大多数药物的药时曲线下面积与剂量成正比。

（3）表观分布容积：指药物在体内的分布达到动态平衡时，药物总量按血浆药物浓度分布所需的总容积，反映药物在体内的分布情况，值越大，说明分布越广，血浆中药物浓度越低。

四、影响药物作用的因素

（一）药物方面的因素

1. 剂量

药物作用或效应在一定剂量范围内随剂量的增加而增强，如巴比妥类药物小剂量催眠，随着剂量增加可表现出镇静、抗惊厥和麻醉作用。部分药物随剂量或浓度的不同，作用的性质会发生变化，如人工盐小剂量是健胃作用，大剂量则表现为下泻作用。

2. 剂型

剂型对药物作用的影响，主要表现为吸收快慢、多少不同，影响药物的生物利用度。新剂型可以改进、提高疗效，减少毒副作用，亦方便临床用药。

3. 给药方案

包括给药剂量、途径、时间间隔和疗程。给药途径不同主要影响生物利用度和药效出现的快慢，静脉注射几乎可立即发挥作用，其余从快到慢依次为肌内注射、皮下注射和内服。

4. 联合用药及药物相互作用

临床上同时使用两种以上的药物治疗疾病，目的是增强疗效，消除或减轻某些毒副作用，减少耐药性产生。药动学表现为物理化学相互作用、胃肠运动功能改变、菌丛改变、药物诱导改变黏膜功能等方面；药效学表现为协同作用、相加作用、拮抗作用等。

（二）动物方面的因素

1. 种属差异

动物品种、解剖、生理特点各异，所以不同种属动物对某一药物的药动学和药效学往往有很大的差异。如猫对阿司匹林敏感，口服时 38 小时给药一次；马静脉注射水杨酸需 6 小时一次；泰乐菌素注射马属动物时易致死，故禁用，而对猪、鸡、牛安全。

2. 生理因素

与肝药物代谢酶系统密切相关，一般而言，幼畜、老年家畜及母畜的药物代谢酶活性降低。幼畜的生物转化途径和有关微粒体酶系统功能不足，肾功能较弱（牛除外）。

3. 病理状态

药物在疾病动物中作用较显著，机能正常时，作用不明显。严重的肝、肾功能障碍可能影响药物生物转化、排泄，对药动学和药效学产生重大影响。

4. 个体差异

最重要因素是药物代谢酶类的多态性，不同个体之间的酶活性可能存在很大的差异，从而造成药物代谢速率上的差异。

（三）饲养管理和环境因素

机体的健康状态对药物的效应可以产生直接或间接的影响，而动物的健康主要取决于饲养和管理水平。饲养方面要注意营养全面，合理调配日粮成分。不同季节、温度和湿度均可影响消毒药、抗寄生虫药的疗效，环境中有机物可减弱消毒类药物的作用。

第二节　兽药分类

一、按来源分

兽药按来源可分为天然药物、合成药物和生物技术药物。

（一）天然药物

天然药物是指在现代医药理论指导下使用的天然药用物质及其制剂。其来源包括植物、动物、矿物和经微生物发酵产生的抗生素等。

1. 植物药物

是以植物初生代谢产物（如蛋白质、多糖）和次生代谢物（如生物碱、酚类、萜类）为有效成分的原料药、制剂。市场上植物来源的中药、中成药均在植物药之列。植物药在天然药物中占主导地位。由于其在治疗上的独特优势（来自大自然，毒副作用小；在治疗疑难杂症上有广阔的前景）而备受重视。

2. 动物药物

如鸡内金（健脾消食、消积化石）、牛黄（清热解毒、开窍祛痰、熄风定惊）、蝎子（熄风镇痉）等。动物组织可制成的部分药物见表 4-1。

表 4-1　动物组织材料可制成的药物

动物材料	可加工成的药物
脑	脑磷脂、卵磷脂、胆固醇、松果腺粉
胃	胃蛋白酶、胃膜素、结晶胃蛋白酶
肝	肝精、水解肝素
心脏	细胞色素 C、复合辅酶 A
胰脏	胰岛素、胰酶
肾上腺	肾上腺皮质激素、肾上腺素
胆汁	人工牛黄、胆盐
尿	尿素、硝酸钠
甲状腺	甲状腺粉、甲状腺片

3. 矿物药物

如石膏、芒硝、氯化钠、硫酸钠、硫酸镁等。

（二）合成药物

如各种人工合成的化学药物等。此类药物结构复杂，除少数品种如乙醇、乙醛等采用化学名称作药品名外，多数不能从其药物名知其化学组成。

（三）生物技术药物

生物技术药物即通过细胞工程、基因工程、酶工程和发酵工程等技术产生的药物，如酶制剂、生长激素、疫苗等。一般不能直接用于动物疾病的治疗或预防，必须加工制成安全、稳定和便于应用的形式。

二、按应用对象分

兽药按应用对象可分为畜药、禽药、蜂药、渔药、蚕药等。

三、按剂型分

兽药按剂型可分为液体或半液体剂型、固体剂型、半固体剂型、气体剂型。剂型反映了一个国家的医疗水平。药物的有效性首先是本身固有的药理作用，但仅有药理作用而无合理的剂型，势必影响药物疗效的发挥，先进而合理的剂型利于药物的储存、运输和使用，而且能够提高药物生物利用度，降低不良反应，发挥最大疗效。

四、按给药途径分

兽药按给药途径可分为注射剂、溶液剂、粉剂、气雾剂、软膏剂、泼淋剂、中药汤剂、舔剂等。

1. 注射剂

指可注射药物经过严格消毒或无菌操制成的水溶液、油溶液、混悬液、乳剂或粉剂。

2. 溶液剂

指非挥发性药物的澄明水溶液，可供内服（又称口服液）或外用。

3. 粉剂

是将一种或多种粉碎药物均匀混合而制成的干燥粉末状剂型，可通过拌料或饮水内服，分为可溶性粉剂、预混剂、中药散剂等。

4. 气雾剂

将药物与抛射剂共同封装于具有阀门系统的耐压容器中，使用时掀开阀门系统，借抛射剂的压力将药物喷出的剂型，供吸入给药、皮肤黏膜给药或空气消毒。

5. 软膏剂

将定量的药物与适宜基质如凡士林、油脂等均匀混合制成的具有适当稠度，易涂布于皮肤、黏膜上的半固体外用制剂，虽应用于体表，但所含药物经透皮吸收后可起到全身治疗作用。

五、按作用分

可分为抗生素、抗寄生虫药、消毒防腐药、解毒药、麻醉药、解热镇痛药、止痢药、催吐药、止吐药、止血药、健胃药、泻药、中枢兴奋药、强心药、祛痰药、平喘药、利尿药、激素药等。

六、按药物机理分

可分为抗微生物药、抗寄生虫药、消毒防腐药、外周神经系统药物、中枢神经系统药物、血液循环系统药物、作用于消化系统的药物、呼吸系统药物、利尿药与脱水药、作用于生殖系统的药物、皮质激素类药物、自体活性物质与解热镇痛抗炎药、水盐代谢调节药和营养药及特效解毒药，共十四类。

（一）外周神经系统药物

1. 传出神经药物

（1）拟胆碱药：是一类直接作用于胆碱受体，产生胆碱相似作用的药物。因其作用机制不同可分为直接作用于胆碱受体的胆碱受体激动药及发挥间接作用的抗胆碱酯酶药两种类型。胆碱受体激动药产生与乙酰胆碱相似作用，可分为 M、N 胆碱受体激动药（如乙酰胆碱），M 胆碱受体激动药（如毛果芸香碱），及 N 胆碱受体激动药（如烟碱）三类。抗胆碱酯酶药分为易逆性抗胆碱酯酶药（如新斯的明）和难逆性抗胆碱酯酶药（如有机磷）两类。

（2）抗胆碱药：又称胆碱能受体阻断药，可分为 M 胆碱受体阻断药（如阿托品）、N 胆碱受体阻断药（如琥珀胆碱）和中枢性抗胆碱药。

（3）拟肾上腺素药：又称肾上腺素受体激动药，能与肾上腺素受体结合，并激动受体，产生与肾上腺素相似的药理作用，包括肾上腺素、去甲肾上腺素、麻黄碱、克仑特罗、多巴胺等。依据对不同肾上腺素受体选择性，拟肾上腺素药可分为 α 受体激动药、α 受体与 β 受体激动药、β 受体激动药三类。

（4）抗肾上腺素药：又称肾上腺素受体阻断药，能与肾上腺素受体结合，阻碍去甲肾上腺素能神经递质或外源性拟肾上腺素药与受体结合，从而产生抗肾上腺素作用，主要药物有酚妥拉明等。抗肾上腺素药可分为 α 肾上腺素受体阻断药、β 肾上腺素受体阻断药两类。

2. 传入神经药物

（1）局部麻醉药：是一类能在用药局部可逆性阻断感觉神经冲动发生与传递，并获得局部组织痛觉暂时消失的药物，简称局麻药。局部麻醉的方法主要有表面麻醉、浸润麻醉、传导麻醉、硬膜外腔麻醉和封闭疗法等。主要的局部麻醉药有普鲁卡因、利多卡因、丁卡因等。

（2）保护药：又称皮肤黏膜保护药，是一类对皮肤和黏膜部位的神经感受器有机械保护性作用，缓和有害因素的刺激，减轻炎症和疼痛的一类药物，可分为收敛药（鞣酸）、黏浆药（淀粉）、吸附药（药用炭）和润滑药（液体石蜡）。

（3）刺激药：是对皮肤黏膜感受器和感觉神经末梢具有选择性刺激作用的药物，常用的药物有松节油、氨溶液等。

（二）中枢神经系统药物

1. 全身麻醉药

是一类能可逆地抑制中枢神经系统功能的药物，用药后表现意识丧失、感觉及反射消失、骨骼肌松弛等，但仍保持延脑生命中枢的功能。主要用于外科手术前的麻醉。分为吸入性麻醉药（剂量不易掌握）和非吸入性麻醉药（静脉麻醉）。非吸入性麻醉药常用药物有巴比妥类药物（如戊巴比妥、硫喷妥钠）、水合氯醛、氯胺酮、羟丁酸钠、丙泮尼地等。

2. 镇静药、抗惊厥药与镇痛药

（1）镇静药：使中枢神经系统产生轻度的抑制作用，减弱机能活动，从而缓和激动，消除躁动、不安，恢复安静。常用的有氯丙嗪、水合氯醛等。

（2）抗惊厥药：能对抗或缓解中枢神经过度兴奋症状，消除或缓解全身骨骼肌不自主强烈收缩。常用的有硫酸镁、巴比妥类、水合氯醛、地西泮。

（3）镇痛药：选择性地抑制中枢神经系统痛觉中枢或其受体，以减轻和缓解疼痛，但对其他感觉无影响并保持意识清醒。如麻醉性镇痛药（吗啡、哌替啶）和赛拉嗪、赛拉唑等。

3. 中枢兴奋药

分为大脑兴奋药、延髓兴奋药、脊髓兴奋药三类。

（三）血液循环系统药物

主要作用是改变心血管和血压的功能，包括作用于心脏的药物、促血凝与抗凝药、抗贫血药。

1. 作用于心脏的药物

作用于心脏的药物种类很多，有些是直接兴奋心肌（强心苷），有些是通过神经调节来影响心脏的功能（拟肾上腺素药），有的则通过影响 cAMP 代谢而起强心作用（咖啡因）。

（1）强心苷：是一类选择性作用于心脏，能加强心肌收缩力的药物。临床上主要用于治疗慢性心功能不全，如洋地黄毒苷、地高辛、毒花毛苷 K 等。

（2）抗心律失常药：抗心律失常药的基本电生理作用是影响心肌细胞膜的离子通道，改变离子流的速率或数量而改变细胞的电生理特性，达到恢复正常心率的目的。根据药物的电生理效应和作用机制，可将抗心律失常药分为钠通道阻滞药（奎尼丁、普鲁卡因胺）、β受体阻断药（普萘洛尔）、延长动作电位时程药（胺碘酮）、钙通道阻滞药（维拉帕米）四种。

2. 促凝血药与抗凝血药

（1）促凝血药：可分为影响凝血因子的促凝血药（维生素 K、酚磺乙胺）、抗纤维蛋白溶解的促凝血药（6-氨基乙酸、氨甲苯酸）、作用于血管的促凝血药（安特诺新）三种。

（2）抗凝血药：是通过干扰凝血过程中某一或某些凝血因子，延缓血液凝固时间或防止血栓形成和扩大的药物。一般将其分为主要影响凝血酶和凝血因子形成的药物（肝素、香豆素类，主要用于体内抗凝）、体外抗凝药（枸橼酸钠）、促进纤维蛋白溶解药（链激酶、尿激酶，用于急性血栓性疾病）、抗血小板聚集药（阿司匹林、左旋糖酐，用于预防血栓形成）四种。

3. 抗贫血药

兽用抗贫血药主要为铁制剂，临床上常用的有硫酸亚铁、富马酸亚铁、枸橼酸铁铵和左旋糖酐铁等。

（四）作用于消化系统的药物

1. 健胃药与助消化药

（1）健胃药：能促进唾液、胃液等消化液的分泌，加强胃的消化机能，从而提高食欲。健胃药可分为苦味健胃药、芳香性健胃药及盐类健胃药三种。主要的健胃药有龙胆、马钱子、陈皮、桂皮、豆蔻、姜、大蒜、人工盐等。

（2）助消化药：是一类促进胃肠道消化过程的药物。多数是消化液的主要成分，如胃蛋白酶、淀粉酶、胰酶、稀盐酸等，临床上常与健胃药配合应用。

2. 抗酸药

抗酸药是一类能降低胃内容物酸度的弱碱性无机物质，如碳酸钙、氧化镁、氢氧化镁、氢氧化铝等。

3. 止吐药与催吐药

（1）止吐药：是一类通过不同环节抑制呕吐反应的药物，主要药物有甲氧氯普胺、舒必利等。

（2）催吐药：是一类引起呕吐的药物，主要用于犬、猫等有呕吐机能动物的中毒急救，主要药物有阿扑吗啡、硫酸铜等。

4. 瘤胃兴奋药

能促进瘤胃平滑肌收缩，加强瘤胃运动，消除瘤胃积食与气胀，主要药物有氨甲酰甲胆碱、毛果芸香碱、新斯的明、毒扁豆碱等拟胆碱药，以及酒石酸锑钾、甲氧氯普胺等。

5. 制酵药与消沫药

（1）制酵药：有抑制胃肠内细菌发酵或酶的活力，防止大量气体产生的作用，可用于治疗胃肠臌气。常用药物有甲醛溶液、鱼石脂、大蒜酊等。

（2）消沫药：能迅速破坏气泡液的泡沫，使泡内气体逸散，用于反刍兽瘤胃泡沫性臌胀的治疗。常用药物有二甲硅油、松节油、各种植物油等。

6. 泻药与止泻药

（1）泻药：按作用机理可分为容积性泻药（硫酸镁、硫酸钠）、润滑性泻药（液体石蜡、植物油）、刺激性泻药（大黄、番泻叶）三类。

（2）止泻药：依据药理作用特点分为保护性止泻药（鞣酸、鞣酸蛋白）、吸附性止泻药（药用炭、高岭土）、抑制胃肠道蠕动止泻药（复方樟脑酊、阿托品）三类。

（五）呼吸系统药物

呼吸系统药物可分为祛痰药、镇咳药和平喘药。祛痰药是能增加呼吸道分泌，使痰液变稀并易于排出的药物，有间接的镇咳作用，常用药物有氯化铵、碘化钾、乙酰半胱氨酸等。

镇咳药用于剧烈而频繁的咳嗽，常用药物有可待因、喷托维林等。平喘药主要有氨茶碱、异丙阿托品等。

（六）利尿药与脱水药

1. 利尿药

可作用于肾脏，使尿量增加，主用于水肿和腹水的对症治疗。高效利尿药有呋塞米、依他尼酸等；中效利尿药有氢氯噻嗪、氯肽酮等；低效利尿药有螺内酯、氨苯蝶啶等。

2. 脱水药

可清除组织水肿，其利尿作用不强，主用于局部组织水肿，如脑水肿、肺水肿等，主要药物有甘露醇、山梨醇等。

（七）生殖系统药物

1. 生殖激素类药物

（1）性激素类药物：包括雄激素、雌激素、孕激素 3 类，临床上应用的制剂多为人工合成的代用品。天然雄激素中以睾丸酮活性最强，不仅有雄激素活性，还有显著的蛋白质同化作用，临诊用其合成品；雌激素常用天然激素雌二醇；孕激素类主要有孕酮（黄体酮）等。

（2）促性腺激素和促性腺激素释放激素类药物：主要有卵泡刺激素（促卵泡素）、黄体生成素、人绒膜促性腺激素、促性腺激素释放激素等。

2. 子宫收缩药

选择性兴奋子宫平滑肌，表现为节律性和强制性收缩，临诊上用作催产剂和子宫止血剂。主要用于催产、引产、产后止血及子宫复原。催产药是在子宫颈口开放、产道通畅、胎位正常、子宫收缩乏力时使用。主要药物有缩宫素、麦角新碱、垂体后叶素等。

（八）皮质激素类药物

通常分为三类：糖皮质激素、盐皮质激素和氮皮质激素。糖皮质激素具有良好的抗炎、抗过敏、抗毒素、抗休克等作用，主要包括氢化可的松、泼尼松、倍他米松、地塞米松等；盐皮质激素仅作为肾上腺皮质功能不全的替代疗法，兽医临床意义不大；氮皮质激素亦无药理学意义。

（九）自体活性物质与解热镇痛抗炎药

1. 组胺与抗组胺药

组胺药在兽医上无应用报道。抗组胺药主要有苯海拉明、异丙嗪、阿斯咪唑、西咪替丁、雷尼替丁等，主要用于：①Ⅰ型过敏反应，急性充血、水肿、过敏性瘙痒；②伴有组胺大量释放的一些疾病，如冻伤、烧伤、中毒性炎症；③过敏性胃肠痉挛、腹泻、支气管痉挛和过敏性休克的辅助治疗。

2. 前列腺素

有溶解黄体和收缩子宫的作用，常用药物有地诺前列腺素、前列地尔、氯前列醇等。

3. 解热镇痛抗炎药

也称非甾体类抗炎药，有解热（仅有效于发热性动物体温下降，对正常体温无效）、减轻局部钝痛、抗炎和抗风湿作用，主要有阿司匹林、非那西汀、对乙酰氨基酚、氨基比林、安乃近、吲哚美辛、布洛芬、甲芬那酸等。

（十）水盐代谢调节药和营养药

1. 水盐代谢调节药

分为水和电解质平衡药、能量补充药、酸碱平衡药、血容量扩充剂四种。

（1）水和电解质平衡药：用于补充水和电解质，调节电解质，多为无机物，常用药物有氯化钠、氯化钾等。

（2）能量补充药：有葡萄糖、磷酸果糖和 ATP 等，其中葡萄糖最常用。

（3）酸碱平衡药：肺、肾功能障碍，机体代谢失常，高热、缺氧、剧烈腹泻或某些重症疾病引起的酸碱平衡紊乱，需要用酸碱平衡药治疗。常用的有乳酸钠等。

（4）血容量扩充剂：最完美的血容量扩充剂是血液制品，但来源有限，目前最常用的是血浆代用品，左旋糖酐疗效好，不良反应少，最为常用。

2. 钙和磷

钙的作用有：促进骨骼和牙齿钙化，维持神经肌肉的正常兴奋性和收缩功能，参与神经递质释放，与镁离子作用相拮抗，致密毛细血管内皮细胞。磷的作用有：防治佝偻病和软骨病，维持细胞膜正常结构和功能，参与体内脂肪的转运与储存，参与能量储存，组成核酸成分，参与蛋白质合成，调节体内酸碱平衡。常用的钙、磷类药物有氯化钙、葡萄糖酸钙、碳酸钙、乳酸钙、磷酸二氢钠等。

3. 微量元素

微量元素指占动物体重 0.01% 以下的矿物元素，是酶、激素和某些维生素的组成成分，重要的有铜、锌、锰、硒、碘和钴。铜缺乏症的症状为贫血，骨骼生长不良，幼畜运动失调，生长缓慢，胃肠机能紊乱等，可使用硫酸铜补充。动物缺锌时，生长缓慢，伤口、溃疡和骨折不易愈合，精子生长和活力降低，皮肤出现皮炎、皲裂、角化等。其他常用的微量元素还有硫酸锰、碘化钾、氯化钴等。

4. 维生素

维生素是维持动物代谢所需的特殊营养物质，主要是构成酶的辅酶或辅基，参与调节物质、能量代谢。主要由饲料供给，部分维生素在体内可合成。脂溶性维生素包括维生素 A、维生素 D、维生素 E；水溶性维生素包括维生素 B_1、维生素 B_2、维生素 B_6、维生素 B_{12}、泛酸、烟酸、叶酸、维生素 C。

（十一）特效解毒药

1. 金属络合剂

依地酸钙钠主要用于治疗铅中毒，对无机铅中毒有特效，亦可用于镉、锰、铬、镍、钴和铜中毒。二巯丙醇主要用于治疗砷中毒，对汞和金中毒也有效。二巯丙磺钠除对砷、汞中毒有效外，对铋、铬、锑亦有效，毒性较二巯丙醇小。二巯丁二钠为我国创制的广谱金属解毒剂，主要用于锑、汞、砷、铅中毒，也可用于铜、锌、镉、钴、镍、银等金属中毒。青霉胺能与铜、铁、汞、铅、砷等形成稳定的可溶性络合物，由尿迅速排出，可影响胚胎发育。去铁胺主要用于急性铁中毒的解毒，不适于其他金属中毒的解毒。

2. 胆碱酯酶复活剂

又称为肟类复能剂，常用的有碘解磷定、氯解磷定、双复磷、双解磷等。以碘解磷定为例，治疗有机磷中毒时，早期用药效果较好，同时必须及时、足量地给予阿托品。

3. 高铁血红蛋白还原剂

常用药物为亚甲蓝，曾名美蓝，临床上使用小剂量解救高铁血红蛋白症，使血红蛋白重新恢复携氧功能；高浓度亚甲蓝的氧化作用则可用于解救氰化物中毒，但作用不如亚硝酸钠强。

4. 氰化物解毒剂

目前一般采用亚硝酸钠-硫代硫酸钠联合解毒。亚硝酸钠为氧化剂，主要用于氰化物中毒，仅能暂时性地延迟氰化物对机体的毒性。硫代硫酸钠对氰化物中毒的解毒作用较慢，故应先静注亚硝酸钠。硫代硫酸钠也可用于砷、汞、铅、铋、碘等中毒。

5. 其他解毒剂

乙酰胺又名解氟灵，为有机氟杀虫药和杀鼠药氟乙酰胺、氟乙酸钠等动物中毒的解毒剂。

第五章　基本诊断技术

第一节　动物保定与样品采集技术

一、动物保定技术

动物保定是指用人为的方法使动物易于接受诊断和治疗，保障人、畜安全所采取的保护性措施。保定的方法很多，且不同动物的保定方法也不同，保定时应根据条件、动物品种选择合适的保定方法。

（一）动物的接近

1. 接近病畜前

观察病畜的表现，向畜主了解病畜的性情，有无踢、咬、抵等恶癖，然后以温和的呼叫声，向病畜发出欲接近的信号，再从左前侧方慢慢接近，绝对不可从后方突然接近动物。

2. 接近病畜时

首先要求畜主在旁边协助保定，用手轻轻抚摸病畜的颈侧或臀部，待其安静后，再进行检查；对猪则可在其腹下部或腹侧部用手轻轻搔痒，使其安静或卧下，然后进行检查。

3. 检查病畜时

应将一手放于病畜的肩部或髋结节部，一旦病畜剧烈抵抗时，即可作为支点向对侧推动并迅速离开，以防意外的发生，确保人畜安全。

（二）猪的保定

1. 站立保定

先抓住猪耳、猪尾或后肢，然后做进一步保定。也可在绳的一端做一活套，使绳套自猪的鼻端滑下，套入上颌犬齿后面并勒紧，然后由一人拉紧保定绳或拴于木桩上。此时，猪多呈用力后退姿势。此法适用于一般的临床检查、灌药和注射等。

2. 提举保定

抓住猪两耳，迅速提举，使猪腹部朝前，同时用膝部夹住其颈胸部。此法用于胃管投药及肌内注射。

3. 网架保定

取两根木棒或竹竿，用绳织成网床。将网架于地上，把猪赶至网架上，随即抬起网架，使猪的四肢落入网孔并离开地面即可保定。较小的猪可将其捉住后放于网架上保定。此法可用于一般的临床检查、耳静脉注射等。

4. 保定架保定

将猪放于特制的活动保定架或较适宜的木槽内，使其呈仰卧姿势，或行背位保定。此法可用于前腔静脉注射及腹部手术等。

5. 侧卧保定

左手抓住猪的右耳，右手抓住右侧膝部前皱褶，并向术者怀内提举放倒，然后使前后肢交叉，用绳在掌跖部拴紧固定。此法可用于大公、母猪去势，腹腔手术，耳静脉、腹腔注射。

6. 后肢提举保定

两手握住后肢飞节并将其提起，头部朝下，用膝部夹住背部即可固定。此法可用于直肠脱垂的整复、腹腔注射以及阴囊和腹股沟疝手术等。

（三）牛的保定

1. 徒手保定法

用一手握牛角根，另一手提鼻绳、鼻环，或用拇指、食指与中指捏住鼻中隔即可保定。此法可用于一般检查、灌药、颈部肌内注射及颈静脉注射。

2. 鼻钳保定法

将鼻钳两钳嘴抵住两鼻孔，并迅速夹紧鼻中隔，用一手或双手握持，亦可用绳系紧钳柄将其固定。适用于一般检查、灌药、颈部肌内注射及颈静脉注射、检疫。

3. 柱栏内保定

（1）二柱栏内保定：将牛牵至柱栏左侧，缰绳系于横梁前端的铁环上，用另一绳将颈部系于前柱上，最后缠绕围绳及吊挂胸、腹绳。适用于临床检查、修蹄及臀部肌内注射等。

（2）四柱栏及六柱栏内保定：保定栏内应备有胸革、臀革（或用扁绳代替）、肩革。先挂好胸革，将牛从柱栏后方引进，并把缰绳系于某一前柱上，挂上臀革，最后压上肩革。适用于一般临床检查、治疗、检疫等。

4. 两后肢保定法

用一条长约 8 米的绳子，绳中段对折打一颈套，套于牛颈基部，两端通过两前肢和两后肢之间，再分别向左右两侧返回交叉，使绳套落于系部，将绳端引回至颈套，系结固定之。此法可用于牛的一般检查、静脉注射以及乳房、子宫、阴道疾病的治疗。

5. 倒卧保定

（1）背腰缠绕倒牛保定（一条龙倒牛法）：适用于去势及其他外科手术等。

① 套牛角：在绳的一端做一个较大的活绳圈，套在牛两个角根部。

② 做第一绳套：将绳沿非卧侧颈部外面和躯干上部向后牵引，在肩胛骨后角处环胸绕一圈做成第一绳套。

③ 做第二绳套：继而向后引至臀部，再环腹一周（此套应放于乳房前方）做成第二绳套。

④ 倒牛：由两人慢慢向后拉绳的游离端，由另一人把持牛角，使牛头向下倾斜，牛立即蜷腿而慢慢倒下。

⑤ 固定：牛倒卧后，要固定好头部，防止牛站起。一般情况下，不需捆绑四肢，必要时再将其固定。

（2）拉提前肢倒牛保定：适用于去势及其他外科手术等。

① 保定牛头：由三人倒牛、保定，一人保定头部。

② 保定方法：取约 10 米长的圆绳一条，折成长、短两段，于转折处做一套结并套于左前肢系部；将短绳一端经胸下至右侧并绕过背部再返回左侧，由一人拉绳保定；另将长绳引至左髋结节前方并经腰部返回绕一周、打半结，再引向后方，由两人牵引。

③ 固定：令牛向前走一步，正当其抬举左前肢的瞬间，三人同时用力拉紧绳索，牛即先跪下而后倒卧；一人迅速固定牛头，一人固定牛的后躯，一人速将缠在腰部的绳套向后拉并使之滑到两后肢的蹄部，将绳套拉紧，最后将两后肢与左前肢捆扎在一起。

（四）羊的保定

羊的性情温顺，保定较容易。羊有"聚堆"的习性，为捉捕羊的后肢造成有利的条件。在羊群中捉羊时，可抓住一后肢的跗关节或跗前部，羊就能被控制。

1. 站立保定

两手握住羊的两角或耳朵，骑跨羊身，以大腿内侧夹持羊两侧胸壁即可保定，又可面向尾侧骑在羊身上，抓紧两侧后肢，将羊倒提起，其后再将手移到跗前部并保持之。

适用于临床检查、治疗、采血和注射疫苗等。

2. 倒卧保定

保定者俯身从对侧一手抓住两前肢系部或抓一前肢臂部，另一手抓住腹肋部膝前皱襞处扳倒羊体，然后改抓两后肢系部，前后一起按住即可，也可捆住四肢。适用于治疗、简单手术和注射疫苗等。

（五）马的保定

1. 鼻捻棒保定

将鼻捻子的绳套套于一只手（左手）上并夹于指间，另一只手（右手）抓住绳套，持有绳套的手自鼻梁向下轻轻抚摸至上唇时，迅速有力地抓住马的上唇，此时另一只手（右手）将绳套套于唇上，并迅速向一方捻转把柄，直至拧紧为止。适用于一般检查、治疗和颈部肌内注射等。

2. 耳夹子保定

先将一手放于马的耳后颈侧，然后迅速抓住马耳，持夹子的另一只手迅即将夹子放于耳根部并用力夹紧，此时应握紧耳夹，以免因马匹骚动、挣扎而使夹子脱手甩出，甚至伤人等。适用于一般检查、治疗和颈部肌内注射等。

3. 两后肢保定

用一条长约 8 米的绳子，绳中段对折打一颈套，套于马颈基部，两端通过两前肢和两后肢之间，再分别向左右两侧返回交叉，使绳套落于系部，将绳端引回至颈套，系结固定之。适于马直肠检查或阴道检查、臀部肌内注射等。

4. 柱栏内保定

二柱栏、四柱栏、六柱栏内保定的方法、步骤与牛的柱栏内保定基本相同。亦可因地制宜，利用自然树桩进行简易保定。适用于临床检查、检疫、各种注射及颈、腹、蹄等部疾病治疗。

（六）犬的保定

1. 口网保定

用皮革、金属丝或棉麻制成口网或购买口网，装于犬的口部，将其附带结于两耳后方颈部，防止脱落。口网有不同规格，应依犬的大小选择使用。适用于一般检查和注射疫苗等。

2. 扎口保定

用绷带或布条，做成猪蹄扣套在鼻面部，使绷带的两端位于下颌处并向后引至颈部打结固定，以固定犬嘴，使之不得张开。此法较口网法简单且牢靠，适用于一般检查、注射疫苗等。

3. 横卧保定

先将犬作扎口保定，然后两手分别握住犬两前肢的腕部和两后肢的跖部，将犬提起横卧在平台上，以右臂压住犬的颈部，即可保定。适用于临床检查、治疗、注射疫苗等。

（七）猫的保定

1. 抓猫法

抓猫前轻摸猫的脑门或抚摸猫的背部以消除敌意，然后用右手抓起猫颈部或背部皮肤，迅速用左手或左小臂抱猫，同时用右手抚摸其头部，这样既方便又安全；如果捕捉小猫，只需用一只手轻抓颈部或背部即可。

2. 猫袋保定法

猫袋可用人造革或粗帆布缝制而成。布的两侧缝上拉锁，将猫装进去后，拉上拉锁，变成筒状；布的前端装一根能抽紧及放松的带子，把猫装入猫袋后先拉上拉锁、再抽紧袋口，此时拉住露出的猫的后肢可测量猫的体温，也可进行灌肠、注射等治疗措施。

（八）动物保定注意事项

（1）作动物保定时，应当注意人员和动物的安全。

（2）要了解动物的习性，动物有无恶癖，并应在畜主的协助下完成。

（3）对待动物应有爱心，不要粗暴对待动物。

（4）保定动物时所选用具如绳索等应结实，粗细适宜，而且所有绳结应为活结，以便在危急时刻可迅速解开。

（5）保定动物时应根据动物大小选择适宜场地，地面平整，没有碎石、瓦砾等，以防动物损伤。

（6）保定时应根据实际情况选择适宜的保定方法，做到可靠和简便易行。

（7）无论是接近单个动物或畜群，都应适当限制参与人数，切忌一哄而上，以防惊吓动物。

二、样品采集技术

动物样品采集是进行动物疫病监测、诊断的一项重要的基础性工作，对于快速、及时诊断和处理动物疫病具有重要意义。

（一）动物样品采集原则

（1）凡是血液凝固不良、鼻孔流血的病、死动物，应耳尖采血涂片，首先排除炭疽，炭疽死亡的动物严禁剖检。

（2）采样时应从胸腔到腹腔，先采实质器官，做到无菌，避免外源性的污染，最后采污染的组织。

（3）采取的病料必须有代表性，采取的组织器官应病变部位明显。采取病料时应根据不同的疫病或检验目的，采其相应的血样、活体组织、脏器、肠内容物、分泌物、排泄物或其他材料。病因不明时，应系统采集病料。

（4）病料应在使用药物前采取，用药后会影响病料中微生物的检出。死亡动物的内脏病料采取，最迟不超过死后 6 小时（尤其夏季），否则，尸体腐败，难以采到合格的病料。

（5）血液样品在采集前一般禁食 8 小时。采集血样时，应根据采样对象、检验目的及所需血量确定采血方法与采血部位。

（6）采样时还应做好个人防护，预防人畜共患病感染。

（7）防止污染环境，防止疫病传播，做好环境消毒和废弃物的处理。

（二）样品采集种类

1. 血清样品采集

采集家禽血样时，使用 2.5 毫升或 5 毫升一次性无菌注射器，心脏或翅静脉采血，每只禽采全血 1.5～2.5 毫升；采集猪血样时，使用 5 毫升或 10 毫升一次性无菌注射器，仔猪或中等大小的猪前腔静脉采血，种公猪或母猪可用耳静脉采血，每头采全血 3～5 毫升；采集牛血样时，使用 5 毫升或 10 毫升一次性无菌注射器，颈静脉或尾静脉采血，每头采全血 3～5毫升；采集羊血样时，使用 5 毫升一次性注射器，颈静脉采血，每头采全血 3～5 毫升。抽血时，不宜将注射器抽满，抽血完毕后，将注射器内芯活塞抽至最大量程，室温静置 2～4 小时即可析出血清。血清要求无溶血、无腐败，不同个体的血样不能混合。

2. 拭子样品采集

采集禽咽喉、泄殖腔双拭子时，将双头棉拭子一端插入泄殖腔 1.5～2 厘米，旋转 2～3圈后沾上粪便，将另一端插入喉头口及上腭裂处，来回刮 3～5 次取咽喉分泌液；采集猪鼻拭子时，将棉拭子一端插入猪鼻腔 2～3 厘米，旋转后沾上分泌液；采集羊眼拭子时，将棉拭子一端在羊眼角处刮取眼部分泌物。最后，将样品端插入离心管剪下或折断，一并放入有缓冲液（也可用生理盐水）的离心管中，盖上管盖，做好标记。

3. 牛羊 O-P 液（食道-咽部分泌物）**采集**

被检动物在采样前禁食 12 小时，可饮少量水，采样探杯在使用前经装有 0.2％柠檬酸或 1%～2%氢氧化钠溶液的塑料桶中浸泡 5 分钟，再用清水冲洗探杯后使用，每采完一头动物，探杯要重复进行消毒并充分清洗。采样时动物应站立保定，将探杯随吞咽动作送入食道上部 10～15 厘米处，轻轻来回抽动 2～3 次，然后将探杯拉出。取出 8～10 毫升 O-P 液，倒入有磷酸缓冲液的容器中。

4. 组织样品和粪便采集

采集组织样品时，应根据不同怀疑病种采集相应组织，怀疑是猪蓝耳病时，需要采肺脏、血清、淋巴结、扁桃体，怀疑是高致病性禽流感时，需采集气管、脾、肺等。不以消化道症状为主时，一般采集实质器官尤其是淋巴结、扁桃体、脾脏等免疫器官；以消化道症状为主时，一般采集胃、肠、肠内容物或粪便。采集肠管时，用线将病变明显处的两端双结扎，从两端剪断，置于灭菌容器中；采集肠内容物时，用灭菌的生理盐水冲洗或烧烙肠壁表面，用吸管扎穿肠壁，从肠腔内吸取肠内容物；采集粪便时，应选择新鲜粪便。

（三）样品保存和运输

样品应置于保温容器中运输，保温容器应密封，防止渗漏。样品应尽快送实验室检测，若能在 4 小时内送到实验室，可只用冰袋冷藏运输，如果超过 4 小时，应先将样品冻结，再加冰袋运输。用作细菌检验的样品应冷藏保存和运输，不能冷冻。

第二节　一般检查

一、一般检查方法

1. 问诊

在病畜登记以后和现症检查之前进行的，通过询问的方式向畜主或有关人员了解病畜或畜群发病前后的情况和经过。问诊内容包括生活史、既往史、现病史。对问诊材料的评估应持客观的态度。既不应绝对肯定又不能简单否定，而应将问诊材料和临床检查的结果加以联系，进行对比和全面的综合分析，为找到致病原因和建立诊断提供依据。

2. 视诊

用肉眼直接地或借助器械间接地对病畜的整体或局部进行观察，内容包括整体状况、运动情况、表被情况、生理功能。先检查群体后检查个体，先检查整体后检查局部。不保定动物，尽量使动物取自然姿势，一般距离病畜 2 米左右，从动物的左前方开始，由前向后，由左向右，绕圈一周，边走边看，先观静态后看动态。特别是在动物的正前方和正后方时，应对照观察两侧胸、腹部的状态和对称性。视诊最好在自然光照的宽阔场地进行。对初来的门诊病畜，应稍经休息，待呼吸平稳后再进行观察。

3. 触诊

检查者用手对要检查的组织器官进行触压和感觉，以判断其病理变化，从中获得症状资料。内容包括动物的体表状态、动物内脏器官的状态、根据动物的反应来判断其敏感性、皮肤肿胀的性质。触诊时动作要柔和，逐渐加压，切忌突然用力。应先健侧后病侧，先边缘后中心，先轻后重，必要时对动物进行保定。临床上根据检查的目的不同分为强力触诊（主要用于肝、脾、肾的外部触诊）和冲击触诊（主要用于确定腹腔是否有积液和胃肠内容物的性质）。

4. 叩诊

根据叩打动物体表所产生音响的性质来判断被检组织器官的病理变化，也可理解为变相触诊，因为在病理情况下的音响与生理性情况下的音响存在差别。基本叩诊音分为清音、浊音、鼓音、半浊音（过清音）。叩诊时应在安静的环境下进行；叩诊时叩诊板或手指必须紧贴动物体表，不要留有空隙；叩诊时用力均匀，间隔一致，每点叩击 2～3 次；发现异常叩诊音时，应与对侧同一部位进行比较。

5. 听诊

听诊是直接用耳朵或借助器械间接地听取动物内脏器官在运动时发出的各种音响，以音响的性质去推断病理变化的一种诊断方法，有的疾病通过听诊即可确定。

6. 嗅诊

嗅诊是通过用嗅觉来辨识排泄物、分泌物、呼出气及皮肤气味的一种辅助诊断方法。

二、一般检查程序

临床检查病畜时，应按一定的顺序进行，以免某些症状被遗漏，同时可以获得比较全面的症状和资料。通常检查顺序为：发病状况询问，整体状态的检查，表被状态的检查，可视黏膜的检查，体表淋巴结和淋巴管的检查，体温、脉搏、呼吸数的测定等。当疾病表现有群发、传染及流行现象时，应该详细调查发病情况，如流行病学、检疫结果、防疫措施等，在此基础上综合分析，寻找具有诊断价值的指标。

第三节　病理剖检

一、病理剖检的原则

（1）必须在完成流行病调查和一般检查的基础上，决定是否需要病理解剖。

（2）病理解剖必须得到畜主的同意，病理解剖必须首先做好个人防护。

（3）解剖的地点必须远离养殖场，且便于清理、消毒。

（4）病理解剖必须记录，最好能照相，如需要实验室化验，应准备好病料包装和保存设施，可采取样品，如体液、表皮组织等。

（5）病理解剖力求按部就班全面观察，切不可凭片面的观察结果进行判断。

（6）病理过程没有完全表现，但已经屠宰了的畜禽，以及死亡时间过长，已经出现尸斑的牲畜，均不宜做病理解剖。

二、猪的病理剖检

1. 皮下组织和骨骼肌肉系统

（1）皮肤检查完成后，从沿两下颌中央到肛门之间的连线切开皮肤，注意不要过深。

（2）小心分开皮肤与皮下组织，全面观察。

（3）找到皮下淋巴结，检查其大小和外观。为了获得较大的观察面，一般对淋巴结做纵向切开。如果为了确认淋巴结有无钙化，则每隔 4～5 毫米做个横切面。

（4）观察肌肉组织表面有无变异；肌组织横断面的检查同样重要，应对各肌群切开检查。

（5）检查关节周围组织，不仅要注意软骨的损伤，也应该观察关节腔内容物的状况。各部位的关节都应打开，以区别某些病变是局部的，还是全身性的。

2. 喉腔部

（1）从腹侧切开舌部和颈部肌肉，暴露食道和气管。一旦与其他组织分离开后，应检查喉、气管和食道的内部。

（2）切开肋骨与胸骨的连接，胸腔完全暴露后观察各种异常，包括胸腔液体、气管、支气管、纵隔淋巴结和大血管的分布和走向。

（3）心包、心肌和心室检查时，没有必要将心脏全部取出。先打开心包膜，检查内容物和心外膜，然后从心尖切开，一直到底，检查右心室，然后左心室。所有心瓣膜应充分暴露以便观察。

（4）肺组织应先检查其质地、颜色和任何表面损伤，最后在肺叶各处做几个横切，以便全面观察肺组织病变，同时可采集肺和心脏组织样品用作组织学检查。

3. 腹腔-消化道

（1）从腹部沿中线切开腹腔和横膈膜后，腹腔全部暴露，此时可检查腹腔的一般情况，包括腹膜和腹腔的淋巴结。一些淋巴结可切开检查，然后检查消化道。

（2）从食道入口处的幽门处沿胃大弯切开胃，此时可检查胃壁和胃黏膜状况，注意检查食道部。

（3）从十二指肠开始一直到大肠和肛门，对各段肠道细致检查。各肠段应剪开一段，检查内容物和黏膜状况。

4. 腹腔-肝脏、脾脏、肾脏和泌尿生殖道

（1）腹腔中包括消化道的所有内脏器官都应逐一检查。检查的内容包括颜色、大小和颜色均匀一致与否。肝、脾和其他器官的切面也一并检查。

（2）检查胆囊及内容物的状况，注意这些脏器与腹腔其他组织的关系。

（3）肾脏的外膜应剥离，沿大弯纵向切开，以便检查肾盂与肾乳头。如果需要采集肾组织样品，应做一横向切口，样品包括肾皮质和髓质等各个部分的组织。

5. 颅腔和鼻腔

（1）在打开颅腔前，可能有必要采集脑脊液。采集方法是首先找到环枕关节，从此处插入针头，进入小脑延髓池，可吸取足够量的脑髓液。

（2）检查脑组织不必先取下头部，可利用头与躯体的连接来固定，便于用锯开颅。

（3）检查前先在环枕关节处切开皮肤，注意不要切断，然后将皮肤向鼻部方向剥离，使颅骨和鼻骨完全暴露。此时头骨仍然通过鼻吻部的皮肤组织与身体相连，便于实施开颅。

（4）沿两眼外侧与环关节之间的连线锯开颅骨，然后在颅骨前部两切口连线之间锯开，将头盖骨打开，即可观察到脑组织。

（5）在第 2 与第 3 臼齿之间做一横切，也可纵向锯开，便可观察鼻腔。

所有检查内容完成，整个胴体可轻易地装在一袋子或其他容器中，以便消毒和焚烧。

三、鸡的病理剖检

1. 皮下组织和肌肉

将病死禽或处死禽浸于常水或消毒水中使羽毛浸湿，洗去尘垢、污物，先将腹壁和大腿内侧的皮肤切开，用力将大腿按下，使髋关节脱臼，将两大腿向外展开，从而固定尸体。再于胸骨末端后方将皮肤横切，与两侧大腿的竖切口连接，然后将胸骨末端后方的皮肤拉起，向前用力剥离到头部，使整个胸腹及颈部的皮下组织和肌肉充分暴露，以便检查皮下组织和肌肉是否存在病变（如水肿、出血、结节、变性、坏死等）。

2. 体腔

然后在胸骨后腹部横切穿透腹壁，从腹壁两侧沿肋骨头关节处向前方剪断肋骨和胸肌，然后握住胸骨用力向上向前翻拉，去掉胸骨露出体腔，观察内部情况（如位置、颜色、腹水性状、有无肿胀、充血、出血、坏死等）。

3. 内脏

用手指伸到肌胃下，向上勾起，从腺胃前端剪断，在靠近泄殖腔处把肠剪断，将整个消化道连同脾脏取出。小心切断肝脏韧带并连同心脏一起取出。如果是公禽，注意保留睾丸的完整；如果是母禽，可把卵巢和输卵管取出，使肾脏和法氏囊显现出来。

4. 呼吸系统

用小镊子将陷于肋间的肺脏完整取出，从嘴角一侧剪开至食管和嗉囊，把气管剪开。从鼻孔上方切断鸡喙，露出鼻腔，用手挤压，检查分泌物的性状和鼻腔及眶下窦有无病变。

5. 脑及神经

剪开眶下窦，剥离头部皮肤，用弯尖剪剪开颅腔露出大脑、小脑。在大腿内侧剪去内收肌，暴露出坐骨神经。此外，脊柱两侧、肾脏后部有腰荐神经，肩胛和脊椎之间有臂神经，在颈椎两侧、食管两旁可找到迷走神经。

病鸡的病理剖检，要抓住特征性病变，若需要时，可分别重点检查。某个群体的疾病诊断要结合临床症状，将发病鸡随机抽样，尽量多剖检几只，以掌握其共性病变。

四、其他动物的病理剖检

牛、羊、马的病理解剖可参照猪进行，不同的是牛、羊是反刍动物，有 4 个胃；禽类的病理解剖可参照鸡进行。

第四节　实验室检查

实验室检查就是运用物理学、化学和生物学等实验技术和方法，对病畜的血液、尿液、粪便、体液、组织细胞及病理产物，在实验室特定的设备与条件下，测定其物理性状，分析其化学成分。

一、血清学检测技术

(一) 分类

1. 凝集反应

凝集反应是经典的血清学反应，使用历史悠久并一直沿用至今。颗粒性抗原例如细菌、红细胞等与相应的抗体在适量的电解质存在的条件下，经一定时间后凝聚成肉眼可见的凝集物。参加反应的颗粒性抗原称为凝集原，抗体称为凝集素。既可用已知免疫血清来检查未知抗原，亦可用已知抗原检测特异性抗体。根据凝集反应中抗原的性质，反应的方式又分为直接凝集反应和间接凝集反应。

2. 标记抗体技术

包括荧光抗体、酶标抗体、放射性标记抗体等。特点是敏感、快速，酶联免疫吸附试验只需要 1～2 小时。

3. 补体参与的反应

可溶性抗原或者颗粒性抗原，与相应抗体结合后，其抗原抗体复合物可以结合补体，但这一反应肉眼不能觉察。如再加入红细胞和溶血素，即可根据是否出现溶血反应来判定反应系统中是否存在相对应的抗原和抗体。这是一类古老的血清学技术，有敏感性高和适应性广的优点，但操作繁杂。主要有补体结合试验、免疫黏附血凝试验等。

4. 中和试验

中和试验是以测定病毒的感染力为基础，以比较病毒受免疫血清中和后的残存感染力为依据，来判定免疫血清中和病毒的能力。包括病毒中和试验和毒素中和试验，特点是时间长，约需要 18 小时才能获得结果。

(二) 正向间接血凝诊断技术

1. 特点

这是一种微量的定量反应试验，其应用广泛，无须昂贵的设备，操作简单，并且有快速、敏感、特异性。

2. 操作要点及注意事项

(1) 试验准备：采集 3 只以上未免疫鸡全血混合制红细胞悬液；选用孔底光洁透明且无可见沉淀附着物的反应板；待检血清要新鲜、未腐败、溶血、无悬浮物。

(2) 操作过程：尽可能保证样品被全部加入反应孔；每次滴加抗原前应充分摇匀，从稀释度高的孔开始加起，并避免滴头和孔内的液体直接接触；避免稀释时孔内产生气泡，直接影响结果判定。

(3) 结果判定：至少出现 50% 凝集者为阳性。

(三) 酶联免疫吸附试验

1. 特点

酶联免疫吸附试验具有灵敏度高、特异性强、快速、简便、重复性好、安全、适合大批量标准化检测的特点，是当前应用最广、发展最快的一项新技术，目前该方法已被广泛用于多种细菌和病毒等疾病的诊断。

2. 操作过程

将抗原（或抗体）吸附于固相载体，在载体上进行免疫酶反应，底物显色后用分光光度计或酶标仪判定结果。

3. 分类

酶联免疫吸附试验可分为直接法、间接法、夹心法三种。

(四) 发展方向

（1）简单、快速且便于普及的快速诊断技术，以胶体金标记技术为代表，实现就地诊断。

（2）高度集成、自动化的仪器诊断技术，以 ELISA（全自动酶免工作站）为代表，可实现大规模操作，且灵敏度高、特异性强。

二、分子生物学检测技术

分子生物学检测技术应用于动物疫病特异性快速诊断和病原基因变异与进化分析，可及时准确掌握动物疫病分子流行病学动态，为疫病防治提供基因理论分析依据。

(一) 分类

1. 核酸探针技术、基因序列分析

核酸探针技术是利用核苷酸碱基顺序互补的原理，用特异的基因探针即识别特异碱基序列（靶序列）的有标记的一段单链核酸分子，与被测定的靶序列互补，以检测被测靶序列的技术，比如基因芯片技术。基因序列分析是在对基因序列进行测定的基础上，对基因生物学信息的分析。

2. 聚合酶链反应

聚合酶链式反应（PCR）目前应用最广泛的疫病诊断技术。该方法快速、准确、安全，用于疫病的早期诊断和不完整病原的检测，也用于病原体分类和鉴别。常见的有普通聚合酶链式反应和多重聚合酶链反应。

（1）普通 PCR 技术：是以 DNA 变性、复制的某些特性为原理设计的。通过 PCR 技术获取病原微生物的特异 DNA 片段，从而为疾病诊断提供重要依据。特点是快速、敏感、步骤较多。RNA 病毒需要在逆转录酶的作用下合成 cDNA 后再进行 PCR 扩增，因此 RNA 病毒的 PCR 扩增技术也称 RT-PCR 技术。

（2）多重 PCR 技术：它是一种特殊的 PCR 形式，其最突出的特点是一次 PCR 反应。在同一反应体系中同时加入多对不同 PCR 引物和相应的模板，可同时检测、鉴别出多种病原体，在临床混合感染的鉴别诊断上具有其独特优势和很高的实用价值。

3. 实时荧光定量 PCR

该技术与普通 PCR 相比具有以下特点。

（1）自动化程度高，检测时间极短：没有了制胶和 PCR 产物电泳步骤，快速热循环仪也缩减了运行时间，在 30 分钟内可以得到完美的实验结果。

（2）敏感性高：为普通 PCR 的 100 倍。

（3）结果直观：软件分析系统给出直观结果，避免人为判断的误差。

（4）安全性好：不需要使用溴化乙锭（EB）、核酸染料等对人体有害的物质，有效解决 PCR 污染问题；人为操作和样品暴露时间减少，样品侵害人员和环境的概率减小。

4. 原位 PCR

这是一种将 PCR 技术与原位杂交技术结合起来的新技术，可以检测组织细胞中微量 DNA 或 RNA，且可精确定位。特点是敏感度更高，优于免疫组化技术。主要用于病毒检测，也有检测组织中寄生虫感染的报道。

（二）发展方向

（1）实时荧光定量 PCR 仪在基层逐渐普及，可以一机实现上机反应和结果分析。

（2）自动核酸提取仪在基层逐渐普及，可以一机实现 DNA（RNA）提取。

（3）多功能新型生物液体处理工作站，可以一机实现 DNA（RNA）提取反应液配制、上机反应和结果分析的所有步骤。

（4）在提高灵敏度和特异性的基础上，实现高通量检测，一次检测分析多种常见疫病和一种疫病的不同型。

（5）随着测序仪器设备的完善，将检测与序列分析结合的诊断技术将逐步应用于临床。

三、病原学检测技术

病原学检测技术包括细菌的分离与鉴定、病毒的分离与鉴定及寄生虫的检测。

1. 细菌的分离与鉴定

细菌分离与鉴定以培养、染色镜检、生化试验等为主，将标本接种在培养基上进行分离培养是对细菌或真菌感染性疾病进行病原学诊断的常用方法。细菌的生长繁殖需要一定时间，检测周期较长，不能同时处理批量样本。为解决这一问题，各种自动化培养和鉴定系统不断产生，传统鉴定方法也在逐步改进，大大加快了检验速度。全自动微生物分析仪可同时做细菌鉴定和药敏试验，检验 500 多个菌种。

2. 病毒的分离与鉴定

病毒的分离与鉴定是病毒性疫病检测、诊断、流行病学调查和对未知新病毒进行分类鉴定的重要方法之一，主要依靠接种细胞、鸡胚或动物完成病毒分离，将活细胞从病原体敏感的动物组织中取出，在体外进行原代培养或用病原体敏感细胞系进行传代培养，再将病原体接种于相应的组织细胞中后，病原体可在其中繁殖增长，引起特异性的细胞病变效应。也可以将病原体直接接种于敏感动物体内，引起相应组织器官出现特异的病理学改变，往往可以根据这些特异的病变对病原体进行鉴定，还可根据需要做基因测序等进一步鉴定。该方法准确，但是对实验室能力要求较高，且耗时长，常作研究用。

3. 寄生虫检测

包括虫卵检测、虫体检测、免疫学检测和分子生物学检测等方法。

四、组织病理学检测技术

1. 病理学检测技术

是利用疫病引起的动物组织发生特征性的病变和病理变化对动物疫病进行诊断。

2. 免疫组织化学技术

免疫组织化学方法不仅可在脏器组织中特异地检出病原，又可发挥病理学检测所具有直观、抗原定位准确的特点，还可在脏器组织原位检测出病原的同时，观察到组织病变与该病原的关系，从而有助于了解疫病的发病机理和病理过程。

五、实验室诊断需求

在我国以免疫预防为主的动物防疫政策，决定了在现实的动物疫病监测工作中，迫切需要实用的对动物疫病病原的快速诊断技术以及能区分免疫动物和自然感染动物的鉴别诊断技术。目前国内有免疫胶体金快速诊断技术和荧光 PCR 技术等。其中，免疫胶体金快速诊断试纸条操作简易，速度快，10 分钟内出结果，方便基层开展工作。目前已经有了口蹄疫、猪瘟、禽流感、血吸虫等病的胶体金快速诊断试纸条。

第五节 常用动物疫病诊断方法

不同动物疫病所采用的诊断方法不同，常见动物疫病诊断方法见表 5-1。

表 5-1 常见动物疫病诊断标准

序号	疫病	诊断方法
1	口蹄疫	口蹄疫诊断技术
2		口蹄疫病毒实时荧光 RT-PCR 检测方法
3	猪水疱病	猪水疱病诊断技术
4	非洲猪瘟	非洲猪瘟诊断技术
5	猪瘟	猪瘟诊断技术
6		猪瘟病毒实时荧光 RT-PCR 检测方法
7	猪传染性胃肠炎	猪传染性胃肠炎诊断技术
8	猪流行性腹泻	猪流行性腹泻诊断技术
9	狂犬病	狂犬病诊断技术
10	伪狂犬病	伪狂犬病诊断技术
11		猪伪狂犬病免疫酶试验方法
12		猪伪狂犬病毒实时荧光 PCR 检测方法
13	猪呼吸与繁殖综合征	猪繁殖与呼吸综合征诊断技术
14	猪肠病毒性脑脊髓炎	猪肠病毒性脑脊髓炎诊断技术

（续）

序号	疫病	诊断方法
15	高致病性禽流感	高致病性禽流感诊断技术
16		高致病性禽流感防治技术规范
17	H5 亚型禽流感病毒	H5 亚型禽流感病毒实时荧光 RT-PCR 检测方法
18	禽流感	禽流感病毒 RT-PCR 试验方法
19		进出境禽鸟及其产品高致病性禽流感检疫规范
20		禽流感病毒通用荧光 RT-PCR 检测方法
21	H7 亚型禽流感	H7 亚型禽流感病毒荧光 RT-PCR 检测方法
22	H9 亚型禽流感	H9 亚型禽流感病毒荧光 RT-PCR 检测方法
23	鸡传染性喉气管炎	鸡传染性喉气管炎诊断技术
24	鸡马立克氏病	鸡马立克氏病诊断技术
25	禽白血病	禽白血病病毒 p27 抗原酶联免疫吸附试验方法
26	鸡产蛋下降综合征	鸡产蛋下降综合征诊断技术
27	鸡病毒性关节炎	鸡病毒性关节炎琼脂凝胶免疫扩散试验方法
28	鸭病毒性肝炎	鸭病毒性肝炎诊断技术
29	小鹅瘟	小鹅瘟诊断技术
30	绵羊痘和山羊痘	绵羊痘和山羊痘诊断技术
31	梅迪-维斯纳病	梅迪-维斯纳病诊断技术
32	山羊关节炎/脑炎	山羊关节炎/脑炎琼脂凝胶免疫扩散
33	蓝舌病	蓝舌病诊断技术
34	牛白血病	地方流行性牛白血病琼脂凝胶免疫扩散试验方法
35	牛病毒性腹泻/黏膜病	牛病毒性腹泻/黏膜病诊断技术
36	牛鼻气管炎	牛鼻气管炎诊断技术
37	牛流行热	牛流行热微量中和试验方法
38	牛海绵状脑病	牛海绵状脑病诊断技术
39	赤羽病	赤羽病细胞微量中和试验方法
40	茨城病和鹿流行性出血	茨城病和鹿流行性出血病琼脂凝胶免疫扩散试验方法
41	马传染性贫血	马传染性贫血琼脂凝胶免疫扩散试验方法
42	兔病毒性出血症	兔出血病血凝和血凝抑制试验方法
43	兔出血性败血症	兔出血性败血症诊断技术
44	胎儿弯杆菌病	胎儿弯杆菌的分离鉴定方法
45	致病性嗜水单胞菌病	致病性嗜水气单细胞菌检验方法
46	布鲁氏菌病	动物布鲁氏菌病诊断技术
47	炭疽	动物炭疽诊断技术
48	结核病	动物结核病诊断技术
49	副结核病	副结核病诊断技术
50	牛传染性胸膜肺炎	牛传染性胸膜肺炎（牛肺疫）诊断技术

（续）

序号	疫　　病	诊断方法
51	马鼻疽	马鼻疽诊断技术
52	马流行性淋巴管炎	马流行性淋巴管炎诊断技术
53	马腺疫	马腺疫诊断技术
54	马流产沙门氏菌病	马流产沙门氏菌病诊断技术
55	衣原体病	动物衣原体病诊断技术
56	猪传染性萎缩性鼻炎	猪萎缩性鼻炎诊断技术
57	猪传染性胸膜肺炎	猪放线杆菌胸膜肺炎诊断技术
58	猪密螺旋体痢疾	猪痢疾诊断技术
59	猪巴氏杆菌病	猪巴氏杆菌病诊断技术
60	猪丹毒	猪丹毒诊断技术
61	鸡伤寒和白痢	鸡伤寒和白痢诊断技术
62	鸡支原体	禽支原体 PCR 检测方法
63	鸡传染性鼻炎	鸡传染性鼻炎诊断技术
64	禽霍乱	禽霍乱诊断技术
65	禽曲霉菌病	禽曲霉菌病诊断技术
66	牛无浆体病	牛无浆体病快速凝集检测方法
67	猪囊尾蚴病	猪囊尾蚴病诊断技术
68	猪旋毛虫病	猪旋毛虫病诊断技术
69	弓形虫病	弓形虫病诊断技术
70	动物球虫病	动物球虫病诊断技术
71	家畜日本血吸虫病	家畜日本血吸虫病诊断技术

第六章 常用防控措施及生物安全防护

第一节 疫病预防

一、疫病预防重要性

国家对疫病贯彻预防为主的方针，主要原因有：

（1）动物传染病具有传染扩散的特点，一旦蔓延很难扑灭，有的会给人类健康及经济带来灾难性的后果，需要相当长的时间和耗费巨大的人力、物力和财力才能加以消除。因此，对动物疫病，首要的任务是防止其发生与流行。

（2）根据中国现状，动物饲养以农户为主，生产分散，防疫基础薄弱，疫病种类多，蔓延范围广，严重影响养殖业的发展，而且直接危及人民身体健康，妨碍中国畜禽产品进入国际市场。必须大力加强动物疫病的预防工作，坚决贯彻预防为主的方针。

二、疫病预防措施

（一）环境控制

1. 养殖场地址的选择

（1）场址应选择地势高燥、背风、向阳、水源充足、水质良好、排水方便、无污染、排废、供电和交通方便的地方。

（2）距离铁路、机场、大公路、居民生活区、生活饮用水源地、学校、医院等公共场所500米以上；离开屠宰场、畜产品加工厂、垃圾及污水处理场所、风景旅游区1 000米以上。远离河流，严禁向河流排放粪尿和污水。

（3）必须考虑周围环境对污染的消纳能力，适当限制饲养规模，使粪尿产出量与农田、果园负荷保持相对均等，以减少对环境的污染。

科学、合理的建筑规划和布局，为动物生长提供舒适的环境，为组织高效生产和动物防疫工作提供良好的条件，要求生产区封闭隔离，工程设计和工艺流程符合动物防疫要求。

2. 养殖场的结构布局

（1）结构布局要科学合理：畜禽养殖场一般分成生产区、管理区、生活区、辅助区四大块。生产区是畜禽养殖场的核心部分，其排列方向应面对该地区的长年风向。为了防止生产区的气味影响生活区，生产区应与生活区并列排列并处偏下风位置。管理区是办公和接待来往人员的地方，通常由办公室、接待室、陈列室和培训教室组成。其位置应尽可能靠近大门口，使对外交流更加方便，也减少对生产区的直接干扰。生活区主要包括职工宿舍、食堂等生活设施。其位置可以与生产区平行，靠近管理区，但必须在生产区的上风方向。辅助区内分两个小区，一个小区包括饲料仓库、饲料加工车间、干草库、水电房等；另一个小区包括兽医诊断室、隔离室、化尸池等。由于饲料加工有粉尘污染，兽医诊断室、隔离室经常接触病原体，因此，辅助区必须设在生产区、管理区和生活区的下风方向，以保证整个场的安全。各个功能区之间的间距大于 50 米，各栋畜（禽）舍隔要在 6 米以上并用防疫隔离墙隔开。畜禽养殖场与外界需有专用通道，场内主干道宽 5~6 米，支干道宽 2~3 米。场内道路分净道和污道，净道不能与污道通用或交叉，隔离区必须有单独的道路。

（2）合理设计场内道路：道路是场区之间、建筑物与设施、场内与外界联系的纽带。场内道路应净道、污道分离，两种道互不交叉，出、入口分开。运输畜禽的车辆和饲料车走净道，物品一般只进不出，出粪车和病死畜禽走污道。场区内道路要硬化，道路两旁设排水沟，沟底硬化，不积水，有一定坡度，排水方向应从清洁区向污染区。

3. 养殖场畜禽舍内外环境的控制

（1）养殖场内不允许饲养其他无关动物（如狗、猫等），畜禽舍之间不宜栽种树木，房舍建筑应该具有相对的密闭性，防止飞鸟、野兽和老鼠进入畜禽舍传播疾病。

（2）畜禽舍具备有效的控温和通风设施，保持舍内光线、通风良好，温度、湿度适宜，有害气体含量符合卫生要求。冬季做好保温通风工作；夏季要做好通风降温。可采用湿帘降温、负压通风、滴水降温、喷雾降温等措施；搞好畜禽舍内外的卫生，保持舍内干燥，保证舍区具有较好的小气候条件。

（3）饲养密度合理，保持舍内安静，尽量减少运输、转群、断奶、换料、断尾、免疫注射等各种应激因素对猪群造成不良应激反应。

（4）房舍地面和基础最好采用混凝土结构，防止啮齿动物打洞，也利于清洗和消毒。房舍周围 15 米范围内的地面都要进行平整和清理，以便能迅速方便地铲割杂草，以减少一些传播疾病的昆虫、鼠类等的滋生，定期杀灭舍内外的昆虫、老鼠等，尽可能减少和杀灭畜禽舍周围病原及疾病传播媒介。

（二）人员的控制

在畜禽养殖场，人员进出频繁，故病原传入概率很大，一种是机械性带入，另一种是生物性的传播。当人员接触了患病畜禽或被病畜禽污染的设施之后再进入畜牧场，就会发生机械性传播。对于既感染人又感染畜禽的病原，则可能通过人员造成生物性传播。感染了这种病原的人员接触畜禽之后，就可能将病原传给畜禽。因此，从某种程度上讲，人员是畜禽疾病传播中最危险、最常见、最难以防范的传播媒介。控制养殖场人员的活动对于防止疾病的传入和蔓延具有更重要的意义。必须靠严格的制度进行有效控制。要制定严格的生物安全防疫规章制度，对所有生产工作人员进行生物安全制度培训。

（1）工作人员进入生产区，应洗手、穿工作服和胶靴，戴工作帽，或淋浴后更换衣鞋，进入或离开每一栋舍时要养成清洗双手、踏消毒池消毒鞋靴的习惯。尽可能减少不同功能区内工作人员交叉现象。

（2）主管技术人员一般不准对外诊疗与本场相同的动物及其他动物的疾病。如确须进行诊疗，应做好消毒防疫工作。主管技术人员在不同单元区之间来往应遵循从清洁区至污染区、从日龄小的畜群到日龄大的畜群、从健康群到发病群的顺序。

（3）饲养员应远离外界畜禽病原污染源，最好不要进屠宰场和畜禽交易市场。家中禁止饲养与养殖场相同的动物（最好不要饲养动物）。

（4）杜绝饲养户之间随意互相串门的习惯。尽可能谢绝外来人员进入畜禽养殖场参观访问，经批准允许进入参观的人员必须走人员专用通道，在人员专用通道设立消毒室，所有进人员必须在此进行紫外线照射消毒 10～15 分钟后才能进入。如果要进入生产区，还必须淋浴、换衣裤才能进入。如果无法淋浴的，须换上清洁消毒好的工作衣帽。要对来场参观人员的姓名及来历等内容进行登记，保留一定时间。

（5）生产人员应定期进行健康检查，防止人畜互感疾病。生产区人员全部定岗定员，不得随意串岗，休假结束返回后必须在生活区集体宿舍隔离 1 天后方可进入生产区。

（三）畜禽生产群的控制

1. 定期免疫接种

对畜禽群按照正确的免疫程序进行预防接种，才能使畜禽产生坚强的免疫力，既能达到预防传染病的目的，又能提高畜禽生产群对相应疫病的特异性抵抗力，是构建畜禽养殖场生物安全体系的重要措施之一。畜禽养殖场应根据本地区疫病流行情况，结合本场实际，制定合理的免疫程序，做到及时免疫，防止免疫空白。要保证全场畜禽常年处于有效免疫期内，避免疫苗注射的盲目性。

2. 实行"全进全出"制

根据实际情况，分别以场、生产区、畜（禽）舍为单位，每一个单元隔离小区同群畜禽尽量做到免疫状态相同、年龄相同、来源相同、品种相同。

3. 防止应激

根据畜禽不同品种、不同年龄、不同季节制定适宜的饲养密度，实施合理的生物安全水平。尽可能减少日常饲养管理操作中对畜禽群的应激因素，使畜禽保持健康稳定的免疫力。

4. 疾病监测

加强疫病监测，定期进行健康状况检查和免疫状态监测，排除所有潜在的危害性因素，保持畜禽恒定的免疫水平。

5. 坚持自繁自养

严格畜禽引进制度、坚持自繁自养是建立畜牧场生物安全体系的重要环节，引进新畜禽是最重要的疾病传入途径之一。细菌、病毒、真菌、支原体、体内外寄生虫都会随引进动物一起进入畜牧场，特别是引进无临床症状的带毒种畜禽可造成巨大损失。

6. 注意引种安全

因生产需要必须引种的，在引种前，要对引种场的资质进行考察，从疫病控制工作完善的场引种，对一些重要疾病要进行免疫学检测，确认无相关病原后方可引种。新引进的畜禽至少要隔离饲养 30 天，经观察各项指标正常、确认无病后方可与本场种畜禽配种或混群饲养。为防止引进呈隐性感染的动物，在隔离期内可与数只健康的易感动物一起饲养，观察易感动物是否发病。

7. 药物预防

通过在饮水或饲料中适当添加抗生素、中草药、免疫增强剂等以增强畜禽群体抵抗力和免疫力，使用药物时，注意适当配伍、交替使用。

8. 患病动物处理

当发现患病动物时，对发病个体及时隔离治疗，对健康畜禽进行紧急免疫接种，加强消毒。

（四）消毒

对物品、设施和工具的清洁与消毒处理是为了减少畜禽周边病原的数量及畜禽被病原感染的机会，是养殖场控制疾病的一个重要措施。清洁与消毒处理，一方面可以减少病原进入养殖场或畜禽舍，另一方面可以杀灭已进入畜牧场或畜禽舍内的病原。

（1）畜禽养殖场的器具和设备必须经过彻底清洗和消毒之后方可带入畜禽舍，日常饮水、喂料器具应定期清洗、消毒。养殖场工作服应保持清洁，定期消毒。

（2）在畜禽养殖场的大门口必须设立两个消毒池，车辆进入场内时，必须经过大消毒池（消毒池的长度为进出车辆车轮2个周长以上），并且用机动消毒法对车身进行彻底消毒后方可进入。

（3）在每栋畜（禽）舍入口处设置消毒盆，消毒液每天更换1次。离开生产区和畜（禽）舍时，也应洗手和进行必要的消毒。

（4）平时应做好场区环境卫生工作，经常使用高压水清洗，场区每周消毒1~2次。每月对场区道路、水泥地面、排水沟等区域进行喷洒消毒。

（五）饲料、饮水的控制

科学饲喂，饲喂优质高效饲料，定时定量保质，不用霉变、污染饲料，保证饮水清洁安全，不喂过冷过热饲料或突然更换饲料，为动物提供合理均衡的营养，定期添加多种维生素、矿物质等。饲料卫生指标应达到《饲料卫生标准》(GB 13078)的要求，在保质期内，保管方法正确，无霉变。

饮水水质应符合《无公害食品　畜禽饮用水水质》(NY 5027)的要求，定期检测水质。如果必要，在水中加入2毫克/升的氯或应用其他合适的消毒剂，进行饮水的消毒。

（六）垫料及废弃物、污物处理

对垫料、粪尿、污水、动物尸体等严格进行无害化处理，建立生化处理设施，对垫料、粪尿、污水，应进行生化处理和降解，动物尸体应深埋或化制。

三、疫苗免疫

免疫接种是给动物接种疫苗或免疫血清，使动物机体自身产生或被动获得对某一病原微生物特异性抵抗力的一种手段。通过免疫接种，使动物产生或获得特异性抵抗力，预防疫病的发生。

国家对严重危害养殖业生产和人体健康的动物疫病实施强制免疫。饲养动物的单位和个人应当依法履行动物疫病强制免疫义务，按照兽医主管部门的要求做好强制免疫工作。经强制免疫的动物，应当按照国务院兽医主管部门的规定建立免疫档案，加施畜禽标识，实施可追溯管理。

（一）疫苗免疫接种的类型

1. 预防接种

指在经常发生某类传染病的地区，或有某类传染病潜在的地区，或受到邻近地区某类传染病威胁的地区，为了预防这类传染病发生和流行，平时有组织、有计划地给健康动物进行的免疫接种。

2. 紧急接种

指在发生传染病时，为了迅速控制和扑灭传染病的流行，而对疫区和受威胁区尚未发病的动物进行的免疫接种。紧急接种应先从安全地区开始，由外向内，逐头（只）接种，以形成一个免疫隔离带。

3. 临时接种

指在引进或运出动物时，为了避免在运输途中或到达目的地后发生传染病而进行的预防免疫接种。

（二）免疫接种的准备

1. 器械

（1）接种器械：根据不同的免疫方法、畜禽的大小，准备所需要的接种器械。如注射器、针头（大、小）、镊子、刺种针、点眼（滴鼻）滴管、饮水器、玻璃棒、量筒、喷雾器等。

（2）消毒器械：剪毛剪、镊子、消毒灭菌器等。

（3）动物保定器。

（4）疫苗冷藏箱、冰袋、体温计、听诊器、废弃疫苗瓶收纳容器等。

（5）防护用具：防护服、防护靴、防护帽、防护目镜、防护口罩等。

2. 药品

（1）注射部位消毒用品：75％酒精、5％碘酊、脱脂棉等。

（2）防疫人员专用消毒药及肥皂等。

（3）抗应激过敏药品：0.1％盐酸肾上腺素、地塞米松磷酸钠注射液等。

3. 注意事项

（1）器械清洗一定要保证清洗的洁净度，不能有污染。

（2）灭菌后的器械1周内不用，下次使用前应要重新消毒灭菌。

（3）禁止使用化学药品消毒，因为用化学消毒药消毒后，器械上难免会残留化学消毒剂，与疫苗接触会造成疫苗的失效。

（4）使用一次性无菌塑料注射器时，要检查包装是否完好和是否在有效期内，开袋后要马上使用，不能开袋在空气中放置太长时间，以免造成污染。

（三）检查动物健康状况

为了保证免疫接种动物安全及接种效果，接种前应观察了解预接种动物的健康状况。注意以下原则：

（1）检查动物的精神、食欲、体温，不正常的不接种。

（2）检查动物是否发病、是否瘦弱，发病、瘦弱的动物不接种。

（3）幼小、怀孕的动物不接种。

对上述动物进行登记，以便以后补免，不能漏免。

（四）疫苗的储藏与使用

1. 疫苗的储藏

（1）阅读疫苗的使用说明书，掌握疫苗的储藏要求，严格按照疫苗说明书规定的要求储藏，不同的疫苗有不同的储藏温度要求。

（2）所有疫苗都应储藏于阴暗、干燥处，应避免阳光直射、防止受潮。

（3）分类存放：按疫苗的品种和有效期分类存放，并标以明显标志，以免因混乱而造成差错，导致疫苗过期而报废。超过有效期的疫苗，坚决不能使用，必须及时进行无害化处理。

（4）建立疫苗管理台账：详细记录出入疫苗品种、时间、批准文号、生产批号、规格、生产厂家、有效日期、数量等。

（5）疫苗储藏的注意事项：按规定的温度储藏；在储藏过程中，应保证疫苗的内、外包装完整无损；防止内、外包装破损，以致无法辨认其名称、有效期等。

2. 疫苗的使用

（1）稀释疫苗之前应对使用的疫苗逐瓶检查，尤其是名称、有效期、剂量、封口是否严密，是否破损和吸湿等。

（2）稀释过程中一般应分级进行，对疫苗瓶一般应用稀释液冲洗 3～5 次。

（3）稀释用具如注射器、针头、滴管、稀释瓶等，都要求事先清洗干净并高压消毒备用，不能用水煮消毒。

（4）疫苗的稀释：按照免疫接种计划或免疫程序规定，准备所需要的疫苗和稀释液，并按规定做好疫苗的稀释，确保疫苗的有效质量。注意不能把疫苗放在阳光下照射。

（5）疫苗的吸取：①轻轻振摇，使疫苗混合均匀；②排净注射器针头内水分、空气；③用75％酒精棉球消毒疫苗瓶瓶塞；④将注射器针头刺入疫苗瓶液面下，吸取疫苗；⑤接触过动物机体的针头不能再刺入疫苗瓶内吸取疫苗，接触过动物机体的针头可能含有病毒细菌，再次刺入疫苗瓶内可能会污染整瓶疫苗，形成交叉感染，可以在疫苗瓶上插入一洁净针头一直不拔出，专用于吸取疫苗。

（五）免疫接种

1. 禽类颈部皮下免疫接种

（1）适用范围：幼禽。

（2）注射部位：左手握住幼禽在颈背部下 1/3 处，用大拇指和食指捏住颈中线的皮肤并向上提起，使其形成一囊。

（3）注射：针头从头部方向刺入皮下 0.5～1 厘米，针方向稍斜向上，以免针头刺入颈椎导致幼禽出血死亡，推动注射器活塞，缓缓注入疫苗。

（4）注意事项：①注射过程中要经常检查连续注射器是否正常，刻度是否准确。②捏皮肤时，一定要捏住皮肤，而不能只捏住羽毛。③确保针头刺入皮下，针头不能刺穿皮肤，避免把疫苗注射到体外。④注射时不可因速度过快而把疫苗注到体外，禁止打空针。⑤注射完后要轻放，避免疫苗溢出针孔外。⑥每小群禽或100羽左右更换一次针头避免交叉感染。

2. 禽肌内注射免疫接种

（1）适用范围：成年禽。

（2）选择免疫部位：胸肌或腿肌。

（3）注射：调试好注射器，确保剂量准确。胸肌注射时，一人保定鸡只，使其胸部朝上，一人持注射器，注射器与胸骨成平行方向，针头与胸肌呈30°～45°角，在胸部中1/3处向背部方向刺入胸部肌肉。腿部肌内注射时，以大腿无血管处为佳。

（4）注意事项：①针头与胸肌的角度不要超过45°角，以免刺入胸腔，伤及内脏；②注射过程中，要经常摇动疫苗瓶，使其混匀，经常注意吸取疫苗的针管淹没在疫苗中，确保针针疫苗足量；③注射时不要图快，以免疫苗流出体外；④使用连续注射器，每注射500只禽，要校对一次注射剂量，确保注射剂量准确，每小群禽或100羽左右更换一次针头，避免交叉感染。

3. 肌肉免疫接种

（1）适用范围：猪、牛、马、羊、犬、兔、鸡等。

（2）注射部位选择：应选择肌肉丰满、血管少、远离神经干的部位。大家畜（马、牛、骆驼等）宜在臀部或颈部；猪宜在耳后2指左右、臀部、颈部；羊、犬、兔宜在颈部；鸡宜在翅膀基部或胸部、腿部。

（3）注射：对中小型家畜可左手固定注射部位皮肤，右手持注射器垂直刺入肌肉后，改用左手夹住注射器和针头尾部，右手回抽一下针芯，如无回血，即可慢慢注入药液。

（4）注射后消毒：注射完毕，拔出注射针头，涂以5%碘酊消毒。

（5）注意事项：

① 根据动物大小和肥瘦程度不同，掌握刺入不同深度，以免刺入太深而刺伤骨膜、血管、神经，或因刺入太浅，将疫苗注入脂肪而不能吸收。

② 要根据注射剂量，选择大小适宜的注射器。注射器过大，注射剂量不易准确；注射器过小，操作麻烦。

③ 注射剂量应严格按照规定的剂量注入，禁止打"飞针"，造成注射剂量不足和注射部位不准。

④ 对大家畜，为防止损坏注射器或折断针头，可用分解动作进行注射，即把注射针头取下，以右手拇指、食指紧持针尾，中指标定刺入深度，对准注射部位用腕力将针头垂直刺入肌肉，然后接上注射器，回抽针芯，如无回血，随即注入药液。

⑤ 给家畜注射，每次注射均必须更换一个针头；给农村散养家禽注射，每注射一户必须更换一个针头；给规模饲养场家禽注射，每注射100只更换一个针头。

4. 刺种

（1）适用范围：家禽，多用于鸡痘免疫。

（2）选择接种部位：禽翅膀内侧三角区无血管处。

（3）免疫接种：左手抓住鸡的一只翅膀，右手持刺种针插入疫苗瓶中，蘸取稀释的疫苗液，在翅膀内侧无血管处刺针。拔出刺种针，稍停片刻，待疫苗被吸收后，将禽轻轻放开。再将刺针插入疫苗瓶中，蘸取疫苗，准备下次刺种。

（4）注意事项：①为避免刺种过程中打翻疫苗瓶，固定好疫苗瓶；②每次刺种前，都要将刺种针在疫苗瓶中蘸一下，保证每次刺针都蘸上足量的疫苗，并经常检查疫苗瓶中疫苗液的深度，以便及时添加；③要经常摇动疫苗瓶，使疫苗混匀；④注意不要损伤血管和骨骼。

5. 点眼、滴鼻免疫接种

（1）适用范围：禽。

（2）选择接种部位：幼禽眼结膜囊内、鼻孔内。

（3）免疫接种：将已充分溶解稀释的疫苗滴瓶装上滴头，将瓶倒置，滴头向下拿在手中，或用点眼滴管吸取疫苗，握于手中并控制好胶头。左手握住幼禽，食指和拇指固定住幼禽头部，幼禽眼或一侧鼻孔向上。滴头与眼或鼻保持1厘米左右距离，轻捏滴管，滴1～2滴疫苗于鸡眼或鼻中，稍等片刻，待疫苗完全吸收后再放开鸡。

（4）注意事项：①滴鼻时，为了便于疫苗吸入，可用手将对侧鼻孔堵住，滴入时松开，方可快速吸收疫苗；②不可让疫苗流失，注意保证疫苗被充分吸入。

6. 饮水免疫

（1）适用范围：家禽。

（2）准备免疫：鸡群停止供水1～2小时，一般当80%以上的鸡找水喝时，再饮水免疫。可保证鸡群的免疫密度。

（3）稀释免疫：饮水免疫时，饮水量为平时日耗水量的40%，使疫苗溶液能在1～1.5小时饮完。必须计算好疫苗和稀释液用量（可在稀释液中加入0.1%～0.3%脱脂奶粉），搅匀后立即使用。

（4）注意事项：①炎热季节里，应在上午进行饮水免疫，装有疫苗的饮水器不应暴露在阳光下；②饮水免疫禁止使用金属容器，一般应用硬质塑料或搪瓷器具；③免疫前应清洗饮水器具；④免疫后残余的疫苗和废疫苗瓶，应集中煮沸等消毒处理，不能随意乱扔；⑤疫苗稀释时应注意无菌操作，所用器材必须严格消毒。稀释液应用清洁卫生蒸馏水；⑥疫苗用量必须准确，一般应为注射免疫剂量的2～3倍。

7. 气雾免疫接种

（1）适用范围：家禽。

（2）免疫接种：喷头斜向上空处喷雾，边走边喷，往返2～3遍，将疫苗喷完；喷完后将房屋密闭20分钟左右。

（3）注意事项：①掌握好喷雾的速度、流量和雾滴大小；②应选择安全性高，效果好的疫苗；③苗用量应适当增加，通常用量加倍；④免疫当天不能带鸡消毒；⑤用过的疫苗空瓶，应集中煮沸等消毒处理，不能随意乱扔；⑥喷雾时不能朝鸡体身上喷雾，避免机体受凉感冒导致免疫系统降低。

（六）免疫接种注意事项

（1）预防接种应有周密的计划。

（2）注意预防接种的反应。

（3）注意几种疫苗的联合使用。

（4）合理的免疫程序。

（七）免疫程序制定

1. 免疫程序制定依据

（1）当地疾病的流行情况及严重程度。

（2）畜禽的种类、用途、饲养管理条件、畜禽及其产品上市的旺季。

（3）母源抗体的水平。

（4）上一次免疫接种引起的残余抗体水平。

（5）家畜的免疫应答能力及疫苗对动物健康及生产能力的影响。

（6）疫苗的种类、性质、免疫途径及免疫期。

（7）各种疫苗的配合。

2. 免疫程序的要素

疫苗接种的间隔时间、次数、接种方法、剂量等，动物品种、年龄，疫苗种类。

（八）影响疫苗免疫效果的因素

（1）疫苗因素：疫苗质量不佳，疫苗保存与运输条件不达标，疫苗稀释失误，多种疫苗之间的干扰作用等。

（2）免疫程序制定不合理：免疫时机、免疫剂量、接种方法等不合理。

（3）免疫接种方法：接种途径选择不当，免疫接种时操作不当等。

（4）动物因素：动物生病或使用药物，体质较弱等。

（5）抗病毒药对弱毒疫苗的影响。

第二节　疫病治疗

一、动物疫病治疗原则

（1）早期治疗，标本兼治，特异和非特异性结合，药物治疗与综合措施相配合。

（2）注意药物的适应证，合理使用，有的放矢。

（3）掌握剂量，既要做到用药足量保证疗效，又要防止用药过量引起中毒。

（4）疗程要足，避免一天一换药，否则药物在血液中达不到有效浓度，难以取得应有疗效。

（5）对于抗菌药物应定期限更换，穿梭用药，不宜长期使用一种药物，以免产生耐药菌株。

（6）既要注意联合用药，又要避免药物种类过多造成浪费或药物中毒，或药物间发生拮抗作用。

二、动物疫病治疗方法

(一)病原与病因疗法

1. 病原疗法

针对引起疾病的病原因素治疗的方法,如传染病的病原有病菌、病毒或寄生虫。针对这些病原需采用相应的免疫血清、抗生素或化学药剂等进行治疗。

2. 病因疗法

也叫作发病机制疗法,是针对疾病的发生机制而采取的治疗方法,目的是促进器官和组织的功能障碍恢复,使病兽迅速痊愈。按照疾病的特点,正确地选择治疗方法,是一项复杂的判断过程。

3. 替代疗法

此法有时可起病原疗法的作用,有时起病因疗法的作用。如发生维生素缺乏症时,替代疗法起病原疗法作用,而当内分泌功能减退时,用激素疗法则起病因疗法的作用。

(二)食饵疗法

以治疗为目的,选择适当的饲料,供给病兽特别营养,制定合理的饲养标准和饲养制度。食饵疗法是用食物来控制疾病发生、发展和康复的办法。如动物发生胃肠炎,临床工作者认为是由某种饲料成分引起的,那么就把有害的成分停喂,喂给有利肠炎康复、刺激性小、易消化的蛋类和乳制品;为了控制兽体过胖,每周绝食 1 次;兽体过瘦,应增加饲料的给量,提高机体的抵抗力,都是食饵疗法。实行治疗性喂养应注意以下几点。

1. 供给充足的维生素

为满足病兽最大的营养需要和补充因疾病而消耗的营养物质,除供给充足的能量营养外,必须注意维生素及无机盐类的补充。

2. 供给营养丰富、适口性好的饲料

应选择容易消化以及营养方面和味道方面都较好的饲料,主要选择病兽喜好的饲料。

3. 供给病兽特需的营养饲料

喂给病兽的饲料应当符合其营养需要的特点。

4. 实行适合病兽特点的饲养制度

根据病情可以实施饥饿疗法和半饥饿疗法。当转为正常饲养时,应该认真考虑个体情况与疾病特点,一定要严格遵守饲喂时间。

(三)特异性疗法

特异性疗法是指利用能抑制或杀死病原体的药物进行治疗,亦称针对性治疗,在兽医实践中广为应用。根据用药的目的和使用的药物不同,特异性疗法可大体分为抗生素疗法、磺胺类药物疗法、免疫血清疗法、类毒素疗法、抗毒素疗法和疫苗疗法等。

1. 抗生素疗法

利用真菌、放线菌等所产生的抗生素进行治疗疾病的方法,称为抗生素疗法。如 β 内酰胺类、四环素类、氨基苷类、大环内酯类、多肽类、林可霉素类抗生素。为提高抗生素的疗效，在应用中必须掌握以下原则：不是由微生物引起的疾病，不能乱用抗生素；根据致病微生物的不同，要有针对性地选择和使用抗生素类药物。

2. 磺胺类药物疗法

磺胺类药物与抗生素交替使用，疗效更为显著，在使用磺胺类药物时应注意以下几点。

（1）药量要足：为获良好效果，必须早期用药并保证足够的药量。因为只有在患兽体内达到足够的浓度，才能奏效，否则不但不能消灭细菌，反而会使细菌产生耐药性。口服第1次用量应加倍，以后改为维持量，每4～6小时服1次，注射时1日2次，可连用3～10天，一般7天为1个疗程。临床症状消失或体温下降至常温2～3天后停药。

（2）防止蓄积中毒：磺胺类药物具有蓄积作用，长期使用易引起中毒，特别是磺胺噻唑。中毒的表现是结膜炎、白细胞减少、肾结石、消化不良等。因此，用药期间要注意观察患病动物的食欲、粪便和排尿情况，必要时做血常规检查。发现有上述可疑现象要及时停用，改用其他抗生素。为减少刺激和尿路结石，常与等量碳酸氢钠配合使用。有肝脏、肾脏疾病的动物禁止使用磺胺类药物。

（3）配伍禁忌：磺胺类药物不得与硫化物、普鲁卡因及乙酰苯胺同时使用，长期用药时，应补充维生素制剂，尤其是补给维生素C。

（4）静脉注射磺胺类药物：注射前对药物必须加温到与病兽体温接近，注射速度要缓慢，否则易引起病兽休克而死亡。

3. 免疫血清疗法

利用细菌或病毒免疫动物所制得的高免血清，治疗某些相应的疾病，这种方法称为血清疗法。免疫血清疗法具有高度的特异性，一种免疫血清只能治疗相应的疾病。如犬瘟热高免血清只能治疗犬瘟热；炭疽免疫血清只能治疗炭疽；巴氏杆菌免疫血清只能治疗巴氏杆菌病。

4. 类毒素疗法

将某些细菌产生的毒素进行处理，使其失去毒性，但仍保持其抗原性，用来预防和治疗相应疾病的方法，称为类毒素疗法。如肉毒梭菌可以在肉类饲料上产生一种毒素，经过处理使它失去毒性以后，可以治疗毛皮动物肉毒梭菌中毒。

5. 抗毒素疗法

抗毒素是利用类毒素免疫动物所获得的高免血清。利用这种血清可以治疗某些相应的疾病。如破伤风抗毒素，可以治疗破伤风病。

6. 疫苗疗法

利用某种微生物制成死菌（毒）或活菌弱毒疫苗，用来预防和治疗相应的疫病。有资料报道，疫苗不仅有预防疾病的作用，而且在某种程度上也有治疗作用。

第三节　养殖场推荐免疫程序

一、猪场免疫程序

（一）后备公、母猪的免疫程序

后备公猪和后备母猪常用免疫程序见表6-1。

表6-1 后备种猪（公、母通用）免疫程序

免疫病种	免疫次数	免疫时间	疫苗种类	免疫方法	免疫剂量
口蹄疫	2	配种前2次，间隔1个月	O型口蹄疫灭活疫苗或合成肽疫苗	肌内注射	3毫升
猪瘟	2	配种前2次，间隔1个月	猪瘟活疫苗（脾淋苗或细胞苗）	肌内注射	5头份
伪狂犬病	2	配种前2次，间隔1个月	伪狂犬病毒基因缺失疫苗	肌内注射	2头份
猪细小病毒病	2	配种前2次，间隔1个月	猪细小病毒病油乳剂灭活疫苗	肌内注射	1头份
乙型脑炎	2	4月、9月	乙型脑炎活疫苗	肌内注射	1头份
猪圆环病毒病	2	配种前2次，间隔1个月	猪圆环病毒2型灭活疫苗	肌内注射	2毫升

（二）生产母猪的免疫程序

生产母猪常用免疫程序见表6-2。

表6-2 生产母猪免疫程序

免疫病种	免疫频率/时间	免疫方式	免疫剂量	疫苗种类
口蹄疫	4次/年	普免	3毫升	O型口蹄疫灭活疫苗或合成肽疫苗
猪瘟	3次/年	普免	5头份	猪瘟活疫苗（脾淋苗或细胞苗）
	产后4周	跟胎		
高致病性猪蓝耳病（可不免）	3次/年	普免	2头份	高致病性猪蓝耳病活疫苗
	产后2~3周	跟胎		
伪狂犬病	3次/年	普免	2头份	伪狂犬病活疫苗
	产后3~5周	跟胎		
猪乙型脑炎	4月、9月	普免	2头份	猪乙型脑炎活疫苗
猪传染性胃肠炎和猪流行性腹泻	产前3~4周	跟胎	4毫升	猪传染性胃肠炎、猪流行性腹泻二联灭活疫苗
大肠杆菌病	产前45天、15天	跟胎	2毫升	仔猪大肠杆菌病三价灭活疫苗（K88/K99/987P）
猪丹毒和猪肺疫	2次/年	普免	5毫升	猪丹毒、猪肺疫二联灭活疫苗
猪传染性萎缩性鼻炎	产前4周	跟胎	2毫升	猪传染性萎缩性鼻炎灭活疫苗
猪链球菌病	产前8周、5周	跟胎	3毫升	猪链球菌病灭活疫苗
猪圆环病毒病	产前1个月	跟胎	2毫升	猪圆环病毒2型灭活疫苗
猪气喘病	2次/年	普免	2头份	猪气喘病活疫苗

（三）商品猪的免疫程序

商品猪常用免疫程序见表6-3。

表6-3　商品猪免疫程序

免疫病种	免疫次数	免疫时间	免疫剂量	疫苗种类
口蹄疫	3	55日龄首免、75日龄二免、135日龄三免	2毫升	O型口蹄疫灭活疫苗或合成肽疫苗
猪瘟	2	0天超免、30～40日龄二免	2头份	猪瘟活疫苗（脾淋苗或细胞苗）
	2	3～4周首免、1月后二免		
高致病性猪蓝耳病	2	3～4周首免、1月后二免	1头份	高致病性猪蓝耳病活疫苗
伪狂犬病	2	3日龄首免（滴鼻）、25～30日龄二免	1头份	伪狂犬病活疫苗
猪传染性胃肠炎和猪流行性腹泻	1	断奶后7天内	1毫升	猪传染性胃肠炎、猪流行性腹泻二联灭活疫苗
猪丹毒和猪肺疫	2	3～4周首免、70日龄二免	5毫升	猪丹毒、猪肺疫二联灭活疫苗
猪传染性萎缩性鼻炎	1	30日龄	1毫升	猪传染性萎缩性鼻炎灭活疫苗
猪圆环病毒病	2	3～4周首免、3周后二免	1毫升	猪圆环病毒2型灭活疫苗
猪气喘病	1	2～3周	1头份	猪气喘病活疫苗

二、鸡场免疫程序

（一）种鸡的免疫程序

种鸡常用免疫程序见表6-4。

表6-4　种鸡免疫程序

日龄	免疫病种	疫苗种类	免疫方法	免疫剂量
1	马立克氏病	鸡马立克氏病双价活疫苗	颈背部皮下注射	1羽份
7～10	新城疫和传染性支气管炎	新城疫Ⅳ系、传染性支气管炎H120二联弱毒苗	点眼或滴鼻	2羽份
	新城疫和禽流感	新城疫、禽流感（H9亚型）二联灭活疫苗	颈背部皮下注射	0.25毫升
14	传染性法氏囊病	鸡传染性法氏囊病（A80）活疫苗	饮水或滴口	2羽份
25～30	传染性法氏囊病	鸡传染性法氏囊病（A80）活疫苗	饮水或滴口	2羽份
30	鸡痘	鸡痘活疫苗	翼翅下刺种	3羽份
40	新城疫和传染性支气管炎	新城疫Ⅳ系、传染性支气管炎H120二联弱毒苗	点眼滴鼻或饮水	2羽份
	传染性鼻炎	鸡传染性鼻炎灭活疫苗	肌内注射	0.5毫升

（续）

日龄	免疫病种	疫苗种类	免疫方法	免疫剂量
45	禽流感	禽流感 H5 亚型二价灭活苗	肌内注射	0.7 毫升
70～90	新城疫	新城疫Ⅳ系	饮水	2 羽份
110	鸡痘	鸡痘活疫苗	翼翅下刺种	3 羽份
	禽流感	禽流感 H5 亚型二价灭活苗	肌内注射	0.7 毫升
120	新城疫、传染性支气管炎和产蛋下降综合征	新城疫、传染性支气管炎和产蛋下降三联灭活苗	肌内注射	0.7 毫升
130	传染性法氏囊病	鸡传染性法氏囊病（A80）活疫苗	饮水或滴口	2 羽份
210	新城疫和传染性支气管炎	新城疫Ⅳ系、传染性支气管炎 H120 二联弱毒苗	饮水	2 羽份
230	禽流感	禽流感 H5 亚型二价灭活苗	肌内注射	0.7 毫升
260	传染性法氏囊病	鸡传染性法氏囊病（A80）活疫苗	饮水或滴口	2 羽份
300	新城疫和传染性支气管炎	新城疫Ⅳ系、传染性支气管炎 H120 二联弱毒苗	饮水	2 羽份
350	禽流感	禽流感 H5 亚型二价灭活苗	肌内注射	0.7 毫升

（二）蛋鸡的免疫程序

蛋鸡常用免疫程序见表6-5。

表6-5　蛋鸡免疫程序

日龄	免疫病种	疫苗种类	免疫方法	免疫剂量
1	马立克氏病	鸡马立克氏病双价活疫苗	颈背部皮下注射	1 羽份
1	新城疫和传染性支气管炎	新城疫Ⅳ系、传染性支气管炎 H120 二联弱毒苗	点眼或滴鼻	2 羽份
5	传染性法氏囊病	鸡传染性法氏囊病（A80）活疫苗	滴口	2 羽份
7～10	新城疫和传染性支气管炎	新城疫Ⅳ系、传染性支气管炎 H120 二联弱毒苗	点眼或滴鼻	2 羽份
	新城疫和禽流感	新城疫、禽流感（H9 亚型）二联灭活疫苗	颈背部皮下注射	0.25 毫升
10～14	传染性法氏囊病	鸡传染性法氏囊病（A80）活疫苗	饮水或滴口	2 羽份

（续）

日龄	免疫病种	疫苗种类	免疫方法	免疫剂量
21	新城疫和传染性法氏囊病	鸡新城疫、传染性法氏囊病二联灭活疫苗（La Sota 株＋HQ 株）	肌内注射	0.3 毫升
	新城疫和传染性支气管炎	新城疫Ⅳ系、传染性支气管炎 H120二联弱毒苗	点眼滴鼻或饮水	2 羽份
	鸡痘	鸡痘活疫苗	翼翅下刺种	2 羽份
25	传染性法氏囊病	鸡传染性法氏囊病（A80）活疫苗	饮水或滴口	2 羽份
32	新城疫和传染性支气管炎	新城疫Ⅳ系、传染性支气管炎 H120二联弱毒苗	点眼滴鼻或饮水	2 羽份
	传染性鼻炎	鸡传染性鼻炎灭活疫苗	肌内注射	0.5 毫升
42	禽流感	禽流感 H5 型二价灭活疫苗	肌内注射	0.7 毫升
	传染性喉气管炎	传染性喉气管炎活疫苗	点眼或涂肛	1 羽份
60	新城疫	新城疫Ⅳ系	饮水	2 羽份
70	传染性喉气管炎	传染性喉气管炎活疫苗	点眼或涂肛	1.5 羽份
	传染性鼻炎	鸡传染性鼻炎灭活疫苗	肌内注射	0.5 毫升
90～100	鸡痘	鸡痘活疫苗	翼翅下刺种	3 羽份
	禽流感	禽流感 H5 亚型二价灭活苗	肌内注射	0.7 毫升
110～120	新城疫、传染性支气管炎和产蛋下降综合征	新城疫、传染性支气管炎和产蛋下降综合征三联灭活疫苗	肌内注射	0.7 毫升
140	禽流感	禽流感 H5 亚型二价灭活苗	肌内注射	0.7 毫升
	新城疫和传染性支气管炎	新城疫Ⅳ系、传染性支气管炎 H120二联弱毒苗	饮水	5 羽份
270	新城疫和传染性支气管炎	新城疫Ⅳ系、传染性支气管炎 H120二联弱毒苗	饮水	5 羽份
330	新城疫和传染性支气管炎	新城疫Ⅳ系、传染性支气管炎 H120二联弱毒苗	饮水	5 羽份
	禽流感	禽流感 H5 亚型二价灭活苗	肌内注射	0.7 毫升

（三）肉鸡的免疫程序

肉鸡常用免疫程序见表 6-6。

表 6-6　肉鸡免疫程序

日龄	免疫病种	疫苗种类	免疫方法	免疫剂量
1	马立克氏病	鸡马立克氏病双价活疫苗	颈背部皮下注射	1 羽份
5	传染性法氏囊病	鸡传染性法氏囊病（A80）活疫苗	滴口	2 羽份
7～10	新城疫和传染性支气管炎	新城疫Ⅳ系、传染性支气管炎 H120二联弱毒苗	点眼或滴鼻	2 羽份

（续）

日龄	免疫病种	疫苗种类	免疫方法	免疫剂量
14	传染性法氏囊病	鸡传染性法氏囊病（A80）活疫苗	饮水或滴口	2羽份
	新城疫和传染性法氏囊病	鸡新城疫、传染性法氏囊病二联灭活疫苗（La Sota株＋HQ株）	肌内注射	0.3毫升
20	新城疫和传染性支气管炎	新城疫Ⅳ系、传染性支气管炎H120二联弱毒苗	点眼滴鼻或饮水	2羽份
	鸡痘	鸡痘活疫苗	翼翅下刺种	2羽份

三、牛场免疫程序

（一）奶牛场免疫程序

1. 奶牛场犊牛的免疫程序

奶牛场犊牛常用免疫程序见表6-7。

表6-7　奶牛场犊牛免疫程序

日龄	免疫病种	疫苗种类	免疫方法	免疫剂量
5	大肠杆菌病	牛大肠杆菌灭活疫苗	肌内注射	3毫升
30	炭疽	炭疽芽孢苗	皮下注射	1毫升
	牛出血性败血病	牛出血性败血病氢氧化铝菌苗	皮下注射	4毫升
90	口蹄疫	O型-亚洲1型二价灭活苗	皮下或肌内注射	3毫升
		口蹄疫A型灭活苗	皮下或肌内注射	3毫升
	牛流行热	牛流行热灭活苗	皮下注射	2毫升
120	炭疽	炭疽芽孢苗	皮下注射	1毫升
	牛流行热	牛流行热灭活苗	皮下注射	2毫升
	口蹄疫	O型-亚洲1型二价灭活苗	皮下或肌内注射	3毫升
		口蹄疫A型灭活苗	皮下或肌内注射	3毫升
180	气肿疽和牛出血性败血病	气肿疽和牛出血性败血病二联苗	皮下注射	2～6毫升
	产气荚膜梭菌病	产气荚膜梭菌灭活苗	皮下注射	5毫升
240	口蹄疫	O型-亚洲1型二价灭活苗	皮下或肌内注射	3毫升
		口蹄疫A型灭活苗	皮下或肌内注射	3毫升
270	产气荚膜梭菌病	产气荚膜梭菌灭活苗	皮下注射	5毫升
330	梨形虫病	牛梨形虫细胞苗	肌内注射	1毫升
360	口蹄疫	O型-亚洲1型二价灭活苗	皮下或肌内注射	4毫升
		口蹄疫A型灭活苗	皮下或肌内注射	4毫升
	炭疽	炭疽芽孢苗	皮下注射	1毫升
	产气荚膜梭菌病	产气荚膜梭菌灭活苗	皮下注射	5毫升

2. 成年奶牛的免疫程序

成年奶牛常用免疫程序见表 6-8。

表 6-8 成年奶牛免疫程序

免疫频次	免疫病种	疫苗种类	免疫方法	免疫剂量
3次/年	口蹄疫	O型-亚洲1型二价灭活苗	皮下或肌内注射	5毫升
3次/年	口蹄疫	口蹄疫A型灭活苗	皮下或肌内注射	5毫升
2次/年	气肿疽和牛出血性败血病	气肿疽和牛出血性败血病二联苗	皮下注射	6毫升
2次/年	产气荚膜梭菌病	产气荚膜梭菌灭活苗	皮下注射	5毫升
1次/年	牛梨形虫病	牛梨形虫细胞苗	肌内注射	1毫升
2次/年	牛流行热	牛流行热灭活苗	皮下注射	4毫升
1次/年	炭疽	炭疽芽孢苗	皮下注射	1毫升

（二）肉牛场免疫程序

1. 肉牛场犊牛的免疫程序

肉牛场犊牛常用免疫程序见表 6-9。

表 6-9 肉牛场犊牛免疫程序

日龄	免疫病种	疫苗种类	免疫方法	免疫剂量
5	大肠杆菌病	牛大肠杆菌灭活苗	肌内注射	3毫升
30	炭疽	炭疽芽孢苗	皮下注射	1毫升
	牛出血性败血病	牛出血性败血病氢氧化铝菌苗	皮下注射	4毫升
90	口蹄疫	O型-亚洲1型二价灭活苗	皮下或肌内注射	3毫升
120	炭疽	炭疽芽孢苗	皮下注射	1毫升
	口蹄疫	O型-亚洲1型二价灭活苗	皮下或肌内注射	3毫升
180	气肿疽和牛出血性败血病	气肿疽和牛出血性败血病二联苗	皮下注射	2~6毫升
	产气荚膜梭菌病	产气荚膜梭菌灭活苗	皮下注射	5毫升
240	口蹄疫	O型-亚洲1型二价灭活苗	皮下或肌内注射	3毫升
270	产气荚膜梭菌病	产气荚膜梭菌灭活苗	皮下注射	5毫升
330	梨形虫病	牛梨形虫细胞苗	肌内注射	1毫升
360	口蹄疫	O型-亚洲1型二价灭活苗	皮下或肌内注射	4毫升
	炭疽	炭疽芽孢苗	皮下注射	1毫升
	产气荚膜梭菌病	产气荚膜梭菌灭活苗	皮下注射	5毫升

2. 成年肉牛的免疫程序

成年肉牛常用免疫程序见表 6-10。

表 6 - 10　成年肉牛免疫程序

免疫频次	免疫病种	疫苗种类	免疫方法	免疫剂量
3 次/年	口蹄疫	O 型-亚洲 1 型二价灭活苗	皮下或肌内注射	5 毫升
2 次/年	气肿疽和牛出血性败血病	气肿疽和牛出血性败血二联苗	皮下注射	6 毫升
2 次/年	产气荚膜梭菌病	产气荚膜梭菌灭活苗	皮下注射	5 毫升
1 次/年	牛梨形虫	牛梨形虫细胞苗	肌内注射	1 毫升
2 次/年	牛流行热	牛流行热灭活苗	皮下注射	4 毫升
1 次/年	炭疽	炭疽芽孢苗	皮下注射	1 毫升

四、羊场免疫程序

羊场常用免疫程序见表 6 - 11。

表 6 - 11　羊场免疫程序

免疫时间（频次）	免疫病种	疫苗种类	免疫方法	免疫剂量	备注
母羊孕后 1 月	衣原体病	流产衣原体灭活苗	皮下注射	3 毫升	
母羊产前 25 天、15 天各 1 次	羔羊痢疾	羔羊痢疾氢氧化铝菌苗	皮下注射	3 毫升	
母羊产前 1 月	破伤风	破伤风类毒素	肌内注射	1 毫升	
每年 3 月、9 月	羊快疫、羊猝狙、羊肠毒血症、羔羊痢疾	羊三联四防灭活苗	皮下或肌内注射	5 毫升	全群
每年 3—4 月	小反刍兽疫	小反刍兽疫活疫苗	皮下注射	1 头份	全群
每年 3—4 月	羊痘	羊痘弱毒疫苗	皮下注射	1 头份	全群
	布鲁氏菌病	羊布鲁氏菌病活疫苗（S2 株）	口服	1 头份	全群
	大肠杆菌病	羔羊大肠杆菌疫苗	皮下注射	1 毫升	3 月龄以下
				2 毫升	3 月龄以上
3 次/年	口蹄疫	O 型-亚洲 1 型二价灭活苗	皮下注射	2 毫升	3 月龄～2 年
				3 毫升	2 年以上
每年 3 月、9 月	羊口疮	羊口疮弱毒细胞冻干苗	口腔黏膜内注射	1 头份	全群
	传染性胸膜肺炎	羊传染性胸膜肺炎灭活疫苗	皮下或肌内注射	3 毫升	6 月龄以下
				5 毫升	6 月龄以上
每年 3 月、9 月	链球菌病	羊链球菌病灭活疫苗	皮下注射	3 毫升	6 月龄以下
				5 毫升	6 月龄以上

第四节　兽用生物制品

兽用生物制品指应用微生物学、寄生虫学、免疫学、遗传学和生物化学的理论和方法制成的菌苗、疫苗、虫苗、类毒素、诊断制剂和抗血清等制品，用于预防、治疗、诊断动物特定传染病或其他有关的疾病。我国现生产的品种已有近 200 个，最常用的有几十个品种，按照其用途分为三大类：预防用生物制品、治疗用生物制品、诊断用生物制品。

一、预防用生物制品

预防用生物制品主要是指疫苗，还包括类毒素。

(一) 疫苗

通过人工方法把病原微生物（病毒、细菌等）毒力致弱或灭活，使其失去致病性而又具有良好的免疫原性，接种动物后，动物可产生相应的免疫力以抵抗病原微生物的感染和发病，这种制品均称为疫苗。目前，市场上常用的动物疫苗可以分为以下几种。

1. 活疫苗

活疫苗即弱毒苗，是利用从自然分离得到的天然弱毒株或经过人工致弱的毒株制造的疫苗，弱毒疫苗的毒力已经不能引起动物发病，但仍然保持着原有的免疫原性，并能在体内繁殖。因此，可用较少的免疫剂量诱导动物产生较强的免疫力，具有免疫效果好、免疫期长、不影响动物产品品质等优点。活疫苗需要低温保存，为了延长保存期，常采用冻干保存，又称冻干疫苗。目前，我国用于预防重大动物疫苗病的活疫苗有猪瘟、新城疫、布鲁氏菌病等弱毒疫苗。

2. 灭活疫苗

又称死苗，是把病原微生物经理化方法灭活后制造的疫苗，灭活后的病原微生物仍然保持免疫原性，接种后使动物产生特异免疫力。通常采用白油佐剂，又称为佐剂疫苗。灭活疫苗的优点是安全，不返祖，不返强，便于储存运输，对母源抗体的干扰作用不敏感，易制成联苗和多价苗。缺点是不易产生局部黏膜免疫，引起细胞介导免疫能力较弱，用量大、成本高，免疫途径必须注射，需免疫佐剂来增强免疫应答，产生保护力慢，2～3 周后才能刺激机体产生免疫保护力。目前，我国用于预防重大动物疫病的灭活疫苗有高致病性禽流感、口蹄疫等灭活疫苗。

3. 合成多肽疫苗

多肽疫苗是通过化学合成法人工合成病原微生物的保护性多肽，再加入佐剂制成的疫苗。多肽疫苗由于完全是合成的，不存在毒力回升或灭活不完全的问题，已成为一种新型的疫苗。目前国内应用的主要有猪 O 型口蹄疫多肽疫苗。

4. 亚单位疫苗

是用微生物经物理化学方法处理，去除其无效物质、提取其有效抗原部分（如细菌荚膜、鞭毛，病毒衣壳蛋白等）而制备的疫苗（如猪大肠杆菌菌毛疫苗）。

5. 活载体疫苗

应用动物病毒弱毒或无毒株如痘苗病毒、疱疹病毒、腺病毒等作为载体，插入外源免疫抗原基因构建重组活病毒载体，转染病毒细胞而制备的疫苗。

6. 基因缺失苗

应用基因操作，将病原细胞或病毒中与致病性有关物质的基因序列除去或失活，使之成为无毒株或弱毒株，但仍保持免疫原性。用这种无毒株或弱毒株做成的疫苗为基因缺失苗。

7. 多价苗和多联苗

多价苗指用同一种微生物中若干血清型菌（毒）株的增殖培养物制备的疫苗。多联苗指用不同微生物增殖培养物制备的疫苗。动物接种后，能产生对相应疾病或血清型的免疫保护，可以达到一针防多病或多个血清型的目的。

（二）类毒素

某些病原细菌，在生长繁殖过程中产生对动物有害的毒素，如破伤风毒素、白喉毒素和肉毒毒素，用甲醛等处理后除去它的有害作用，使动物注射后产生抵抗该细菌的能力，这类处理过的毒素称为类毒素。

二、治疗用生物制品

治疗用生物制品包括抗血清和抗毒素。

1. 抗血清

动物经反复多次注射某种病原微生物时，会产生对该病原微生物的高度抵抗能力。采取这种动物的血液提出血清，经过处理即可制成抗血清。主要用于治疗传染病，也可用于紧急预防，如抗猪瘟血清、抗炭疽血清等。

2. 抗毒素

动物经反复多次注射细菌类毒素或毒素所得到的免疫血清经过处理即可制成抗毒素。主要用于治疗，也可用于紧急预防传染病，如破伤风抗毒素。

三、诊断用生物制品

诊断用生物制品指利用病原微生物本身或它生长繁殖过程中的产物，或利用某些动物机体中自然具有的或经病原微生物及其他物质刺激而产生的一些物质制造出来的，用于检测相应抗原、抗体或机体免疫状态的一类制品，包括菌素、毒素、诊断血清、分群血清、分型血清、因子血清、诊断菌液、抗原、抗原或抗体致敏血清、单克隆抗体等，如用于诊断结核病的结核菌素、马传染性贫血琼脂扩散试验抗原、炭疽沉淀素血清等。

第五节　养殖场生物安全

生物安全是近年来国外提出的有关集约化生产过程中保护和提高畜禽群体健康状况的新

理论，是一种系统化的管理实践。养殖场生物安全一般是指预防传染因子进入畜禽生产的每一阶段所采取的规定与措施，包括防止传染因子来自外部的水平传入和畜禽场内部从一个畜禽舍到另一个畜禽舍的水平传播；同时，也包括防止传染因子对养殖场员工的传播和感染。

一、养殖场生物安全体系的重要性

（一）能够控制动物疫病，保证养殖业经济效益

动物的疫病是受畜禽场址选择、房舍的设计、通风、采光、温度、湿度、饲料、饮水、人员、饲养管理等各个环节综合作用的，只要发生了疫病，就可以判断以上某些环节中存在问题。生物安全体系是一项系统工程，是疫病的预防体系，它从建场时就开始考虑人畜的安全。整个生物安全体系的每一个环节的设计宗旨就是排除疫病威胁，阻断引起畜禽疾病及人畜共患病的病原体进入畜禽群体中。因此，生物安全措施是减少疾病危险的最佳手段，它可以对多种病同时起到预防和净化作用，不像疫苗，一种疫苗只对一种病有效。

（二）生产安全无公害畜禽产品，提高畜禽产品市场竞争力的关键

生物安全措施渗透到畜禽养殖的全过程，它通过提供给畜禽最适宜的饲养环境、管理方法、营养水平、防疫水平等来达到预防疾病（临床或亚临床）的目的，有效避免疾病的发生。真正体现以防为主、防重于治的思想。可是长期以来在"先病后防"的传统疫病防治观念指导下，养殖全过程过度依赖药物，导致耐药菌（毒）株产生，造成了畜禽终身用药的恶性循环。结果，畜禽产品普遍因疫病、药残严重超标。这正是我国畜禽产品仍难以进入国际市场的原因。长此以往，恐怕连国内的市场份额也要减少。生产安全无公害的畜禽产品，努力提高我国畜禽产品市场竞争力，迫切需要生物安全措施。

（三）能够促进畜禽养殖标准化、畜牧业可持续发展

我国正在对畜牧业结构进行调整，调整的目的是实现畜牧业的可持续发展，具体地说就是寻求一种以不破坏环境为代价的方式，生产满足市场（国内、外）需求的畜禽产品。这就要求畜禽产品从土地到餐桌的生产加工销售全过程都遵循一系列畜禽饲养管理、饲料兽药添加剂使用、动物防疫卫生、畜禽产品加工的有关标准。生物安全体系以实现人畜最大福利为宗旨，涵盖从建场选址到畜禽舍建筑、防疫消毒制度、饲养管理配套技术乃至废弃物粪便无害化处理等畜禽饲养全过程的每一个环节的科学管理。它既是畜禽疾病的预防体系，又是保证最大限度发挥畜禽生产性能的生产管理体系。在有效控制（净化）畜禽疫病，提供优质安全无公害畜禽产品的同时，避免了疾病对饲养环境的威胁和破坏，实现了对饲养环境的保护。

二、养殖场生物安全措施

（一）隔离措施

动物养殖场要做到与外界环境高度隔离，使场内动物处于相对封闭的状态。

1. 空间距离隔离

规模养殖场场址的选择要按国家、省级有关技术规范和标准，从保护人和动物安全出发，选择在地势高燥、水质和通风良好、排水方便的地点，要距离交通干线和居民区1千米以上，距离屠宰场、畜产品加工厂、垃圾及污水处理厂2千米以上，远离集中式饮用水源地。最好建在果蔬基地、鱼塘、耕地边，利于生态循环。在风向选择上，应建在城镇或集中居住区的下风向。

2. 建筑物隔离

通过建筑物将养殖场从外界环境中明确划分出来，养殖场内根据生物安全要求的不同，划分生产区、管理区和生活区，各区之间应建筑围墙等隔离性建筑物。

3. 限制进出隔离

严格限制外来人员、车辆等进出场区，必须进入时，要严格进行消毒；养殖场工作人员不得任意离开场区，必须离场时，离进场都要严格进行消毒；管理区原则上要建设监控室，配备必要的监控设备，用于生产管理和接待介绍，生产区严禁工作人员及业务主管部门专业人员以外的人员进入，生产区内使用的车辆禁止离开生产区使用，运输饲料、动物的车辆应定期进行消毒。

4. 养殖场内各物群之间隔离

养殖场要执行"全进全出"制和单向生产流程，不同种类动物不能混养，畜禽分群、转群和出栏后，栋舍要彻底进行清扫、冲洗和消毒，并空舍5～7天，方可调入新的畜禽。养殖场的栋舍布局应以方便生产和防疫为原则依具体情况而定，但栋舍之间距离不应少于10米。养殖场内部布局应根据科学合理的生产流程确定，各生产单位应单设，并严密隔离，严禁一舍多用，严禁交叉和逆向操作。饲养、兽医及其他工作人员，要建立严格的岗位责任制，专人专舍专岗，严禁擅自串舍串岗。

（二）消毒措施

消毒是生物安全体系中重要的环节，也是养殖场控制疾病的一个重要措施。通过消毒可以减少和杀灭进入养殖场或畜禽舍内的病原，减少畜禽被病原感染的机会。

1. 大门及养殖舍进出口的卫生消毒

在畜禽场的大门口及每栋畜禽舍的出入口都必须设立消毒池（池长为车辆车轮2个周长以上），用以消毒来往人员的靴鞋和进出车辆的车轮，池内的消毒液每周更换2～3次。设置喷雾消毒装置，对来往车辆的车身、车底盘进行细致、彻底的喷洒消毒。设立洗手池，用消毒液进行洗手消毒。工作人员应穿上生产区的水鞋或其他专用鞋，通过脚踏消毒池后进入生产区。

2. 人员消毒

工作人员在进入生产区之前，必须在消毒间用紫外线灯消毒15分钟，或更换工作衣、帽。有条件的地方先淋浴、更衣后再进入生产区。

3. 畜禽舍消毒

采用"全进全出"饲养方式的规模场，在引进畜禽前，对空舍应彻底消毒。一般应先消除杂物、粪便及垫料，用高压水枪从上至下彻底冲洗顶棚、墙壁、地面及栏架，直到洗涤液清澈为止；后熏蒸消毒12小时；再用消毒液喷洒消毒一次。消毒后均应用净水冲去残留药物，以免毒害畜禽。

4. 其他消毒

饲槽及其他饲养管理用具每天洗刷，定期用消毒液进行消毒；运动场每周要进行 2～3 次消毒；为减少感染性病原传播，畜禽体表每周要进行 2～3 次带畜带禽消毒。

（三）免疫措施

免疫是预防、控制疫病的重要辅助手段，也是基本的生物安全措施。养殖场应根据本地疫病流行状况、动物来源和遗传特征、养殖场防疫状况和隔离水平等，在动物防疫监督机构或兽医人员的监督指导下，选择疫苗的种类和免疫程序。疫苗必须为有关部门批准生产的合格产品。

（四）检疫措施

1. 定期监测净化

日常要详细记录整个畜禽的健康情况，出现可疑病例要及时送病料检验。畜牧兽医部门要按"实验室监测计划"，按一定比例采样进行各种疫病的监测，并定期进行粪便寄生虫卵检查，同时做好资料的收集、登记、分析、总结工作。监测结果要及时反馈到养殖场，并指导进行免疫程序的调整和针对性地进行驱虫保健。

2. 严把引种关

引种前对该种畜禽进行全面的血清学检查，特别是禽流感、蓝耳病、圆环病毒、伪狂犬病、猪瘟等。尽量从一个种场引种，避免从几个种场购买畜禽。新引进的种畜禽在远离生产区的隔离舍隔离 30～90 天，严格检疫，确认无任何疫病，方可转入生产区饲养。

（五）杀虫、灭鼠和保健措施

在规模养殖场进行杀虫灭鼠，消灭传染病的传递媒介和传染源，是生物安全体系内容之一。要及时处理粪便，净化污水，切断产生蚊蝇的根源。同时，建立保健药物方案，经常送检剖检病料，对分离的致病菌做药敏试验，根据实验室检测结果，选择高效药物或药物组合。

（六）制度建设和档案资料管理措施

根据生物安全的要求，建立一整套包括管理人员、技术人员、饲养员、防疫、消毒卫生等的规章制度，并严格遵守执行。平时做好生产、防疫、消毒、投入品使用、病死畜禽无害化处理等记录，规范各项档案资料管理。每批畜禽饲养结束后，要做好资料的整理、分析、总结工作，不断提高养殖管理水平。

第六节　人畜共患病

人畜共患病是指由同一种病原体引起，流行病学上相互关联，在人类和动物之间自然传播的疫病。其病原体包括病毒、细菌、支原体、螺旋体、立克次氏体、衣原体、真菌、寄生虫等。从古老的鼠疫、狂犬病，到近年来肆虐全球的疯牛病、布鲁氏菌病和炭疽，人畜共患病在动物世界传播的同时，也威胁着人类的健康乃至生命。

国际文献记载的人畜共患病有近 200 种，其中的几十种曾引起大规模的传播。其中，曾造成大规模流行、死亡率较高的有鼠疫、高致病性禽流感、埃博拉出血热、狂犬病、艾滋病、布鲁氏菌病、猪Ⅱ型链球菌病、结核病、炭疽、森林脑炎、疯牛病等 10 多种。有些疾病迄今人类还无法攻克。

一、人畜共患病的分类

（一）按传播类型进行分类

1. 直接传播

病原在脊椎动物和人之间通过直接接触媒介动物或者污染物而传播，在传播过程中不发育甚至不繁殖。如狂犬病、流感、炭疽、布鲁氏菌病、结核病、类丹毒、钩端螺旋体病和旋毛虫病等，患狂犬病的猫、狗，它们的唾液中含有大量的狂犬病病毒，当猫狗咬伤人时，病毒就随唾液进入体内，引发狂犬病。

2. 循环传播

病原为完成其循环性生活或发育史，需要有一种以上的脊椎动物，但不需无脊椎动物参与。如人的绦虫病和棘球蚴病，虫卵就存在于粪内，造成循环传播。

3. 媒介传播

在病原的生活史中需要有脊椎动物和无脊椎动物的共同参与，在无脊椎动物的体内繁殖，完成一定的发育史，经过一个潜伏阶段才能传到另一脊椎动物宿主。如传染性脑炎、血吸虫病等。

4. 腐物传播

病原需要一种脊椎动物宿主和一种非动物的滋生地或储存地，如土壤、污水、饲料、植物等。比如肉毒梭菌中毒、各种真菌病和蠕虫蚴病。

（二）按病原宿主进行分类

1. 兽源性

病原的宿主为低等脊椎动物，人类患病主要是受动物的感染。如狂犬病、炭疽、禽流感、H1N1 型流感等。

2. 人源性

病原的储存宿主是人，动物患病主要来源于人。如人的结核、甲型流感等。

3. 互源性

人和动物都是病原的储存宿主，在人和动物中都可流行，人和动物间相互感染。其特点是病原的宿主谱很广，传播途径多，大多互为疫源。

（三）按病原体种类进行分类

1. 由细菌引起的人畜共患病

如鼠疫、布鲁氏菌病、鼻疽、炭疽、猪丹毒、结核病等。

2. 由病毒引起的人畜共患病

如流行性乙型脑炎、狂犬病、禽流感等。

3. 由衣原体引起的人畜共患病

如鹦鹉热等。

4. 由立克次氏体引起的人畜共患病

如恙虫病、Q 热等。

5. 由真菌引起的人畜共患病

如念珠菌病等。

6. 内寄生虫引起的人畜共患病

寄生虫的种类很多。属于原虫的有弓形体、肉孢子虫、隐孢子虫；属于吸虫的有东毕吸虫、肝片吸虫、中华双腔吸虫、卫氏并殖吸虫、华支睾吸虫；属于绦虫的有猪囊尾蚴、棘球蚴、多头绦虫、牛囊尾蚴、犬复殖孔绦虫、微小膜壳绦虫；属于线虫的有旋毛虫、弓首蛔虫、肾膨结线虫；蝇蛆类的有羊狂蝇等。

二、人畜共患病的传播途径

1. 通过唾液传播

如患狂犬病的猫、狗，它们的唾液中含有大量的狂犬病病毒，当猫狗咬伤人时，病毒就随唾液进入体内，引发狂犬病。

2. 通过粪便传播

粪便中含有各种病菌这是众所周知的。结核病、布鲁氏菌病、沙门氏菌病等的病原体，都可借粪便污染人的食品、饮水和用物而传播。大多数的寄生虫虫卵就存在粪内。钩端螺旋体病的病原是经由尿液传播的。

3. 通过空气传播

带病畜禽在流鼻涕、打喷嚏和咳嗽时，常会带出病毒或病菌，并在空气中形成有传染性的飞沫，散播疾病。

4. 通过被毛和皮屑传播

畜禽的全身被毛和皮肤垢屑里往往含有各种病毒、细菌、疥螨、虱子等，它们有的就是某种疾病的病原体，有的则是疾病的传播媒介。

三、人畜共患病的防控原则及防控措施

（一）人畜共患病的防控原则

1. 做好动物的监测工作

动物的人畜共患病监测工作主要由兽医部门来完成。实践证明，做好动物的人畜共患病监测工作，有利于及早采取措施，有效地控制人畜共患病的发生与流行。

2. 控制和消灭感染动物

对检出的感染动物及其产品，必须按国家规定进行无害化处理。

3. 及时检查和治疗人间病例

不少人畜共患病可以通过及时检查和治疗达到痊愈。

（二）人畜共患病的防控措施

（1）不吃生肉、半熟肉及生鱼、生血、生蛋等生的动物产品。

（2）生、熟食菜板和刀具要分开使用。许多人吃饭时，都是用刚切过生肉的菜板刀具切其他食材，这就间接地吃到了生肉。因此，生、熟食菜板和刀具要分开使用或充分洗净后再切其他食材。

（3）生吃的食物要用流水充分洗净。人感染猪囊尾蚴的一条重要途径就是吃了污染猪带绦虫虫卵的带根生葱、蒜等食物。猪带绦虫寄生于人的小肠内并发育成熟，成虫的孕卵节片随人粪便排到体外，农村大多习惯于将未经发酵处理的人粪给葱、蒜等蔬菜施肥，如人粪中带有猪带绦虫的虫卵，则会使葱、蒜及其他蔬菜的根茎污染上虫卵，人生食污染虫卵的蔬菜而感染，此时，猪囊尾蚴长在人的脑、眼等部位，其危害要比猪带绦虫寄生在人的小肠中的危害更大。人感染姜片吸虫的主要途径是生食污染姜片吸虫囊蚴的荸荠、菱角等。因此，生食带根植物时宜去皮并用流水充分洗净。

（4）畜舍与人居住地应隔开，且有一定距离。在农村，特别是经济落后地区，畜舍与人的住处连在一起较为普遍，这容易导致结核病等人兽共患病对人的传播。结核病是人畜互相传染，患肺结核病畜咳嗽时病菌附着在空气尘埃中，人吸入后感染。

（5）农村要建卫生厕所，人粪经发酵处理后再施肥。农村推广的沼气工程将人畜粪便经发酵处理后再施肥，这样做很好，人畜粪便应堆积发酵后再作肥料施肥，这样可减少经粪便在人畜间传播的疾病，如猪囊尾蚴病、牛囊尾蚴病等。

（6）畜禽养殖人员、兽医人员、屠宰人员要注意自身防护。

（7）严格兽医卫生检疫，加强兽医卫生科普宣传。

（8）饲养犬、猫要注意卫生防护洗手并消毒。

（9）不捕食野生动物，避免接触野生动物。

（10）被尖锐异物深部刺伤后，要及时注射破伤风抗毒素并消毒处理伤口。破伤风梭菌广泛存在于外界环境中，被陈旧的尖锐异物深部刺伤后，极易感染破伤风梭菌而患病，应予以重视，以防万一。对伤口适当扩创并涂碘酒消毒，并及时紧急接种破伤风抗毒素。

（11）避免到不流动的死水塘、水沟等处洗澡及饮水。某些人畜共患的寄生虫卵经水塘中的螺体内发育后进入感染性阶段，浮游于水面（如血吸虫尾蚴等），人体接触或饮水后，可致人感染。

第二篇

常见动物疫病

第七章　常见禽病

第一节　禽流感

禽流感是禽流行性感冒的简称，又称真性鸡瘟或欧洲鸡瘟。它是由 A 型流感病毒引起禽类的一种从呼吸系统炎症到严重全身败血症等多种症状的传染病，也能感染人类。

禽流感按病原体的类型可分为高致病性、低致病性和非致病性禽流感三大类。非致病性禽流感不会引起明显症状，仅使染病的禽鸟体内产生病毒抗体；低致病性禽流感可使禽类出现轻度呼吸道症状，食量减少，产蛋量下降，出现零星死亡；高致病性禽流感最为严重，发病率和死亡率均高，感染的鸡群常常"全军覆没"。

高致病性禽流感被世界动物卫生组织定为 A 类动物疫病，我国将其列为一类动物疫病。

一、病原

禽流感病毒属于正黏病毒科、A 型流感病毒属。正黏病毒科包括 A 型、B 型、C 型流感病毒属，A 型流感病毒自然感染各种禽类、人类和其他多种哺乳类动物，包括马和猪；而 B 型流感自然状态仅感染人类；C 型流感主要从人类分离到，但也能从猪分离到。

A 型流感病毒呈多形性，其中球形直径 $80 \sim 120$ 纳米，有囊膜。基因组为分节段单股负链 RNA，病毒表面有两种不同的纤突，一种对红细胞具有血凝性，称为血凝素（HA）；另一种能将吸附在细胞表面上的病毒粒子解脱下来，具有神经氨酸酶活性，称为神经氨酸酶（NA）。根据 HA 和 NA 蛋白抗原性的差异又可将禽流感病毒分为不同的亚型，目前 A 型流感病毒有 16 个 H 亚型（H1～H16）和 10 个 N 亚型（N1～N10）。高致病性禽流感主要为 H5 和 H7 亚型，如 H5N1、H5N2、H5N6、H5N8、H7N7、H7N9、H5N6 等。

流感病毒的显著特点就是易变异，流感病毒变异有抗原性变异、温度敏感性变异、宿主范围以及对非特异性抑制物敏感性等方面的变异，但最主要的是抗原性变异。抗原性变异与其他病毒不同，特点是表面抗原 HA 和 NA 易变异。变异有两种形式，即抗原性转变和抗原性漂移。抗原性转变变异幅度大，属于质变，即病毒株表面抗原结构一种或两种发生变异，与前次流行株抗原相异，形成新亚型（如 H1N1→H2N2、H2N2→H3N2），由于动物机体缺少对变异病毒株的免疫力，从而容易引起大流行。如果两种不同病毒同时感染同一细胞，则可发生基因重组形成新亚型。抗原性漂移变异幅度小或连续变异，属于量变，即亚型内变异。一般认为这种变异是由病毒基因点突变和机体免疫力选择造成的，所引起的流行是小规模的。在 A 型、B 型、C 型三种流感病毒中，A 型流感病毒有着极强的变异性，B 型次之，C 型流感病毒的抗原性非常稳定。A 型流感病毒每 2～3 年就会发生一次抗原性漂移，其表现形式主要是抗原氨基酸序列的点突变；每隔十几年就会发生一次抗原性变异，产生一个新的毒株。

流感病毒抵抗力较弱，一是对热敏感，一般情况下 56 ℃加热 30 分钟，60 ℃加热 10 分钟，65～70 ℃加热数分钟即可使病毒灭活。室温下传染性很快丧失，但在 0～4 ℃能存活数周，−40～−10 ℃能存活 2 个月以上，−70 ℃以下能存活数年，将病毒冻干后置 4 ℃可以长期保存。二是对紫外线敏感，直射阳光下 40～48 小时或紫外线照射可使病毒灭活，但紫外线照射灭活的病毒会复活。三是对酸碱敏感，pH 为约 5.0 时，HA 构型发生改变，轻链的溶血序列暴露，使得红细胞溶解；当 pH 大于 10.0 或小于 3.0 时，病毒毒力便很快丧失。四是对化学试剂敏感，流感病毒为有囊膜病毒，所以对丙酮、乙醚、氯仿等有机溶剂均敏感；对卤素化合物、氧化剂、乙醇、重金属等也均敏感。

二、流行病学

1. 易感动物

许多家禽、野禽、人类和其他动物群体（猪、马、猫、豹、虎、狗、海洋哺乳动物、鼬科动物等）都对禽流感病毒敏感，野生鸟类和迁徙性的水禽是禽流感的自然宿主，而鼠类不能自然感染流感病毒。家禽中火鸡、鸡、鸽子、珍珠鸡、鹌鹑、鹦鹉等陆禽都可感染发病，但以火鸡和鸡最为易感，发病率和死亡率都很高；鸭和鹅等水禽也易感染，并可带毒或隐性感染，有时也会大量死亡。各种日龄的鸡和火鸡都可感染发病死亡，而对于水禽如雏鸭、雏鹅其死亡率较高。

除野禽（如天鹅、燕鸥、野鸭、海岸鸟和海鸟等）外，还能从石鸡、麻雀、乌鸦、寒鸦、岩鹩鸽、燕子、苍鹭、加拿大鹅及番鸭等多种鸟中分离到流感病毒。据国外报道，已发现带禽流感病毒的鸟类达 88 种。

过去普遍认为鹅、鸭等水禽是禽流感病毒的天然宿主，对禽流感具有较好的耐受性，一般不会引起急性感染，更少见死亡病例。但近年来由于禽流感病毒基因变异，部分毒株对水禽呈现出明显的致病性。自 1999 年以来，已出现多起水禽发生高致病性禽流感病例，发病率和死亡率均很高，打破了"水禽仅为流感病毒的携带者而不发病死亡"的传统认识。现在的观念认为，水禽不仅是禽流感病毒的巨大储存库，且其本身也已成为对禽流感病毒高度易感的自然感染发病、死亡的禽类。

2. 传染源

主要为患禽流感或携带禽流感病毒的家禽。

野生水禽是自然界 A 型流感病毒的主要带毒者，迁徙水禽特别是野鸭中分离到的病毒比其他禽类多，家禽与它们接触，可以引起流感的暴发。研究表明，从野鸭分离的病毒株都能在家鸭肠内增殖，并能排毒，粪便内病毒在 4 ℃下感染性能保持 30 天，而在 20 ℃至少保持 7 天。由于粪便中含有大量病毒，被其污染的一切物品，如饲养管理器具、设备、授精工具、饲料、饮水、衣物、运输车辆等均可成为传播来源。

观赏鸟类也有携带病毒和传播病毒的作用。其他哺乳动物，如猪源的流感也有引起火鸡发病的报道。

3. 传播途径

主要经呼吸道、消化道、结膜和伤口传播。通过密切接触感染的禽类及其分泌物、排泄物，受病毒污染的饲料、饮水等，以及直接接触病毒毒株而被感染。在感染水禽的粪便中含有高浓度的病毒，并通过污染的水源由粪便-口途径传播流感病毒。近距离的家禽之间可以通过空气传播。

高致病性禽流感在禽群之间的传播主要依靠水平传播，如空气、粪便、饲料和饮水等；而垂直传播的证据很少。但通过实验表明，实验感染鸡的蛋中含有流感病毒，因此不能完全排除垂直传播的可能性。所以，不能用污染鸡群的种蛋作孵化用。

4. 流行特征

不同毒株禽流感病毒的致病力差异很大。有的毒株发病率虽高，但病死率较低；有些毒株致病力很强，自然条件下，鸡群的发病率和病死率可达100%。近年来，还发现弱毒株在流行过程中毒力返强的现象，研究表明，原本为低致病性禽流感的病毒株（H5N2、H7N7、H9N2），可经6～9个月禽间流行，迅速变异而成为高致病性毒株（H5N1）。

不同品种的家禽感染禽流感的概率也不同，但目前尚未发现高致病性禽流感的发生与禽的性别有关。在各种家禽中，火鸡最常发生流感暴发。常突然发生，迅速传播，呈流行性或大流行性。

禽流感的发生呈世界范围分布，1994年、1997年、1999年和2003年分别在澳大利亚、意大利、中国香港和荷兰暴发，2005年则主要在东南亚和欧洲暴发。高致病性禽流感疫情的蔓延引起世界关注。

除鸡群中的禽流感主要发生在冬、春季节外，没有其他明显的规律性。我国气象专家对疫情发生地气候特征的分析表明，禽流感"不喜"晴热天气。阴雨、潮湿、寒冷、贼风、运输、拥挤、营养不良和内外寄生虫侵袭可促进该病的发生和流行。

世界卫生组织认为，病禽粪便是传播的主要渠道，也有专家认为，候鸟的迁徙也是传播途径之一。

三、临床症状

禽流感的潜伏期长短受多种因素的影响，如病毒的毒力、感染的数量、禽体的抵抗力、日龄大小和品种，饲养管理情况、营养状况、环境卫生等，一般数小时到数天不等，最长可达21天。高致病性禽流感的潜伏期短，发病急剧，发病率和死亡率很高。在潜伏期内有传染的可能性。

禽流感的症状依感染禽类的品种、年龄、性别、并发感染程度、病毒毒力和环境因素等而有所不同，主要表现为呼吸道、消化道、生殖系统或神经系统的异常。常见症状有：病禽精神抑郁，饲料消耗量减少，消瘦；雌禽的就巢性增强，产蛋量下降；轻度至严重的呼吸道症状，包括咳嗽、打喷嚏和大量流泪；头部和脸部水肿，神经紊乱和腹泻。这些症状中的任何一种都可能单独或以不同的组合形式出现。有时禽类无明显症状时就已死亡。

四、剖检病变

剖检病变因宿主种类、病毒致病性等情况不同而有很大差异。

1. 低致病性禽流感

病理变化主要在呼吸道，以卡他、纤维性、脓性或纤维脓性炎症为特征。气管黏膜水肿、充血并间有出血。气管渗出从浆液性到干酪性不等，有时可造成阻塞，导致呼吸困难。眶下窦肿胀，有浆液性到浆液脓性渗出物。如存在细菌继发感染则可导致纤维脓性支气管肺炎，腹腔有卡他性炎症到纤维素性炎症，并可看到卵黄性腹膜炎。盲肠和小肠可见卡他性炎症到纤维素性炎症，产异形蛋和淡色蛋。有些鸡肾脏肿胀，伴有尿酸盐沉积。胰腺带白斑。鸭也可发生窦炎、结膜炎和其他呼吸道损害。显微变化主要为肺炎，常见异嗜细胞性到淋巴细胞性气管炎和支气管炎。死于低致病性禽流感的鸡，淋巴细胞减少，法氏囊、胸腺、脾脏和其他区域中淋巴细胞坏死或凋亡。

2. 高致病性禽流感

家禽内脏器官和皮肤有各种水肿、出血和坏死，但最急性型可能无大体病理变化。病鸡因皮下水肿常导致头部、颜面、上颈和脚部肿胀，并可以伴有点状到斑块状出血。无羽毛处皮肤，尤其是肉冠和肉髯常可看到坏死、出血和发绀。内脏器官的病理变化随毒株而异，但最恒定的是浆膜或黏膜面出血和实质的坏死灶。出血在心外膜、胸肌、腺胃和肌胃的黏膜尤其突出。由H5N1亚型病毒引起的高致病性禽流感，小肠集合淋巴滤泡的坏死和出血也很常见。坏死灶在胰腺、脾脏和心脏常见，在肝和肾偶尔也可看到。肺充血或出血，有局灶性到弥漫性肺炎并伴有水肿，法氏囊和胸腺通常萎缩。

组织病理学变化基本上由多个器官坏死和（或）炎症构成。受害最严重的组织是脑、心、肺、脾、胰和初级、次级淋巴器官。脑组织常见的变化是淋巴细胞性脑膜脑炎，伴有灶性胶质细胞增多、神经元坏死和噬神经细胞现象，但也有水肿和出血。心肌细胞从灶性变性到多灶性-弥散性凝固性坏死，常伴有淋巴组织细胞炎症。法氏囊、胸腺和脾脏常见淋巴细胞坏死、凋亡和减少。骨骼肌纤维、肾小管上皮细胞、血管内皮细胞、肾上腺皮质细胞和胰脏腺泡细胞有坏死。

五、诊断方法

根据禽流感流行病学、临床症状和剖检病变等综合分析可以作出初步诊断。进一步确诊还应作病毒分离鉴定和血清学检测等。在国际贸易中，尚无指定诊断方法。替代诊断方法为琼脂凝胶扩散试验和血凝抑制试验。

样品采集：用于血清学试验的样品，应采集急性期、恢复期的血清，若长时间待检应放于$-20\,℃$保存。用于病原学监测或病毒分离，可从病死或濒死禽采集气管、肺、肝、肾、脾、泄殖腔等组织样品。活禽采集咽喉和泄殖腔拭子，雏禽或珍禽采集拭子易造成损伤，可收集新鲜粪便代替。上述样品立即送实验室处理，或于$4\,℃$保存待检（不超过2天），或$-70\,℃$保存待检。

1. 血凝（HA）和血凝抑制（HI）试验

主要用于未免疫禽群的病原学监测或对免疫禽群的免疫效果评价、流行病学调查等，是最常用的血清学检测方法，具体可参照《高致病性禽流感诊断技术》（GB/T 18936）进行检测。注意：未免疫动物 HI 价大于或等于 4lg2 时判定为抗体阳性。

2. 琼脂凝胶免疫扩散（AGID）试验

水禽不能使用该方法。具体可参照《高致病性禽流感诊断技术》（GB/T 18936）进行检测。若被检血清孔与中心抗原孔之间出现清晰致密的沉淀线，且该线和抗原与标准阳性血清之间沉淀线的末端相吻合，则被检血清判为阳性；若被检血清与中心抗原孔之间虽不出现沉淀线，但标准阳性血清的沉淀线一端向被检血清孔内侧弯曲，则此孔的被检样品判为弱阳性（凡弱阳性者应重复试验，仍为弱阳性者，判为阳性）；若被检血清孔与中心抗原孔之间不出现沉淀线，且标准阳性血清沉淀线垂直指向被检血清孔，则被检血清判为阴性；若被检血清孔与中心抗原孔之间沉淀线粗而混浊，或标准阳性血清与抗原孔之间的沉淀线交叉并直伸，被检血清孔为非特异反应，应重做，若仍出现非特异反应则判为阴性。

3. 间接 ELISA

该方法简便、快速、敏感、特异，适用于口岸检疫、疫病监测和早期快速诊断。

4. RT-PCR 或荧光 RT-PCR 检测

该方法是实验室常用的病原学监测方法。RT-PCR 检测扩增出目的片段者为阳性，荧光 RT-PCR 检测出现标准曲线者为阳性，否则为阴性。由于禽流感病毒分许多亚型，故建议检测时可先进行禽流感病毒通用 RT-PCR 或荧光 RT-PCR 检测，若检测结果为阴性可排除禽流感病毒的存在，若检测结果为阳性可进一步进行 H5 亚型、H7 亚型、H9 亚型等的检测。若 H5 或 H7 亚型阳性，表明有高致病性禽流感病毒的存在。

5. 病毒分离鉴定

参照《高致病性禽流感诊断技术》（GB/T 18936）中的方法，对样品进行处理后，以0.2 毫升/胚的量经尿囊腔接种 9～11 日龄 SPF 鸡胚，37 ℃孵育 4～7 天分离病毒。而后进行血凝活性检测、A 型流感病毒的型特异性鉴定、血凝素亚型鉴定及致病性测定。

六、防控措施

世界各国都高度重视该病的防控工作，采取了不同的防控措施，大致可分为两大类，一类是采取以扑杀和生物安全方法为主的控制措施，韩国、日本、泰国、越南以及我国台湾等即是这种做法；另一类是采取以扑杀、强制性免疫和生物安全相结合为主的扑灭措施，我国（包括香港）、印度尼西亚、老挝、柬埔寨等即是这种做法，取得了较好的防控效果，疫情较稳定。世界卫生组织的专家也建议免疫接种可作为扑杀的补充手段。

（一）预防措施

1. 采取严格的生物安全措施

合理的场址选择及场区布局；适当的生产规模；严格控制外来人员的进入，尽量减少不同功能区饲养人员的交叉现象，设置消毒通道，对进出的人员、车辆及用具进行消毒处理；建立日常隔离、卫生、消毒制度，防止一切带毒动物（特别是鸟类、鼠类和昆虫）和污染物进入禽群；规范引种，引进病原控制清楚的禽群，且新购进的禽须隔离观察 2 周以上，证明健康者方可合群；实行全进全出的饲养方式，尽量做到免疫状态相同；要注意对饲料、饮水、垫料等的质量检测，给禽群提供充足的营养和饮水等。

2. 免疫接种

采用灭活疫苗和弱毒疫苗接种，可使免疫鸡获得主动免疫。目前我国对高致病性禽流感实行强制免疫，除对进口国有要求且防疫条件好的出口企业，以及供研究和疫苗生产用途的家禽，报经省级兽医主管部门批准后，可以不实施免疫外，所有鸡、水禽（鸭、鹅）以及人工饲养的鹌鹑、鸽子等都要进行高致病性禽流感强制免疫。规模养殖场要结合农业农村部推荐的免疫程序以及本场实际情况进行免疫，对散养家禽在春秋两季各实施一次集中免疫，每月对新补栏的家禽要及时补免。

（二）控制扑灭措施

高致病性禽流感的诊断需实行四级疫情诊断程序，即专家临床初步诊断、省级实验室确认疑似、国家参考实验室毒型鉴定（确诊）、农业农村部最终确认和公布。

确定为高致病性禽流感疑似疫情后，立即按照《高致病性禽流感疫情处置技术规范》和应急预案规定，落实以下措施：

1. 划定疫点、疫区和受威胁区

所在地县级以上兽医行政管理部门在 2 小时内，划定疫点、疫区和受威胁区。

2. 实施封锁

兽医行政管理部门报请本级人民政府对疫区实行封锁，人民政府在接到报告后，应立即作出决定。决定实行封锁的，发布封锁令。疫区范围涉及两个以上行政区域的，由有关行政区域共同的上一级人民政府对疫区实行封锁，或者由各有关行政区域的上一级人民政府共同对疫区实行封锁。必要时，上级人民政府可以责成下级人民政府对疫区实行封锁。在封锁期间，由工商部门负责关闭疫区内所有禽类及其产品交易市场，禁止染疫、疑似染疫和易感染的动物、动物产品流出疫区，禁止非疫区的易感染动物进入疫区，并根据扑灭动物疫病的需要对出入疫区的人员、运输工具及有关物品采取消毒和其他限制性措施。

3. 迅速扑灭疫情

县级以上地方人民政府应当立即组织有关部门和单位采取封锁、隔离、扑杀、销毁、消毒、无害化处理、紧急免疫接种等强制性措施，迅速扑灭疫病。

（1）疫点：扑杀疫点内所有禽类，并按国家规定对病死禽、被扑杀禽及禽类产品作无害化处理；对禽类排泄物、被污染的饲料、垫料、污水等进行无害化处理；被污染的物品、交通工具、用具、禽舍、场地等应进行严格清洗消毒；在疫点出入口设立消毒哨卡，24 小时值班，禁止人、畜禽、车辆进出和禽类产品及其他可能污染物品移出。在特殊情况下需要进出时，须经当地兽医行政管理部门批准，并经过严格消毒后进出。

（2）疫区：扑杀疫区内所有禽类；在疫区周围设置明显警示标志；在出入疫区的交通路口设置临时动物检疫消毒站，24 小时值班（每班不少于 2 人，其中至少 1 名动物防疫技术人员），对出入的人员、车辆和有关物品进行消毒。必要时，经省级人民政府批准，可设立临时监督检查站，执行对禽类的监督检查任务；关闭禽类及其产品交易市场，禁止易感活禽类进出和易感染禽类产品及其他可疑污染物运出；家畜全部圈养。

（3）受威胁区：对受威胁区内所有易感家禽采用国家批准使用的疫苗进行紧急强制免

疫，并进行免疫效果监测；对禽类实行疫情监测，掌握疫情动态。

4. 做好人员防护

卫生部门启动人间禽流感应急预案，对与发病禽接触的饲养人员进行隔离观察，对疫区人员健康状况进行认真监视，并指导参与扑疫工作的所有人员做好自身防护。

5. 封锁令的解除

疫区内所有禽类及其产品按规定处理 21 天后，经病原学检测未出现新的传染源，并经彻底终末消毒和当地动物防疫监督人员审验合格后，由当地畜牧兽医行政管理部门向发布封锁令的人民政府申请解除封锁。

第二节　鸭　　瘟

鸭瘟又名鸭病毒性肠炎，是由鸭瘟病毒引起的鸭、鹅和其他雁形目禽类的一种急性、热性、败血性传染病。临诊上以发病快、传播迅速、发病率和病死率高，部分病鸭肿头流泪、下痢、食道黏膜出血及坏死，肝脏出血或坏死等为主要特征。该病给世界养鸭业造成了巨大的经济损失。OIE 将其列入 B 类传染病，我国将其列为二类动物疫病。

一、病原

鸭瘟病毒属于疱疹病毒科疱疹病毒属中的滤过性的病毒。病毒粒子呈球形或椭圆形，直径 80～180 纳米，有囊膜，病毒核酸型为 DNA。

本病毒对禽类和哺乳动物的红细胞没有凝集现象。不同毒株间的毒力上有差异，但只有一个血清型，各毒株的免疫原性相似。病毒能在 9～12 胚龄的鸭胚绒毛尿囊上生长，初次分离时，多数鸭胚在接种后 5～9 天死亡，继代后可提前在 4～6 天死亡。死亡的鸭胚全身呈现水肿、出血、绒毛尿囊膜有灰白色坏死点，肝脏有坏死灶。此病毒也能适应于鹅胚，但不能直接适应于鸡胚。只有在鸭胚或鹅胚中继代后，再转入鸡胚中，才能生长繁殖，并致死鸡胚。此外病毒还能在鸭胚、鹅胚和鸡胚成纤维单层细胞上生长，并可引起细胞病变，最初几代病变不明显，但继代几次后，可在接种后的 24～40 小时出现明显的病变，细胞透明度下降，细胞质颗粒增多、浓缩，细胞变圆，最后脱落。据报告，有时还可在细胞核内看到嗜酸性的颗粒状包涵体。经过鸡胚或细胞连续传代到一定代次后，可减弱病毒对鸭的致病力，但保持有免疫原性，所以可用此法来研制鸭瘟弱毒疫苗。

鸭瘟病毒具有广泛的组织嗜性，病鸭的各种内脏器官、血液、分泌物和排泄物中均能分离到病毒，但以肝、肺、脑含毒量最高。

鸭瘟病毒对外界抵抗力较强，在污染的禽舍内（4～20 ℃）可存活数天，在－5～7 ℃经 3 个月毒力不减弱，在－20～－10 ℃约经 1 年仍有致病力；在 pH 5.0～9.0 的环境中较稳定，经 6 小时其毒力不降低。在 pH 3 和 11 时病毒迅速灭活。该病毒对温热和一般消毒剂敏感，夏季在直接阳光照射下，9 小时毒力消失；50 ℃ 90～120 分钟、56 ℃ 30 分钟、60 ℃ 15 分钟、80 ℃ 5 分钟均可破坏病毒的感染性；该病毒对乙醚和氯仿敏感，5% 生石灰作用 30 分钟亦可灭活。

二、流行病学

自然易感动物主要为鸭、鹅、天鹅等水禽，不同年龄、性别和品种均可感染，但发病率和病死率有一定差异，其中以番鸭、麻鸭、棉鸭易感性较高，北京鸭次之，自然感染潜伏期通常为2～4天，1月龄以上的鸭发病较多，尤其是产蛋的母鸭。

鸭瘟的传染源主要是病鸭和带毒鸭，其次是其他带毒的水禽、飞鸟之类。消化道是主要传染途径，交配以及通过呼吸道也可以传染，某些吸血昆虫也可能是传播媒介。本病一年四季均可流行，但以春夏之交和秋季流行最为严重，并且我国南方比北方发病多见，这可能与饲养数量和饲养方式有关。

当鸭瘟传入未免疫的易感鸭群后，一般3～7天开始出现零星病鸭，再经3～5天陆续出现大批病鸭，疾病进入流行发展期和流行盛期。整个流行过程一般为2～6周。如果鸭瘟传入免疫鸭群，或不发病，或仅有个别鸭发病，且流行过程较为缓慢，可延至2～3个月或更长。

三、临床症状

自然感染的潜伏期一般为3～4天，人工感染的潜伏期一般为2～4天。病初体温升高达43℃以上，高热稽留，病鸭表现精神委顿，头颈缩起，羽毛松乱，翅膀下垂，两脚麻痹无力，伏坐地上不愿移动，强行驱赶时常以双翅扑地行走，走几步即行倒地，不愿下水，驱赶入水后也很快挣扎回岸。食欲明显下降，甚至停食，渴欲增加。部分病鸭在疾病明显时期，可见头和颈部发生不同程度的肿胀，触之有波动感，俗称"大头瘟"。特征性症状为流泪和眼睑水肿。病初流出浆液性分泌物，使眼睑周围羽毛沾湿，而后变成黏稠或脓样，常造成眼睑粘连、水肿，甚至外翻，眼结膜充血或小点出血，甚至形成小溃疡。病鸭鼻中流出稀薄或黏稠的分泌物，呼吸困难，并发生鼻塞音，叫声嘶哑，部分鸭咳嗽。病鸭发生泻痢，排出绿色或灰白色稀粪，肛门周围的羽毛被沾污或结块。肛门肿胀，严重者外翻，翻开肛门可见泄殖腔充血、水肿、有出血点，严重病鸭的黏膜表面覆盖一层假膜，不易剥离，强行剥离后留下溃疡灶。

四、剖检病变

病变的特点是出现急性败血症，全身小血管受损，导致组织出血和体腔溢血，尤其是消化道黏膜出血和形成假膜或溃疡，淋巴组织和实质器官出血，坏死。食道与泄殖腔的疹性病变具有特征性。食道黏膜有纵行排列呈条纹状的黄色假膜覆盖或小点出血，假膜不易剥离并留下溃疡斑痕。泄殖腔黏膜病变与食道相似，即有出血斑点和不易剥离的假膜与溃疡。食道膨大部分与腺胃交界处有一条灰黄色坏死带或出血带，肌胃角质膜下层充血和出血。肠黏膜充血、出血，以直肠和十二指肠最为严重。位于小肠上的4个淋巴结出现环状病变，呈深红色，散布针尖大小的黄色病灶，后期转为深棕色，与黏膜分界明显。胸腺有大量出血点和黄色病灶区，在其外表或切面均可见到。雏鸭感染时法氏囊充血发红，有针尖样黄色小斑点，到后期，囊壁变薄，囊腔中充满白色、凝固的渗出物。肝表面和切面有大小不等的灰黄色或灰白色的坏死点、坏死灶，少数坏死点中间有小出血点。胆囊肿大，充满黏稠的墨绿色胆汁。心外膜和心内膜上有出血斑点，心腔里充满凝固不良的暗红色血液。产蛋母鸭的卵巢滤泡增大，卵泡的形态不整齐，有的皱缩、充血、出血、有的发生破裂而引起卵黄性腹膜炎。病鸭的皮下组织发生不同程度的炎性水肿，在典型"大头瘟"病例中，头和颈部皮肤肿胀、紧张，切开时流出淡黄色的透明液体。

五、诊断方法

（一）临床诊断

根据该病的流行病学特点（传播迅速、高发病率、高死亡率、鸭鹅发病而其他家禽和家畜不感染等）、特征性临床症状（高热稽留、流泪、眼睑水肿、严重下痢及部分病鸭头颈肿胀等）和有诊断意义的剖检病变（皮下有黄色胶样浸润，食道和泄殖腔等处黏膜有特征性灰黄色假膜，肠道出血，肝脏有不规则的坏死点或坏死灶等），一般较易作出初步诊断，确诊有赖于实验室检查。

（二）实验室诊断

1. 中和试验

血清学试验在诊断急性鸭瘟感染中的价值不大，但用单胚和细胞培养做中和试验，可用于监测对鸭瘟病毒的感染。中和试验主要用于监测鸭血清中的中和抗体。中和试验所用的方法有 2 种：一种是血清量固定、病毒变量法；另一种是病毒量固定、血清变量法。

（1）血清量固定、病毒变量法：用鸭瘟的鸡胚适应毒在缓冲盐水中连续做 10 倍稀释，被检血清在 56 ℃灭活 30 分钟并做 1∶5 稀释，等量的 10 倍连续稀释病毒液与 1∶5 稀释的血清相混合，混合液在 37 ℃水浴槽内处理 30 分钟。取混合液接种 5 个 9~10 日龄鸡胚，经绒毛尿囊膜接种 0.2 毫升，取病毒的连续稀释液接种同样数量的鸡胚作为对照。每日照蛋 2 次，连续观察 6 天并记录死亡胚数。按 Reed-Muench 法计算中和指数，中和指数在 1.75 及以上时为阳性，即表示血清中有中和抗体；中和指数在 0~1.50 为阴性。

（2）病毒量固定、血清变量法：可用鸭胚成纤维细胞做微量中和试验，每孔加 50 个蚀斑形成单位的病毒，被检血清在 56 ℃灭活 30 分钟，并用 M199 培养液连续做 2 倍稀释，病毒与连续稀释的血清等量混合后，37 ℃水浴槽内处理 30 分钟，接种细胞后培养 48~72 小时，观察蚀斑形成，能 100%抑制蚀斑形成的稀释血清判为阳性。血清效价达 1∶8 或更高时为阳性。

2. 反向间接血凝试验

在 96 孔 V 形微量反应板上进行。试验用样品经 25 微升稀释液系列倍比稀释，并制备双份。抗鸭瘟病毒绵羊血清和未免疫绵羊血清用等体积已处理过的绵羊红细胞于 37 ℃吸附 30 分钟，去除非特异凝集素。一份样品稀释液加 25 微升 1%抗鸭瘟病毒绵羊血清；另一份加 25 微升 1%未免疫绵羊血清。加盖，在振荡器上混匀。37 ℃孵育 30 分钟后，各孔加入 25 微升包被红细胞液。振荡，25 ℃孵育 3 小时和 24 小时后读取血凝结果。发生明显凝集的样品最高稀释度判为终点，即为含有 1 个血凝单位的鸭瘟病毒抗原。当 1%抗鸭瘟病毒绵羊血清稀释度为原来的 1/4 或更少时，样品判为阳性。

3. 酶联免疫吸附试验

该方法敏感、快速、准确性高、特异性强，且简便实用，适用于血清流行病学调查、进出口鸭对鸭瘟的检疫和对鸭群进行免疫抗体水平检测。

4. PCR 或荧光 PCR 检测

PCR 检测扩增出目的片段者为阳性；荧光 PCR 检测出现标准曲线者为阳性，否则为阴性。

5. 病毒分离鉴定

无菌采集病死禽的肝、脾和肾，处理后经绒毛尿囊膜途径接种 9～12 日龄无母源抗体的鸭胚或鸭胚成纤维细胞，然后通过中和试验或免疫荧光抗体技术检测细胞培养物中的病毒抗原。也可用 PCR 技术检测细胞培养物中的鸭瘟病毒。

六、防控措施

对于鸭瘟尚无特效药物可用于治疗，故应以预防为主。除做好生物安全性措施外，采用鸭瘟弱毒活疫苗进行免疫接种能有效地预防本病的发生。

（一）预防

1. 规范引种

禁止从疫区引进种蛋、种雏，坚持自繁自养原则。从外地引种时，应隔离饲养 15 天以上，并经严格检疫后，才能合群饲养。病鸭和康复后的鸭所产的鸭蛋不得留作种蛋。

2. 加强饲养管理

禁止到鸭瘟流行区域和野禽出没的水域放鸭，防止带毒野生水禽进入鸭群；受威胁地区应加强检疫、消毒等兽医卫生措施。

3. 免疫接种

对蛋鸭，可在 20 日龄进行首免，2 个月龄以后加强免疫 1 次；开产前 20 天左右再进行第 3 次免疫。对肉鸭，可在 7 日龄左右首免，20～25 日龄时二免。对种鸭，每年春、秋两季各进行 1 次免疫接种，每只肌内注射 1 毫升鸭瘟弱毒疫苗或 0.5 毫升鸭瘟高免疫血清。要坚持一支针头只注射一只鸭，以免注射交互传染。凡是已经出现明显症状的病鸭，不再注射疫苗，应立即淘汰。

（二）控制扑灭措施

发生鸭瘟时，要按照《中华人民共和国动物防疫法》规定，采取严格的封锁和隔离措施，及时扑杀销毁发病鸭群，对病鸭污染的场地、水域和工具等进行彻底消毒，粪便堆积发酵处理。对受威胁区鸭群立即接种鸭瘟高免血清或鸭瘟弱毒疫苗，防止该病扩散传播。

对病鸭，用抗鸭瘟高免血清进行早期治疗，每只鸭肌内注射 0.5 毫升，有一定疗效；也可用聚肌胞进行早期治疗，每只成鸭肌内注射 1 毫升，3 日 1 次，连用 2～3 次，也可收到一定疗效；但磺胺类药物和抗生素对鸭瘟无效果。也可用盐酸吗啉胍可溶性粉或恩诺沙星可溶性粉拌水混饮，每天 1～2 次，连用 3～5 天，但不能用于产蛋鸭，肉用鸭售前应停药 8

天。病鸭一律宰杀并进行无害化处理。同时对病鸭可能接触的一切物品进行彻底消毒。

第三节　鸡　　痘

鸡痘是由鸡痘病毒引起的鸡的一种急性、热性、高度接触性传染病，以无毛处皮肤的痘疹和口腔、咽部黏膜的纤维素样坏死性炎症为特征。对鸡群造成的影响除引起死亡外，还有增重降低，产蛋减少，产蛋期推迟等。OIE 将其列入 B 类传染病，我国将其列为二类动物疫病。

一、病原

鸡痘病毒是痘病毒科禽痘病毒属的成员，多为砖形，平均大小 258 纳米×354 纳米，具有痘病毒的典型结构。痘病毒为病毒粒最大的一类 DNA 病毒，结构复杂，有核心、侧体和包膜，核心含有与蛋白质结合的病毒 DNA，DNA 为单分子线型双链。鸡痘病毒有囊膜，易在鸡胚绒毛尿囊膜上生长，并可在 3 天内产生白色隆起的大型痘斑，痘斑中心随后坏死，色泽变深。鸡痘病毒也易在组织培养的鸡胚成纤维细胞内增殖，产生明显的细胞病变，并可在感染细胞的细胞质内看到包涵体。

鸡痘病毒具有血凝性。细胞培养物内的病毒增殖可用血细胞吸附试验测出。

鸡痘病毒对外界环境有高度抵抗力，特别是对干燥具有强大的抵抗力，完全干燥和阳光照射数周后仍能保存活力，痂皮内的病毒可以存活几个月，但在鸡粪和泥土中，活力通常不超过几周。60 ℃和 50 ℃加热，分别可在 10 分钟和 30 分钟内使其灭活。从包涵体中脱出的病毒粒子在 1%～2%氢氧化钠或钾、10%醋酸或 0.1%汞中很快被灭活。冷冻干燥和 50%甘油盐水可使鸡痘病毒长期保持活力达几年之久。该病毒能抵抗乙醚，但对氯仿敏感。

二、流行病学

任何年龄、性别和品种的鸡、火鸡易感性都很高，以雏鸡和青年鸡最常发病，雏鸡可引起大批死亡，鸭、鹅及许多鸟类均可感染发病。鸡痘多通过健康禽与病禽接触，经受损伤的皮肤和黏膜而感染。脱落和碎散的痘痂是病毒散布的主要形式。蚊子（如库蚊、伊蚊）等双翅目昆虫及体表寄生虫如鸡皮刺螨可传播本病，是本病重要的传播媒介。蚊子的带毒时间可达 10～30 天。人工授精也可传播病毒。本病一年四季均可发生，以蚊子活跃的夏秋季节多发。拥挤、通风不良、阴暗潮湿、维生素缺乏和饲养管理恶劣，可使病情加重。鸡和火鸡发病率不定，死亡率较低，但发病严重时死亡率可达 50%。

三、临床症状

自然感染的潜伏期为 4～8 天，临床上通常分为皮肤型（也称干燥型）、黏膜型（也称潮湿型）和混合型三种类型。

1. 皮肤型

以在不同部位的裸露皮肤（尤指头部）上发生结节性痘疹病理变化为特征，表现为身体的各个部位如冠、肉髯、喙角、眼眶周围、两翅内侧皮肤、胸腹部和泄殖腔皮肤可见结节，有的为散在性小结节，有的为小结节融合成大块结节，结节起初表现湿润，后变为干燥，外观呈圆形或不规则形，颜色为浅黄褐色到深褐色不等。结节干燥前切开可见切面出血、湿润。结节结痂后易脱落，出现瘢痕。但温和型仅在冠和肉髯上出现局灶性小结节。一般鸡只无明显的全身症状，但病重的小鸡则有精神委顿、食欲消失、体重减轻等现象。产蛋鸡产蛋减少或停止。

2. 黏膜型

口腔、咽喉和上呼吸道的黏膜出现纤维素性坏死性炎症，常形成假膜，故又名鸡白喉。表现在口腔、食道或气管黏膜表面形成微隆起、白色不透明结节，以后迅速增大并常融合而成黄色、奶酪样坏死的伪白喉或白喉样膜，将其剥去可见出血糜烂。炎症蔓延可引起眶下窦肿胀和食道炎症。

3. 混合型

即皮肤和黏膜均被侵害，病情较为严重，病死率也较高。病鸡表现的一般症状常见增重受阻、精神委顿、食欲减退、衰弱，蛋鸡发病时表现暂时性产蛋下降。病程一般为3～4周，混合感染时则病程较长。

四、剖检病变

与临诊所见相似。黏膜型可发现位于口腔、喉头及气管开口处的黏膜，有溃疮现象。这些黏膜上的溃疮很难除去，所以黏膜上常遗留出血裂口。溃疮往往成长而形成干酪状伪膜。口腔黏膜的病变有时可蔓延至气管、食道和肠。肠黏膜可能有小出血点。肝、脾和肾常肿大。心肌有时呈实质变性。最重要的组织学变化特征是受感染的黏膜和皮肤的上皮组织肥大增生，细胞变大，伴有炎症变化和特征性的嗜伊红A型细胞质包涵体。包涵体的形态随感染后的时间而定。包涵体可占据几乎整个细胞质，伴以细胞坏死。

五、诊断方法

皮肤型和混合型根据临床症状和眼观变化不难作出诊断，黏膜型易与传染性鼻炎、传染性喉气管炎等混淆，确诊还需要借助实验室手段。

1. 血清学检测

可采用琼脂扩散、间接血凝、中和试验、荧光抗体和ELISA等试验检测抗体和鉴定鸡痘病毒。

2. 病毒分离鉴定

无菌采集痘病变部位，以新形成的痘疹为最好。用病料的无菌悬液（1∶5）划痕接种易感雏鸡或9～12日龄的鸡胚绒毛尿囊膜，接种雏鸡于5～7天出现典型皮肤痘疹，鸡胚绒毛尿囊膜则于接种后5～7天出现痘斑。

3. 组织病理学方法

采集病料或细胞培养物检查细胞质内包涵体。

六、防控措施

1. 预防措施

目前国内使用的疫苗是鸡痘鹌鹑化弱毒疫苗，接种方法是翼翅刺种法，即用鸡痘刺种针或无菌钢笔尖蘸取稀释的疫苗，于鸡翅内侧无血管处皮下刺种。6 日龄以上的雏鸡用 200 倍稀释的疫苗液刺种 1 针，20 日龄以上的雏鸡用 100 倍稀释的疫苗液刺种 1 针；1 月龄以上的鸡可用 100 倍稀释的疫苗液刺种 2 针。接种后应检查是否接种上，接种上的鸡在接种后 3～4 天刺种部位红肿、起疱，以后逐渐干燥结痂而脱落。免疫期大鸡可达 5 个月，雏鸡 2 个月。免疫接种一般在春秋两季进行。对前一年发生过鸡痘的鸡场，所有的雏鸡都应接种鸡痘疫苗。如一年养几批，则每批都应在适当的日龄免疫。

2. 控制措施

一是搞好环境卫生，消灭蚊、蠓和鸡虱、鸡螨等。二是加强饲养管理、减少环境不良因素的应激，避免各种原因引起的啄癖和机械性外伤。三是规范引种，不从疫区引种，新引进的家禽应隔离观察，证明无病后方可混群。四是及时隔离病鸡，甚至应淘汰，并彻底消毒场地和用具，隔离的病鸡应在完全康复 2 个月后方可混群。

第四节 禽大肠杆菌病

禽大肠杆菌病是由多种血清型的致病性大肠杆菌所引起禽类的急性、慢性等不同类型疾病的总称，包括大肠杆菌性气囊炎、败血症、脐炎、输卵管炎、腹膜炎及大肠杆菌肉芽肿等疾病，对养禽业危害严重。鸡大肠杆菌病是由大肠杆菌引起的一种常见病，其特征是引起心包炎、肝周炎、气囊炎、腹膜炎、输卵管炎、滑膜炎、大肠杆菌性肉芽肿和脐炎等病变。

一、病原

病原为大肠埃希氏菌，俗称大肠杆菌。本菌为革兰氏阴性、两端钝圆的短杆菌，多呈单个或成双存在；具有周鞭毛，能运动，无芽孢，多数菌株还有菌毛，部分菌株有荚膜或微荚膜；大小一般为（0.4～0.7）微米×（1.0～3.0）微米。兼性厌氧菌，能发酵多种糖类产酸、产气。

大肠杆菌是健康畜禽肠道中的常在菌，血清型众多，抗原复杂，分为致病性和非致病性两大类。大肠杆菌的抗原主要包括菌体（O）抗原、荚膜（K）抗原、鞭毛（H）抗原和菌毛（F）抗原，迄今已报道的 O 抗原有 170 余种、K 抗原 100 余种、H 抗原 60 余种，这些抗原均具有良好的免疫原性。O 抗原、K 抗原和 H 抗原（主要是 O 抗原）是大肠杆菌菌株血清分离的基础，依据其组合不同分为不同的血清型。国外已报道 154 个以上，不同国家和地区分布的主要血清型差异较大，对禽有致病性的常见血清型为 O1、O2、O36、O78 等；

各地区、不同禽种中流行的血清型也有差异，即使同一地区的不同禽场甚至是同一禽场也可能存在多个血清型。

大肠杆菌病是一种条件性疾病，在卫生条件差、饲养管理不良的情况下，很容易发生此病。大肠杆菌对环境的抵抗力中等，一般能被常用消毒药和巴氏消毒法杀死。在潮湿、阴暗而温暖的外界环境中存活不超过 1 个月，而在寒冷而干燥的环境中则可存活较长时间，附着在粪便、土壤、鸡舍的尘埃或孵化器的绒毛、碎蛋皮上的大肠杆菌能长期存活。胆盐等对大肠杆菌有抑制作用。大肠杆菌对磺胺类、链霉素、氯霉素等敏感，但易耐药。

二、流行病学

各种年龄的鸡（包括肉用雏鸡）都可感染，雏鸡最易感，发病率和死亡率受各种因素影响有所不同。在雏鸡和青年鸡多呈急性败血症，而成年鸡多呈亚急性气囊炎和多发性浆膜炎。不良的饲养管理、应激或其他病原感染导致机体免疫功能低下时，就会发生大肠杆菌感染，因此，本病常成为某些传染病的并发或继发性疾病。本病感染途径有经蛋传染、呼吸道传染、消化道传染和经口传染。

三、临床症状

由大肠杆菌引起的疾病临床表现多种多样，主要有以下几种类型。

1. 急性败血症型

鸡、鸭中最为常见，以 4～10 周龄雏鸡多发，病死率为 5％～10％。最急性病例不见任何症状而突然死亡。病程稍长的病鸡表现出精神不振，采食减少，衰弱，最后死亡。病鸡腹部膨满，排出黄绿色的稀便。

2. 生殖器官炎症型

表现为生殖器官及有关部位的发炎，如卵黄性腹膜炎、脐炎、输卵管炎。母鸡可产生畸形蛋，产蛋下降或停产。也可出现腹部肿胀，并由于肿胀的重坠造成母鸡大量死亡。对幼鸡可造成脐及周围组织发炎，引起初生雏鸡死亡，病死率 10％左右，高的达 40％以上。

3. 其他器官炎症型

表现为肠炎、眼球炎、脑炎、肿头、关节炎等症状。大肠杆菌侵害消化道，临床表现为腹泻、肛门周围羽毛潮湿污秽；侵害关节时，则表现为关节肿胀、跛行；侵害眼时，病鸡眼球呈灰白色、角膜混浊、眼房积脓，严重者失明；侵害脑部引起病鸡昏睡，神经症状或下痢，很难治愈；侵害头部皮下、眼睑周围，可引起肿头及水肿性皮炎。

四、剖检病变

1. 急性败血症型

主要病变有：①纤维素性心包炎，心包积液混浊、增厚，更甚者纤维素性渗出物与心包粘连；②纤维素性肝周炎，肝脏肿大、表面有纤维素性渗出物，严重时整个肝脏被一层纤维素性薄膜包裹；③纤维素性腹膜炎，腹腔有数量不等的腹水及纤维素渗出物，或其渗出物充斥于腹腔各脏器间。

2. 生殖器官炎症型

表现为卵黄性腹膜炎的病变，输卵管伞部粘连、卵泡跌入腹腔引起广泛腹膜炎。卵巢炎、输卵管炎多见于产蛋母鸡，输卵管充血、出血，卵泡膜充血，卵泡变形、变色（呈红褐色或黑褐色），有的变硬，卵黄变稀。公鸡睾丸膜充血、肿胀。

3. 其他器官炎症型

如全眼球炎（眼球感染后眼房水和角膜发生混浊，视网膜剥离，眼前房积脓，造成失明）、大肠杆菌性关节炎、关节滑膜炎、肠炎、呼吸器官的炎症（胸腹气囊炎），肝、盲肠、十二指肠和肠系膜有大肠杆菌性肉芽肿结节，肠黏连不易分离，肝脏可见大小不一、数量不等的坏死灶。

五、诊断方法

（一）临床诊断

根据流行特点、临床症状和剖检病变可作出初步诊断，但该病易与禽霍乱、结核病、盲肠肝炎、鸭传染性浆膜炎等混淆，确诊仍需借助实验室手段。继发性大肠杆菌病的诊断，必须在原发病的基础上分离出大肠杆菌。

1. 禽霍乱

禽霍乱出现浆液性纤维素性心包炎、心外膜炎、气囊炎、肝周炎。禽霍乱不同于大肠杆菌病的是肝、脾、消化道灶性坏死和小肠卡他性出血性炎症。死于急性禽霍乱的鸡常见卡他性出血性十二指肠炎和肝的多发性灶性坏死。大肠杆菌病没有这些变化。

2. 结核病和盲肠肝炎

虽然大肠杆菌性肉芽肿病变的特征较明显，但需与结核病和盲肠肝炎鉴别。结核病主要见于成年鸡，肝、脾同时受侵害的概率比大肠杆菌肉芽肿高5倍，而且大肠杆菌性肉芽肿无结核病具有的肝脏和其他器官粟粒状病灶的特点。组织学检查，结核病的特征性病变是上皮样细胞肉芽肿，中心坏死，有多核巨细胞出现。大肠杆菌性肉芽肿主要是由组织细胞、淋巴样细胞和异嗜性白细胞组成。在难以分辨时，可进行细菌学检查和切片的抗酸性染色，加以区别。盲肠肝炎也常侵害盲肠和肝脏。大肠杆菌性肉芽肿结节隆起于器官表面。而盲肠肝炎坏死中心凹陷，周围充血，在组织切片上可发现组织滴虫。

3. 鸭传染性浆膜炎

该病传播迅速，发病率和病死率较高，病鸭眼眶湿润、咳嗽、头部摆动，并有阵发性痉挛等神经症状。

（二）实验室诊断

1. 镜检

无菌采集发病禽心脏、肝脏、气囊、脾脏等，涂片，革兰氏染色镜检。若为红色、两端钝圆的短杆菌，可初步判断为大肠杆菌感染，确诊仍需进一步试验。

2. 细菌分离鉴定

无菌采集发病禽心脏、肝脏、气囊、脾脏等，用灭菌接种环分别接种普通琼脂培养基、绵羊血琼脂培养基和麦康凯琼脂、SS 琼脂、伊红亚甲蓝琼脂等鉴别培养基，37 ℃培养 24 小时，观察菌落生长情况。若在普通琼脂上长出大小中等、边缘整齐、圆形、光滑、突起、湿润、半透明且在阳光下呈铅灰色的菌落；在绵羊血琼脂培养基上菌落周围出现 β 溶血环；在麦康凯琼脂培养基上形成红色菌落；在 SS 琼脂培养基上形成粉红色菌落；在伊红亚甲蓝培养基上为湿润、紫黑色或粉红色大菌落，有或无金属光泽，菌落有一股酸臭气味，可初步鉴定为大肠杆菌。

3. 生化试验

挑选麦康凯琼脂平板上玫瑰红色光滑型菌落，按常规平板划线纯化培养，挑选革兰氏阴性杆菌的典型菌落，进一步做生化试验。能发酵葡萄糖、乳糖、麦芽糖、甘露醇和蔗糖；能产生吲哚，MR 试验阳性，VP 试验阴性，不能利用枸橼酸盐，不产生 H_2S，不分解尿素，可鉴定为大肠杆菌。

4. 血清鉴定

如果分离菌符合大肠杆菌的上述培养特性，将其与不同血清型的大肠杆菌抗 O 单因子血清进行凝集试验即可确定血清型。

5. 动物接种试验

选取 5 日龄健康雏鸡，分成两组，一组为试验组，另一组为对照组。挑取普通琼脂培养基上的单个菌落接种于普通肉汤培养基中培养 24 小时，将肉汤培养液按 0.1 毫升/只口服接种于试验组，对照组按 0.1 毫升/只口服接种肉汤，24 小时后观察鸡只发病情况，采集病料涂片，革兰氏染色、镜检，并做鉴别试验和生化试验，观察结果。

六、防控措施

1. 预防措施

搞好环境卫生，对禽舍和用具经常清洁和消毒，注意通风，控制鸡舍氨气、粉尘、温度、湿度，减少应激诱因。加强饲养管理，勤换饮水，认真检查水源是否被大肠杆菌污染。对环境、饮水、空气、孵化设备应定期进行消毒；防止饲料、饲具等被粪便污染。对饲料中的大肠杆菌含量要定期监测；种蛋应来自无本病的鸡群，加强种蛋收集、存放和整个孵化过程的卫生消毒管理，种蛋产出后 1.5～2 小时应熏蒸消毒，淘汰有裂纹和被粪便污染的种蛋，入孵前再次消毒。注意育雏期保温，避免密集饲养。根据具体情况，找准主要传播途径，控制并发和继发感染。对大肠杆菌病发病严重的鸡场应及时用疫苗进行免疫注射。最好使用本场分离细菌制作的疫苗，效果理想。目前预防该病应用的疫苗有以下两种：

（1）油乳剂灭活菌苗：在该病发病高峰期前 10～15 天肌内注射该菌苗 0.5～1 毫升，免疫期可维持 3～6 个月。

（2）蜂胶灭活菌苗：免疫后免疫期也可维持 6 个月。

以上两种菌苗的有效保护率均可达 80％～100％。但是这两种菌苗均是以特定的血清型菌株制备的菌苗，只能对本血清型的致病性菌株起到免疫作用。为有效地控制该病，应用大肠杆菌当地分离株制备多价灭活菌苗，可收到良好效果。

2. 治疗

许多抗生素药物对大肠杆菌均有疗效，但在生产中由于长期使用或大剂量使用抗菌药物，以及其他诸多原因造成抗药性菌株不断出现，许多养鸡场大肠杆菌抗药性相当严重，许多抗菌药已不能有效控制该病发生，不仅造成浪费，也造成药物残留、机体免疫功能下降等许多问题。为了有效地防治本病，进行治疗前首先进行药物敏感性试验，注意合理用药，减少浪费，避免无效用药。可采取两种以上敏感药物交叉使用，不宜长时间使用一种药物，更不宜无限加大用药剂量。在使用抗菌药物的同时，为避免肠道内正常菌群失调，选用微生态制剂调整体内微生态平衡以提高疗效。免疫调节剂与益生菌制剂联用对本病有积极的防治效果。

第五节　禽　霍　乱

禽霍乱是由多杀性巴氏杆菌引起的鸡、鸭、鹅和火鸡等多种禽类的一种急性败血性传染病，又名禽巴氏杆菌病、禽出血性败血症。急性型的特征为突然发病、下泻，出现急性败血症症状，发病率和病死率均高；慢性型发生肉髯水肿和关节炎，病程较长，病死率较低。该病在世界所有养禽的国家均有发生，在我国某些地区发病严重，是威胁养禽业的主要疫病之一，OIE 将其列入 B 类动物疫病，我国也将其列为二类动物疫病。

一、病原

多杀性巴氏杆菌是巴氏杆菌科巴氏杆菌属的成员。本菌为两端钝圆、中央微凸的革兰氏阴性短杆菌，常单个有时成双排列，不形成芽孢，无鞭毛，也无运动性。普通染料都可着色。病料组织或体液涂片用瑞氏、吉姆萨法或亚甲蓝染色镜检，见菌体多呈卵圆形，两端着色深，中央部分着色较浅，很像并列的两个球菌。用培养物所做的涂片两极着色则不那么明显。用印度墨汁等染料染色时可看到清晰的荚膜。新分离的细菌荚膜宽厚，经过人工培养而发生变异的弱毒菌则荚膜狭窄而且不完全。

本菌为需氧或兼性厌氧菌，最适宜在 37 ℃、pH 7.2～7.8 生长，在普通培养基上均可生长但不繁茂，如添加少许血液或血清则生长良好。本菌生长于普通肉汤中，初均匀混浊，以后形成黏性沉淀和薄的附壁的菌膜。在血琼脂上长出灰白、湿润而黏稠的菌落。在普通琼脂上形成细小、透明的露滴状菌落。明胶穿刺培养沿穿刺孔呈线状生长，上粗下细。

本菌按荚膜多糖抗原（K 抗原），可分为 A 型、B 型、C 型、D 型、E 型、F 型，我国目前主要流行的是 A 型。按菌体的抗原（O 抗原），可分为 12 个型。将 K、O 两种抗原组合，共组成 15 种 O:K 血清型，能引起禽霍乱的主要有 5:A、8:A、9:A 和 2:D。

本菌对物理和化学因素的抵抗力比较低。在干燥空气中 2～3 天死亡，在血液、排泄物和分泌物中能生存 6～10 天，直射阳光下数分钟死亡，一般消毒药在数分钟内均可将其杀死。

二、流行病学

本病对各种家禽如鸡、鸭、鹅、火鸡等都有易感性，但鹅易感性较差，各种野禽也易感。鸡以产蛋鸡、育成鸡和成年鸡发病较多，16 周龄以下的鸡一般具有较强的抵抗力，但临床也曾发现 10 天发病的鸡群。

病死禽、康复带菌禽和慢性感染禽是主要传染源，本病主要经消化道感染，其次是经呼吸道感染，也可经损伤的皮肤而感染。

本病的发生无明显的季节性，但潮湿、拥挤、突然换群和并群，气候剧变、寒冷、闷热、阴雨连绵、禽舍通风不良、营养缺乏、寄生虫、长途运输及其他疾病等，都可成为发病的应激因素。所以，本病的发生与环境条件有很大关系，以秋、冬和春季发生较多。本病多呈地方流行性，特别是鸭群发病时，多呈流行性。

三、临床症状

1. 鸡的症状

鸡在自然感染时潜伏期一般为 2～9 天，有时在引进病鸡后 48 小时内也会突然暴发病例。人工感染通常在 24～48 小时发病。由于机体抵抗力和病菌的致病力强弱不同，所表现的病状亦有差异。一般分为最急性、急性和慢性三种病型。

（1）最急性型：常见于流行初期，以肥壮、产蛋高的鸡最常见。病鸡无前驱症状，晚间一切正常且吃得很饱，次日发病死在鸡舍内。

（2）急性型：此型最为常见，病鸡主要表现为精神沉郁，羽毛松乱，缩颈闭眼，头缩在翅下，不愿走动，离群呆立。病鸡常有腹泻，排出黄色、灰白色或绿色的稀粪。体温升高到 43～44 ℃，减食或不食，渴欲增加。呼吸困难，口、鼻分泌物增加。鸡冠和肉髯变青紫色，有的病鸡肉髯肿胀，有热痛感。产蛋鸡停止产蛋。最后发生衰竭昏迷而死亡。病程短的约半天，长的 1～3 天。

（3）慢性型：多见于流行后期。以慢性肺炎、慢性呼吸道炎和慢性胃肠炎较多见。病鸡鼻孔有黏性分泌物流出，鼻窦肿大，喉头积有分泌物而影响呼吸。经常腹泻。病鸡消瘦，精神委顿，冠苍白。有些病鸡一侧或两侧肉髯显著肿大，随后可能有脓性干酪样物质或干结、坏死、脱落。有的病鸡有关节炎，常局限于脚或翼关节和腱鞘处，表现为关节肿大、疼痛、脚趾麻痹，因而发生跛行。病程可拖至 1 个月以上，生长发育和产蛋长期不能恢复。

2. 鸭的症状

鸭发生急性霍乱的症状与鸡基本相似，常以病程短促的急性型为主。病鸭精神委顿，不愿下水游泳，即使下水也行动缓慢，常落于鸭群的后面或独蹲一隅，闭目瞌睡。羽毛松乱，两翅下垂，缩头弯颈，食欲减少或不食，渴欲增加，嗉囊内积食不化。口和鼻有黏液流出，呼吸困难，常张口呼吸并常常摇头企图排出积在喉头的黏液，故有"摇头瘟"之称。病鸭排出腥臭的白色或铜绿色稀粪，有的粪便混有血液。有的病鸭发生气囊炎。病程稍长者可见局部关节肿胀，病鸭发生跛行或完全不能行走，还有见到掌部肿如核桃大，切开见有脓性和干酪样坏死。

3. 鹅的症状

成年鹅的症状与鸭相似，仔鹅发病和死亡较成年鹅严重，常以急性为主。精神委顿，食欲废绝，拉稀，喉头有黏稠的分泌物。喙和蹼发紫，翻开眼结膜有出血斑点，病程 1～2 天即死亡。

四、剖检病变

最急性型死亡的病鸡无特征病变，有时仅见心外膜有少许出血点。

急性病例病变较为特征，病鸡的腹膜、皮下组织及腹部脂肪常见小点出血。心包变厚，心包内积有多量不透明、淡黄色液体，有的含纤维素絮状液体，心外膜、心冠脂肪出血尤为明显。肺有充血或出血点。肝脏的病变具有特征性，肝稍肿，质变脆，呈棕色或黄棕色，肝表面散布有许多灰白色、针头大的坏死点。脾脏一般不见明显变化或稍微肿大，质地较柔软。肌胃出血显著，肠道尤其是十二指肠呈卡他性和出血性肠炎，肠内容物含有血液。

慢性型因侵害的器官不同而有差异。当呼吸道症状为主时，见到鼻腔和鼻窦内有多量黏性分泌物，某些病例见肺硬变。局限于关节炎和腱鞘炎的病例，主要见关节肿大变形，有炎性渗出物和干酪样坏死。公鸡的肉髯肿大，内有干酪样的渗出物，母鸡的卵巢明显出血，有时卵泡变形似半煮熟样。

鸭和鹅的病理变化与鸡基本相似，皮肤有出血点，心包积有黄色液体，心冠脂肪、心肌、心内膜充血、出血；肝肿大，黏土色，脂肪变性，有针头大出血点和坏死点；胆囊肿大；肠道充血、出血，小肠前段较严重，内容物污红色；肺气肿、发炎、出血；发生关节炎、关节肿大，内有黄色干酪样物或肉芽组织，关节囊增厚、含有红色或黄色混浊黏稠液体。

五、诊断方法

根据病鸡流行病学、临床症状、剖检特征可以初步诊断，确诊须由实验室诊断。

1. 涂片、镜检

取病鸡血涂片或肝、脾触片，经亚甲蓝、瑞氏或吉姆萨染色，如见到大量两极浓染的短小杆菌有助于诊断。进一步的诊断须经细菌的分离培养及生化反应。

2. 细菌分离培养

无菌采集病鸡肝、脾、心血等病料，分别接种于鲜血琼脂平板、普通营养琼脂平板、麦康凯琼脂平板和马丁血清糖琼脂平板，37 ℃培养 24 小时，观察菌落生长情况。若在鲜血琼脂平板上，长出圆形、湿润、表面光滑、灰白色小菌落，不溶血；在普通营养琼脂平板，长出光滑、透明、露珠样小菌落；麦康凯琼脂平板不生长；在马丁血清糖琼脂平板上长出圆形、光滑、湿润、半透明菌落，45°折射光线下检查菌落有无明显的荧光反应，若荧光呈橘红而带金色边缘且有乳白光带，可初步鉴定为多杀性巴氏杆菌感染。

3. 生化试验

挑取 24 小时纯培养物接种于生化微量管，37 ℃培养 24 小时，观察记录结果。若分离菌发酵葡萄糖、蔗糖、甘露糖和甘露醇，不发酵乳糖和木糖，硝酸盐试验阳性，硫化氢、明胶试验阴性，可鉴定为多杀性巴氏杆菌感染。

4. 动物接种试验

将病料用生理盐水稀释成 1：(5～10) 乳液，取上清液 0.1～0.5 毫升接种小鼠、鸽或鸡，1～2 天发生死亡。再取病料涂片检查，或作鲜血琼脂平板培养，均能分离出多杀性巴氏杆菌，可以确诊。

六、防控措施

（一）预防措施

加强鸡群的饲养管理，平时严格执行鸡场兽医卫生防疫措施，以栋舍为单位采取全进全出的饲养制度，做到规范引种，预防本病的发生是完全有可能的。一般从未发生本病的鸡场不进行疫苗接种。

对常发地区或鸡场，药物治疗效果日渐降低，本病很难得到有效控制，可考虑应用疫苗进行预防，由于疫苗免疫期短，防治效果不十分理想。在有条件的地方可在本场分离细菌，经鉴定合格后，制作自家灭活苗，定期对鸡群进行注射，经实践证明通过 1～2 年的免疫，本病可得到有效控制。现国内有较好的禽霍乱蜂胶灭活疫苗，安全可靠，可在 0 ℃下保存 2 年，易于注射，不影响产蛋，无毒副作用，可有效防治该病。

（二）治疗

鸡群发病应立即采取治疗措施，有条件的地方应通过药敏试验选择有效药物全群给药。磺胺类药物、氯霉素、红霉素、庆大霉素、环丙沙星、恩诺沙星、喹乙醇均有较好的疗效。在治疗过程中，剂量要足，疗程合理，当鸡只死亡明显减少后，再继续投药 2～3 天以巩固疗效防止复发。

1. 磺胺喹噁啉（SQ）

混饲浓度为 0.1%。连喂 2～3 天，间隔 3 天后，再用 0.05% 浓度混饲 2 天，停 3 天，再喂 2 天。

2. 磺胺嘧啶（SI）或磺胺二甲基嘧啶（SM2）

混饲浓度为 0.3%～0.4%，混水浓度 0.1%～0.2%，连用 3 天。

3. 敌菌净

每次每千克体重 30 毫克，每天 2 次，连用不超过 5 天。

4. 氯霉素

混饲浓度为 0.025%～0.04%，混水浓度为 0.05%～0.1%，连用 3 天。

5. 抗巴氏杆菌病高免血清

皮下注射 10～15 毫升，在早期应用有良好效果。如再配合抗菌药物治疗，疗效更好。

在使用磺胺药物时一定要注意混匀，防止发生药物中毒。产蛋鸡不要用，因能引起产蛋下降。

（三）控制措施

禽群发生霍乱后，应将病死家禽全部深埋或销毁，病禽进行隔离治疗。同禽群中尚未发病的家禽，全部喂给抗生素或磺胺类药物，以控制发病。用禽霍乱抗血清进行紧急注射更好。污染的禽舍、场地和用具等进行彻底消毒。距离较远的健康家禽紧急注射菌苗。

第六节 鸡传染性支气管炎

鸡传染性支气管炎（IB）是由鸡传染性支气管炎病毒（IBV）引起的鸡的一种急性、高度接触性呼吸道传染病。其特征是雏鸡以呼吸困难、发出啰音、咳嗽、张口呼吸、打喷嚏等呼吸道症状为主；产蛋鸡通常表现为产蛋量降低，蛋的品质下降；肾病变型的病鸡还表现拉淀粉糊样粪便，肾脏苍白、肿大，肾小管和输尿管内有尿酸盐沉积。如果病原不是肾病变型毒株或不发生并发症，死亡率一般很低。

该病呈世界性分布，具有高度传染性，因病原血清型较多，新的血清型不断出现，加上不适当的免疫程序，常导致免疫失败，致使该病不能得到有效控制，给养鸡业造成巨大损失。OIE 将本病列入 B 类动物疫病，我国将其列为二类动物疫病。

一、病原

鸡传染性支气管炎病毒是冠状病毒科的代表种，为一种带囊膜单股 RNA 病毒，其核酸呈螺旋对称性。电镜观察，病毒粒子略呈球形，直径 80～120 纳米，有囊膜，囊膜上有 12～24 纳米长的、末端呈圆形的梨状纤突，纤突间的间隙较宽，形成规则排列，宛如皇冠状，故名冠状病毒。直接从鸡体分离的病毒，纤突较齐全，而在体外传代的毒株往往部分缺失。

鸡胚是繁殖鸡传染性支气管炎病毒最常用的实验室宿主系统。一般将病料接种 9～11 日龄鸡胚的尿囊腔作初次分离。第一次接种往往不引起鸡胚死亡，但随着传代次数的增加，鸡传染性支气管炎病毒对鸡胚的致病力也将增强。这表现为鸡胚死亡率增加，死亡时间提早，胚体发育受阻而出现蜷缩胚或侏儒胚。不管哪一代次早期死亡的胚体可见充血、出血，后期死亡或存活的胚体则无此变化。可在第 2 代出现死胚。出现蜷缩胚或侏儒胚的代次视分离株可发生在第 2～7 代，而达到 80％蜷缩胚则代次要更多，有 7～22 代不等。

应用鸡胚肾（CEK）细胞繁殖病毒引起合胞体形成，合胞体最终脱落和死亡而使细胞单层出现空斑。未完全或完全脱落的合胞体，由于表面张力的关系呈球形，外缘整齐，内部的大部分为透明空泡。这种细胞病变在初次分离时一般是见不到的，往往需要连续传代 6 次以上才出现。CEK 原代细胞培养物除了有对鸡传染性支气管炎病毒易感的类上皮型细胞外，其实还存在不易感的成纤维细胞。待后者逐步增多而占据原先的空斑，就可能出现后来细胞病变反而变少的现象。这是观察鸡传染性支气管炎病毒感染的原代细胞培养物时要注意的。

鸡传染性支气管炎病毒不凝集鸡红细胞，能够干扰新城疫病毒 B1 株在鸡胚里的繁殖。这些特性可利用于提纯、鉴定新分离的鸡传染性支气管炎病毒。

鸡传染性支气管炎病毒是一种较容易发生变异的病毒。可根据病毒-血清中和试验将毒株分类为若干血清型，至少有 14 个血清型。马萨诸塞（M）型是我国的主要流行株，可与康涅狄格（Conn）型交叉免疫。荷兰（H）株对 M、Conn、JMK、佛罗里达和 SE - 17 株可产生交叉免疫，故在我国是主要的疫苗毒株。

视致病程度也可将鸡传染性支气管炎病毒分为 4 个病理型。Ⅰ型：不引起呼吸道症状，但引起喉和气管组织学病变。Ⅱ型：引起明显呼吸道症状以及上呼吸道组织学病变。Ⅲ型：引起明显呼吸道症状以及上呼吸道和支气管组织学病变。Ⅳ型：引起所有上述呼吸道症状与病变以及间质性肾炎。与 M 株具有相同抗原簇的毒株，属于Ⅲ型，其他与荷兰变异株有相同抗原簇的属于Ⅳ型。

本病毒主要存在于病鸡呼吸分泌物中，肝、脾、肾和法氏囊中也能发现病毒，在肾和法氏囊内停留的时间可能比在肺和气管中还要长。

鸡传染性支气管炎病毒对乙醚敏感，多数病毒株在 56 ℃ 15 分钟或 45 ℃ 90 分钟即被灭活，但−20 ℃能保存 7 年、−30 ℃能保存 24 年。病毒对一般消毒剂敏感，如在 0.01％高锰酸钾中 3 分钟内死亡，1％甲醛溶液中很快被杀死。但该病毒耐酸碱，在室温中能抵抗 1％盐酸（pH 2）、1％苯酚和 1％氢氧化钠（pH 12）1 小时，鸡新城疫、传染性喉气管炎和鸡痘病毒在室温中不能耐受 pH 2，这在鉴别上有一定意义。

二、流行病学

该病毒主要感染鸡，对雉、鸽、珍珠鸡等也有致病性。各种年龄的鸡都可发病，但雏鸡和产蛋鸡最易感，肾病变型多发生于 20～50 日龄的幼鸡。病鸡和康复后带毒鸡是本病的主要传染源，病鸡康复后可带毒 49 天，在 35 天内具有传染性。本病的主要传播途径是呼吸道，此外，也可通过饲料、饮水等经消化道传染。飞沫、尘埃、饮水、饲料、垫料等是最常见的传播媒介。

本病属于高度接触性传染病，一年四季均有流行，但以冬春寒冷季节最严重。在鸡群中传播迅速，几乎在同一时间内有接触史的易感鸡都发病。过热、严寒、拥挤、通风不良和维生素、矿物质、其他营养缺乏以及疫苗接种应激等均可促进本病的发生，发病率和病死率与毒株的毒力强度及环境因素有很大关系，青年鸡的感染率通常为 25％～30％，高者可达 75％。

三、临床症状

该病病型复杂，自然感染的潜伏期为 36 小时或更长一些。本病的发病率高，雏鸡的死亡率可达 25％以上，但 6 周龄以上的死亡率一般不高，病程一般多为 1～2 周，雏鸡、产蛋鸡、肾病变型的症状不尽相同，现分述如下。

1. 雏鸡

无前驱症状，全群几乎同时突然发病。最初表现呼吸道症状，流鼻涕、流泪、鼻肿胀、咳嗽、打喷嚏、伸颈张口喘气。夜间听到明显嘶哑的叫声。随着病情发展，症状加重，缩头闭目、垂翅挤堆、食欲不振、饮欲增加，如治疗不及时，有个别死亡现象。

2. 产蛋鸡

表现轻微的呼吸困难、咳嗽、气管啰音，有"呼噜"声。精神不振、减食、拉黄色稀粪，症状不很严重，有极少数死亡。发病第 2 天产蛋开始下降，1～2 周下降到最低点，有时产蛋率可降到一半，并产软蛋和畸形蛋，蛋清变稀，蛋清与蛋黄分离，种蛋的孵化率也降低。产蛋量回升情况与鸡的日龄有关，产蛋高峰的成年母鸡，如果饲养管理较好，经 2 个月基本可恢复到原来水平，但老龄母鸡发生此病，产蛋量大幅下降，很难恢复到原来的水平，可考虑及早淘汰。

3. 肾病变型

多发于 20～50 日龄的幼鸡。在感染肾病变型的传染性支气管炎毒株时，由于肾脏功能的损害，病鸡除有呼吸道症状外，还可引起肾炎和肠炎。肾型支气管炎的症状呈二相性：第一阶段有几天呼吸道症状，随后又有几天症状消失的"康复"阶段；第二阶段就开始排水样白色或绿色粪便，并含有大量尿酸盐。病鸡失水，表现为虚弱嗜睡，鸡冠褪色或呈紫蓝色。肾病变型传染性支气管炎病程一般比呼吸器官病变型稍长（12～20 天），死亡率也高（20%～30%）。

四、剖检病变

1. 幼雏

主要病变表现为鼻腔、喉头、气管、支气管内有浆液性、卡他性和干酪样（后期）分泌物。上呼吸道因此会被水样或黏稠的黄白色分泌物附着或堵塞。鼻窦、喉头、气管黏膜充血、水肿、增厚。气囊轻度浑浊、增厚。支气管周围肺组织发生小灶性肺炎。如伴有混合感染，还可见到呼吸道发生脓性、纤维素性炎症。

2. 产蛋鸡

多表现为卵泡充血、出血、变形、破裂，甚至发生卵黄性腹膜炎。若在雏鸡阶段感染过该病，则成年后鸡的输卵管发育不全，长度不及正常的一半，管腔狭小、闭塞。呼吸系统的病理组织学变化可见气管、支气管黏膜的纤毛脱落，上皮细胞变圆和空泡变性，严重时会脱落。黏膜固有层内出现不同程度的充血、水肿和炎症细胞浸润。早期主要为异嗜性白细胞，随后则以淋巴细胞和浆细胞为主。生殖系统的病理组织变化表现为输卵管黏膜上皮细胞变性，纤毛变短或脱落，分泌细胞减少，黏膜层内炎性细胞浸润及黏膜基质的纤维化。卵泡颗粒膜细胞呈树枝状增生，卵泡溶解。

3. 肾病变型

主要病变表现为肾脏苍白、肿大、小叶突出。肾小管和输尿管扩张，沉积大量尿酸盐，使整个肾脏外观呈斑驳的白色网线状，俗称"花斑肾"。在严重病例中，白色尿酸盐不但弥散分布于肾表面，而且会沉积在其他组织器官表面，即出现所谓的内脏型"痛风"。发生尿石症的鸡除输尿管扩张，内有砂粒状结石外，还往往出现一侧肾高度肿大，同时另一侧肾萎缩。病理组织学病变方面表现为肾小管上皮细胞肿胀变性，甚至坏死脱落。管腔扩张，内含尿酸盐结晶。肾间质水肿，并有淋巴细胞、浆细胞和巨噬细胞浸润，有时还可见纤维组织增生。

近年来，有关传染性支气管炎病毒变异株引起肌肉、肠道，甚至腺胃等非呼吸、生殖和泌尿系统的组织、器官发生病变的报道不断出现。但其中大部分尚待进一步证实。因为现有的研究数据表明，除鸡传染性支气管炎病毒毒株本身的致病作用外，环境中的一些诱因（如寒冷、饲料成分不当、滥用药物、多种病原混合感染等）对传染性支气管炎病变的表现形式和严重程度有很大影响。如果将异常的临床表现或病理变化都归于鸡传染性支气管炎病毒毒株变异本身，则容易对诊断和防治工作带来不利的影响。

五、诊断方法

(一) 临床诊断

根据流行病学、临诊症状、剖检以及应用多种抗菌药物无明显疗效，可以作出鸡传染性支气管炎的初步诊断，但要确诊还必须分离到鸡传染性支气管炎病毒和进行鉴定。

(二) 实验室诊断

1. 病毒的分离鉴定

无菌采取数只急性期的病鸡气管渗出物和肺组织，制成悬浮液，每毫升加青霉素1万国际单位和链霉素1万单位，置4℃冰箱过夜，以抑制细菌感染。离心后取上清经尿囊腔接种于10～11日龄的鸡胚。初代接种的鸡胚，孵化至19日龄，可使少数鸡胚发育受阻，而多数鸡胚能存活，这是本病毒的特征。若在鸡胚中连续传几代，则可使鸡胚呈现规律性死亡，并出现特征性病理变化。也可收集尿囊液再经气管内接种易感鸡，如有本病毒存在，则被接种的鸡在18～36小时后可出现临诊症状，发生气管啰音。还可将尿囊液经1%胰蛋白酶37℃作用4小时，再做血凝及血凝抑制试验进行初步鉴定。

2. 血清学诊断

进一步的鸡传染性支气管炎病毒鉴定，除了抗脂溶剂、耐温、耐酸碱等理化检验以及核酸型鉴定和电镜观察外，各种血清学方法较为常用。主要有下列几种方法。

（1）中和试验：这是利用标准的阳性血清与被检病毒混合后接种鸡胚、鸡胚气管器官培养物或鸡胚肾细胞（CEK）等进行的。前两种宿主系统适用于刚分离的野毒，CEK系统却要求经多次传代后能在CEK产生细胞病变的适应病毒株。中和试验特异性高，可以鉴定血清型，取材也比较容易，但读取结果需几天时间。

（2）间接血凝试验：用已知鸡传染性支气管炎病毒标准株致敏经戊二醛和鞣酸处理的兔红细胞，可以制备检测抗体的抗原。本试验有高度敏感性和特异性，可检出100%感染鸡，抗体效价可达1∶512，感染后60天抗体价不见下降。可以与新城疫（ND）、马立克氏病（MD）、传染性喉气管炎（ILT）等多种鸡传染病的阳性血清进行鉴别。用被检病毒注射鸡制备抗血清进行间接血凝可以确定是否与红细胞上的鸡传染性支气管炎病毒属同一个血清型。本试验操作简单，出结果快。有两种操作法：白瓷板法用未经稀释的血清在20～25℃温度条件下，2分钟就可判定结果；微量板法对血清作2倍系列稀释，在室温2小时可判定。

（3）琼脂凝胶沉淀试验（AGPT）：多用于检测抗体。当用于检测抗原，须用鸡制备标准鸡传染性支气管炎高免血清；被检抗原则是气管刮取物。感染后12小时便呈阳性结果，以第3、4天比例高一些，可持续1周。本法特异性强，可与ILT、ND、鸡痘（FP）区别。有人在电压4～6伏、电流4～5毫安、时间1.5小时的条件下，用巴比妥缓冲液制备的琼脂板进行对流电泳，发现发病第2天无沉淀线而3周后才出现。

（4）酶联免疫吸附试验（ELISA）：利用密度梯度离心法提纯鸡传染性支气管炎病毒抗原包被微量板，依次加入被检鸡血清、兔抗鸡IgG酶标记物、底物、终止液等。有人发现ELISA比AGPT和血清中和试验（SN）检出的抗体高峰早得多，分别为感染后的第11、

14、28 天，持续期也较长，分别为 98、56、56 天。ELISA 有较强的群特异性，不同毒株之间有交叉反应，而在 HI 试验和荧光抗体试验（FAT）中，不同血清型之间交叉不明显。

（三）鉴别诊断

有几种鸡的呼吸道疾病对生产影响很大，须与鸡传染性支气管炎（IB）加以区别。

1. 鸡新城疫

传播速度比 IB 稍慢，体温升高 43 ℃以上，死亡率一般也比较高，有的病鸡出现神经症状。

2. 传染性鼻炎

传播迅速，面部肿胀和鼻、眼分泌物增多，小鸡较少发生。鼻分泌物抹片可见两极杆菌，因而抗菌药物对传染性鼻炎有疗效。

3. 传染性喉气管炎

小鸡较少发生，有出血性气管炎，久病鸡气管黏膜上形成干酪样假膜，气管上皮细胞切片可见核内包涵体。

4. 鸡慢性呼吸道病

传播缓慢且病程长。病原为支原体，抗菌药物有疗效。

5. 禽曲霉菌病

1～2 日龄雏发病，再大一些少发或散发。发生在温暖潮湿季节。肺、气囊有粟粒大小灰白色或黄色结节。

六、防控措施

1. 预防措施

预防本病应考虑防止病原入侵鸡群，减少诱发因素和提高鸡只的免疫力。

IB 病毒对外界抵抗力不大，媒介物的传播作用也不重要，故一般的鸡场消毒措施和鸡舍合理间隔对防治本病有效。最主要的是防止感染鸡只进入鸡群。应从没有 IB 疫情的鸡场购入鸡苗，采用"全进全出"和批间空置场舍的饲养制度。注意表面康复的鸡也仍可在数周内继续排毒。

受冷、鸡舍氨气过多、疫苗接种的应激作用、缺乏维生素 A 等均可诱发呼吸道疾病。饲料中蛋白质过多、给磺胺类药物可以增加肾脏的负担，对肾病变型 IB 有加剧作用。为此，应针对性地加强饲养管理。

疫苗接种是目前预防 IB 的一项主要措施。鉴于被动免疫（如母源抗体）只能减轻疾病的症状，不能防止鸡传染性支气管炎病毒感染呼吸道，本病引起的损失又主要是幼鸡阶段的感染所致，故小鸡的免疫接种是重点。引进的荷兰 H120、H52 株与我国主要流行株、M 株以及 IB 肾病变型毒株有交叉免疫，故成为国内使用最广的两个 IB 疫苗株。

H120 疫苗对 14 日龄雏鸡安全（10～20 倍免疫量）有效，免疫后 3 周保护率达 90%。H52 疫苗对 14 日龄的鸡引起较严重反应，不宜使用；但对 90～120 日龄的鸡却安全。有人主张 H120 于 10 日龄、H52 于 30 日龄接种为合理的免疫程序。免疫方法有滴鼻、喷雾、饮水等，以饮水方法最简便，但鸡传染性支气管炎病毒抵抗力低，给疫苗前应注意清理供水设备。

广东地区分离、筛选的一肾病变型毒株 D41，经安全、效力、对生殖器官功能的影响、返强等试验，证明对防治广东地区流行的肾病变型 IB 效果很好。

为了节省时间、经费，近年来采用 ND-IB 二联苗免疫鸡群。

2. 治疗

本病目前尚无特效疗法。发病鸡群注意保暖、通风换气和鸡舍带鸡消毒，增加多维素饲用量。为了补充钠、钾损失和消除肾脏炎症，可以给予复方口服补液盐或含有柠檬酸盐或碳酸氢盐的复方制剂。有继发感染可使用抗生素等。

3. 控制措施

发生疫情时，应按《中华人民共和国动物防疫法》规定，采取严格控制、扑灭措施，防止疫情扩散。污染的场地、用具经彻底消毒后方能引进建立新鸡群。

第七节　鸡传染性喉气管炎

鸡传染性喉气管炎（AILT）是由传染性喉气管炎病毒引起鸡的一种急性、接触性上部呼吸道传染病。其特征是呼吸困难、咳嗽和咳出含有血样的渗出物。剖检时可见喉部、气管黏膜肿胀、出血和糜烂。病早期患部细胞可形成核内包涵体。本病 1925 年在美国首次报道后，现已遍及世界许多养鸡地区。本病传播快，死亡率较高，在我国较多地区发生和流行，危害养鸡业的发展。OIE 将本病列入 B 类动物疫病，我国将其列为二类动物疫病。

一、病原

鸡传染性喉气管炎的病原属疱疹病毒科、疱疹病毒甲亚科、类传染性喉气管炎病毒属的禽疱疹病毒 I 型，病毒核酸为双股 DNA。病毒颗粒呈球形，为二十面立体对称，核衣壳由 162 个壳粒组成，在细胞核内呈散在或结晶状排列。该病毒分成熟和未成熟病毒两种，成熟的病毒粒子直径为 195～250 纳米，有囊膜，囊膜表面有纤突。未成熟的病毒粒子直径约为 100 纳米。

病毒主要存在于病鸡的气管组织及其渗出物中。肝、脾和血液中较少见。

病毒最适宜在鸡胚中增殖，病料接种 10 日龄鸡胚绒毛尿囊膜，鸡胚于接种后 2～12 天死亡，病料接种的初代鸡胚往往不死亡，随着在鸡胚继代次数的增加，鸡胚死亡时间缩短，并逐渐有规律地死亡。死亡胚体变小，鸡胚绒毛尿囊膜增生和坏死，形成混浊的散在的边缘隆起、中心低陷的痘斑样坏死病灶，一般在接毒后 48 小时开始出现，以后逐渐增大。

病毒易在鸡胚细胞（鸡胚肝细胞、鸡胚肾细胞）及鸡肾细胞中增殖，病毒接种后 4～6 小时，就可引起细胞肿胀，核染色质变位和核仁变圆，细胞质融合；36 小时后，可成为多核的巨细胞（合胞体）。接种后 12 小时，可在细胞核内检出包涵体，30～60 小时包涵体的密度最高。

传染性喉气管炎不同的病毒株，在致病性和抗原性均有差异，但只有一个血清型。由于病毒株毒力上的差异，对鸡的致病力不同，给本病的控制带来一定的困难，鸡群常有带毒鸡的存在，病愈鸡可带毒 1 年以上。

传染性喉气管炎病毒对鸡和其他常用实验动物的红细胞无凝集特性。

本病毒对乙醚、氯仿等脂溶剂均敏感。对外界环境的抵抗力不强。加热 55 ℃存活 10～15 分钟，37 ℃存活 22～24 小时；在死亡鸡只的气管组织中的病毒，在 13～23 ℃可存活 10 天，37 ℃ 44 小时死亡；气管黏液中的病毒，在直射阳光下 6～8 小时死亡，但在黑暗的房舍内可存活 110 天；在绒毛尿囊膜中的病毒，在 25 ℃经 5 小时被灭活。病毒在干燥环境下可存活 1 年以上。在低温条件下，存活时间长，如在−60～−20 ℃时，能长期保存其毒力。煮沸立即死亡。兽医上常用的消毒药如 3%来苏儿、1%氢氧化钠溶液或 5%苯酚 1 分钟可以杀死。甲醛、过氧乙酸等消毒药也有较好消毒效果。

二、流行病学

在自然条件下，本病主要侵害鸡，各种年龄及品种的鸡均可感染，但以 4～10 月龄的成年鸡感染最为特征。幼龄火鸡、野鸡、鹌鹑和孔雀也可感染。鸭、鸽、珍珠鸡、麻雀等其他禽类和哺乳动物不易感。

病鸡、康复后的带毒鸡和无症状的带毒鸡是主要传染来源。经上呼吸道及眼结膜感染，亦可经消化道感染。由呼吸器官及鼻分泌物污染的垫草、饲料、饮水及用具可成为传播媒介，人及野生动物的活动也可机械地传播。目前还没有垂直传播的证据。

本病一年四季均可发生，但以冬、春季节多发。鸡群拥挤，通风不良，饲养管理不好，缺乏维生素，寄生虫感染等，都可促进本病的发生和传播。本病一旦传入鸡群，则迅速传开，感染率可达 90%～100%，死亡率一般在 10%～20%或以上，高产的成年鸡病死率较高，最急性型死亡率可达 50%～70%，急性型一般在 10%～30%，慢性或温和型死亡率约 5%。由于康复鸡和无症状带毒鸡的存在，本病难以扑灭，并可呈地区性流行。

三、临床症状

自然感染的潜伏期 6～12 天，人工气管接种后 2～4 天鸡只即可发病。潜伏期的长短与病毒株的毒力有关。

发病初期，常有数只病鸡突然死亡。患鸡初期有鼻液，半透明状，眼流泪，伴有结膜炎，其后表现为特征的呼吸道症状，呼吸时发出湿性啰音，咳嗽，有喘鸣音，病鸡蹲伏地面或栖架上，每次吸气时头和颈部向前向上、张口、尽力吸气的姿势，有喘鸣叫声。严重病例，高度呼吸困难，痉挛咳嗽，可咳出带血的黏液，可污染喙角、颜面及头部羽毛。在鸡舍墙壁、垫草、鸡笼、鸡背羽毛或邻近鸡身上沾有血痕。若分泌物不能咳出堵住时，病鸡可窒息死亡。病鸡食欲减少或消失，迅速消瘦，鸡冠发绀，有时还排出绿色稀粪。最后多因衰竭死亡。产蛋鸡的产蛋量迅速下降（可达 35%）或停止，康复后 1～2 个月才能恢复。

病程：最急性病例可于 24 小时左右死亡，多数 5～10 天或更长，不死者多经 8～10 天恢复，有的可成为带毒鸡。

有些毒力较弱的毒株引起发病时，流行比较缓和，发病率低，症状较轻，病鸡只表现无精打采，生长缓慢，产蛋减少，有结膜炎，眶下窦炎、鼻炎及气管炎。病程较长，长的可达 1 个月。死亡率一般较低，大部分病鸡可以耐受。若有细菌继发感染和应激因素存在时，死亡率则会增加。

四、剖检病变

本病主要典型病变在气管和喉部组织，病初黏膜充血、肿胀，高度潮红，有黏液，进而黏膜发生变性、出血和坏死，气管中有含血黏液或血凝块，气管管腔变窄，病程 2～3 天后有黄白色纤维素性干酪样假膜。由于剧烈咳嗽和痉挛性呼吸，咳出分泌物和混血凝块以及脱落的上皮组织，严重时，炎症也可波及支气管、肺和气囊等部，甚至上行至鼻腔和眶下窦。肺一般正常或有肺充血及小区域的炎症变化。比较缓和的病例，仅见结膜和窦内上皮的水肿及充血。

病理组织学检查时，气管上皮细胞混浊肿胀，细胞水肿，纤毛脱落，气管黏膜和黏膜下层可见淋巴细胞、组织细胞和浆细胞浸润，黏膜细胞变性。病毒感染后 12 小时，在气管、喉头黏膜上皮细胞核内可见嗜酸性包涵体。出现临诊症状 48 小时内包涵体最多。病毒接种鸡胚组织细胞 12 小时后可见到核内包涵体。

五、诊断方法

根据流行病学、临床症状和剖检病变，即可作出初步诊断。在症状不典型，与传染性支气管炎、鸡毒支原体病不易区别时，须进行实验室诊断。

病料样品采集：从活鸡采集病料，最好用气管拭子，将采集好的拭子放入含有抗生素的运输液中保存；从病死鸡采集病料，可取病鸡的整个头颈部或气管、喉头送检；用于病毒分离的，应将病料置于含抗生素的培养液中；用于电镜观察的材料应用湿的包装纸包扎后送检；若长期保存应置于 −60 ℃，避免反复冻融。

1. 鸡胚接种

以病鸡的喉头、气管黏液和分泌物，经无菌处理后，接种在 10～12 日龄鸡胚尿囊膜上，接种后 4～5 天鸡胚死亡，见绒毛尿囊膜增厚，有灰白色痘斑。

2. 包涵体检查

取发病后 2～3 天的喉头黏膜上皮或者将病料接种鸡胚，取死胚的绒毛尿囊膜作包涵体检查，见细胞核内有包涵体。

3. 病毒分离鉴定

病料无菌处理后接种鸡肾细胞、鸡胚肝细胞、鸡胚肾细胞或经绒毛尿囊膜途径接种鸡胚。分离物通过中和试验、荧光抗体染色、PCR、核酸探针等进行鉴定；也可取病料直接通过上述几种方法进行病原或核酸检测。

4. 血清学试验

常用的包括中和试验、酶联免疫吸附试验、荧光抗体试验、免疫琼脂扩散试验等。但对于免疫鸡群通常需要取发病初期和恢复期的血清各一份以进行抗体滴度的比较试验。

5. 动物接种试验

病鸡的气管分泌物或组织悬液，经喉头或鼻腔或气管接种易感鸡和雏鸡，2～5 天可出现典型的传染性喉气管炎症状和病变。

六、防控措施

1. 预防措施

加强饲养管理，建立有效的生物安全体系，防止病原侵入，是预防鸡传染性喉气管炎发生的有效措施，如加强消毒，搞好环境卫生，可减少疾病的水平传播。同时，降低饲养密度，加强通风透气，保持舍内干燥和合适的温湿度，提高饲料蛋白质和能量水平，并注意营养要全面、适口性要好，尤其注意不要缺乏维生素 A 等。

做好免疫接种，增强鸡群特异性抵抗力，也是防治鸡传染性喉气管炎的关键措施。目前有两种疫苗可用于免疫接种。一种是弱毒疫苗，经点眼、滴鼻免疫，但这种疫苗一般毒力较强，免疫鸡可出现轻重不同的反应，甚至引起成批死亡，接种途径和接种剂量应严格按照说明书进行；另一种是强毒疫苗，可涂擦于泄殖腔黏膜，4～5 天后，黏膜出现水肿和出血性炎症，表示接种有效，但排毒的危险性很大，一般只用于发病鸡场。首次免疫时间一般在 35～40 日龄，二免时间在 90～95 日龄。接种后 4～5 天即可产生免疫力，并可维持大约 1 年。

鸡群存在有支原体感染时，禁止使用以上疫苗，否则会引起较严重的反应，非用不可时，在接种前后 3 天内应使用有效的抗生素治疗支原体。

病愈鸡不可和易感鸡混群饲养，耐过的康复鸡在一定时间内带毒、排毒，所以要严格控制易感鸡与康复鸡接触，最好将病愈鸡淘汰。

鸡自然感染传染性喉气管炎病毒后可产生坚强的免疫力，可获得 1 年以上，甚至终身免疫。

2. 治疗

目前尚无特异的治疗方法。发生本病后，可用消毒剂每日消毒 1～2 次，以杀死环境中的病毒，给发病群投服抗菌药物，对防止继发感染有一定作用。对病鸡采取对症治疗，如投服牛黄解毒丸或喉症丸，或其他清热解毒利咽喉的中药液或中成药物，有一定好处，可减少死亡。

发病鸡群确诊后立即采用弱毒疫苗紧急接种。紧急接种应从离发病鸡群最远的健康鸡开始，直至发病群。

3. 控制措施

发生疫情时，应按《中华人民共和国动物防疫法》规定，严格控制、扑灭措施，防止疫情扩散。污染的场地、用具经彻底消毒后方能引进建立新鸡群。

第八节 鸡白痢与鸡伤寒

鸡白痢是由鸡白痢沙门氏菌引起的鸡和火鸡的一种细菌性传染病。雏鸡和雏火鸡呈急性败血性经过，以肠炎和灰白色下痢为特征；成年鸡以局部和慢性感染为特征。本病发生于世界各地，是危害养鸡业最严重的疾病之一。OIE 将其列入 B 类动物疫病，我国将其列为二类动物疫病。

鸡伤寒是由鸡沙门氏菌引起家禽的一种败血性传染病，主要发生于鸡和火鸡，以发热、贫血、败血症和肠炎下痢为临诊特征，病程为急性或慢性经过，死亡率与病原的毒力强弱有关。该病一般呈散发性，OIE 将其列入 B 类动物疫病，我国将其列为三类动物疫病。

一、病原

鸡白痢的病原体是鸡白痢沙门氏菌，属于肠杆菌科沙门氏菌属 D 血清群中的一个成员。无荚膜，不形成芽孢，是少数不能运动的沙门氏菌之一，为两端钝圆的细革兰氏阴性小杆菌，大小为（1.0～2.5）微米×（0.3～0.5）微米。本菌为需氧或兼性厌氧菌，于普通的琼脂培养基和麦康凯琼脂培养基上生长良好，形成细小、圆形、光滑、湿润、边缘整齐、露滴状、半透明、灰白色菌落，直径为 1～2 毫米。在普通肉汤培养基中生长，呈均匀混浊。由于本菌对煌绿、胆盐有较强的抵抗力，故常将这类物质加入培养基中用以抑制大肠杆菌，有利于本病的分离。鸡白痢沙门氏菌在煌绿琼脂上的菌落呈粉红色至深红色，周围的培养基也变红色，透明；在 SS 琼脂上形成无色透明，圆整光滑或略粗的菌落，少数产 H_2S 的菌株会形成黑色中心；在亚硫酸铋琼脂上形成黑色菌落，其周围绕以黑色或棕色的大圈，对光观察有金属光泽；在伊红亚甲蓝琼脂上生长为淡蓝色菌落，不产生金属光泽。本菌能分解葡萄糖、甘露醇、木胶糖等，产酸产气或产酸不产气；不分解乳糖、蔗糖等；能还原硝酸盐，不能利用柠檬酸盐，吲哚试验阴性，少数菌株产生 H_2S，氧化酶试验阴性，接触酶试验阳性，鸟氨酸脱羧酶试验阳性，MR 试验阳性，VP 试验阴性。

本菌主要有 O、H 两种抗原，少数菌中还有一种表面抗原，功能上与大肠杆菌的 K 抗原类似，一般认为它与毒力有关，故称为 Vi 抗原。沙门氏菌血清定型是用 O、H 和 Vi 单因子血清作玻板凝集试验来鉴定待检菌株的血清型。沙门氏菌具有一定的侵袭力，并产生毒力大的内毒素，细菌死亡后释放出内毒素，可引起宿主体温升高、白细胞数下降，大剂量时导致中毒症状和休克。

鸡伤寒的病原体是鸡沙门氏菌，又称鸡伤寒沙门氏菌，在形态上比鸡白痢沙门氏菌粗短，长 1.0～2.0 微米，直径 1.5 微米，两端染色略深。可以在选择性增菌培养基（如亚硒酸盐和四硫磺酸盐肉汤）以及鉴别琼脂培养基中生长。鸟氨酸培养基不脱羧，可利用D-酒石酸盐，可在半胱氨酸盐酸明胶培养基上生长，这些特性可用来与鸡白痢沙门氏菌相区别。其他生化特性与鸡白痢沙门氏菌相同。

鸡白痢沙门氏菌与鸡伤寒沙门氏菌对干燥、腐败、日光等因素具有一定的抵抗力，在外界条件下可以生存数周或数月。对化学消毒剂的抵抗力不强，一般常用消毒剂和消毒方法均能达到消毒目的。

二、流行病学

1. 鸡白痢

各种品种、年龄的鸡均可感染，但主要危害幼年鸡，2～3 周龄内的雏鸡发病率与病死率最高。近年来，鸡白痢发病日龄前移，1～3 日龄雏鸡即可暴发此病；青年鸡发病率呈上升趋势。鸭、雏鹅、鹌鹑、麻雀、鸽、金丝雀等也有发病的报告，这些禽类感染多数与病鸡接触有关。在哺乳动物中，兔特别是乳兔有高度易感性，豚鼠、小鼠和猫有易感性，大鼠则有很强的抵抗力，也曾在狗、狐、水貂和猪体内分离到本菌。人偶有发病，但只有通过食物一次摄入大量本菌才有可能引起发病。

病鸡和带菌鸡是本病的主要传染源，病鸡的分泌物、排泄物、蛋、羽毛等均含有大量的病原菌。本病可经蛋垂直传播，也可通过接触传染，消化道感染是本病的主要传染方式。

本病一年四季均可发生，一般呈散发或地方流行性，在育雏季节可表现为流行性。卫生条件差、密度过大可促使本病的发生。该病所造成的损失与种鸡场鸡白痢的净化程度、饲养管理水平以及防控措施是否适当有着密切关系。

2. 鸡伤寒

本病主要发生于鸡，鸭、珍珠鸡、孔雀、鹌鹑、松鸡、雉鸡等也可自然感染。鹅和鸽不易感。虽然鸡伤寒常被认为是一种成年鸡的疾病，但有的报告 6 月龄以下的更常见。

像大多数细菌性疾病一样，鸡伤寒可通过多种途径散布，可经消化道或呼吸道感染，最常见的是通过带菌蛋传播。鼠害也可传播本病，但鸡舍的蝇类、交配和气流的传播意义不大。本病的潜伏期为 4～5 天，因细菌的毒力而异，对易感雏鸡和成年鸡致病性相等。病程约 5 天，在群内死亡可延续 2～3 周，有复发倾向。发病率和死亡率因鸡群而异。死亡率从10％～50％不等，有的甚至高达 50％以上。

本病一年四季均可发生，一般呈散发。环境条件恶劣和饲养管理不善等可促使本病的发生。

三、临床症状

1. 鸡白痢

不同日龄的鸡发生白痢的临诊表现有较大差异。

（1）雏鸡：孵出的鸡苗弱雏较多，脐部发炎，2～3 日龄开始发病、死亡，7～10 日龄达死亡高峰，2 周后死亡渐少。病雏表现精神不振、怕冷。羽毛逆立，食欲废绝。排白色黏稠粪便，肛门周围羽毛有石灰样粪便沾污，甚至堵塞肛门。有的不见下痢症状，因肺炎病变而出现呼吸困难，气喘，伸颈张口呼吸。患病鸡群死亡率为 10％～25％，耐过鸡生长缓慢，消瘦，腹部膨大。病雏有时表现关节炎、关节肿胀，跛行或卧地不动。

（2）育成鸡：主要发生于 40～80 日龄的鸡，病鸡多为病雏未彻底治愈，转为慢性，或育雏期感染所致。鸡群中不断出现精神不振、食欲差的鸡和下痢的鸡，病鸡常突然死亡，死亡持续不断，可延续 20～30 天。

（3）成年鸡：不表现急性感染的特征，常为无症状感染。病菌污染较重的鸡群，产蛋率、受精率和孵化率均处于低水平。鸡的死淘率明显高于正常鸡群。

2. 鸡伤寒

雏鸡与雏火鸡的症状与鸡白痢相似。污染种蛋可孵出弱雏及死雏。出壳后感染，潜伏期4～5 天，发病后的表现与鸡白痢相同。

青年鸡或成年鸡发病后，最初表现为精神委顿、羽毛松乱、头部苍白、鸡冠萎缩、饲料消耗量急剧下降。感染后 2～3 天内，体温上升 1～3 ℃，并一直持续到死前的数小时。

种鸡群如有鸡伤寒阳性鸡，像鸡白痢一样，死亡可从出壳时开始，1～6 月龄可造成严重损失。与鸡白痢不同的是，鸡伤寒的死亡可持续到产蛋年龄。如果从没有本病的国家引进鸡，则在污染的环境中很容易被感染。

火鸡群暴发鸡伤寒时，表现为渴欲增加、食欲不振、精神委顿、离群、排出绿色或黄色稀粪。体温升高，可达 44～45 ℃。

四、剖检病变

1. 鸡白痢

（1）雏鸡：病死鸡脱水，眼睛下陷，脚趾干枯，肝肿大、充血，较大雏鸡的肝脏可见许多黄白色小坏死点。卵黄吸收不良，呈黄绿色液化，或未吸收的卵黄干枯呈棕黄色奶酪样。有灰褐色肝样变肺炎，肺内有黄白色大小不等的坏死灶（白痢结节）。盲肠膨大，肠内有奶酪样凝结物。病程较长时，在心肌、肌胃、肠管等部位可见隆起的白色白痢结节。

（2）育成鸡：肝脏显著肿大，质脆易碎，被膜下散在或密布出血点或灰白色坏死灶，心脏可见肿瘤样黄白色白痢结节，严重时可见心脏变形。白痢结节也可见于肌胃和肠管。脾脏肿大，质脆易碎。

（3）成年鸡：无症状感染鸡剖检时肉眼可见病变，病鸡一般表现卵巢炎，可见卵泡萎缩、变形、变色，呈三角形、梨形、不规则形，呈黄绿色、灰色、黄灰色、灰黑色等异常色彩，有的卵泡内容物呈水样、油状或干酪样。由于卵巢的变化与输卵管炎的影响，常形成卵黄性腹膜炎，输卵管阻塞，输卵管膨大。内有凝卵样物。病公鸡睾丸发炎，睾丸萎缩变硬、变小。

2. 鸡伤寒

在急性鸡伤寒中，存在严重的溶血性贫血。这是由于红细胞受到内毒素的作用而发生变化，被网状内皮系统消除。

最急性病例的组织病变不明显，病程较长者出现肝、脾、肾红肿，这些病变常见于青年鸡。亚急性和慢性病例，常见到肝脏肿大，呈绿褐色或青铜色。另外，肝脏和心肌有粟粒状灰白色病灶，心包炎，由于卵子破裂而引起腹膜炎；卵子出血、变形及颜色改变；卡他性肠炎。雏鸡感染后，肺、心和肌胃有时可见灰白色坏死灶。

火鸡的病变与鸡相似。

五、诊断方法

根据流行病学、临床症状和剖检病变可初步诊断，确诊需采集肝、脾、心肌、肺和卵黄等样品接种选择性培养基进行细菌分离（必要时应先进行增菌培养），进一步可进行生化试验和血清学分型试验鉴定分离株。

病料样品采集：病原学检测可无菌采取病、死禽的肝、脾、肺、心血、胚胎、未吸收的卵黄、脑组织及其他病变组织。成年鸡采取卵巢、输卵管和睾丸等。血清学检测采集病鸡血液或分离血清。

1. 病原分离鉴定

分离培养可选择普通肉汤、营养琼脂平板、SS 或麦康凯琼脂平板、鲜血琼脂平板等培养基培养，观察菌落形态、生化反应、动物接种试验。

2. 血清学检测

用凝集反应进行诊断。凝集反应分试管法和平板法，平板法又分全血平板凝集反应和血清平板凝集反应，其中以全血平板凝集反应最为常用。也可用血清、全血或卵黄进行琼脂扩散试验进行检测。鸡白痢沙门氏菌与鸡伤寒沙门氏菌具有很高的交叉凝集反应性，可使用一种抗原检测。

六、防控措施

1. 预防措施

防控本病必须严格贯彻消毒、隔离、检疫、药物预防等一系列综合性措施；病鸡群及带菌鸡群，应定期反复用凝集试验进行检疫，将阳性鸡及可疑鸡全部剔除淘汰，最终净化鸡群。

发生本病时，病禽应进行无害化处理，严格消毒鸡舍及用具。运动场铲除一层地面并加垫新土，填平水沟，防止鸟、鼠类动物进入鸡舍。

饲养员、兽医、屠宰人员以及其他经常与畜禽及其产品接触的人员，应注意卫生消毒工作，防止本病从畜禽传染给人。

2. 治疗

发现病禽，迅速隔离（或淘汰）消毒。全群进行抗菌药物预防或治疗，可选用的药物为头孢噻呋、磺胺类、喹诺酮类、庆大霉素、硫酸黏杆菌素、硫酸新霉素、土霉素等，但是治愈后的家禽可能长期带菌，故不能作种用。

第九节　鸡传染性法氏囊病

鸡传染性法氏囊病（IBD）是由传染性法氏囊病病毒引起的一种主要危害雏鸡的一种急性、免疫抑制性、高度接触性传染病。由于该病发病突然、病程短、死亡率高，且可引起鸡体免疫抑制，目前仍然是养鸡业的主要传染病之一。本病最早是 Cosgrove 于 1957 年在美国特拉华州甘布罗（Gumboro）镇的肉鸡群中发现的，故又称甘布罗病。根据本病有肾小管变性等严重的肾脏病变，曾命名为"禽肾病"。OIE 将本病列为 B 类动物疫病，我国把其列为二类动物疫病。

一、病原

传染性法氏囊病病毒（IBDV）为双 RNA 病毒科、禽双 RNA 病毒属的唯一成员，基因组为双股双节 RNA 病毒。病毒粒子直径 55～60 纳米，适应于鸡胚成纤维细胞中繁殖的病毒粒子较小，直径 20～30 纳米，发育成熟的病毒由双层裸露的衣壳组成，病毒粒子呈六角形，二十面立体对称。本病毒无囊膜，由核酸芯和外壳组成。

IBDV 由 5 种结构蛋白组成，分别为 VP1、VP2、VP3、VP4、VP5，其中 VP2 能诱导具有保护性的中和抗体产生，VP2 与 VP3 是 IBDV 的主要结构蛋白，可共同诱导具有中和病毒活性的抗体产生。IBDV 有 2 种血清型，即血清Ⅰ型（鸡源性毒株）和血清Ⅱ型（火鸡源性毒株）。二者没有交叉保护性，仅Ⅰ型对鸡有致病性，火鸡和鸭为亚临床感染。血清Ⅰ型毒株中可分为 6 个亚型（包括变异株），这些亚型毒株在抗原性上存在明显的差别，这种差别可能是免疫失败的原因之一。血清Ⅰ型病毒在田间已发生一种主抗原漂移，毒株的毒力有变强的趋势。

本病毒能在鸡胚上生长繁殖，最佳的接种途径是绒毛尿囊膜接种。病毒经绒毛尿囊膜接种 3～5 天死亡，胚胎全身水肿，头部和趾部充血和小点出血，肝有斑驳状坏死。由变异株引起的病变仅见肝坏死和脾肿大，不致死鸡胚。IBDV 还可以在 Vero 细胞、MA-104 和 BGM-70 细胞、RK-13 等传代细胞以及雏鸡的胸腺和脾的淋巴细胞中生长。本病毒在单层鸡胚成纤维细胞上可形成大蚀斑。

病毒在外界环境中极为稳定，病毒污染鸡体羽毛后，可存活 3～4 个月，污染环境中的病毒可存活 122 天。耐热是本病毒的重要特点之一，56 ℃ 3 小时病毒的效价不受影响，60 ℃ 90 分钟病毒不被灭活，70 ℃ 30 分钟病毒可被灭活。－58 ℃保存 18 个月的法氏囊乳剂毒的毒价不降低。病毒耐冻融，反复冻融 5 次毒价不下降。超声波裂解病毒不被灭活。在 pH 2 的环境中 60 分钟仍存活，pH 12 下 60 分钟可灭活病毒。1％的来苏儿、苯酚、甲醛溶液及 70％的酒精在 30 分钟内不能灭活病毒，只有 60 分钟后才能灭活。3％的来苏儿、0.2％的过氧乙酸、2％的次氯酸钠、5％的漂白粉、3％的苯酚、3％的甲醛溶液、0.1％的升汞溶液可在 30 分钟内灭活病毒。病毒对胰酶、氯仿、乙醚、吐温 80 有耐受性，病毒耐阳光及紫外线照射。

二、流行病学

鸡是本病的重要宿主，各种品种的鸡都能感染，但白来航鸡比重型品种的鸡敏感，土种散养鸡发生较少，肉鸡较蛋鸡敏感。主要发生于 2～15 周龄的鸡，3～6 周龄的鸡最易感，且在同一鸡群中可反复发生；1～14 日龄的鸡通常可得到母源抗体的保护，易感性较小；成年鸡因法氏囊已退化，一般呈隐性经过，但近年来也有发病报道。火鸡可隐性感染，国内有鸭和鹌鹑等自然感染发病的报道，并有人从麻雀中分离到病毒。

病鸡和带毒鸡是本病的主要传染源，其粪便中含有大量的病毒，它们可通过粪便持续排毒 1～2 周。病毒可持续存在于鸡舍中。健康鸡可通过直接接触感染或通过间接接触污染了 IBDV 的饲料、饮水、垫料、尘埃、用具、车辆、人员、衣物等感染，老鼠及甲虫也可间接传播本病，小粉甲虫蚴是本病的传播媒介。本病毒不仅可通过消化道、呼吸道黏膜传染，还可通过感染病毒的种蛋传播。

集约化饲养的鸡一年四季均可发生，近年一些省市的鸡场，在 5～8 月形成发病高峰。在卫生环境差，雏鸡饲养密度高的鸡舍中多是突然发生，发病率为 5％～34％，有时高达 74％，而感染率是 100％。由于各地流行的 IBDV 毒株的毒力及抗原性上的差异，以及因鸡的品种、日龄、母源抗体、饲养状况、营养状况、应激因素、发病后采取的措施的不同，因此，发病后死亡率差异很大，有的仅 1％～5％，多数地区 15％～20％，严重发病群死亡率可达 64％。

三、临床症状

本病潜伏期 2～3 天，易感鸡群感染后发病是突然的，病程经过 7～8 天，呈一过性，典型发病群的死亡曲线呈尖峰式。初起症状见到有些鸡啄自己肛门周围羽毛，随即病鸡出现腹泻，排出白色黏稠或水样稀便。一些鸡身体轻微震颤，走路摇晃，步态不稳。随着病程的发展，饮食欲减退，翅膀下垂，羽毛逆立无光泽，严重发病鸡头垂地，闭眼呈一种昏睡状态。感染 72 小时后体温常升高 1～1.5℃，仅 10 小时左右，随后体温下降 1～2℃，后期触摸病鸡有冷感，此时因脱水严重，趾爪干燥，眼窝凹陷，最后极度衰竭而死亡。

本病在初次发生的鸡场，多呈显性感染，症状典型。一旦暴发流行后，多转入不显任何症状的亚临诊型，死亡率低，常不易被人们发现。但由于其产生的免疫抑制严重，因此危害性更大。

四、剖检病变

病死鸡尸表脱水，胸肌色泽发暗，大腿侧和胸部肌肉常见条纹或斑块状紫红色出血，翅膀的皮下、心肌、肌胃浆膜下、肠黏膜，特别是腺胃和肌胃交界处的黏膜有暗红色或淡红色的条状出血点或出血斑。法氏囊是 IBDV 的靶器官，病变具有特征性：其中一种变化是，法氏囊因水肿而比正常的肿大 2～3 倍，囊壁增厚 3～4 倍，质硬，外形变圆，呈浅黄色；另一种变化是，法氏囊明显出血，黏膜皱褶上有出血点或出血斑。水肿液淡粉红色。严重者病鸡法氏囊严重出血，呈紫黑色，如一粒紫葡萄，切开后整个法氏囊呈紫红色。法氏囊水肿后，黏膜皱褶发亮、闪光，囊的浆膜出现一种黄色胶冻样的水肿液，并有纵行条纹，有时此种法氏囊的颜色为黄粉色，后变为奶酪色，最后呈灰黄色。肾脏肿大，表面上常见均匀散布的小坏死点，近年报道，IBD 变异株所致的病变，常见脾脏明显肿大，盲肠、扁桃体多肿大，有时见出血，对于 IBD 变异株所致雏鸡病理变化是感染鸡 3 日内法氏囊迅速萎缩及严重的免疫抑制，不见法氏囊的炎性水肿及出血性病变，而脾脏肿大是变异株常见的病变。

本病主要的病理组织学变化是在具有淋巴细胞性结构的法氏囊、脾脏、胸腺和盲肠扁桃体中出现程度不等的坏死性炎症。法氏囊滤泡的皮质和髓质部出现淋巴细胞变性和坏死，淋巴细胞明显减少，淋巴滤泡的皮质部变薄，几乎被网状细胞和结缔组织所代替，髓质部呈网状，见有大小不等的囊泡，囊泡腔内有团块状玻璃样物，囊上皮细胞也开始增殖并表现为腺样构造。脾脏的淋巴小节和腺样鞘动脉周围淋巴细胞变性、坏死，严重时全部淋巴细胞消失，网状内皮细胞增生。胸腺的淋巴细胞变性、坏死。盲肠扁桃体的淋巴细胞大量减少。肾脏的曲细管扩张，上皮细胞变性、坏死。肝脏的血管周围有轻度的单核细胞浸润。

五、诊断方法

（一）临床诊断

根据本病的流行病学、临床症状、剖检病变的特征，如突然发病，传播迅速，发病率高，有明显的高峰死亡曲线和迅速康复的特点；法氏囊水肿和出血，体积增大，黏膜皱褶多混浊不清，严重者法氏囊内有干酪样分泌物等，就可作出诊断。由 IBD 变异株感染的鸡，只有通过法氏囊的病理组织学观察和实验室检验才能作出诊断。

（二）实验室诊断

1. 病毒分离鉴定
分离病毒的最佳时间是发病后的 2～3 天，此时正是病毒血症期，法氏囊中的病毒含量最高，其次为脾和肾脏。发病鸡法氏囊中病毒感染可持续 12 天，但脾和肾中的病毒 5 天后就很难分离到。

从法氏囊中分离 IBDV 可按下法操作：采取发病典型的法氏囊，剪碎后，制成匀浆，以 1 000 转/分钟离心 10 分钟，取上清液，以 0.2 毫升剂量经点眼及口服感染 SPF 鸡，72 小时采集发病典型鸡的法氏囊。

将上述传代鸡病变典型的法氏囊材料制成 5 倍匀浆，每毫升匀浆材料中加入 20 000 单位的庆大霉素，然后经绒毛尿囊膜接种 SPF 10 日龄鸡胚，收集 3～5 日龄致死的鸡胚。

鉴定分离出来的 IBDV，可用已知阳性血清与鸡胚做中和试验；血清亚型的鉴定则需进行复杂的交叉中和试验。

2. 血清学试验

（1）琼脂扩散试验：本方法常用于 IBD 诊断。主要用于流行病学调查和免疫效果评价，本方法不能区分血清型差异，主要查出群特异性抗原。

（2）RT-PCR 或荧光 RT-PCR 检测：是近年来最常用的方法，具有灵敏、特异、快速等特点，易于标准化和自动化。

（3）其他实验室检验方法：如荧光抗体技术、病毒中和试验等均可用于本病的诊断。

（三）鉴别诊断

本病应注意与鸡新城疫、传染性支气管炎、包涵体肝炎、淋巴细胞性白血病、马立克氏病、肾病、磺胺药物中毒、真菌中毒、葡萄球菌病和大肠杆菌病等相鉴别。

1. 肺脑型鸡新城疫

感染发病鸡可见到法氏囊的出血、坏死及干酪样物，也见到腺胃及盲肠扁桃体的出血；但法氏囊不见黄色胶冻样水肿，耐过鸡也不见法氏囊的萎缩及蜡黄色。鸡新城疫多有呼吸道症状、神经症状，经 HI 价测定，常可达 9lg2～11lg2，而发生 IBD 的鸡群，其 HI 价仅为 2lg2～3lg2。

2. 传染性支气管炎肾病变型

患此病的雏鸡常见肾肿大，有时沉积尿酸盐，有时见法氏囊的充血或轻度出血，但法氏囊无黄色胶冻样水肿液，耐过鸡的法氏囊不见萎缩或蜡黄色。感染本病的鸡常有呼吸道症状，病死鸡的气管充血、水肿，支气管黏膜下有时见胶样变性。

3. 包涵体肝炎

患本病鸡的法氏囊有时萎缩而呈灰白色，常见肝出血、肝坏死的病变，剪开骨髓常呈灰黄色，鸡冠多苍白，IBD 有时与此病混合感染，此时本病发生严重。

4. 淋巴细胞性白血病

本病多发生在 18 周龄以上的鸡，性成熟发病率最高，肝、肾、脾多见肿瘤，法氏囊增生，呈灰白色，不见出血、胶冻样水肿及蜡黄色萎缩病变，但法氏囊多呈灰白色，不见 IBDV 所致法氏囊蜡黄色萎缩的病变。

5. 鸡马立克氏病

有时见法氏囊萎缩的病变，鸡马立克氏病多见外周神经的肿大，在腺胃、性腺、肺脏上的肿瘤病变，常见两种病的混合感染，早期感染 IBDV，则可增加马立克氏病的发病率。

6. 肾病

死于本病的鸡常有急性肾病的表现，本病所致法氏囊的萎缩不同于 IBD 所致的严重，肾病的法氏囊多呈灰色。此病多散发，通过对鸡群病史的了解，可准确鉴别此病。

7. 磺胺药物中毒

各种磺胺的用量超过 0.5％时，如连用 5 日可以中毒。病鸡中毒的表现为兴奋，无食欲，腹泻，痉挛，有时麻痹。剖检中毒病死鸡，可见出血综合征的多种病变：皮肤、皮下组织、肌肉、内脏器官出血，并见肉髯水肿，脑膜水肿及充血和出血，但此时法氏囊呈灰黄色，不见水肿及出血。

8. 真菌中毒

饲料被黄曲霉污染后，所产生的黄曲霉毒素对 2～6 周龄的鸡危害严重，可见神经症状，死亡率可达 20％～30％。肝多肿大，胆囊肿胀，皮下及肌肉有时见出血，但法氏囊仅呈灰白色，不见萎缩及肿大的病变。

9. 葡萄球菌病

此病除引起各关节肿大外，多见到皮肤液化性坏死，此时病鸡皮下呈弥漫性出血，法氏囊灰粉色或灰白色。

10. 大肠杆菌病

患本病的鸡可见法氏囊轻度肿大，呈灰黄色，但不见水肿及萎缩。患本病的鸡多见肺炎、肝包膜炎、心包膜炎等病理变化。

六、防控措施

（一）预防措施

为预防传染性法氏囊病，仅使用疫苗是不行的，需要采取以下综合性防治措施。

1. 严格的卫生消毒措施

在防治此病上，首先要注意对环境的消毒，单纯依靠疫苗不能有效防治，在疫苗接种前后一直到产生免疫抗体的一段时间里，必须认真、彻底消毒，以预防 IBDV 的早期感染，从而得到最好的免疫效果。

IBDV 对自然环境有高强度的耐受性，一旦污染环境和鸡舍后，就将长期存在，为杀灭本病原，消毒工作应按如下程序：首先应对消毒的环境、鸡舍、笼具（食水槽等）、工具等喷洒有效的消毒药，然后静置 4～6 小时，进行彻底的清扫，当粪便等污物清理干净后，再用高压水冲洗整个鸡舍、笼具、地面等。对育雏舍底网、粪盘应用洗衣粉或洗涤灵认真刷洗，特别要刷净底网缝隙中的粪便，然后冲洗干净。隔日后再次喷洒有效消毒药，间隔 1～2 天，再用清水冲一遍，然后将消毒干净的用具等放回鸡舍，再用福尔马林熏蒸消毒 10 小时，进鸡前通风换气。经过上述方法消毒的鸡舍，可认为是把 IBDV 的量降到了最低限度。

严防通过饲养人员、饲料（周转麻袋）、饮水等将 IBDV 带入鸡舍，这是必须严格注意的，应采取有效的措施和办法。

2. 疫苗接种

根据 IBD 在某些地区流行的特点、鸡群 1 日龄 IBD 母鸡抗体的高低及整齐度的情况、鸡场卫生措施是否严密以及鸡的品种特点等来确定使用何种疫苗，在什么日龄按何种程序免疫。对于 IBD 发生较为严重、雏鸡母源抗体又不整齐的鸡群，使用对法氏囊有一定可逆性损伤（一种免疫反应）并可突破母源抗体的中毒力疫苗，常可取得较好的免疫效果。现以 IBD-BJ836 株活疫苗及 IBD-CJ801BKF 细胞毒灭活苗为例介绍。

（1）最佳免疫日龄的确定：确定活疫苗首次免疫的日龄是最重要的。首次接种应于母源抗体降至较低程度下进行，这样才能使疫苗少受母源抗体干扰，但又不能过迟接种，否则 IBDV 会感染无母源抗体的雏鸡，从而失去免疫接种的意义。最准确测定 IBD 母源抗体的方法是酶联免疫吸附试验和细胞微量中和试验，但这两种方法要求条件高，操作复杂，各鸡场无法进行。当前较易推广应用的是 IBD 琼脂扩散试验，按总雏鸡数的 0.5% 的比例采血，分离血清后用标准抗原及阳性血清进行测定。按照如下测定的结果制定活疫苗的首免最佳日龄：鸡群 1 日龄测定，阳性率不到 80% 的在 10～17 日龄间首免。阳性率达 80%～100% 的鸡群，在 7～10 日龄再次采血测定，此次阳性率低于 50% 时，在 14～21 日龄首免；如果超过 50%，这群鸡应在 17～24 日龄接种。必须强调，雏鸡母源抗体下降过程中，应严格进行环境消毒，严防因大量 IBDV 侵入鸡群造成无母源抗体鸡发病。

（2）免疫程序：

① 种鸡：1 日龄种雏来自没经过 IBD 灭活苗免疫的种母鸡，首次免疫应根据琼脂扩散试验测定的结果来确定，一般多在 10～14 日龄。二免应在首次免疫后的 3 周进行。然后在 18～20 周龄和 40～42 周龄用 IBD－BJ801BKF 株细胞毒各免疫一次，从而保证种鸡后代的高母源抗体。

1 日龄种雏来自注射过 IBD 灭活苗的种母鸡，首免可根据琼脂扩散试验测定结果而定，一般多在 20～24 日龄间首免，3 周后进行第二次免疫，接种灭活苗的日龄同上。

② 商品蛋鸡、商品肉鸡：雏鸡来自没接种 IBD 灭活苗的种母鸡群，IBD 活疫苗首免日龄确定方法同种鸡，二免于首免后的 3 周进行，商品蛋鸡不再注射灭活苗。

雏鸡来自接种过 IBD 灭活苗的种母鸡群，IBD 活疫苗首免日龄确定方法同种鸡，由于肉鸡多于 50 日龄后出售，可不再进行二免，但如果超过 60 日龄出售，并养在 IBD 高发区时则应在首免后 3 周进行二免。

（二）控制措施

发生疫情时，应按《中华人民共和国动物防疫法》规定，采取严格控制、扑灭措施，防止疫情扩散。污染的场地、用具经彻底消毒后方能引进建立新鸡群。

第十节　鸡马立克氏病

马立克氏病是由马立克氏病病毒引起鸡的一种淋巴组织增生性肿瘤病，其特征为外周神经淋巴样细胞浸润和增大，引起肢（翅）麻痹，以及性腺、虹膜、各种脏器、肌肉和皮肤肿瘤病灶。本病是一种世界性疾病，目前是危害养鸡业健康发展的三大主要疫病（马立克氏病、新城疫及传染性法氏囊病）之一，引起鸡群较高的发病率和死亡率。OIE 将本病列为 B 类动物疫病，我国将其列为二类动物疫病。

一、病原

马立克氏病病毒属于疱疹病毒科 α 疱疹病毒亚科马立克氏病毒属禽疱疹病毒 2 型。基因组核酸为线性双链 DNA。

马立克氏病病毒是一种典型的细胞结合性病毒，它和细胞相互作用的类型有 3 种：增殖性感染（生产性感染）、潜伏感染和转化感染。

增殖性感染：可复制病毒 DNA，每一细胞中的基因组拷贝数可达 1 200 个，能合成抗原，在某些情况下产生病毒颗粒。包括完全增殖性感染和限制性增殖感染。完全增殖性感染主要发生于羽毛囊上皮细胞，可产生大量有囊膜的具有高度传染性的病毒粒子，这些病毒存在于羽毛囊上皮细胞及脱落的皮屑中，对外界环境的抵抗力强，在传播本病方面有极其重要的作用；限制性增殖感染主要发生于某些淋巴细胞、上皮细胞和大多数培养细胞中，产生的大部分病毒无囊膜，不具有感染性，并随感染细胞的死亡而失活。

潜伏感染：为非增殖性感染，病毒基因组只有 5 个拷贝，某些基因可以转录，但不能翻译，通常不能发现病毒或肿瘤相关抗原。但体外培养下，潜伏状态也可解除，进行有限的表达。目前这类感染通过 DNA 探针杂交或体外培养激活病毒基因组的方法可以查出。

转化感染：主要发生于血清 1 型马立克氏病病毒感染的细胞。与潜伏感染不同，它主要以基因组有限表达为特征，因此可以检出血清 1 型马立克氏病病毒特有的磷蛋白以及许多与转化细胞相关的非病毒蛋白。

该病毒能在鸡胚绒毛尿囊膜上产生典型的痘斑，卵黄囊接种较好。能在鸡肾细胞、鸡胚成纤维细胞和鸭胚成纤维细胞上生长产生痘斑。

根据抗原性不同，马立克氏病病毒可分为三种血清型，即血清 1 型、2 型和 3 型。血清 1 型包括所有致瘤的马立克氏病病毒（含强毒及其致弱的变异毒株）；血清 2 型包括所有不致瘤的马立克氏病病毒；血清 3 型包括所有的火鸡疱疹病毒及其变异毒株，对鸡无致病性，但可使鸡产生良好的抵抗力。血清 1 型病毒在鸭胚成纤维细胞或鸡肾细胞培养上生长缓慢并产生小蚀斑。血清 2 型和 3 型病毒均在鸡胚成纤维细胞上生长良好，其中 2 型病毒可产生一些大的合胞体和中等大的蚀斑，3 型病毒主要产生大蚀斑。

根据毒力差异，可将马立克氏病病毒分为 4 类：引起急性型马立克氏病的毒株，这类毒株的毒力强，可在内脏器官、皮肤和肌肉中引起淋巴细胞性肿瘤；引起古典型马立克氏病的毒株，这类毒株的毒力较低，主要引起外周神经和性腺的病变；无致病力的毒株，不产生肉眼可见的肿瘤病变；毒力超强的毒株，如火鸡疱疹病毒（HVT）疫苗，对其无免疫保护作用。

完整病毒的抵抗力较强，在粪便和垫料中的病毒，室温下可存活 4～6 个月之久。细胞结合毒必须保存在 −196 ℃的液氮中，pH 3 或 11 处理 10 分钟、4 ℃保存 2 周、37 ℃保存 18 小时、50 ℃保存 30 分钟、60 ℃保存 10 分钟均使有囊膜病毒失活。

二、流行病学

鸡是马立克氏病最主要的自然宿主，其他禽类很少发生马立克氏病，鹌鹑、火鸡和山鸡也可感染，但无临床症状。感染程度与鸡的年龄、品种、环境和毒株毒力等有关。1日龄鸡最易感，发病大多在2～5月龄，也有报道第3周就发病的。病鸡和带毒鸡是马立克氏病主要的传染源。病毒附着在鸡羽毛的根部或随皮屑排出，可污染垫料、尘埃等而长期具有传染性，主要通过呼吸道传染，也可通过消化道传染。马立克氏病的发病率和死亡率和鸡的品种、病毒毒力、感染时间和饲养管理制度密切相关，发病率25％～60％。因现在都进行了免疫接种，死亡率一般小于5％。

三、临床症状

鸡马立克氏病的潜伏期为3～4周，但有较大的变动范围。根据症状和病变发生的主要部位，马立克氏病在临床上可分为四个类型，即神经型（古典型）、内脏型（急性型）、眼型和皮肤型。有时混合发生。

1. 神经型

此型发现得最早，故称为古典型。其特征是病鸡的外周神经被病毒侵害，不同部位的神经受害时表现的症状不相同。当坐骨神经受侵害时，病鸡表现为一条腿或者两条腿麻痹，步态失调，常表现为一条腿前伸，另一条腿后伸，形成特征性的"劈叉"姿势，有时两腿完全麻痹，病鸡完全瘫痪；当臂神经受侵害时，病鸡表现为一侧或者两侧翅膀麻痹下垂；支配颈部肌肉的神经受损时，引起低头、扭头或歪头现象；颈部迷走神经受害时，引起嗉囊膨大、松弛及呼吸困难；腹神经受侵害时常表现为拉稀症状。此型病程一般较长，病鸡行动、采食困难，因饥饿、饮水不足而消瘦、脱水，最后衰竭死亡。

2. 内脏型

此型相对而言要比神经型病程短，故称为急性型。病鸡初期无明显症状，最后精神沉郁，食欲减少，羽毛松乱，排黄白色或黄绿色稀粪，逐渐消瘦，鸡冠和肉髯萎缩，颜色变淡，常突然死亡，多见于50～80日龄的鸡，死亡率30％～80％。

3. 眼型

单眼或双眼发病。表现为虹膜色素消失，呈同心环状、斑点状或弥漫的灰白色（正常虹膜呈橘黄色，虹膜中央为黑色的瞳孔），称为"鱼眼""白眼病"或"灰眼"，瞳孔逐渐缩小，边缘不整齐，呈锯齿状，严重时瞳孔仅有粟粒大，病眼逐渐失去对光线强弱的适应能力，最后病眼视力丧失，双眼失明的病鸡死亡较快，单侧眼睛发病的病程较长。

4. 皮肤型

此型一般无临床症状，肿瘤多发生于翅膀、颈部、背部、尾部上方及大腿的皮肤上。表现为羽毛囊周围的皮肤增多、粗糙，使毛囊形成小结节或肿瘤物，约有玉米粒至蚕豆大，较硬，病程较长，最后多衰竭死亡。

近年来发现，雏鸡发生的一种脑炎，被看作鸡马立克氏病的一种病型。其特征是突然瘫痪，主要是颈部和腿，持续3天后康复，这种临床症状可出现在5周龄的鸡群中，发病率大小不等，性成熟的鸡也会偶然出现，鸡多在症状出现后数周死亡。镜检脑部有组织学病变。

四、剖检病变

1. 神经型

受侵害神经的病变特征是神经肿胀变粗，比正常粗 2～3 倍，变成黄色或灰色，有时呈半透明的胶冻样，同一根神经上还可见到小的结节，神经粗细不均，横纹消失，对称的神经通常是一侧有病变，而另一侧正常，进行对比有助于诊断。

2. 内脏型

脏器上有大小不等的肿瘤结节，肿瘤可形成结节突出于脏器表面，也可能不突出脏器表面，可能是弥漫性浸润在内脏的实质内。肿瘤多呈灰白色或黄白色，质硬，切面平整似油脂样，肿瘤多见于肝、脾、肾、腺胃、睾丸、肺、胰脏、心脏、卵巢、肌肉和皮肤等器官。其中，肝、脾、肾、卵巢及睾丸肿大明显，可增大到原来的数倍至数十倍，可使腺胃胃壁增厚 2～3 倍，腺胃外观肿胀、较硬，腺胃黏膜潮红，乳头变大，顶端溃烂。肌肉发生肿瘤时可见肌肉内有灰白色条纹状或结节状肿瘤。该病多使法氏囊萎缩，偶尔呈弥漫性肿大，不形成结节状肿瘤。这是该病与淋巴性白血病在剖检上的主要区别。

3. 眼型和皮肤型

眼型和皮肤型的剖检病变无特征性的肉眼变化，主要根据其临床症状和实验室检查进行诊断。

五、诊断方法

根据马立克氏病的临床特点、症状和病理剖检变化可以作出初步诊断。

1. 病毒的分离培养与鉴定

选用病鸡羽毛根、肝、肾等病变组织器官，进行病毒分离。由于鸡马立克氏病毒是高度细胞结合性的，所以必须用全细胞作为接种物。用腹腔接种的途径感染 1 日龄雏鸡，3～4 周后可出现病变；通过卵黄囊或绒毛尿囊膜途径接种病毒的 4 日龄鸡胚，在接种后 4～6 天或 10～11 天，在绒毛尿囊膜上一般出现痘斑。

2. 血清学检查

目前检测方法很多，如间接荧光抗体技术、间接红细胞凝集试验、酶联免疫吸附试验、琼脂扩散试验等均可用于鸡马立克氏病的诊断。常用的是血清琼脂扩散试验和羽毛囊琼脂扩散试验。但这些方法只能确定鸡只与马立克氏病病毒有无接触，不能用于个别鸡的诊断，所以这些方法适用于鸡群感染情况的监测。

3. 鉴别诊断

马立克氏病的内脏型与淋巴性白血病均属于肿瘤性疾病，眼观变化很相似，因此应加以鉴别。主要区别是马立克氏病常侵害外周神经、皮肤、肌肉和眼睛的虹膜，法氏囊被侵害时可能萎缩，而淋巴细胞性白血病则不是这样，且法氏囊被侵害时常见结节性肿瘤。

六、防控措施

鸡马立克氏病无特效药物治疗，但有效疫苗的研制和应用还是很成功的。通过免疫接种是预防该病的主要措施，但疫苗接种有其局限性，必须搞好包括遗传抵抗力和生物安全在内的综合性防疫措施。

（一）综合防治措施

1. 加强养鸡环境卫生与消毒工作

尤其是孵化卫生与育雏鸡舍的消毒，防止雏鸡的早期感染，这是非常重要的，否则即使出壳后即刻免疫有效疫苗，也难防止发病。

2. 加强饲养管理

改善鸡群的生活条件，增强鸡体的抵抗力，对预防本病有很大的作用。饲养管理不善，环境条件差或某些传染病如球虫病等常是重要的诱发因素。

3. 坚持自繁自养

防止因购入鸡苗的同时将病毒带入鸡舍，采用全进全出的饲养制度，防止不同日龄的鸡混养于同一鸡舍。

4. 防止应激因素和预防能引起免疫抑制的疾病

如鸡传染性法氏囊病、鸡传染性贫血病毒病、网状内皮组织增殖病等的感染。

5. 对发生本病的处理

一旦发生本病，在感染的场地清除所有的鸡，将鸡舍清洁消毒后，空置数周再引进新雏鸡。一旦开始育雏，中途不得补充新鸡。

（二）免疫接种

1. 预防鸡马立克氏病的常用疫苗

（1）马立克氏病毒人工致弱毒株苗：这是世界上第一个预防肿瘤的疫苗，由于这种疫苗必须保存在液氮（−196 ℃）或−70 ℃超低温冰箱内及其他局限性，目前已很少应用。

（2）马立克氏病毒同源自然弱毒菌：这是鸡马立克氏病毒的自然弱毒株制成的。这种苗安全、稳定、效果好。目前在我国已被广泛应用的 SB-1 和 814 均属此类，但这种苗在应用过程中有毒力增强和较强传播性的缺点。

（3）火鸡疱疹病毒苗：由火鸡疱疹病毒制成。这种疫苗对鸡和火鸡无致病性，安全，免疫效果也较好。目前在我国已广泛应用。雏鸡接种疫苗后 10～14 天产生免疫力，保护期可达一年半。

（4）多价苗：含有两种或两种以上毒株的疫苗称为多价苗，如 814-HB1 二价苗，814-SB1-HVT 三价苗等。多价苗的免疫效果明显优于单价苗。

2. 免疫方法

目前，对鸡马立克氏病进行免疫的常用方法是对 1 日龄雏鸡进行皮下或肌内注射，皮下注射部位一般在雏鸡颈后的皮下，肌内注射一般注射于胸肌内。有关采用其他途径，如气雾免疫和胚胎免疫等的试验也有报道，而且效果也不错，这可能是将来的一种发展趋势。

3. 免疫失败原因及解决方法

许多地区的鸡群经免疫后仍暴发马立克氏病，究其原因有以下几方面。

（1）接种剂量不当：常用的商品疫苗要求每个剂量含 1 500～2 000 个蚀斑形成单位，接种该剂量 7 天后产生免疫力。若疫苗储藏过久或稀释不当、接种程序不合理或稀释好的冻干苗未在 1 小时内用完，均会导致雏鸡接种的疫苗剂量不足而引起免疫失败。

（2）早期感染：疫苗免疫后至少要经 1 周才使雏鸡产生免疫力，而在接种后 3 天，雏鸡易感染马立克氏病并引起死亡，而且火鸡疱疹病毒（HVT）疫苗不能阻止马立克氏病强毒株的感染。为此须改善卫生措施，以避免早期感染，但难以预防多种日龄混群的鸡群感染。

（3）母源抗体的干扰：血清 1 型、2 型、3 型疫苗病毒易受同源的母源抗体干扰，细胞游离苗比细胞结合苗更易受影响，而对异源疫苗的干扰作用不明显。为此，免疫接种时可进行下列调整：①增加 HVT 疫苗免疫剂量或使用其他疫苗病毒，被动抗体消失时于 3 周龄再次免疫接种；②对鸡不同代次选用不同血清型的疫苗，如父母代鸡用减弱血清 1 型疫苗，子代可用血清 3 型（HVT）疫苗；③多使用细胞结合 HVT 苗。

（4）超强毒株的存在：传统的疫苗不能有效地抵抗马立克氏病超强毒株的攻击从而引起免疫失败，对可能存在超强毒株的高发鸡群使用 814＋SB-1 二价苗或 814＋SB-1＋FC126 三价苗，具有满意的防治效果。

（5）品种的遗传易感性：某些品种鸡对马立克氏病具有高度的遗传易感性，难以进行有效免疫，甚至免疫接种后仍然易感，为此须选育有遗传抵抗力的种鸡。

（6）免疫抑制和应激感染：鸡传染性法氏囊病病毒、网状内皮组织增生性病病毒、鸡传染性贫血病毒等均可导致鸡对马立克氏病的免疫保护力下降，环境应激导致免疫抑制也可能引起马立克氏病疫苗的免疫失败。总之，采用疫苗接种是控制本病的极重要的措施，但是它们的保护率均不能达到 100%，因此，鸡群中仍有少量病例发生，故不能完全依赖疫苗接种，加强综合防疫措施是十分必要的。

第十一节　禽白血病

禽白血病（AL）又称禽白细胞增生病，是由禽白血病/肉瘤病毒群的病毒引起的禽类多种肿瘤性疫病的通称。在自然条件下，最常见的是淋巴细胞性白血病，其次是成红细胞性白血病、成髓细胞性白血病、骨髓细胞瘤、内皮瘤、肾母细胞瘤、纤维肉瘤和骨石化病等。本病虽一般散在发生，但有时也可引起产蛋鸡群严重经济损失。OIE 将本病列为 B 类动物疫病，我国将其列为二类动物疫病。

一、病原

禽白血病病毒（ALV）与肉瘤病毒紧密相关，因此统称为禽白血病/肉瘤病毒（ALV）。该病毒属逆转录病毒科甲型逆转录病毒属。本群病毒近似球形，有囊膜，内部为直径 35～45 纳米的高电子密度的核心，外面是中层膜和外层膜，整个病毒粒子直径 80～120 纳米，平均为 90 纳米。

ALV 是一种基因组为单股 RNA 的逆转录病毒，类似于人的艾滋病毒，但不感染人。不同的鸟类可能感染不同的禽白血病病毒，根据病毒与宿主细胞特异性相关的囊膜蛋白的抗原性，ALV 可分为 A、B、C、D、E、F、G、H、I 和 J 十个亚群。但自然感染鸡群的只有 A、B、C、D、E 和 J 六个亚群。其中的 J 亚群致病性和传染性最强，而 E 亚群是非致病性的或者致病性很弱。每一个亚群由几种不同种类的抗原型组成，同一个亚群的病毒具有不同程度的交叉中和反应，但除了B亚群和D亚群外，不同亚群之间没有交叉反应。

ALV与其他病毒不同的一个最大特点是，鸡的ALV还可分为外源性ALV和内源性ALV两大类。鸡的外源性ALV是指不会通过宿主细胞染色体传递的ALV，包括A、B、C、D和J亚群，致病性强的鸡ALV都属于外源性病毒，它们既可以像其他病毒一样在细胞与细胞间以完整的病毒粒子形式通过个体与群体间的直接接触或污染物发生横向传染，也能以完整的病毒粒子形式通过鸡胚从种鸡垂直传染给后代。内源性ALV是指前病毒cDNA可整合进宿主细胞染色体基因组，因而可通过染色体垂直传播。它可能只是基因组的不完全片段，不会产生传染性病毒，但也可能是全基因组因而能产生传染性病毒，不过这类病毒通常致病性很弱或没有致病性。目前发现的内源性ALV都属于E亚群。虽然E亚群ALV通常没有致病性，但它会干扰对白血病的鉴别诊断。种鸡群净化ALV，在现阶段主要是净化外源性病毒。我们了解鸡群有无ALV感染，在现阶段也仅是指外源性病毒感染。

ALV的多数毒株能在11～12日龄鸡胚中良好生长，可在绒毛尿囊膜产生增生性痘斑。腹腔或其他途径接种1～14日龄易感雏鸡，可引起鸡发病。多数ALV可在鸡胚成纤维细胞培养物内生长，通常不产生任何明显细胞病变，但可用抵抗力诱发因子试验（RIF）来检查病毒的存在。

本病毒对脂溶剂和去污剂敏感，对热的抵抗力弱。病毒材料需保存在−60℃以下，在−20℃很快失活。本群病毒在pH 5～9稳定。

二、流行病学

鸡、鸭、鹅和野鸭是该群病毒中所有病毒的自然宿主，尤其以肉鸡最易感。鹧鸪、鹌鹑也会感染此病。鸡的品种不同其易感性有差异，产褐色蛋的母鸡易感性较强。主要侵害26～32周龄鸡，35周龄以上很少发病。

病鸡和带毒鸡是本病的主要传染源。公鸡是病毒的携带者，它通过接触及交配成为感染其他禽的传染源。

在自然条件下，本病主要以垂直传播方式进行传播，也可水平传播，但比较缓慢。本病的感染虽很广泛，但临床病例的发生率相当低，一般多为散发。饲料中维生素缺乏、内分泌失调等因素可促进本病的发生。

三、临床症状

由于禽白血病病型不同，病鸡表现的症状病变有所差异。

1. 淋巴细胞性白血病

是禽白血病中最常见的一种病型。本病潜伏期长，用标准毒株接种易感鸡胚或1～14日龄的易感雏鸡后，多在14～30周龄发病。自然发病的鸡都在14周龄以上，至性成期发病率最高。本病无特征性临床症状，仅可发现鸡冠和肉髯苍白、皱缩，偶见发绀，食欲不振或废绝，下痢，消瘦，停止产蛋，腹部常明显增大，用手触压可摸到肿大的肝脏、法氏囊、肾。一旦出现临床症状，通常发展很快，多衰竭死亡。有些营养良好的鸡突然死亡。

2. 成红细胞性白血病

此型较少见。通常多发于6周龄以上的高产鸡，临床上分为增生型和贫血型两种类型。增生型特征是血液中出现许多幼稚型成红细胞；贫血型特征是发生严重贫血，血液中只有比较少的未成熟红细胞。增生型相对多见。两种病型早期症状均表现倦怠，无力，鸡冠稍苍白。后期病鸡下痢、消瘦，有一个或多个羽毛囊出血。病程从几天到几个月不等。贫血型一般病程较短。

3. 成髓细胞性白血病

自然病例很少见。其临床表现与成红细胞性白血病相似。表现为嗜睡、贫血、消瘦、毛囊出血，病程比成红细胞性白血病长。

4. 骨髓细胞瘤

此型自然病例极少见。其全身症状与成髓细胞性白血病相似。由于骨髓细胞的大量生长，导致增生部位的骨骼异常突起。临床多见于肋骨与肋软骨连接处、胸骨后部、下颌骨以及鼻腔的软骨等处骨骼突出。

5. 血管瘤

血管瘤见于皮肤或内脏表面。病鸡食欲减退，精神沉郁，排绿色粪便，鸡冠苍白。有的鸡早期在脚趾中间或脚趾的无毛部分，出现轻微发红，然后迅速肿大，破裂，血流尽而亡。有的鸡在头颈部，脚、胸部以及翅膀上有黄豆至蚕豆大小紫绿色血疱，血疱破裂后，流出的血液污染到羽毛，家禽应因严重失血而致死。有的鸡鸡冠苍白，全身贫血突然死亡。

6. 骨石化病

也称骨硬化病。病鸡发育不良，冠髯苍白、行走拘谨或跛行，长骨增粗，触摸有温热感。晚期病鸡的骨呈特征性的"长靴样"外观。

四、剖检病变

1. 淋巴细胞性白血病

剖检（16周龄以上的鸡）可见结节状、粟粒状或弥漫性灰白色肿瘤，主要见于肝、脾和法氏囊，其他器官如肾、肺、性腺、心、骨髓及肠系膜也可见。结节性肿瘤大小不一，单个或大量出现。粟粒状肿瘤多见于肝脏，呈均匀分布于肝实质中。肝发生弥散性肿瘤时，呈均匀肿大，比正常增大几倍，且颜色为灰白色，俗称"大肝病"，这是本病的主要特征。

2. 成红细胞性白血病

增生型和贫血型两种病型病鸡剖检都有全身性贫血变化，血液稀薄呈血水样。皮下组织、肌肉和内脏器官常有小出血点。肝、脾可见血栓形成、梗死和破裂。增生型的特征变化为肝脏、脾脏、肾脏呈弥漫性肿大，颜色从樱桃红色到暗红色，有的剖面可见灰白色肿瘤结节，质脆而软。贫血型的病鸡多见内脏器官萎缩，尤其是脾脏。骨髓色淡，呈胶冻状，骨髓空隙大多被海绵状骨质代替。检查外周血液，贫血型的红细胞显著减少，血红蛋白量下降；增生型病鸡出现大量的成红细胞，占全部红细胞的90%～95%。

3. 成髓细胞性白血病

剖检常见骨髓坚实，呈灰红色或灰白色。各实质器官肿大，质地脆弱，偶然在肝脏出现灰白色弥漫性肿瘤结节，在其他器官也可能见到。严重病例，在肝、脾和肾有弥漫性肿瘤组织浸润，器官的外观呈斑纹状或颗粒状。

4. 骨髓细胞瘤

病理剖检可见骨髓细胞瘤呈淡黄色，呈弥散性或结节状，且多两侧对称增生，质地柔软脆弱，有时呈干酪状。

5. 血管瘤

死于血管肿瘤的鸡一般剖检时内脏无特征性病变。内脏血管瘤剖检时见肝脏、脾等器官有暗红色血瘤，并有出血，内脏附近有大块凝血块。

6. 骨石化病

病理剖检可见两侧胫骨、跖骨、跗骨甚至肩带骨的骨干不规则增粗，外观呈纺锤形，骨骼断面极度增厚，纤维化或石化，质地坚韧，骨髓腔缩小甚至消失。

五、诊断方法

（一）临床诊断

病理解剖学和病理组织学在白血病的诊断上有重要的价值，因为各型的白血病都出现特殊的肿瘤细胞及性质不同的肿瘤，它们之间无相同之处，也不见于其他疾病。另外，外周血在某些类型白血病的诊断上也特别有价值，如成红细胞性白血病可于外周血中发现大量的成红细胞（占全部红细胞的90%～95%）。白血病与马立克氏病也可通过病理切片区分开，因为白血病病毒引起的是全身性骨髓细胞瘤，而马立克氏病病毒引起的是淋巴样细胞增生性肿瘤。

（二）实验室诊断

1. 病毒分离鉴定

该方法比较费时、费力，目前还只适用于实验室研究，对临诊检测意义不大。

2. PCR、RT-PCR 或荧光 RT-PCR 检测

具有较高的特异性和敏感性，且简单、快速。

3. 病毒中和试验

该方法是测定鸡抗白血病/肉瘤病毒亚群特异性抗体最敏感的一种方法。

4. 琼脂扩散试验

从鸡的羽髓中检测禽白血病病毒抗原，该方法具有检出率高、操作简单、费用低廉和易于推广等特点，并可以检测5日龄以上的任何鸡。但这一检测过程需要逐只拔羽取髓，易使鸡产生应激反应，检测过程需2天左右，而且敏感性较差，并有一定的假阳性出现。

5. 间接免疫荧光检测

该方法敏感性高，但仅限于实验室检测，很难在基层推广，且有时会产生非特异性荧光。

6. ELISA 抗体检测

可选用禽白血病 A 亚群、B 亚群及 J 亚群抗体 ELISA 检测试剂盒，严格按商品提供的说明书操作和判定。

7. p27 抗原 ELISA 检测

该方法简单，成本相对较低，每次可检测所有个体样品。但缺点是不能区别内源性 E 亚群禽白血病病毒感染。

六、防控措施

(一) 净化

药物治疗和免疫接种的效果不佳。该病的防控策略和方法是通过对原种鸡群的净化。净化的基本原则：①小群孵化小群饲养（20～50 只/群）；②每只采样分离病毒或检测 p27 抗原，淘汰所有阳性鸡及所有同群鸡；③严格选用弱毒活疫苗，防止因弱毒疫苗引发的外源性 ALV 污染；④严禁不同种群鸡共用孵化厅。在我国现有条件下原种鸡群净化方案列举如下（仅供参考）。

1. 方案 A（国际金标准）

对核心群鸡全部采血浆接种 DF-1 细胞，9 天后检测 p27 抗原，凡阳性者全部淘汰。分别在 68 日龄和 168 日龄至少做 2 次采血分离病毒。对保留的核心群种鸡的下一代所有刚出壳鸡，检测胎粪中的 p27 抗原，淘汰所有阳性鸡。如此反复。这一方案的优点是检测特异性和检出率均很高，如严格实施 4～5 年，就有可能实现基本净化，此后只需抽样监控，不再全面检测。缺点是需要投入的资金、设备和人力较多，而且还需要足够数量的训练有素的有经验的技术队伍。

2. 方案 B

基本原则是根据泄殖腔棉拭子及蛋清中 p27 抗原检测，阳性者都全部淘汰。优点是方法简单，成本相对较低，每次可检测所有个体样品。缺点是不能区别内源性 E 亚群 ALV，将会把感染了内源性 E 群但外源性 ALV 阴性鸡也淘汰了。当阳性率高时，对选种不利，很难被育种专家接受。另外，单靠泄殖腔棉拭子及蛋清中 p27 抗原检测，其灵敏度尚不足以检测出所有感染鸡。因此，只能保持鸡群相对较高的洁净度，但不能完全净化。因而，检测和净化过程需不断进行。

适应情况：当整个后备鸡群 p27 抗原阳性率在 20％以下或在育种专家可接受全部淘汰的范围内时，可采取这一方法。

具体程序：①18～20 周龄，用棉拭子检测 p27 抗原；②21～22 周龄，用棉拭子检测 p27 抗原，如人工授精，最初 2 次要同时检测公母鸡；③23～25 周龄（开产初期），用棉拭子检测每只鸡最初第 1～3 个蛋的蛋清中 p27 抗原；④40 周龄左右（准备孵化留种时），用棉拭子检测 p27 抗原，取母鸡 2 个蛋的蛋清检测 p27 抗原；⑤43 周龄左右孵出小鸡，对每只后备母鸡最初孵出的 2 只小鸡，用胎粪棉拭子检测 p27 抗原。

3. 方案 C

这是将前两个方案结合起来。基本原则：将对棉拭子 p27 抗原阳性和阴性鸡分开饲养，p27 抗原阳性鸡分别取血清和蛋清在 DF1 细胞上分离外源性 ALV，仅淘汰外源性 ALV 阳性鸡。优点是能区别内外源 ALV，将仅仅淘汰外源性 ALV 阳性鸡，仍保留内源性病毒阳性鸡。缺点是增加了一道鉴别性细胞培养，技术性要求高，人力成本、试剂成本及实验室装备较方案 B 明显提高，但显著低于方案 A。

适应情况：当整个鸡群棉拭子或蛋清中 p27 抗原阳性率超过 20％，非外源性 ALV 淘汰率过高影响育种而不能被育种专家接受时。或者说，在我国现在的条件下，当各相关的原种鸡群还没有条件按方案 A 实施净化时，方案 C 作为一种替代方案，适合过渡阶段。先投入有限的资金和人力，采用这一方案开始做起来，待有足够力量时再采用方案 A。

具体程序：基本同方案 A，但要把 p27 抗原阳性和阴性鸡群分隔饲养，分别定为阴性和阳性群。仅对阳性鸡群中的每只鸡按方案 A 采血分离病毒。这样，可暂时把病毒分离的工作量减少 80％。

（二）综合防控措施

1. 引种方面

从无外源性 ALV 感染的祖代鸡或原种鸡公司选购苗鸡，这有赖于商业合同或政府主管部门提供的可靠信息。

2. 饲养管理方面

一个鸡场只饲养同一品系和同一批（年龄）的种鸡。横向感染都是由近距离引起，同一鸡场内是无法隔离的。

3. 用苗方面

严格选用没有外源性 ALV 污染的活疫苗，并定期检测血清抗体状态。

4. 孵化方面

同一孵化厅只用于同一个种鸡场来源的种蛋，以预防孵化厅内可能的早期横向传播。雏鸡对 ALV 最易感，垂直感染的雏鸡出壳后就可排毒。孵化厅内鸡运输箱内高度密集，同一箱内有一只感染雏鸡，在运输期间可使同箱内 20％～30％的接触鸡感染。

5. 建议种鸡群自我检测

当对 AB 及 J 亚群抗体阳性率高于一定限度后自行淘汰，避免在客户鸡场出现问题后再发生纠纷。

第十二节　新　城　疫

新城疫也称亚洲鸡瘟或伪鸡瘟，我国一般俗称为鸡瘟，是由新城疫病毒引起禽的一种急性、热性、败血性和高度接触性传染病。该病以高热、呼吸困难、下痢、神经紊乱、黏膜和浆膜出血为主要特征，具有很高的发病率和病死率，是危害养禽业的一种主要传染病。OIE 将其列为 A 类疫病，我国也将其列为一类动物疫病。

一、病原

新城疫病毒为单股负链病毒目副黏病毒科副黏病毒亚科禽腮腺炎病毒属的禽副黏病毒 I 型，病毒核酸为 RNA。病毒颗粒具多形性，有球形、椭球形和长杆状等，完整的病毒为有囊膜的近似球形的颗粒，直径一般为 100～400 纳米。病毒囊膜表面覆盖有 8 纳米长的纤突，呈放射状排列。病毒粒子内部为一直径约 17 纳米的卷曲的核衣壳。所有的新城疫病毒都含有 6 种病毒特异性结构蛋白（L、NP、P、HN、F、M）和 2 种非结构蛋白（V 和 W）。其中，HN 为血凝素神经氨酸酶蛋白，决定血凝素和神经氨酸酶的活性，形成病毒颗粒表面的两大纤突，它能使病毒体吸附于细胞表面的唾液酸脂质受体（即神经节苷脂），并通过血凝素和神经氨酸酶两种生物活性破坏这种受体的功能，使释放的病毒不能再吸附到细胞上；F 为融合蛋白，形成较小的表面纤突，参与病毒的传入、细胞融合、溶血等过程。

新城疫病毒只有一个血清型，但毒株的毒力差异较大，这主要取决于 HN 和 F 的裂解及活化。根据毒力的差异可将新城疫病毒分成 3 个类型：①强毒型或速发型，在各种年龄易感鸡引起急性致死性感染；②中毒型或中发型，仅在易感的幼龄鸡造成致死性感染；③弱毒型（即缓发型）或无毒型，表现为轻微的呼吸道感染或无症状肠道感染。区分的依据为如下的致病指数，即病毒对 1 日龄雏鸡脑内接种的致病指数（ICPI）、42 日龄鸡静脉接种的致病指数（IVPI）、最小致死量致死鸡胚的平均死亡时间（MDT）。一般认为，MDT 在 68 小时以上、ICPI≤0.25 者为弱毒株；MDT 在 44~70 小时、ICPI＝0.6~1.8 为中毒株；MDT 在 40~70 小时、ICPI＞2.0 者为强毒株。IVPI 作为参考，强毒株 IVPI 常大于 2.0。

曹殿军等人根据新城疫病毒毒株 F 基因的序列、特定的酶切图谱和 F 蛋白可变区氨基酸残基的变化等，将该病毒分为 9 个基因型，其中Ⅰ~Ⅵ型为老基因型，Ⅶ型、Ⅷ型、Ⅸ型为新发现的基因型，特别是Ⅸ型为我国特有的基因型。基因Ⅳ型最早分离自欧洲，造成了新城疫第一次世界性大流行；20 世纪 60 年代，第二次大流行出现了基因Ⅴ型和Ⅵ型；随后，基因Ⅵ型表现出对鸽的致病力，造成了第三次大流行；20 世纪 90 年代在欧洲、亚洲流行的新城疫，分子流行病学上发生了很大变化，呈现以基因Ⅶ型为主的新趋势，被认为是第四次大流行。

新城疫病毒表面具有血凝素，所有毒株都能凝集多种禽类（鸡、火鸡、鸭、鹅等）和哺乳类动物（人、豚鼠）的红细胞，马和猪的红细胞则不被凝集。在病毒的血凝试验中，鸡的红细胞最为常用。病毒和红细胞的结合不是永久性的，一段时间后，在病毒表面神经氨酸酶的作用下，病毒与红细胞分离后又重新悬于液体。这种凝集能力可被抗新城疫血清所抑制，且这种抑制具有特异性，可进行病毒鉴定和诊断，还可以测定疫苗的免疫效果，进行流行病学报告。

本病毒对消毒剂、日光及高温的抵抗力不强，一般消毒剂在常用浓度下即可很快将其杀灭，如 2%氢氧化钠、5%漂白粉、70%酒精作用 20 分钟即可将病毒杀死。但很多种因素都能影响消毒剂的效果，如病毒的数量、毒株的种类、温度、湿度、阳光照射、储存条件及是否存在有机物等，尤其是以有机物的存在和低温的影响作用最大。在低温条件下病毒的抵抗力强，在 4 ℃可存活 1~2 年，-20 ℃时能存活 10 年以上；真空冻干病毒在 30 ℃可保存 30 天，15 ℃可保存 230 天；不同毒株对热的稳定性有较大的差异。新城疫病毒对 pH 稳定，pH 3~10 时不被破坏。

二、流行病学

（一）易感动物

鸡、野鸡、火鸡、珍珠鸡、鹌鹑易感。其中以鸡最易感，野鸡次之。不同年龄的鸡易感性存在差异，幼雏和中雏易感性最高，2 年以上的鸡易感性较低。水禽如鸭、鹅等也能感染本病，目前已从鸭、鹅、天鹅、塘鹅和鸬鹚中分离到病毒。鸽、斑鸠、乌鸦、麻雀、八哥、老鹰、燕子以及其他自由飞翔的或笼养的鸟类，大部分也能自然感染本病或伴有临诊症状或取隐性经过。历史上有多个国家因进口观赏鸟类而招致本病的流行。哺乳动物对本病有很强的抵抗力，但人可感染，表现为结膜炎或头痛、发热等类似流感症状。

（二）传染源

该病的主要传染源是病禽以及在流行间歇期的带毒禽，但对带毒野鸟在传播中的作用也不可忽视。受感染的鸡在出现症状前 24 小时，其口、鼻分泌物和粪便中已有病毒排出。病毒存在于病禽的所有组织器官、体液、分泌物和排泄物中，以脑、脾、肺含毒量最高，以骨髓含毒时间最长。而痊愈鸡带毒排毒的情况则不一致，多数在临诊症状消失后 5～7 天就停止排毒，个别排毒时间可长达 70 多天。在流行停止后的带毒鸡，常呈慢性经过，精神不好。保留这种慢性病鸡是造成该病继续流行的原因。

（三）传播途径

该病的传播途径主要是呼吸道和消化道，在一定时间内鸡蛋也可带毒而传播该病。创伤及交配也可引起传染，非易感的野禽、外寄生虫、人畜均可机械地传播病原。

（四）流行特征

该病一年四季均可发生，但以春、秋两季较多，这取决于不同季节中新鸡的数量、鸡只流动情况和适于病毒存活及传播的外界条件。购入貌似健康的带毒鸡，并将其合群饲养或宰杀，可使病毒散播。污染的环境和带毒的鸡群，是造成该病流行的常见原因。易感鸡群一旦被速发性嗜内脏型鸡新城疫病毒感染，可迅速传播并呈毁灭性流行；发病率和病死率均可达 90% 以上。但近年来，由于免疫程序不当，或有其他疾病存在抑制新城疫抗体的产生，常引起免疫鸡群发生新城疫，大多呈现非典型的临诊症状和病理变化，其发病率和病死率较低。近年来对免疫鸡群中新城疫强毒感染的流行病学研究表明，新城疫病毒一旦在鸡群建立感染，通过疫苗免疫的方法无法将其从群中清除，当鸡群的免疫力下降时，就可表现出症状。

新城疫自 1926 年首次暴发于印度尼西亚的爪哇岛以来，其流行病学出现了一系列新变化。

1. 流行趋势发生了变化

20 世纪 90 年代，发生于世界各地的新城疫，即第四次世界范围大流行。表现在欧洲，是由原来的散发变为急剧增加；表现在我国，一是免疫鸡群出现临床症状不明显、病理剖检变化不典型的"非典型性新城疫"；二是分别在 1997 年及 2000 年出现的鹅、鸭新城疫发病流行，这些分离株经人工感染或自然接触都能使鸡发病。虽然目前还不能确定这些毒株的来源和进化过程，但我国鸡、水禽饲养密度高，水禽携带的新城疫强毒无疑对鸡群构成了较大威胁，也使人们重新认识水禽在新城疫流行病学中的作用。

2. 基因型发生了变化

回顾研究发现，历史上的四次新城疫世界范围大流行中，每次都会有新的基因型出现，并且历次流行都是以新出现的基因型为主。

3. 宿主范围发生了演化

新城疫最初宿主主要是鸡，经过世界范围内几次大流行后，其宿主范围已经明显扩大。

有资料显示，除家禽外，在自然或实验条件下，新城疫可感染 50 个鸟目中至少 27 个目的 250 种鸟，且可能还有很多易感动物未被发现。我国鹅新城疫自 1997 年开始流行，2000 年开始鸭也有大量发病的报道。

三、临床症状

自然感染的潜伏期一般为 2～15 天，平均为 5～6 天；人工感染的为 2～5 天。世界动物卫生组织的《陆生动物卫生法典》规定为 21 天。由于病毒的毒力和禽的敏感性不同，其症状也有差异。

（一）国际上的分类

国际上一般将其临床表现分为如下四个类型。

1. 速发性嗜内脏型

也称 Doyle 氏型新城疫。发病突然，有时鸡只不表现任何症状而死亡。起初病鸡倦怠，呼吸增加，虚弱，死前衰竭，4～8 天内死亡。常见眼及喉部周围组织水肿，拉绿色、有时带血的稀粪。有幸存活下来的鸡，出现阵发性痉挛，肌肉震颤，颈部扭转，角弓反张。其他中枢神经表现为面部麻痹，偶然翅膀麻痹。死亡率可达 90% 以上。

2. 速发性嗜肺脑型

也称 Beach 氏型新城疫。表现为突然发病，传播迅速。可见明显的呼吸困难、咳嗽和气喘。有时能听到"咯咯"的喘鸣声，或突然的怪叫声，继之呈昏睡状态。食欲下降，不愿走动，垂头缩颈，产蛋量下降或停止。一两天内或稍后会出现神经症状，腿或翅膀麻痹和颈部扭转。在有些病例中，成年鸡死亡率 50% 以上，常见的死亡率为 10%；在未成年的小鸡中，死亡率高达 90%；火鸡死亡率可达 41.6%，而鹌鹑的死亡率仅达 10%。

3. 中发型新城疫

也称 Beaudette 氏型新城疫。主要表现为成年鸡的急性呼吸系统病状，以咳嗽为特征，但极少喘气。病鸡食欲下降，产蛋量降低并可能停止产蛋。中止产蛋可能延续 1～3 周，偶发病鸡不能恢复正常产量，蛋的质量受影响。

4. 缓发型新城疫

也称 Hitchner 氏型新城疫。在成年鸡中症状可能不明显，可由毒力较弱的毒株所致，使鸡只呈现一种轻度的或无症状的呼吸道感染，各种年龄的鸡只很少死亡，但在小鸡并发其他传染病时，致死率可达 30%。

（二）我国的分类

我国根据临诊表现和病程长短把新城疫分为最急性、急性和慢性三个型。

1. 最急性型

此型多见于雏鸡和流行初期。常突然发病，无特征性症状而迅速死亡。往往头天晚上饮食活动如常，翌晨发现死亡。

2. 急性型

表现有呼吸道、消化道、生殖系统、神经系统异常。往往以呼吸道症状开始，继而下痢。起初体温升高达 43～44 ℃，呼吸道症状表现咳嗽，黏液增多，呼吸困难而引颈张口、呼吸出声，鸡冠和肉髯呈暗红色或紫色。精神委顿，食欲减少或丧失，渴欲增加，羽毛松乱，不愿走动，垂头缩颈，翅翼下垂，鸡冠和肉髯呈紫色，眼半闭或全闭，状似昏睡。母鸡产蛋停止或产软壳蛋。病鸡咳嗽，有黏性鼻液，呼吸困难，有时伸头、张口呼吸，发出"咯咯"的喘鸣声，或突然出现怪叫声。口角流出大量黏液，为排除黏液，常甩头或吞咽。嗉囊内积有液体状内容物，倒提时常从口角流出大量酸臭的暗灰色液体。排黄绿色或黄白色水样稀便，有时混有少量血液。后期粪便呈蛋清样。部分病例中，出现神经症状，如翅、腿麻痹，站立不稳，水禽、鸟等不能飞动、失去平衡等，最后体温下降，不久在昏迷中死去，死亡率达 90％以上。1 月龄内的雏禽病程短，症状不明显，死亡率高。

3. 慢性型

多发生于流行后期的成年禽。耐过急性型的病禽，常为以神经症状为主，初期症状与急性型相似，不久有好转，但出现神经症状，如翅膀麻痹、跛行或站立不稳，头颈向后或向一侧扭转，常伏地旋转，反复发作。在间歇期内一切正常，貌似健康。但若受到惊扰刺激或抢食，则又突然发作，头颈屈仰，全身抽搐旋转，数分钟又恢复正常。最后可变为瘫痪或半瘫痪，或者逐渐消瘦，终致死亡，但病死率较低。

四、剖检病变

由于病毒侵害心血管系统，造成血液循环高度障碍而引起全身性炎性出血、水肿。在病的后期，病毒侵入中枢神经系统，常引起非化脓性脑炎变化，导致神经症状。

消化道病变以腺胃、小肠和盲肠最具特征。腺胃乳头肿胀、出血或溃疡，尤以在与食管或肌胃交界处最明显。十二指肠黏膜及小肠黏膜出血或溃疡，有时可见到岛屿状或枣核状溃疡灶，表面有黄色或灰绿色纤维素膜覆盖。盲肠扁桃体肿大、出血和坏死。

呼吸道以卡他性炎症和气管充血、出血为主。鼻道、喉、气管中有浆液性或卡他性渗出物。弱毒株感染、慢性或非典型性病例可见到气囊炎，囊壁增厚，有卡他性或干酪样渗出。

产蛋鸡常有卵黄泄漏到腹腔形成卵黄性腹膜炎，卵巢滤泡松软变形，其他生殖器官出血或褪色。

五、诊断方法

可根据典型临床症状和病理变化作出初步诊断，确诊需进一步做实验室诊断。

在国际贸易中，尚无指定诊断方法。替代诊断方法为血凝抑制试验。

样品采集：用于血清学试验的样品，应采集急性期、恢复期的血清，若长时间待检应放于－20 ℃保存。用于病毒分离的组织，可从病死或濒死禽的脑、肺、脾、肝、心、肾、肠（包括内容物）或泄殖腔等中采集，除肠内容物需单独处理外，上述样品可单独采集或者混合。或从活禽采集咽喉和泄殖腔拭子，雏禽或珍禽采集拭子易造成损伤，可收集新鲜粪便代替。上述样品立即送实验室处理或于 4 ℃保存待检（不超过 2 天）或－30 ℃保存待检。

1. 血凝试验（HA）和血凝抑制试验（HI）

主要用于本病的流行病学调查、疫情回顾性诊断和免疫抗体监测，是最常用的血清学检测方法，具体可参照《新城疫诊断技术》（GB/T 16550）进行检测。

2. 酶联免疫吸附试验（ELISA）

也常用于现场诊断、流行病学调查和口岸进出境鸡检疫的筛检。

3. RT-PCR 或荧光 RT-PCR 检测

其中荧光 RT-PCR 方法目前被认为是确诊新城疫最快速、简便的检测手段。RT-PCR 检测扩增出目的片段者为阳性；荧光 RT-PCR 检测出现标准曲线者为阳性，否则为阴性。应注意区分野毒和疫苗毒。

4. 病毒的分离和鉴定

此法是诊断新城疫最可靠的方法。样品经无菌处理后，经尿囊腔接种于 9～11 日龄的 SPF 或非免疫鸡胚，37 ℃孵育 4～7 天，收集尿囊液做 HA 试验测定效价，用特异抗血清（鸡抗血清）做 HI 试验判定是否有新城疫病毒存在。但即使分离出了新城疫病毒，也不能证明该鸡群流行新城疫，还必须结合流行病学、临床症状和剖检病变进行综合分析，并对分离的毒株作毒力测定后，才能作出确诊。

六、防控措施

（一）预防措施

1. 采取严格的生物安全措施

场址选择及场区布局要合理；生产规模要适当；对人员进出要严格控制；严格落实日常隔离、卫生、消毒制度；规范引种；饲养管理做到科学等。

2. 免疫接种

存在本病或受本病威胁的地区，预防的关键是对健康鸡进行定期免疫接种。平时应严格执行防疫规定，防止病毒或传染源与易感鸡群接触。免疫通常采用由天然弱毒株筛选制备的活疫苗及弱毒或强毒株的油乳剂灭活苗。弱毒苗可采用饮水、气雾、滴眼或滴鼻途径。免疫后约 1 周可产生免疫保护，产蛋鸡应每 4 个月免疫 1 次。Ⅰ系苗的毒力强，不适宜在未做基础免疫的鸡群中使用，如不得已要将该疫苗用于雏鸡，必须在使用方法和用量上严格控制。实际生产中，弱毒苗与灭活疫苗配合使用，方能收到较好的免疫效果。由于母源抗体对疫苗接种有干扰作用，因此多数人主张在母源抗体刚刚消失之前的 7 日龄进行首免，在 30～35 日龄时进行二免。但这种免疫方式在有本病流行的地区是不可取的，有人主张对带有母源抗体的 1 日龄雏鸡采用灭活苗接种（灭活苗受循环抗体的影响较小），或者灭活苗和活苗同时接种（活苗能促进对灭活苗的免疫反应）。有条件的场，建议应根据对鸡群 HI 抗体免疫监测的结果确定初次免疫和再次免疫的时间。由于鸡在免疫接种后 15 天仍能排出疫苗毒，因此有些国家规定鸡在免疫接种 21 天后才可调运。

（二）控制扑灭措施

发生本病时应按《中华人民共和国动物防疫法》及其有关规定处理。扑杀疫点和疫区内的所有禽类，并对所有病死禽、被扑杀禽及其禽类产品进行无害化处理；对禽类排泄物、被污染的饲料、垫料、污水等进行无害化处理；对被污染的物品、交通工具、用具、禽舍、场地进行严格彻底消毒；在疫区周围设置警示标志，在出入疫区的交通路口设置动物检疫消毒站，对出入的人员和车辆进行消毒；关闭疫区内活禽及其禽类产品交易市场，禁止易感活禽进出和易感禽类产品运出；对受威胁区的健康鸡立即紧急接种疫苗，并实行疫情监测，掌握疫情动态。

第十三节　小　鹅　瘟

小鹅瘟又称鹅细小病毒感染，是由鹅细小病毒引起雏鹅和雏番鸭的一种急性或亚急性败血性传染病。主要侵害 4～20 日龄的雏鹅与番鸭，以传播快、高发病率、高死亡率、严重下痢、渗出性肠炎、肠道内形成腊肠样栓子为特征，对养鹅业和养鸭业的发展影响极大。OIE 将其列为 B 类动物疫病，我国将其列为二类动物疫病。

一、病原

鹅细小病毒，为细小病毒科细小病毒属的成员，病毒粒子呈球形或六角形，直径为20～22 纳米，无囊膜，二十面体对称，核酸为单链 DNA。有完整病毒形态和缺少核酸的病毒空壳形态两种，空心内直径为 12 纳米，衣壳厚 4 纳米，壳粒数为 32 个，核酸大小约为 6×10^3 碱基对。病毒结构多肽有 3 种：VP1、VP2、VP3，其中 VP3 为主要结构多肽。本病毒无血凝活性，但可凝集黄牛精子。目前仅有一个血清型。

鹅细小病毒在感染细胞的核内复制，病鹅的内脏、脑、肠道及血液中均含有病毒。该病毒能在鹅胚、番鸭胚或其制备的原代细胞培养物中增殖并形成细胞病变，且随着传代次数的增加，细胞病变越来越明显；鹅胚适应毒株经鹅胚和鸭胚交替传代数次后，可适应鸭胚并引起部分死亡，随着鸭胚传代次数增加，可引起绝大部分鸭胚死亡，且鹅细小病毒对雏鹅的致病力减弱。用鹅胚分离鹅细小病毒时，一般在接种后 5～7 天死亡，死亡鹅胚绒毛尿囊膜局部增厚，胚体皮肤、肝脏及心脏等出血。随着在鹅胚中传代次数的增加，该病毒对鹅胚的致死时间稳定在接种后 3～4 天。

本病毒对环境的抵抗力强，在－20～－15 ℃下能存活 4 年，65 ℃加热 30 分钟、56 ℃加热 3 小时其毒力无明显变化，能抵抗氯仿、乙醚、胰酶和 pH 3.0 的环境。蛋壳上的病毒虽经 1 个月孵化期也不能被消灭。对 2%～5%氢氧化钠、10%～20%石灰乳敏感。

二、流行病学

自然条件下，白鹅、灰鹅、狮头鹅以及其他品系的雏鹅易感，番鸭也易感，其他禽类及哺乳类动物不易感。本病可发生于任何品种的 3～4 日龄以至 1 月龄以内的雏鹅，30 日龄以上的雏鹅很少发病，但近年来，发现有个别鹅场的患病鹅群发病日龄最迟的持续至 33 日龄，但死亡率极低，40 日龄以上的鹅只未见发生本病。发病日龄愈小，发病率和死亡率也愈高。最高的发病率和死亡率出现在 10 日龄以内的雏鹅，可达 95%～100%。15 日龄以上的雏鹅比较缓和，有少数患病雏鹅可能自行康复。发病率和死亡率的高低，与被感染雏鹅的日龄不同而异，也与当年留种母鹅群的免疫状态有密切的关系。

病鹅、带病鹅群及隐性感染的成鹅是该病主要的传染源，主要经消化道感染，也可垂直传播。本病一年四季均有流行发生，但由于我国南方和北方饲养季节和饲养方式不同，各地发病季节有所不同，华东地区流行季节为每年 12 月至次年 7 月，东北、西北地区为 4～7月，西南地区为每年 11 月至次年 6 月。在每年全部淘汰种鹅群的区域，通常经过一次大流行之后，当年留剩下来的鹅群都是患病后痊愈或是经无症状感染而获得免疫力的这种免疫鹅产的种蛋所孵出的雏鹅也获得坚强的被动免疫，能抵抗鹅细小病毒的感染，不会发生小鹅瘟。所以，本病的流行常有一定的周期性，就是大流行之后的一年或数年内往往不见发病，或仅零星发生。但以后如果鹅细小病毒传入，又引起大暴发流行。而在四季常青或每年更换部分种鹅群饲养方式的区域，一般不可能发生大流行，但每年有不同程度的流行发生，死亡率一般在 20％～30％，高的达 50％左右。

该病一旦暴发，传播迅速，具有高度的传染性和死亡率。饲养管理水平低，育雏温度低，鹅舍地面潮湿，卫生环境差，鹅只日龄小，其发病率较高。饲料中蛋白质含量过低，缺乏多种维生素和微量元素，并发症的存在等均能诱发和加剧本病的发生和死亡。患病的鹅群，若有混合感染或继发感染，其发病率和死亡率明显高于本病的单一感染。

三、临床症状

本病潜伏期为 3～5 天，以消化系统和中枢神经系统紊乱为主要表现。根据病程的长短不同，可将其临诊类型分为最急性型、急性型和亚急性型 3 种。

1. 最急性型

多发生于 3～10 日龄的雏鹅或雏番鸭，通常是不见有任何前驱症状，发生败血症而突然死亡，或在发生精神呆滞后数小时即呈现衰弱，倒地划腿，挣扎几下就死亡，病势传播迅速，数日内即可传播全群。

2. 急性型

多发生于 15 日龄左右的雏鹅，患病雏鹅具有典型的消化系统紊乱和明显的神经症状。表现为精神沉郁，食欲减退或废绝，羽毛松乱，头颈缩起，闭眼呆立，离群独处，不愿走动，行动缓慢；虽能随群采食，但所采得的草并不吞下，随采随丢；病雏鹅鼻孔流出浆液性鼻液，沾污鼻孔周围，频频摇头；进而饮水量增加，逐渐出现拉稀，排灰白色或灰黄色的水样稀粪，常为米浆样混浊且带有气泡或有纤维状碎片，肛门周围绒毛被污染；喙端和蹼色变暗（发绀）；有个别患病雏鹅临死前出现颈部扭转或抽搐、瘫痪等神经症状。据临床所见，大多数雏鹅发生于急性型，病程一般为 2～3 天，随患病雏鹅日龄增大，病程渐而转为亚急性型。

3. 亚急性型

通常发生于流行的末期或 20 日龄以上的雏鹅，其症状轻微，主要以精神沉郁，行动迟缓，走动摇摆，拉稀，消瘦为特征。病程一般 4～7 天，甚至更长，有极少数病鹅可以自愈，但雏鹅吃料不正常，生长发育受到严重阻碍，成为"僵鹅"。

四、剖检病变

特征病变在消化道，尤其是小肠急性浆液性-纤维素性炎症最具特征。随病型不同有一定差异。

1. 最急性型

一般仅见小肠前段黏膜肿胀、充血，上覆有大量淡黄色黏液。胆囊肿大、胆汁稀薄。其他脏器无明显病变。

2. 急性型和亚急性型

常有典型的肉眼病变，尤其是肠道的病变具有特征性。小肠的中、后段显著膨大，呈淡灰白色，形如香肠样，触之坚实较硬，剖开膨大部肠道可见肠黏膜发炎、坏死，呈片状或带状脱落，与大量纤维素性渗出物凝固，形成栓子或包裹在肠内容物表面堵塞肠道。心脏变圆，心肌松软，还可见肝、脾、胰肿大、充血。

五、诊断方法

（一）临床诊断

根据本病的流行病学、临床症状和剖检病变特征，即可作出初步诊断。确诊需进一步进行实验室诊断。

（二）实验室诊断

1. 病毒分离鉴定

以无菌操作法取病雏鹅或雏番鸭的心、肝、脾、胰等病料剪碎研磨，用灭菌生理盐水作1∶5稀释成悬液，加入青霉素和链霉素处理后，接种于12～15日龄的鹅胚绒毛尿囊腔内，每鹅胚接种0.5毫升，经3～5天，鹅胚死亡，剖检死鹅胚，发现鹅胚体有典型的病变，如绒毛尿囊腔水肿，全身皮肤充血、出血和水肿，即可确诊。

2. 动物接种试验

将上述鹅胚绒毛尿囊液接种于7～10日龄的雏鹅数只（0.2毫升/羽），作为试验组；同时用已注射过抗小鹅瘟高免血清的雏鹅数只（0.5毫升/羽），作为对照组。如果试验组雏鹅发病死亡，其临床症状和剖检病理变化同自然发病的雏鹅相似，而注射过抗小鹅瘟高免血清作为对照组的雏鹅不出现任何症状，即可确诊为小鹅瘟。

3. 血清学试验

常用的方法有中和试验、琼脂扩散试验、凝集及凝集抑制试验、酶联免疫吸附试验、免疫荧光技术等。

4. PCR检测

国内许多教学科研单位进行了小鹅瘟病毒的分子生物学诊断技术的研究，但尚未广泛应用于临床。

（三）鉴别诊断

1. 与鹅副黏病毒病（鹅新城疫）的区别

鹅新城疫所有品种和日龄的鹅都可发生，肺部有出血；小鹅瘟主要发生于1月龄内的小鹅。

2. 与病毒性肠炎（鸭瘟）的区别

病毒性肠炎发生于进雏后6～30天，以8～15天多发，发病速度和传播速度较慢，发病

24 小时内只有 10％左右的患雏有明显的临床症状；小鹅瘟发生于进雏后 4～6 天，以第 5 天最易发病，且发病迅速，传播快，发病 12 小时就有 50％左右的患雏出现明显的临床症状。

六、防控措施

（一）预防措施

1. 加强日常消毒

全场定期（建议每周一次）消毒，针对垫草、料槽、场地，应用百毒杀进行喷雾消毒。对病死鹅、番鸭要深埋，加入消毒粉（如三氯异氰尿酸钠、生石灰等）处理。

2. 把好引种关

引进健康鹅、番鸭，防止带回疫病，已引进的要隔离饲养观察。

3. 做好免疫接种

种鹅、番鸭，应于开产前一个月用小鹅瘟鸭胚化弱毒疫苗进行首次免疫，用灭菌生理盐水将疫苗作 20 倍稀释，每只皮下或肌内注射 1 毫升；间隔 7～10 天进行二次免疫，将疫苗作 10 倍稀释，每只皮下或肌内注射 1 毫升。使种鹅、番鸭产生免疫抗体，孵出的雏鹅、雏番鸭才可以产生免疫力。

雏鹅、雏番鸭，对未免疫种鹅、番鸭所产蛋孵出的雏鹅、雏番鸭于出壳后 1 日龄注射小鹅瘟弱毒疫苗，且隔离饲养到 7 日龄；免疫种鹅、番鸭所产蛋孵出的雏鹅、雏番鸭一般于 7～10 日龄注射小鹅瘟高免血清或高免蛋黄，每只皮下或肌内注射 0.5～1.0 毫升。

4. 加强孵化环节消毒

孵化设备、一切用具以及屋内及地面应定期消毒，尤其是在有小鹅瘟流行的区域孵化厅应注重消毒。免疫种鹅群和非免疫种鹅群的种蛋应分开孵化，使孵出的雏鹅有不同母源抗体，从而影响雏鹅群的免疫效果。对入孵的种蛋应严格进行药液冲洗和福尔马林熏蒸消毒，以防病毒经种蛋传播。不同地区的种蛋不得混孵。

5. 加强饲养管理

育雏期间的小鹅要注意保温、降湿、通风，尽量不要下水或少下水。鹅群宜小群饲养，便于管理和控制疫病。不同地区的雏鹅不得混群，如确实要混群，则应隔离饲养 20 天以上，在确认无小鹅瘟发生时，才能与其他雏鹅合群。

（二）控制措施

发现本病，应按《中华人民共和国动物防疫法》规定，采取严格控制，扑灭措施，防止扩散。扑杀病鹅和同群鹅，并深埋或焚烧。受威胁区的雏鹅可注射抗血清预防。受污染的场地，用具等应彻底消毒。发病地区的雏鹅，禁止外调或出售。

（三）治疗

对于发病鹅群也可以用小鹅瘟高免血清防治。用患小鹅瘟康复鹅的新鲜血液加 10％的 2.5％～5％柠檬酸钠溶液，小鹅颈皮下注射，1.5～2.5 毫升/羽，24 小时后再注射一次，有好的防治效果。患病鹅若感染其他细菌病，每羽小鹅应肌内注射混入 1 000～2 000 单位庆大霉素的高免血清，早晚各 1 次，2 天后再连用庆大霉素 2～3 天。

第八章 常见猪病

第一节 非洲猪瘟

非洲猪瘟（ASF）是由非洲猪瘟病毒（ASFV）引起的猪的一种急性、热性、高度接触性传染病，其临床症状主要表现为高热、皮肤发绀、全身内脏器官广泛出血、呼吸障碍和神经症状，发病率、死亡率可达 100%，一旦暴发流行，对养猪业将是毁灭性打击。世界动物卫生组织将其列为法定报告动物疫病，我国将其列为一类动物疫病。

非洲猪瘟最早起源于非洲，1921 年非洲东部的肯尼亚首次确认非洲猪瘟疫情。随后，非洲猪瘟疫情由非洲地区蔓延至比利时、荷兰、葡萄牙、西班牙和意大利等欧洲国家，在 20 世纪 50~60 年代对欧洲养猪业造成重创。2007 年，非洲猪瘟疫情传播到格鲁吉亚，然后扩散至阿塞拜疆、亚美尼亚和俄罗斯等国家。2007—2016 年，非洲猪瘟在俄罗斯境内持续扩散，并开始不断突破新的边界。2012 年传入乌克兰，2013 年传入白俄罗斯，2014 年传入立陶宛、波兰、拉脱维亚、爱沙尼亚，2016 年传入摩尔多瓦，2017 年传入捷克、罗马尼亚。2018 年 8 月 3 日传入我国辽宁沈阳，尤其最近一年多来，非洲猪瘟在亚洲国家肆虐，造成了数以亿计的经济损失。目前，非洲猪瘟已经成为世界范围内广泛分布的动物疫病。

一、病原

非洲猪瘟病毒是一种有囊膜的 DNA 病毒，兼具虹彩病毒和痘病毒的某些特性，是非洲猪瘟病毒科（Asfarviridae）非洲猪瘟病毒属（Asfarvirus）的唯一成员，且只有 1 个血清型，也是已知的唯一的 DNA 虫媒病毒。非洲猪瘟病毒粒子直径为 175~215 纳米，具有 20 面体结构，有囊膜。病毒粒子由多层同心圆结构组成，由内到外依次是基因组 DNA、基质层、内膜、核衣壳和外囊膜。非洲猪瘟病毒基因组为单分子线状双链 DNA，大小为 170 千~190 千碱基（由于毒株的不同而有差异），基因组中部是中央保守区（C 区），两端是可变区（VL 和 VR），并有发夹环，易于变异。整个基因组含有 150~167 个开放阅读框（ORFs），可以编码 150~200 种蛋白质，按其功能可将编码蛋白分为病毒结构蛋白（如 p72 蛋白、p54 蛋白、p220 蛋白）、调节宿主细胞功能蛋白（如钙神经素磷酸酶抑制因子、C 型凝集素样蛋白）、多基因家族编码的病毒蛋白（如 MGF530、MGF360、MGF300 和 MGF100 的编码产物）等。依据编码主要衣壳蛋白 p72 的基因 B646L 的部分核苷酸序列，非洲猪瘟病毒可以被分为 24 个基因型。首次发现的传入我国的非洲猪瘟病毒毒株属于基因 II 型。

非洲猪瘟病毒能够耐受高温和较大范围的 pH 波动，加热 56 ℃ 70 分钟或 60 ℃ 20 分钟即可使病毒灭活；无血清介质中，pH<3.9 或>11.5 可使非洲猪瘟病毒灭活。0.8％的氢氧化钠（30 分钟）、含 2.3％有效氯的次氯酸盐溶液（30 分钟）、0.3％福尔马林（30 分钟）、3％邻苯基苯酚（30 分钟）和碘化合物均可灭活非洲猪瘟病毒。非洲猪瘟病毒对环境的抵抗力很强，不同非洲猪瘟病毒在死亡野猪尸体中可以存活长达 1 年；粪便中至少存活 11 天；在腌制干火腿中可存活 5 个月；在未经烧煮或高温烟熏的火腿和香肠中能存活数月；4 ℃保存的带骨肉中至少存活 5 个月，冷冻肉中可存活数年；半熟肉以及泔水中可长时间存活。

二、流行病学

(一) 易感动物

猪是非洲猪瘟病毒唯一的自然宿主，包括家猪、欧洲野猪、疣猪、丛林猪和巨林猪，其中家猪和欧洲野猪高度易感，无明显品种、日龄和性别差异。疣猪、非洲野猪常不表现出症状，呈隐性带毒，是该病毒的自然储存器。

(二) 传染源

感染非洲猪瘟病毒的野猪、家猪（包括病猪、康复猪和阴性感染猪）及其排泄物、含有病死猪组织或非洲猪瘟病毒的污染物、含有非洲猪瘟病毒的猪肉及其制品，以及钝缘软蜱为主要传染源。

(三) 传播途径

非洲猪瘟传播途径主要有直接接触传播、间接接触传播和虫媒传播。

1. 直接接触传播

由于病猪各组织器官、体液、各种分泌物、排泄物中均含有高滴度的病毒。因此，可通过接触病猪的唾液、鼻分泌物、泪液、尿液、粪便、生殖道分泌物以及破溃的皮肤、病猪血液等经口或呼吸道途径传播。

2. 间接接触传播

未熟制的猪肉及猪肉制品，被污染的饲料、水源、器具、垫料、泔水、工作人员及其服装等均能成为传染源，交通工具如飞机、火车、运输车辆等可能成为传播载体。

3. 虫媒传播

非洲猪瘟病毒是唯一的虫媒 DNA 病毒，钝缘软蜱是主要的传播媒介和储存宿主，它在吸血时能够将体内的病毒传染给易感宿主。另外，疫区蚊子、苍蝇、鼠等也可机械传播非洲猪瘟病毒，厩蝇吸食感染猪的血液 24 小时后即可传播非洲猪瘟病毒，且可携带高血液滴度的非洲猪瘟病毒达 48 小时以上，血虱也可携带病毒。

(四) 流行特征

非洲猪瘟仅发生于猪和野猪，无明显季节性，感染途径和传播方式多样。猪群中引进外观健康的感染猪（潜伏期病猪）或被非洲猪瘟病毒污染的传播媒介（如饲料、水、车辆、靴子、注射器等），或被钝缘软蜱叮咬，是非洲猪瘟暴发的最常见原因。猪群一旦感染，传染迅速，发病率和死亡率均极高，发病后很难消灭，康复猪可长期带毒，短期内也可能再次暴发。

三、临床症状及病理变化

非洲猪瘟的潜伏期为 4～19 天，严重病例一般在感染后 2～10 天死亡，依据临床症状程度不同，可分为最急性型、急性型、亚急性型和慢性型。

1. 最急性型

临床症状：通常在未见到明显临床症状的情况下突然死亡。有时可见食欲消失、惊厥，几小时内即死亡。

2. 急性型

临床症状：体温可高达 42 ℃，沉郁，厌食，耳、四肢、腹部皮肤有出血点，可视黏膜潮红、发绀。眼、鼻有黏液脓性分泌物；呕吐；便秘，粪便表面有血液和黏液覆盖；或腹泻，粪便带血。共济失调或步态僵直，呼吸困难，病程延长则出现其他神经症状。妊娠母猪流产。病死率高达 100％。病程 4～10 天。

3. 亚急性型

临床症状：症状与急性相同，但病情较轻，病死率较低。体温波动无规律，一般高于 40.5 ℃。仔猪病死率较高。病程 5～30 天。

4. 慢性型

临床症状：波状热，呼吸困难，湿咳。消瘦或发育迟缓，体弱，毛色暗淡。关节肿胀，皮肤溃疡。死亡率低。病程 2～15 个月。

四、剖检病变

（一）最急性型

肉眼病变不明显，部分病例体液蓄积，急性死亡。

（二）急性型

脾脏异常肿大，呈黑色，边缘变钝，易碎，有时出现边缘梗死。颌下淋巴结、腹腔淋巴结肿大，严重出血。浆膜表面充血、出血，肾、肺脏表面有出血点，心内膜、心外膜大量出血点，胃、肠道黏膜弥漫性出血。胆囊、膀胱出血。肺脏肿大，切面流出泡沫性液体，气管内有血性泡沫样黏液。有些病例，胸腔、腹腔蓄积血色液体。

（三）亚急性和慢性型

主要病变是消瘦、间质性肺炎、淋巴结肿大，后期肺部和淋巴结硬化，肺浆膜面和心外膜有大量纤维素沉着等。

五、诊断方法

（一）临床诊断

根据非洲猪瘟流行病学、临床症状和剖检病变等综合分析可以作出初步诊断。由于非洲猪瘟病毒的临床症状和古典猪瘟、高致病性猪蓝耳病等疫病相似，因此，必须开展实验室检测进行鉴别诊断。

（二）实验室诊断

1. 血清学诊断

抗体检测可采用间接酶联免疫吸附试验、阻断酶联免疫吸附试验和间接荧光抗体试验等方法。

2. 病原学诊断

病原学快速检测：可采用双抗体夹心酶联免疫吸附试验、聚合酶链式反应和实时荧光聚合酶链式反应等方法。

样品检测前，要在生物安全柜中对样品进行处理和灭活。每次样品检测结束后，要对检测过程中产生的废物、废液等进行消毒和无害化处理；并对相关仪器、工作台面、环境进行严格消毒。检测完成后，要对所有剩余样品进行高温高压处理，做好样品销毁记录，不得留样。

3. 病毒分离鉴定

可采用细胞培养、动物回归试验等方法。

六、防控措施

迄今为止，针对非洲猪瘟尚未发现有效的治疗药物，也无有效的疫苗用于预防。非洲猪瘟的发生和流行过程受到多因素综合影响，传染源、易感动物和环境因素不是孤立存在的，而是相互联系并共同作用于非洲猪瘟的发生和流行过程。因此，要控制非洲猪瘟的发生、流行必须采取综合性的防制措施。

（一）健全动物防疫体系

非洲猪瘟防控是一项系统工程，不仅需要农业农村、财政、交通、市场监督、公安、海关、卫健等部门的密切配合，还需要健全动物防疫体系，补齐机构、队伍和设备短板，压实防疫主体责任，才能保证兽医防疫措施的贯彻落实，把非洲猪瘟防控工作做好。

（二）平时预防措施

非洲猪瘟疫情传入和传播渠道多，因此要贯彻"预防为主"的方针，加强生物安全管理，切断一切可能发生的传播途径，对进出养殖场的车辆、人员及物品要彻底全面地消毒。加强饲养管理，不使用泔水或餐厨剩余物喂猪，搞好养殖场区内卫生消毒工作，净化养殖环境，以提高动物的健康水平和抗病能力。贯彻自繁自养的原则，实施全进全出饲养管理，减少疫病传播。定期杀虫、灭鼠、防鸟，对病死猪、粪污等进行无害化处理。

认真贯彻执行国境检疫、交通检疫、市场检疫和屠宰检验等各项工作，以及时发现并消灭传染源。各地兽医机构应调查研究当地疫情分布，组织相邻地区对非洲猪瘟开展联防协作，有计划地进行消灭和控制，并防止外部疫情的再次传入。

（三）发生疑似或确诊疫情时的应急处置措施

发生非洲猪瘟疑似疫情或确诊疫情时，应严格按照《非洲猪瘟疫情应急处置指南（试行)》做好应急处置工作。

1. 疑似疫情处置程序

发现临床可疑疫情,对发病场(户)的动物实施严格的隔离、监视,禁止易感动物及其产品、饲料及有关物品移动,限制人员、车辆的出入。在发病场(户)的出入口或路口设置临时检查消毒站,对人员和车辆进行消毒。兽医部门负责收集有关场所和动物的相关信息,开展流行病学调查。兽医和有关部门初步划定疫点、疫区、受威胁区范围。必要时采取封锁、扑杀等措施。

2. 确诊疫情处置程序

确诊疫情后,按照成立应急处置现场指挥机构→划定疫点、疫区和受威胁区→封锁→扑杀→转运→无害化处理→监测→评估→解除封锁→恢复生产的流程进行应急处置,整个处置过程中都要做好消毒防护工作。应先对疫点的生猪进行扑杀和无害化处理。

第二节 猪 瘟

猪瘟又名猪霍乱,我国俗称烂肠瘟。欧洲为了区别于非洲猪瘟,称其为古典猪瘟(CSF)。本病是由猪瘟病毒引起的一种高度接触性病毒传染病,其特征是小血管壁变性,内脏器官多发性出血、坏死和梗死;传播快、流行广、发病率和死亡率高,危害极大。世界动物卫生组织将其列为法定报告疫病,我国 2008 年新修订的《一、二、三类动物疫病病种名录》将其列为一类动物疫病。

一、病原

猪瘟病毒在病毒分类上属黄病毒科瘟病毒属。该属的成员除猪瘟病毒外,还有在抗原性和结构上与其密切相关的牛病毒性腹泻病毒(BVDV)和绵羊边界病病毒(BDV)。

二、流行病学

病猪及带毒猪是主要的传染源。母猪带毒发生繁殖障碍病,则可将病毒经胎盘感染胎儿,导致长期带毒、散毒,种公猪感染后可通过精液将猪瘟病毒传给母猪和胎儿,成为猪瘟预防免疫效果差、反复发生以致暴发的重要原因。

猪瘟病毒可发生直接接触传播,主要通过接触感染猪、被血液和分泌物污染的水、饲料、不明携带物以及机械载体传播,尤其是带毒新鲜猪肉、冷冻猪肉对猪均保持感染性;猪及其产品的引进是猪瘟病毒传播的主要途径;流动的空气能够传播猪瘟病毒,免疫猪感染猪瘟病毒后通过空气传播的猪瘟病毒,一般不引起易感猪的临床发病,非免疫猪则反之;禽及鸟类一般不主动传播猪瘟病毒。

家猪和野猪均易感染猪瘟病毒,不同品种、年龄和性别的猪均可感染。10 日龄内及断奶前后发病最多,3 月龄以上者发病减少,经免疫过的猪群仍有发病。猪场若从市场购入猪苗,则猪瘟的发病率明显高于本场自繁自养。

本病一年四季均可发生，但低温有利于病毒的存活和散播，气候多变等应激因素导致发病增加。近些年来，其流行形式已从频繁的大流行转变为多地区散发性流行，有时表现为波浪形、周期性，尤其是大多表现为温和型猪瘟，其症状显著减轻，死亡率较低，或呈亚临床感染。

三、临床症状

猪瘟的临床症状因毒株、宿主因素不同和感染时间长短而有很大差异。临床上根据病毒的毒力、病程长短、临床症状和感染时期表现不同，可将猪瘟分为 4 种病型，即急性型、慢性型、温和型和迟发型。

1. 急性型

病猪体温升高至 40～42 ℃，精神沉郁、怕冷、嗜睡；病初便秘，随后出现糊状或水样并混有血液的腹泻，大便恶臭；结膜炎、口腔黏膜不洁、齿龈和唇内以及舌体上可见有溃疡或出血斑；后期鼻端、唇、耳、四脚、腹下及腹内侧等处皮肤上有出血点或斑；公猪的包皮内积有尿液，用手挤压后流出混浊灰白色恶臭液体；病程 2 周左右。

2. 慢性型

病猪体温升高不明显；贫血、消瘦和全身衰弱，一般病程超过一个月；食欲时好时坏，便秘和腹泻交替发生；耳尖、尾根和四肢皮肤坏死或脱落。慢性猪瘟存活者严重发育不良，成为僵猪，病猪可存活 100 天以上，死亡率一般 10%～30%。

3. 温和型

临床症状与解剖病变不典型，发病率与死亡率显著降低，病程明显延长，新生仔猪感染死亡率较高，大猪一般能耐过；怀孕母猪感染出现流产、木乃伊胎、死胎及畸形胎。

4. 迟发型

是先天感染的结果，感染猪出生后一段时间内不表现症状，数月后出现轻度的食欲不振、精神沉郁、结膜炎、皮炎、下痢和运动失调，但体温正常，可存活半年左右后死亡。怀孕母猪感染低毒力猪瘟病毒可表现群发性流产、死产、木乃伊胎、畸形的弱仔猪或外观健康实际已感染的仔猪。

四、剖检病变

病死猪特征性病理解剖变化主要为：病猪出现全身性出血，皮肤、黏膜、实质器官都有充血和大小不等的出血点，常在鼻端、耳、四肢内侧、腹下有出血斑和出血点，指压不褪色。淋巴结外观充血肿胀，切面周边出血，呈红白相间的"大理石样"。脾脏不肿大，边缘发现楔状梗死区。肾皮质色泽变淡，有点状出血。膀胱黏膜表现不同程度的充血，黏膜上有针尖大小的出血点。扁桃体出现梗死，随着细菌侵入发生化脓性炎症。肠道有不同程度的充血和出血，回肠末端、盲肠和结肠常有特征性的坏死和溃疡变化，呈纽扣状。

五、诊断方法

根据病猪典型的临床症状和剖检病变以及流行病学情况，可作出初步诊断。

1. 病原学诊断

目前，猪瘟病毒最常用的分子诊断技术是 RT-PCR、实时荧光 RT-PCR 等。

（1）RT-PCR：该方法特异性强、灵敏度高、重复性好，操作也很简单，整个过程在 1 天内即可完成，能达到快速检测的目的，并且适合于各种含毒材料的检测，可用于临床。然而，采用 RT-PCR 检测技术只能诊断出检测猪是否感染猪瘟病毒，不能区分是野生毒或是疫苗毒。

（2）实时荧光 RT-PCR：该方法灵敏度高，操作简单，耗时短，只需 3 个小时即可完成整个试验过程；对实验感染猪鼻拭子、扁桃体和全血检测的敏感性超过病毒分离鉴定，达到 $1\sim100\text{TCID}_{50}$。

（3）巢式 RT-PCR：该方法分别设计 2 对针对猪瘟强毒株和猪瘟兔化弱毒株（HCLV）的特异性引物，第 2 套引物用以区分猪瘟疫苗毒和野毒。该方法使检测结果更具有特异性、敏感性。

2. 血清学诊断

血清学检测通常用于了解猪的群体免疫水平和对疫苗免疫效果进行评价、监测猪群猪瘟病毒感染状态、预测猪群猪瘟病毒流行态势等，为预防接种提供科学依据。

（1）血清中和试验：最准确的血清学诊断方法为血清中和试验，目前最常用的中和试验方法有：

① 兔体中和试验：将猪瘟病毒与待检血清中和后接种兔体，观察体温变化情况，以判断待检血清抗体水平。该方法敏感、准确，但实验需要时间较长。

② 过氧化物酶联中和试验：是国际贸易指定方法，其优点在于无须飞片，对结果可通过肉眼进行判定。

（2）正向间接血凝试验：可用于免疫抗体的检测，利于基层使用，但不能区分是否野毒感染。

（3）酶联免疫吸附试验：以全病毒、表达蛋白或合成肽作为包被抗原建立 ELISA，可以进行针对不同猪瘟病毒蛋白的抗体检测，是监测免疫猪抗体水平的主要手段，也可用于强毒和疫苗毒所产生抗体的鉴别诊断。

ELISA 方法种类很多，间接 ELISA 方法是目前应用最广、发展最快的免疫检测技术，是检测猪瘟病毒抗体的主要方法，但此法由于手工操作的误差，对检测结果有一定的影响。根据具体试验方法的不同，又衍生出很多新的子技术。

PPA ELISA：可用来检测猪瘟弱毒抗体效价水平，以此判断免疫接种是否成功及保护率高低，从而确定免疫程序，还可用来检测猪瘟强毒抗体，及时淘汰猪群中的隐性带毒者。

（4）感染抗体与免疫抗体的鉴别检测（GB/T 16551、SN/T 1379）：为实现免疫和感染的监测和鉴别，需要建立能够评估疫苗免疫效果和区分感染抗体与免疫抗体的血清学方法。

① 分子基础：猪瘟病毒野毒株与疫苗株之间 E2 蛋白保守性差，同源性在 82%～85%，可以作为鉴别诊断的主要靶标。用猪瘟病毒野毒株和疫苗株分别接种细胞培养，收获培养物，通过亲和层析法，利用猪瘟病毒野毒株特异性单克隆抗体和猪瘟病毒疫苗株特异性单克隆抗体纯化制成猪瘟单克隆抗体纯化酶联免疫吸附试验抗原，包被酶标板，用 ELISA 方法，将猪瘟疫苗免疫抗体和强毒感染抗体进行鉴别。

② 方法评价：针对 E2 蛋白建立的 ELISA 方法可以实现对猪瘟病毒感染、免疫抗体的鉴别。检测猪瘟弱毒抗体效价水平，可以判断免疫接种是否成功及保护率高低，从而确定免

疫程序，及时淘汰免疫耐受猪；检测猪瘟强毒感染抗体，可及时淘汰猪群中的隐性带毒者，达到净化猪瘟的目的。

六、防治措施

（一）预防

本病应以预防为主，需采取综合预防措施。

1. 检疫

对猪要严格检疫，引进后隔离观察、抽血检验，及时淘汰隐性感染带毒种猪。

2. 免疫

猪瘟是一种传染性非常强的传染病，常给养猪业造成毁灭性损失。预防猪瘟最有效的方法就是接种猪瘟疫苗。目前市场上预防猪瘟的疫苗主要有以下 3 种。

（1）乳兔苗：使用时按瓶签注明头份用无菌生理盐水按每头份 1 毫升稀释，大小猪均为 1 毫升。该疫苗禁止与菌苗同时注射。注苗后如出现过敏反应，应及时注射抗过敏药物，如肾上腺素等。该疫苗稀释后，应放在冷藏容器内，严禁结冰，如气温在 15 ℃以下，6 小时内要用完；如气温在 15～27 ℃，应在 3 小时内用完。注射的时间最好是进食后 2 小时或进食前。

（2）细胞苗：该疫苗大小猪都可使用。按标签注明头份，每头份加入无菌生理盐水 1 毫升稀释后，大小猪均皮下或肌内注射 1 毫升。注射 4 天后即可产生免疫力，注射后免疫期可达 12 个月。断奶前仔猪可接种 4 头份疫苗，以防母源抗体干扰。

（3）脾淋苗：使用时按瓶签注明头份用无菌生理盐水按每头份 1 毫升稀释，大、小猪均 1 毫升。

3. 消毒

猪场要进行定期严格的消毒措施，最好使用 2%的氢氧化钠（烧碱）溶液或酚类消毒剂。

（二）治疗

本病尚无治疗方法。感染猪须扑杀、动物尸体应销毁。在猪瘟流行的地区，使用猪瘟弱毒疫苗能有效地减少经济损失，但却不能有效地消灭猪瘟。在无猪瘟或进行猪瘟根除计划的地区，应禁止使用猪瘟疫苗免疫。

第三节　猪繁殖与呼吸综合征

猪繁殖与呼吸综合征（PRRS，又名猪蓝耳病）是由猪繁殖与呼吸综合征病毒（PRRSV）引起的，以母猪繁殖障碍、早产、流产、死胎、木乃伊胎及仔猪呼吸综合征为特征的高度接触性传染病。按临床表现的不同，猪蓝耳病可分为经典猪蓝耳病和高致病性猪蓝耳病。高致病性猪蓝耳病以高度接触性传播、全身出血、肺部实变和母猪繁殖障碍为特征，仔猪、育肥猪和成年猪均可发病和死亡，其中仔猪发病率可达 100%、死亡率可达 50%以上，母猪流产率可达 30%以上。世界动物卫生组织将其列为法定报告的动物疫病，我国 2008 年新修订的《一、二、三类动物疫病病种名录》将高致病性猪蓝耳病列为一类动物疫病。

一、病原

猪繁殖与呼吸综合征病毒在分类上属动脉炎病毒科、动脉炎病毒属。该属除猪繁殖与呼吸综合征病毒外，还包括马动脉炎病毒、猴出血热病毒和小鼠乳酸脱氢酶病毒。

二、流行病学

本病传播迅速，是一种高度接触性传染病。病猪和带毒猪是主要传染源。病猪的飞沫、唾液、粪便、尿液、血液、精液和乳分泌物等均含有病毒。耐过猪可长期带毒和排毒。潜伏期通常为 7～14 天。

经典猪蓝耳病最重要的流行病学特征为猪感染后表现为慢性持续感染，猪繁殖与呼吸综合征病毒能在易感猪体内持续感染数月而不表现临床症状。

高致病性猪蓝耳病在初发地区呈暴发流行，所有年龄猪均易感，发病率、死亡率均较高。目前在临床上呈区域性不同状态的流行，表现形式差异较大。猪群一旦感染即呈持续性带毒，污染猪场成为疫源地。猪场间和猪场内猪只的调运和移动是最常见的传播方式。潜伏期通常为 3～10 天。

三、临床症状

猪繁殖与呼吸综合征病毒分离株的毒力差别很大，经典毒株引起的临床表现为病猪厌食、精神沉郁、低热、母猪流产、早产、死胎、产木乃伊胎，以及仔猪出生后出现咳嗽、喘、呼吸困难等呼吸系统症状。育肥猪、公猪偶有发病，除表现上述呼吸系统症状外，公猪还可表现性欲缺乏和不同程度的精液质量降低，呈地方性流行。

高致病性猪蓝耳病感染后，病猪体温明显升高，可达 41 ℃以上；食欲不振、厌食甚至废绝、精神沉郁、喜卧；皮肤发红，部分猪濒死期末梢皮肤发红、发紫（耳部蓝紫）；眼结膜炎、眼睑水肿；咳嗽、气喘等呼吸道症状；有的病猪表现后躯无力、共济失调等神经症状；仔猪、育肥猪和成年猪均可发病、死亡，仔猪发病率可达 100%、死亡率可达 50% 以上，母猪流产率可达 30% 以上。

猪群感染猪繁殖与呼吸综合征病毒后，对其他病原引起的疾病易感染性增加，导致发生混合感染或者继发感染，使病情更为严重，确诊难度加大。

四、剖检病变

经典猪蓝耳病发病猪大体剖检可见肺灶性实变，发病后期多出现并发或继发感染其他病原引起的病变，如化脓或纤维素渗出等。组织学病变主要取决于病毒感染的程度以及继发感染的出现。通常病变见于肺脏，表现为灶性间质性肺炎，可见肺泡间隔增厚，肺泡内可见浆液性渗出物、肺泡巨噬细胞、单核细胞、淋巴细胞和细胞碎片。

高致病性猪蓝耳病发病猪大体剖检可见肺实变，呈肝样肉变，多见于肺部尖叶、心叶和膈叶的近心端；部分急性病例脾脏边缘或表面可见梗死灶，肾表面可见针尖至小米粒大出血点、斑，皮肤、扁桃体、心、膀胱、肝和肠道均可见点、灶状瘀血、出血。非急性病例如无并发或继发感染，脾、淋巴结通常不肿，甚至于轻度萎缩。显微镜下主要病变为肺间质性肺炎，脾出血性梗死，非化脓性脑炎，间质性肾炎等。

五、诊断方法

（一）临床诊断

高致病性猪蓝耳病的初发群表现高热（高于41 ℃）、皮肤充血或末梢发绀；食欲减退甚至废绝，感染猪嗜睡、扎堆，站立困难或不能站立，有些猪共济失调；脾梗死、肾出血、呼吸道症状等，与急性猪瘟的临床表现和病理变化高度相似，需依靠实验室诊断进行鉴别。

（二）实验室诊断

1. 病原学诊断

高致病性猪繁殖与呼吸综合征病毒 NSP2 基因存在 90 个碱基的缺失，以此作为靶标，众多学者分别建立了多种高致病性猪繁殖与呼吸综合征病毒特异性核酸检测技术。

（1）RT-PCR 方法：根据高致病性猪繁殖与呼吸综合征病毒（NA4 型）NSP2 基因序列的特点，针对核苷酸缺失区域两端的保守序列设计合成一对特异性引物，建立的 RT-PCR 鉴别诊断方法，可用于高致病性猪繁殖与呼吸综合征病毒的鉴别诊断。

（2）荧光 RT-PCR 方法：基于 MGB 探针的双重荧光 RT-PCR 技术，建立了同时检测美洲型猪繁殖与呼吸综合征病毒经典毒株（NA1～NA3 型）和高致病性毒株（NA4 型）的鉴别诊断技术，为猪蓝耳病疫情诊断与监测提供技术支持。

2. 血清学诊断

目前，免疫过氧化物酶单层细胞试验、间接免疫荧光试验、ELISA 和中和试验是检测猪繁殖与呼吸综合征抗体的较常用方法，另外，免疫胶体金技术、Dot-ELISA、乳胶凝集试验、间接血凝试验等也可用于猪繁殖与呼吸综合征抗体检测，但应用较少。

（1）间接免疫荧光试验：间接免疫荧光试验（IFA）是由 Yoon 等（1992）建立。该方法在美洲国家应用较多。

① 分子基础与方法评价：IFA 法分为 IgM-IFA 和 IgG-IFA，可分别在感染后 5 天和 9～14天分别检测到猪繁殖与呼吸综合征特异性 IgM 和 IgG 抗体。

② 各类标准采用情况：间接免疫荧光试验法也是国际贸易规定的替代试验之一。国际标准见于 OIE《陆生动物诊断试验和疫苗手册》（2008）第 2.8.7 章《猪繁殖与呼吸综合征》；国家标准见于《猪繁殖与呼吸综合征诊断方法》（GB/T 18090）。

（2）免疫胶体金技术：

① 分子基础与方法评价：分子基础同 ELISA。基于膜基础上的侧向层析和渗透层析制备的胶体金试纸条操作简便、快速、无须仪器设备，适用于现地检测。

② 各类标准采用情况：无相关标准。

（3）猪繁殖与呼吸综合征感染抗体和免疫抗体的分类检测：目前我国猪繁殖与呼吸综合

征分布范围广，类型复杂，使用的疫苗种类繁多，为实现免疫与感染的监测和鉴别，需要建立能够评估疫苗免疫效果和区分感染抗体与免疫抗体的血清学方法。

① 分子基础：研究表明，猪繁殖与呼吸综合征病毒 N 蛋白和 GP 蛋白（包括 GP2a、GP3、GP4、GP5）在自然感染与免疫动物中产生的抗体反应显著不同（表 8 - 1）。

表 8 - 1 N 蛋白与 GP 蛋白的区别

类　　型		N 蛋白	GP 蛋白
保守性	美洲、欧洲型间	中等	低
	同一型内	高	低
感染后抗体消长规律	抗体产生时间	7～10 天	13 天左右
	抗体持续时间	持续时间短、下降快（2 个月）	持续时间长（4～5 个月）
与中和抗体相关性		无	有

②方法评价：针对 N 蛋白与 GP 蛋白建立的 ELISA 方法可以实现对猪繁殖与呼吸综合征感染抗体和免疫抗体的初步分析，如检测 N 蛋白抗体的 HerdChek PRRS IDEXX 抗体检测试剂盒（以下简称 IDEXX-ELISA）和检测 GP 蛋白抗体的 LSIVET SUIS PRRS A/S（以下简称 LSI-ELISA），前者适合检测猪繁殖与呼吸综合征感染抗体，而后者适合检测疫苗免疫抗体和母源抗体。

a. 感染后 N 蛋白抗体产生早，IDEXX-ELISA 较适合于猪繁殖与呼吸综合征早期感染的检测和疫病诊断。但对于重复感染的母猪，其生命周期长，病毒的循环周期为 9～12 个月，而 N 蛋白抗体持续时间只有 9 周左右，因此，LSI-ELISA 对母猪群感染状态的评价更为有效。

b. LSI-ELISA 比 IDEXX-ELISA 更适合用于疫苗免疫效果评价。理论上说，中和试验法是评价猪群免疫保护水平最客观的方法，但能检测到的中和抗体水平很低，且中和试验法十分烦琐，对人员和实验室条件要求高，而 GP 蛋白抗体与中和抗体高度相关，可用 LSI-ELISA 间接评价保护性抗体。

c. LSI-ELISA 可检测哺乳仔猪和断乳仔猪的母源抗体水平，而在 PCR 检测猪繁殖与呼吸综合征病毒为阴性的前提下，即使仔猪体内有高滴度的母源抗体，IDEXX-ELISA 却几乎检测不到。

上述方法仅能用于猪繁殖与呼吸综合征感染抗体和免疫抗体的初步分析，目前尚无成熟的可鉴别猪繁殖与呼吸综合征野毒感染和疫苗免疫抗体的血清学方法。

3. 各类标准采用情况

高致病性蓝耳病活疫苗免疫 28 天后，进行免疫效果监测，以高致病性猪蓝耳病 ELISA 抗体检测阳性判定为合格，存栏猪免疫抗体合格率≥70％判定为合格。

六、防治措施

（一）预防

本病应以预防为主，需采取综合预防措施。

1. 及时注射疫苗

一般情况下，种猪接种灭活苗，而育肥猪接种弱毒苗。因为母猪若在妊娠期后 1/3 的时间接种活苗，疫苗病毒会通过胎盘感染胎儿；而公猪接种活苗后，可能通过精液传播疫苗病毒。弱毒苗的免疫期为 4 个月以上，后备母猪在配种前进行 2 次免疫，首免在配种前 2 个月，间隔 1 个月进行二免。小猪在母源抗体消失前首免，母源抗体消失后进行二免。灭活苗安全，但免疫效果略差，基础免疫进行 2 次，间隔 3 周，每次每头肌内注射 4 毫升，以后每隔 5 个月免疫 1 次，每头 4 毫升。

2. 接种疫苗的时机

应根据具体情况而定，不可一概而论。但若猪场存在病毒，在使用疫苗前，最好先对全场进行严格彻底的消毒，每天 1 次，连续 5 天，同时在饲料中添加复方磺胺嘧啶、金霉素、阿莫西林，连喂 5 天，使猪群体内毒素含量降低到一定程度后再注射疫苗。

（二）治疗

本病尚无治疗方法。最根本的办法是消除病猪、带毒猪和彻底消毒猪舍（如热水清洗、空栏消毒），严密封锁发病猪场，对死胎、木乃伊胎、胎衣、死猪等，应进行焚烧等无害化处理，及时扑杀、销毁患病猪，切断传播途径。坚持自繁自养，因生产需要不得不从外地引种时，应严格检疫，避免引入带毒猪。

受疫情威胁的猪场，应在饲料和饮水中添加药物，方法是：产前 1 周和产后 1 周，在饲料中添加泰妙菌素 100 毫克/千克加土霉素或金霉素 300 毫克/千克，也可添加 SMZ，产后肌内注射阿莫西林。仔猪在断奶后 1 个月，用泰妙菌素 50 毫克/千克加土霉素或金霉素 150 毫克/千克拌料饲喂，同时用阿莫西林 500 毫克/升饮水。

加强饲养管理，调整好猪的日粮，把矿物质（Fe、Ca、Zn、Se、Mn 等）提高 5%～10%，维生素含量提高 5%～10%，其中维生素 E 提高 100%，生物素提高 50%，平衡好赖氨酸、蛋氨酸、胱氨酸、色氨酸、苏氨酸等，都能有效提高猪群的抗病力。

另外，在母猪分娩前 20 天，每天每头母猪投喂阿司匹林 8 克，直到产前 1 周停止，能减少流产的发生。

第四节　猪圆环病毒病

猪圆环病毒病（PCVD）是与猪圆环病毒 2 型（PCV2）相关疾病或症状的统称，包括断奶仔猪多系统衰竭综合征（PMWS）、猪皮炎与肾病综合征（PDNS）、猪呼吸道复合体病（PRDC）、母猪繁殖障碍（PRF）和仔猪先天震颤（CT），其中，断奶仔猪多系统衰竭综合征和猪皮炎与肾病综合征比较常见，主要危害断奶仔猪及育肥猪，死亡率 10%～30% 不等。猪圆环病毒病是猪的免疫抑制性疾病，断奶仔猪多系统衰竭综合征以生长迟缓、消瘦、呼吸困难和淋巴结肿大为特征，猪皮炎与肾病综合征以皮肤病变和肾肿大为特征；PRF 以怀孕后期流产、死产以及胎儿心肌炎为特征。猪圆环病毒病给世界养猪业造成了巨大经济损失，已成为危害养猪生产的全球性疫病。我国 2008 年新修订的《一、二、三类动物疫病病种名录》将猪圆环病毒病列为二类动物疫病。

一、病原

猪圆环病毒（PCV）在分类上属圆环病毒科、圆环病毒属。该属除猪圆环病毒 2 型外，还包括猪圆环病毒 1 型、鹦鹉喙羽病病毒、金丝雀圆环病毒、鹅圆环病毒、鸽子圆环病毒、雀科鸣鸟圆环病毒和海鸥圆环病毒。

根据 PCV 致病性、抗原性及核苷酸序列的差异，将 PCV 划分成了无致病性的猪圆环病毒 1 型和有致病性的猪圆环病毒 2 型两个基因型，猪圆环病毒 1 型广泛存在于猪体内及猪源细胞系中，1974 年首次从猪传代细胞系 PK-15 中作为一种污染物而分离出来，无致病性，不能引起细胞病变；猪圆环病毒 2 型具有致病性，在临床上主要引起断奶仔猪多系统衰竭综合征。

二、流行病学

世界主要养猪国家中均有猪圆环病毒 2 型感染。血清学阳性率在 30％～50％，甚至更高。病猪、带毒猪以及公猪精液、流产胎儿均是本病的传染源。猪圆环病毒 2 型可随粪便、鼻腔分泌物排出体外，易感猪通过消化道、呼吸道而感染，也可通过精液感染。怀孕母猪感染猪圆环病毒 2 型后，经胎盘垂直传播感染仔猪，引起繁殖障碍。

家猪和野猪是本病的自然宿主，各种年龄猪均易感，但本病主要发生在保育阶段和生长期的仔猪，即 5～12 周龄猪最多见，断奶应激以及缺乏母源抗体的保护可能是重要的诱导因素。

猪圆环病毒 2 型感染可引起猪的免疫抑制，从而使机体更易感染其他病原，这也是圆环病毒与猪的许多疾病混合感染有关的原因。最常见的混合感染有猪繁殖与呼吸综合征病毒、伪狂犬病病毒、细小病毒、肺炎支原体、多杀性巴氏杆菌、流行性腹泻病毒、猪流感病毒，有的呈二重感染或三重感染，混合感染病猪的病死率大大提高，可达 25％～40％。

三、临床症状

猪圆环病毒 2 型感染率高，发病率低，只有小部分感染猪只出现临床感染，其临床症状也不尽相同。

1. 断奶仔猪多系统衰竭综合征

断奶仔猪多系统衰竭综合征较易侵袭 2～4 月龄猪，发病率一般为 4％～30％（有时达 50％～60％），死亡率为 4％～20％。主要表现为消瘦、皮肤苍白、呼吸困难，有时腹泻、黄疸。疾病早期常常出现皮下淋巴结肿大。

2. 猪皮炎与肾病综合征

猪皮炎与肾病综合征一般易侵袭仔猪、育肥猪和成年猪。发病率小于 1％，但也有高发病率的报道。一般表现为食欲减退、精神沉郁，轻度发热或不呈发热症状。喜卧、不愿走动、步态僵硬。最显著症状为皮肤出现不规则红紫斑及丘疹，主要集中在后肢及会阴区域，有时也会在其他部位出现。

3. 母猪繁殖障碍（PRF）

猪圆环病毒 2 型可感染胎儿并造成母猪流产、产死胎，胎儿的主要症状为肝淤血、心肌肥大和心肌炎。

4. 仔猪先天震颤

一般在生后第一周发病，震颤为双侧，影响骨骼和肌肉发育，当卧下或睡觉时震颤消失，外界刺激（如声音、温度等）可引发或加重震颤，有的在整个生长发育期间都不断发生震颤。影响仔猪的正常生长，严重的震颤可因不能吃奶而死亡。

5. 猪呼吸道复合体病

猪圆环病毒 2 型与其他病原混合感染是导致本病的主要原因。该病常见于保育猪和生长育肥猪，表现为喘气、咳嗽、流鼻液、呼吸困难、张口呼吸、食欲不振、生长缓慢、死亡率较高。

诊断猪圆环病毒 2 型导致的猪呼吸道复合体病依赖以下四个标准：①呼吸道症状的出现，如持续呼吸困难而用抗生素难以控制；②肺部微损伤的出现；③分离到猪圆环病毒 2 型病毒；④有无断奶仔猪多系统衰竭综合征所引起的体表淋巴结，特别是腹股沟浅淋巴结肿大。

四、剖检病变

PCV 感染的猪只，根据感染情况的不同，其临床表现不一，剖检时，主要病理变化各不相同。

1. 断奶仔猪多系统衰竭综合征

病理变化可见：全身淋巴结肿大，尤其是腹股沟淋巴结、肺门淋巴结、肠系膜淋巴结和颌下淋巴结等，腹股沟淋巴结肿大可达 5～10 倍；肺主要呈弥散性、间质性肺炎变化，质地硬如橡皮，表面一般呈灰褐色的斑驳状外观；肾的变化较多，约有 50% 的猪肾可见皮质和髓质散在大小不一的白色坏死灶，由于水肿而导致其呈现蜡样外观；脾轻度肿大；大多病猪的肝有不同程度的萎缩、纤维化。肠系膜水肿也是临床上较为常见的。

2. 猪皮炎与肾病综合征

病理组织变化为：出血性、坏死性皮炎和动脉炎以及渗出性肾小球性肾炎和间质性肾炎，肾表面可见出血点，有时可见胸水和心包积液。

3. PRF

死亡胎儿表现为心肌肥大和心肌损伤，组织学变化是纤维素性或坏死性心肌炎。

4. 仔猪先天震颤

A2 型仔猪先天震颤病猪主要表现为典型的病毒性脑炎和非化脓性脑膜炎。

5. 猪呼吸道复合体病

剖检发现肺脏出现多样性的肺炎病变（如间质肺炎、肺粘连等）。

五、诊断方法

（一）临床诊断

由于猪圆环病毒 2 型感染的主要表现为精神不振、消瘦、皮肤苍白、呼吸困难、腹泻、皮肤出现不规则红紫斑及丘疹、繁殖障碍、神经症状等。有一些病毒病和细菌病感染易与猪圆环病毒2型感染相混淆。

需要与猪圆环病毒2型感染鉴别的病毒病包括：经典猪蓝耳病和猪伪狂犬病。经典猪蓝耳病引起母猪流产、仔猪咳嗽、喘、呼吸困难、皮肤末梢出血发绀。伪狂犬病可引起繁殖障碍、仔猪共济失调及抽搐、侧卧做划水运动，仔猪死亡率高。

需要与猪圆环病毒2型感染鉴别的细菌病包括：副猪嗜血杆菌、葡萄球菌所致渗出性皮炎。副猪嗜血杆菌引起高发病率和高死亡率，表现为食欲不振、呼吸困难、关节肿胀、跛行、共济失调、可视黏膜发绀，使用敏感的抗生素治疗有效。葡萄球菌所致渗出性皮炎其典型病例表现为哺乳仔猪和断奶仔猪的一种急性和超急性感染，患猪出现全身性皮炎，皮肤呈红或铜色，皮肤排出物增多，并导致脱水和死亡。

（二）实验室诊断

1. 病原学诊断

目前，PCV病原诊断技术包括PCR等。

（1）常规PCR：一般针对PCV的 *Rep* 基因设计引物，可直接检测组织病料及细胞培养物中的病毒核酸，而针对 *Cap* 基因设计特异引物，用于猪圆环病毒2型的检测。

与病毒分离及血清学技术相比，PCR技术更为方便、快捷、准确，人工感染猪圆环病毒2型后可于5～7天检测到病毒。研究表明PCR既可检测病猪血清、血浆或组织中的病毒DNA，也可检测细胞培养物中的病毒DNA，具有很高的特异性和敏感性。

（2）多重PCR：根据PCV的ORF1及ORF2序列设计了一套引物，一套引物由2对引物组成，其中一对引物扩增ORF1基因上的片段，可检测猪圆环病毒1型和猪圆环病毒2型，另一对引物只扩增猪圆环病毒2型ORF2基因上的片段。这套引物可以对PCV进行检测和定型。

（3）套式PCR：根据猪圆环病毒2型基因序列，设计两套引物进行PCR。套式PCR较常规PCR和多重PCR更为敏感。然而套式PCR在常规诊断中很少应用，因为该法极为敏感，在采样或试验过程中稍有不慎极易产生假阳性结果。利用套式PCR最早可在接种后第4天从精液中检测到猪圆环病毒2型DNA。

（4）实时荧光定量PCR：目前建立的TaqMan荧光PCR方法主要针对ORF1和ORF2上的基因。猪圆环病毒2型荧光定量PCR具有快速、灵敏、准确、低污染等优点，检测下限为10个拷贝。

2. 血清学诊断（NY/SY 577）

PCV血清学诊断的主要目的：①监测猪群中PCV感染状态；②评估猪群中猪圆环病毒2型疫苗免疫效果；③监测仔猪体内母源抗体；④评估新引种猪猪圆环病毒2型感染状态。

常用ELISA方法检测IgM或IgG抗体。

以合成肽为包被抗原利用猪圆环病毒2型各种蛋白中的不同抗原位点合成一段短肽，特别是合成保守的抗原位点，以短肽作为抗原建立的ELISA多应用于抗原表位的鉴定，也可用于猪圆环病毒2型抗体的检测及猪圆环病毒2型相关疾病的诊断，但敏感性差，与抗原多肽上较少的抗原表位密切相关。

六、防治措施

（一）预防

本病无有效的治疗方法，加上患猪生产性能下降和高死亡率，使本病显得尤为重要。而且因为 PCV2 的持续感染，使本病在经济上具有更大的破坏性。抗生素的应用和良好的管理有助于解决并发感染的问题。

1. 检疫

认真地对待引种工作，引种不慎往往是暴发疫情的主要原因。引进的后备母猪应进行严格的检疫，所购买的种公猪、精液必须无 2 型圆环病毒感染。

2. 免疫

（1）PCV2 与其相关猪病的发生还需要另外的条件或共同因素才诱发临床症状。世界各国控制本病的经验是对共同感染源做适当的主动免疫和被动免疫，所以做好猪场猪瘟、猪伪狂犬病、猪细小病毒病、气喘病和蓝耳病等疫苗的免疫接种，确保胎儿和吮乳期仔猪的安全是关键。因此，根据不同的可能病原和不同的疫苗对母猪实施合理的免疫程序至关重要。

（2）可采取血清疗法，从猪场的育肥猪采血（健康的淘汰种猪血最好），分离血清，给断乳期的仔猪腹腔注射。

（3）猪场一旦发生本病，可把发病猪的内脏加工成自家疫苗，据临床实践，效果不错。但现阶段有两种观点：一是母猪和断奶仔猪同时免疫，优点是免疫效果快，基本在1～2月内能控制本病；缺点是如果灭活不彻底，将使本病长期存在。二是只免疫断奶仔猪，优点是免疫安全性好，基本不会使本病长期存在；缺点是免疫效果慢，需要半年左右的时间才能控制本病。

（4）将"感染"物质（如本猪场感染猪的粪便、木乃伊胎等）用来喂饲母猪，尤其是在初产母猪配种前喂给，能达到较好的效果。如有一定抗体的母猪在怀孕 80 天以后再作补充喂饲，则可产生较高免疫水平，并通过初乳传递给仔猪。这种方法不仅对防治本病、保护胎猪和吮乳猪的健康有效，而且对其他肠道病毒引起的繁殖障碍也有较好的效果。但使用本法要十分慎重，如果场内有小猪会造成人工感染。

3. 消毒

专利消毒剂 Virkon S 在 1∶250 稀释消毒时能有效杀灭圆环病毒，因此可将其应用于每批猪之间的终端消毒。

4. 驱蚊灭鼠

在猪场内禁养猫、犬，定期驱蚊蝇、投饵灭鼠。

（二）治疗

本病以预防性投药和治疗为主，对控制细菌源性的混合感染或继发感染是可行的。但是至今 PCV2 引起相关猪病的病原和机制尚未完全了解，因此还不能完全依赖特异性防治措施，只能同时开展有效的综合性措施，才能收到较好的效果。

仔猪用药：哺乳仔猪在 3、7、21 日龄注射 3 次长效土霉素（200 毫克/毫升，每次 0.5 毫升），或者在 1、7 日龄和断奶时各注射头孢噻呋（500 毫克/毫升）0.2 毫升；断奶前 1 周至断奶后 1 个月，用泰妙菌素（50 毫克/千克）＋金霉素或土霉素或强力霉素（150 毫克/千克）拌料饲喂，同时用阿莫西林（500 毫克/升）饮水。

母猪用药：母猪在产前 1 周和产后 1 周，饲料中添加泰妙菌素（100 毫克/千克）＋金霉素或土霉素（300 毫克/千克）。

第五节　猪乙型脑炎

猪乙型脑炎是由乙型脑炎病毒引起的一种严重的人畜共患虫媒病毒性疾病，猪常在性成熟时易感，表现症状为沉郁、嗜睡、怀孕母猪繁殖障碍，公猪睾丸炎。

一、病原

流行性乙型脑炎病毒属黄病毒科（Flaviviridae）黄病毒属（*Flavivirus*），是一种小的病毒。

二、流行病学

乙型脑炎是自然疫源性疫病，许多动物感染后可成为本病的传染源，猪的感染最为普遍。本病主要通过蚊的叮咬进行传播，病毒能在蚊体内繁殖，并可越冬，经卵传递，成为次年感染动物的来源。由于经蚊虫传播，因而流行与蚊虫的滋生及活动有密切关系，有明显的季节性，80％的病例发生在 7～9 月；猪的发病年龄与性成熟有关，大多在 6 月龄左右发病，其特点是感染率高，发病率低（20％～30％），死亡率低；新疫区发病率高，病情严重，以后逐年减轻，最后多呈无症状的带毒猪。

三、临床症状

猪只感染乙型脑炎时，临诊上几乎没有脑炎症状的病例；猪常突然发生，体温升至 40～41℃，稽留热，病猪精神萎靡，食欲减少或废绝，粪干呈球状，表面附着灰白色黏液；有的猪后肢呈轻度麻痹，步态不稳，关节肿大，跛行；有的病猪视力障碍；最后麻痹死亡。妊娠母猪突然发生流产，产出死胎、木乃伊和弱胎，母猪无明显异常表现，同胎也见正产胎儿。公猪除有一般症状外，常发生一侧性睾丸肿大，也有两侧性的，患病睾丸阴囊皱襞消失、发亮，有热痛感，经 3～5 天后肿胀消退，有的睾丸变小变硬，失去配种繁殖能力。如仅一侧发炎，仍有配种能力。

四、剖检病变

流产胎儿脑水肿，皮下血样浸润，肌肉似水煮样，腹水增多；木乃伊胎儿从拇指大小到正常大小；肝、脾、肾有坏死灶；全身淋巴结出血；肺淤血、水肿。子宫黏膜充血、出血和有黏液。胎盘水肿或见出血。公猪睾丸实质充血、出血和小坏死灶；睾丸硬化者，体积缩小，与阴囊粘连，实质结缔组织化。

五、诊断方法

1. 病原学诊断

病原学检测方法包括病毒的分离、鉴定，反向被动血凝试验，免疫细胞化学法和 PCR 诊断方法等。

2. 血清学诊断

用于乙型脑炎诊断的血清学方法包括乳胶凝集试验、补体结合试验、血凝抑制试验、中和试验、斑点免疫渗滤试验、酶联免疫吸附试验、间接免疫荧光试验、间接血凝试验、放射免疫测定、免疫电镜技术等。

六、防治措施

本病的治疗无特殊有效方法。猪发病后应立即隔离。采取镇静安神，防止继发感染等措施，必要时可补液治疗，同时应做好护理工作。

1. 预防

（1）做好杀蚊、灭蝇除蜱工作：在本病的预防上可取得较好的防治效果，如消灭蚊虫孳生地，疏通沟渠，填洼造地，排除积水，并于黄昏时往圈舍内喷洒绿色杀虫药物。

（2）免疫：因地而异，制订切实可行的免疫方案，一般来说，给母猪群定期免疫接种，可有效预防和控制该病。免疫注射通常是在蚊虫出现之前，采用日本乙型脑炎弱毒疫苗，以 2～3 周的间隔接种数次，种猪群常在每年的 3～4 月进行。后备公母猪配种前再免疫接种一次，以后则按常规每年注射一次，以防母猪发生流产。

2. 治疗

无治疗方法，一旦确诊最好淘汰。

第六节　猪传染性胃肠炎

猪传染性胃肠炎（TGE）是由猪传染性胃肠炎病毒（TGEV）引起的猪的一种高度接触传染性消化道传染病，以 2 周龄以下仔猪呕吐、严重腹泻、脱水和高死亡率为主要特征。本病于 1946 年在美国首次报道，在世界大多数国家均有发生。我国于 1956 年在广东省首次报道该病的发生，此后在全国大部分省份均有本病的发生，给我国的养猪业也造成了较大的损失。在《国际动物卫生法典》中，猪传染性胃肠炎被列为 B 类传染病，我国 2008 年新修订的《一、二、三类动物疫病病种名录》将猪传染性胃肠炎列为三类动物疫病。

一、病原

猪传染性胃肠炎病毒在分类上属套病毒目冠状病毒科冠状病毒属冠状病毒 I 群，该群除猪传染性胃肠炎病毒外，还包括猪流行性腹泻病毒（PEDV）、犬冠状病毒（CCV）、猫感染性腹膜炎病毒（FIPV）和人冠状病毒（HCoV）。

二、流行病学

本病只侵害猪，各种年龄的猪均有易感性，10日龄以内的仔猪最为敏感，发病率和死亡率都很高，有时高达100%。病猪和带毒猪是本病的主要传染源，病毒随粪便、呕吐物、乳汁、鼻分泌物以及呼出气体排出体外，污染饲料、饮水、空气和用具等，通过消化道和呼吸道传染给易感猪。随着年龄的增长，临诊症状减轻，多数能自然康复，但可长期带毒。猪传染性胃肠炎的发生和流行具有明显的季节性，通常从11月中旬到翌年4月中旬多发，发病高峰期为1～2月。该病主要以流行性和地方流行性两种形式发生。新疫区呈流行性发生，传播迅速，1周内可传遍整个猪群。老疫区则呈现地方流行性或间歇性。猪场中曾感染过猪传染性胃肠炎病毒的母猪具有免疫力，一般不会重复感染，当猪传染性胃肠炎病毒侵入产仔房，无免疫力的吮乳仔猪和断奶猪可发生感染。此外，其他动物如小鼠、豚鼠、仓鼠、猫、狐狸、犬等口服大量猪传染性胃肠炎病毒后不发病，但能从粪便中回收到病毒，并在其血清中检测到阳性中和抗体，因此认为它们可能是猪传染性胃肠炎病毒从一个猪群传播到另一个猪群的媒介和带毒者。

三、临床症状

本病潜伏期很短，一般为15～18小时，有的长达2～3天。传播迅速，数日内可蔓延全群。幼猪、肥猪和母猪的临诊症状轻重不一，仔猪突然发病，首先呕吐，继而发生频繁水样腹泻，呈喷射状，粪便黄色、绿色或白色，常夹有未消化的凝乳块。病猪极度口渴，明显脱水，体重迅速减轻，日龄越小、病程越短、病死率越高。10日龄以内的仔猪多在2～7天内死亡，如母猪发病或泌乳量减少，仔猪得不到足够的乳汁，营养严重失调，会导致病情加剧，病死率增加。随着日龄的增长，病死率逐渐降低。5～8天腹泻停止而康复的病愈仔猪生长发育不良。某些哺乳母猪与仔猪密切接触，反复感染，临诊症状较重，体温升高、泌乳停止，呕吐和腹泻，但极少死亡。但也有一些哺乳母猪与病仔猪接触，而本身并无临诊症状。成年猪开始也是腹泻，粪便呈稀糊状，色泽呈绿色或灰褐色，食欲减退或废绝，很少出现呕吐。

四、剖检病变

猪传染性胃肠炎病毒的靶器官是小肠，病毒虽然可存在于病猪的各器官、体液和排泄物中，但以病猪的空肠、十二指肠、肠系膜淋巴结的含毒量最高。

临床剖检：尸体明显脱水，胃内充满凝乳块，胃底黏膜充血、出血。急性肠炎，伴有充血和坏死，肠管扩张，肠内充满白色或黄绿色液体，肠壁菲薄而缺乏弹性，肠管扩张呈半透明状，空肠和回肠纤毛显著萎缩。部分仔猪有并发性肺炎病变，有些病例除了尸体失水、肠内充满液体外并无其他病变可见。

五、诊断方法

(一)临床诊断

猪传染性胃肠炎是猪的主要病毒性腹泻疾病，在临床诊断时需注意与其他疾病，如猪流行性腹泻、猪轮状病毒、猪伪狂犬病、猪瘟、仔猪白痢、黄痢、红痢、仔猪副伤寒、猪痢疾、猪增生性肠炎等的鉴别诊断。

1. 猪流行性腹泻

病原为猪流行性腹泻病毒，该病多发于冬季 12 月至翌年 4 月，在夏季也可发生。各年龄的猪均可感染，仔猪和育肥猪的发病率通常为 100％，母猪为15％～90％，哺乳仔猪受害最严重，平均病死率为 50％。猪传染性胃肠炎与本病的流行病学、临床表现并无明显差别，只有通过实验室诊断才能将两者区分开。

2. 猪轮状病毒感染

病原为猪轮状病毒，一般情况下，猪轮状病毒感染虽然也表现为腹泻，但没有猪传染性胃肠炎严重。病死率也较低，病变仅存在于小肠。

3. 猪伪狂犬病

是由伪狂犬病毒引起的一种以发热、脑脊髓炎为特征的急性、热性传染病。

4. 猪瘟

猪瘟俗称"烂肠瘟"，是由猪瘟病毒引起的一种急性、发热、接触性传染病。具有高度传染性和致死性。腹泻是猪瘟与猪传染性胃肠炎唯一的相似之处，但猪瘟还表现出其他如高温、败血性出血症等特征性症状。

5. 仔猪黄痢

是由致病性大肠杆菌引起的一种急性、致死性疾病，临床上以腹泻、排黄色或黄白色粪便为特征。

6. 仔猪白痢

是由致病性大肠杆菌引起的一种急性肠道传染病，临床上以排灰白色、腥臭稀粪为特征。

(二)实验室诊断

1. 病原学诊断

目前，猪传染性胃肠炎病毒分子诊断技术中最常用的是 RT-PCR 方法，其中，套式 RT-PCR、荧光 RT-PCR 等技术的发展进一步提高了 RT-PCR 检测的敏感性。

（1）RT-PCR：目前猪传染性胃肠炎病毒 RT-PCR 方法主要针对 S 基因，可对粪便样品、组织样品及纯培养病毒进行检测，广泛用于猪传染性胃肠炎病毒的快速诊断、鉴定和流行病学调查。

（2）套式 RT-PCR：套式 RT-PCR 方法的优点是进一步提高了检测的敏感性和特异性，使其能运用于检测福尔马林固定、石蜡包被的空肠组织中的猪传染性胃肠炎病毒。

（3）荧光定量 RT-PCR：主要针对病毒的 N 基因，有 LUX（light upon extension）荧光检测、TaqMan 探针和 SYBR Green 化学染料法等几种荧光定量 RT-PCR 方法。各种荧光定量 RT-PCR 方法均具有快速、灵敏等优点，其中，TaqMan 探针荧光定量 RT-PCR 方法的检测敏感性可达 9 拷贝。

（4）各类标准采用情况：国际标准为 OIE《陆生动物诊断试验和疫苗手册》(2008) 第 2.8.11 章《猪传染性胃肠炎》；国内标准为中华人民共和国出入境检验检疫行业标准《猪传染性胃肠炎检疫规范》(SN/T 1446)。

2. 血清学诊断

猪传染性胃肠炎血清学诊断技术可用于监测猪群感染状态和评估疫苗免疫效果。目前，ELISA 是检测猪传染性胃肠炎抗体的最常用方法，另外，间接免疫荧光抗体试验、间接免疫过氧化物酶试验、放射免疫沉淀试验、病毒中和试验等也可用于猪传染性胃肠炎抗体检测，但应用较少。

（1）ELISA：

① 分子基础：利用浓缩纯化的全病毒或重组 S 蛋白、N 蛋白作为包被抗原建立猪传染性胃肠炎抗体检测 ELISA 方法。其中，N 蛋白是猪传染性胃肠炎病毒中含量最高的结构蛋白，在病毒感染早期就能刺激产生高水平抗 N 蛋白抗体，因此，国内外多用 N 蛋白的表达产物建立猪传染性胃肠炎抗体检测 ELISA。

② 方法评价：目前，用于猪传染性胃肠炎抗体检测的主要有间接 ELISA 和阻断 ELISA 两种。间接 ELISA 的包被抗原多为 N 蛋白，而阻断 ELISA 的包被抗原多为 S 蛋白。两种 ELISA 法均具有敏感性高、特异性强的特点，适用于大批量、快速的血清学抗体检测。

③ 各类标准采用情况：国际标准为 OIE《陆生动物诊断试验和疫苗手册》(2008) 第 2.8.11 章《猪传染性胃肠炎》；国内标准为中华人民共和国出入境检验检疫行业标准《猪传染性胃肠炎检疫规范》(SN/T 1446)、中华人民共和国农业行业标准《猪传染性胃肠炎诊断技术》(NY/T 548)。

（2）病毒中和试验：

① 分子基础与方法评价：中和试验为早期检查猪传染性胃肠炎血清抗体的基础方法，主要利用的是猪传染性胃肠炎病毒与特异性中和抗体相互作用，从而使病毒对敏感细胞失去感染力。中和试验通常采用猪睾丸细胞系或猪肾细胞系培养，可作大量细胞试验，或应用微量培养板培养单层细胞进行微量中和试验，目前主要使用细胞培养适应毒进行微量滴定板细胞病变抑制试验和蚀斑减数试验来实现。

猪只在感染猪传染性胃肠炎病毒后，其中和抗体一般在感染后 7～9 天开始出现，21 天即可达到相当水平并逐渐上升，持续期可长达 18 个月。病毒中和试验由于其直观性和可靠性，长期以来被广泛使用，成为判定新的检测方法的一个标准，但其成本高，培养细胞、观察病变所需时间长，操作要求严格，不适于现地检测大量样品。另外，猪传染性胃肠炎的病毒中和试验结果无法区分猪呼吸道冠状病毒产生的中和抗体，给中和试验方法的临床应用带来局限性。

② 各类标准采用情况：国际标准为 OIE《陆生动物诊断试验和疫苗手册》(2008) 第 2.8.11 章《猪传染性胃肠炎》；国内标准为中华人民共和国出入境检验检疫行业标准《猪传染性胃肠炎检疫规范》(SN/T 1446)、中华人民共和国农业行业标准《猪传染性胃肠炎诊断技术》(NY/T 548)。

六、防治措施

（一）预防

1. 检疫

平时注意不从疫区或病猪场引进猪只，以免传入本病。当猪群发生本病时，应立即隔离病猪，以消毒药对猪舍、环境、用具、运输工具等进行消毒，尚未发病的猪应立即隔离到安全地方饲养。

2. 免疫

后海穴位（即尾根与肛门中间凹陷的小窝部位）注射。接种疫苗时，进针深度按猪龄大小为 0.5～4.0 厘米，3 日龄仔猪 0.5 厘米，随猪龄增大而加深，成猪 4 厘米，进针时保持与直肠平行或稍偏上。妊娠母猪于产仔前 20～30 日每头 4 毫升，其所生仔猪于断奶后 7 日内接种 1 毫升。体重 25 千克以下仔猪每头 1 毫升，25～50 千克育成猪每头 2 毫升，50 千克以上成猪每头 4 毫升。

（二）治疗

可用下列药物控制继发感染：首先，先注射阿托品，按照每头 2～4 毫克注射；严重病猪可后海穴封闭。最后，肠毒清每头猪每 50 千克用 1 套，连用 2～3 天，同时口服次硝酸铋 2～6 克或鞣酸蛋白 2～4 毫克，活性炭 2～5 克。中药可选用地榆炭、肉桂、煅龙骨、神曲，煎煮饮或灌服，一日二次疗效极佳。

第七节　猪流行性腹泻

猪流行性腹泻（PED）是由猪流行性腹泻病毒（PEDV）引起的猪的一种以严重腹泻、呕吐、脱水为主要临床特征的一种高度接触性消化道传染病。此病多发于冬季 12 月至翌年 4 月，在夏季也可发生。各种年龄的猪都易感，哺乳仔猪、架子猪或育肥猪的发病率可达 100%，尤其哺乳仔猪受害最严重，病死率平均为 50%。

一、病原

猪流行性腹泻病毒属于套病毒目、冠状病毒科、冠状病毒属的冠状病毒 I 群成员，与引起猪腹泻的猪传染性胃肠炎病毒（TGEV）和引起猪呼吸道疾病的猪呼吸道冠状病毒（PRCoV）同群。

二、流行病学

病猪是本病的主要传染源，病毒随病猪粪便的排泄排出体外，污染饲料、饮水和环境，粪-口途径是该病传播的主要方式。此病多发于冬季 12 月至翌年 4 月，在夏季也可发生。各年龄的猪均可感染，仔猪和育肥猪的发病率通常为100%，母猪为15%～90%，哺乳仔猪受害最严重，平均病死率为50%。在发病规律上，常常是大猪舍首发，发病后病猪水样腹泻，粪便呈草绿色，有恶臭，随后诱发全群腹泻，继而波及相邻猪舍并引起全场或某一地区相继感染发病。

猪流行性腹泻虽然是世界范围内发生的猪病，但是其在亚洲与欧洲的发生情况有所差别，在欧洲猪流行性腹泻引起仔猪的死亡率较低而在亚洲猪流行性腹泻引起仔猪的死亡率较高。在欧洲一些猪场，断奶猪和成年猪经常发生严重的腹泻，而哺乳仔猪，尤其是无母源抗体的哺乳仔猪不发生或仅发生轻微腹泻，发病率很低，对于这种现象至今仍未能作出很好的解释。

三、临床症状

本病的潜伏期为5～8天。发病初期猪的临床症状不明显，只出现少食或不食现象，体温正常，持续1～2天，发病猪出现水样腹泻，粪便呈酸性，有的出现呕吐，呕吐多发生在吃食或吃奶后。大多数乳猪病初仍然吮乳，后因水样腹泻不止，3～4天后脱水衰竭而死亡，病死率平均为50%，但有时高达100%。架子猪或育肥期间猪只暴发急性猪流行性腹泻时，所有的猪只在一周内表现为腹泻，食欲稍减退，精神沉郁，粪便呈现水样，大多数猪只在7～10天后康复，病死率仅为1%～3%，且这种死亡常见于腹泻早期或发生腹泻之前。母猪发病后常出现精神委顿、厌食和持续腹泻（约1周）等现象，一般逐渐恢复正常，少数伴发流产等症状。

四、剖检病变

该病的病理剖检变化主要在小肠，表现为小肠膨胀，充满淡黄色液体，肠壁变薄。少数病例小肠黏膜有出血点，肠系膜淋巴结水肿，胃内有多量的黄白色凝乳块，其他实质性器官无明显病理变化。组织学检查可见，小肠绒毛上皮细胞空泡化，小肠绒毛萎缩变短、脱落，绒毛高度与隐窝深度之比从正常的7∶1至3∶1。

五、诊断方法

(一) 临床诊断

在临床上，猪流行性腹泻与以下几种疾病相混淆，需要加以鉴别。

1. 猪轮状病毒病

该病只限于1～10日龄哺乳仔猪或新断乳仔猪，发病率一般为50%～80%，病死率一般在10%以内。病猪粪便从黄白色到黑色，水样至糊状不等，或含片状漂浮物。

2. 猪传染性胃肠炎

各种年龄的猪均有易感性，10日龄以内的仔猪最为敏感，发病率和死亡率都较高，对新生仔猪的致死率高于猪流行性腹泻。哺乳仔猪还常伴有未消化的凝乳块，有时粪中带血，有恶臭或腥臭味。

3. 细菌性腹泻疾病（猪增生性肠炎、猪副伤寒、猪痢疾、仔猪大肠杆菌病、仔猪红痢）

研究表明细菌性腹泻的粪便一般为碱性，而病毒性腹泻的粪便呈酸性，因此可以检测其粪便的 pH 用以鉴别诊断。仔猪细菌性腹泻，一般只发生于新生仔猪，抗菌性药物治疗有一定的疗效，而病毒性腹泻抗菌性药物治疗无效。这几种细菌性腹泻疾病没有季节性，一年四季都可发生，而猪流行性腹泻病多发于冬末春初。猪副伤寒腹泻物中混有大量坏死组织碎片或纤维素性分泌物，形如糠麸，皮肤有痂状湿疹。猪痢疾特征症状表现为剧烈下痢，粪中含有黏液、血液或血块，后期粪便呈黑色。仔猪红痢表现为突然排出血便，后躯沾满血样稀粪，病程长者呈红褐色水样粪便。

（二）实验室诊断

1. 病原学诊断

多种分子检测技术可用于猪流行性腹泻的诊断，其中 RT-PCR 是最常用的检测技术。

（1）常规 RT-PCR：与传统方法比较，RT-PCR 方法只需要病猪的粪便即可进行活体诊断，便于疾病的早期诊断，敏感性和特异性高，而且操作步骤更加快速、方便，一般 4～6 h 内可以提供准确的结果。

（2）套式 RT-PCR：相比于常规 RT-PCR，套式 PCR 的特异性和敏感性更强。同时，建立的多重法，可实现对猪流行性腹泻病毒、TGEV、PRV 进行鉴别诊断。

（3）实时荧光 RT-PCR：与常规 RT-PCR 方法相比，实时荧光 RT-PCR 法具有准确、定量、污染低、灵敏度高、特异性强及省时省力等优点。但该方法对实验操作人员以及实验条件等的要求较为严格，以及检测成本的限制，因此在推广上仍有很大的限制。

2. 血清学诊断

用于猪流行性腹泻血清学诊断方法主要有 ELISA 法、免疫荧光法和血清中和试验法，主要用于在未免疫的情况下监测猪群中猪流行性腹泻的感染状态和评估猪群中猪流行性腹泻疫苗的免疫效果。

（1）酶联免疫吸附试验（ELISA 法）：用 ELISA 方法检测猪流行性腹泻血清中的抗体被大量应用于临床实践中。

① 分子基础和方法评价：根据 ELISA 的基本原理，发展出了间接 ELISA 以及斑点酶联免疫吸附试验法（Dot-ELISA 法）等诊断方法。间接 ELISA 是测定抗体最常用的方法，属非竞争结合试验，与病毒血清中和试验对比证明，该 ELISA 方法具有较高的敏感性和特异性。斑点酶联免疫吸附试验（Dot-ELISA）进一步提高了检测的便捷性和快速性。

② 各类标准采用情况：国内标准为中华人民共和国农业行业标准《猪流行性腹泻诊断技术》（NY/T 544）。

（2）血清中和试验法：

① 分子基础和评价方法：血清中和试验法利用抗体与相应的病毒粒子相结合，使病毒失去感染能力而不会出现细胞病变现象，进而检测待检血清中的抗体，是一种比较可靠的特异性诊断方法。

② 各类标准采用情况：国内标准为中华人民共和国农业行业标准《猪流行性腹泻诊断技术》（NY/T 544）。

六、防治措施

1. 预防

（1）加强营养，控制霉菌毒素中毒，可以在饲料中添加一定比例的脱霉剂，同时加入维生素。

（2）提高温度，特别是配怀舍、产房、保育舍。大环境温度配怀舍不低于 15 ℃、产房产前第一周为 23 ℃、分娩第一周为 25 ℃，以后每周降 2 ℃，保育舍第一周 28 ℃，以后每周降 2 ℃，至 22 ℃止；产房小环境温度用红外灯和电热板，第一周为 32 ℃，以后每周降 2 ℃。猪的饮水温度不低于 20 ℃。将产前 2 周以上的母猪赶入产房，产房提前加温。

（3）定期做猪场保健，全场猪群每月 1 周同步保健，抑制细菌性疾病的发生。

（4）母猪分娩后的 3 天保健和对仔猪的 3 针保健，可选用高热金针注射液，母猪产仔当天注射 10～20 毫升/头，若有感染者，产后 3 天再注射 10～20 毫升/头，仔猪 3 针保健即出生后的 3 天、7 天、21 天，分别肌内注射 0.5 毫升、0.5 毫升、1 毫升。

（5）发生呕吐腹泻后立即封锁发病区和产房，尽量做到全部封锁。扑杀 10 日龄之内呕吐且水样腹泻的仔猪，这是切断传染源、保护易感猪群的做法。种猪群紧急接种猪传染性胃肠炎与猪流行性腹泻二联苗，或猪传染性胃肠炎、猪流行性腹泻与猪轮状病毒三联苗。

2. 治疗

对 8～13 日龄的呕吐腹泻猪用口服补液盐拌土霉素碱或诺氟沙星，温热39 ℃左右进行灌服，每天 4～5 次，确保不脱水为原则。

病猪必须严格隔离，不得扩散，同时采用药物进行辅助治疗，推荐方案：头孢菌素类＋刀豆素，5 天之后会收到比较好的效果。

本病应用抗生素治疗无效，可参考猪传染性胃肠炎的防治办法。在本病流行地区可对怀孕母猪在分娩前 2 周，以病猪粪便或小肠内容物进行人工感染，以刺激其产生乳源抗体，以缩短本病在猪场中的流行。具体措施：

① 接种猪传染性胃肠炎、猪流行性腹泻二价苗。妊娠母猪产前 1 个月接种疫苗，可通过母乳使仔猪获得被动免疫。也可用猪流行性腹泻弱毒疫苗或灭活疫苗进行免疫。

② 白细胞干扰素 2 000～3 000 国际单位，每天 1～2 次，皮下注射。

③ 口服补液盐溶液 100～200 毫升，一次口服。

④ 盐酸山莨菪碱，仔猪 5 毫升，大猪 20 毫升，每天一次，后海穴注射。

⑤ 应用抗生素（四环素、庆大霉素）防止继发细菌性感染。

⑥ 中药处方：党参、白术、茯苓各 50 克，煨木香、藿香、炮姜、炙甘草各 30 克。取汁加入白糖 200 克拌少量饲料喂服。

第八节　副猪嗜血杆菌病

副猪嗜血杆菌病，又称猪格氏病（Glasser's disease），是由副猪嗜血杆菌引起的一种以纤维素性浆膜炎、多发性关节炎和胸膜炎为特征的全身性疾病。主要发生在仔猪断奶和保育阶段，发病率一般在 10%～15%，严重时死亡率可达 50%，是全球范围内影响养猪业的典型细菌性疾病之一。我国 2008 年新修订的《一、二、三类动物疫病病种名录》将该病列为二类动物疫病。

一、病原

副猪嗜血杆菌在分类上属于巴氏杆菌目巴氏杆菌科嗜血杆菌属。

二、流行病学

本病的易感动物为猪，由于母源抗体的缺乏，通常在仔猪断奶前后和保育阶段发病，发病率一般在 10%～15%，严重时病死率可达到 50%。病猪和带菌猪是本病的主要传染源，主要通过空气、猪与猪之间的接触或污染排泄物传播。

本病一年四季均可发病，但有研究表明冬季的感染率和致死率都远远大于夏季，这是由于冬季寒冷的气候对免疫系统影响较大，致使猪只抵抗力下降。另有报道，本病的发生常与长途运输、疲劳和其他应激因素等诱因有关。

副猪嗜血杆菌多继发于支原体肺炎、猪繁殖与呼吸综合征、猪流感等猪呼吸道疾病的感染，或与这些病原体混合感染。另外，本菌可能是引起纤维素性化脓性支气管肺炎的原发因素。

三、临床症状

2～8 周龄仔猪感染发病后呈现典型症状，育肥猪感染多呈慢性经过，哺乳母猪也可感染发病，潜伏期一般为 2～5 天。

临床症状取决于炎性损伤的部位。急性感染时，病猪体温高达 40～41 ℃，精神沉郁，食欲减退，气喘咳嗽，呼吸困难，鼻孔有黏液性及浆液性分泌物，关节肿胀，跛行，步态僵硬，同时出现身体颤抖，共济失调，可视黏膜发绀，3 天左右死亡。如存活则可留下后遗症，即母猪流产，公猪慢性跛行，仔猪和育肥猪可遗留呼吸道症状和神经症状。慢性病猪消瘦虚弱，被毛粗乱，皮肤发白，咳嗽，呈腹式呼吸，生长不良，关节肿大，严重时皮肤发红，耳朵发绀，少数病猪耳根发凉随即死亡。

四、剖检病变

1. 剖检变化

单个或多个浆膜面可见浆液性和化脓性纤维蛋白渗出物：胸腔内有大量的淡红色液体及纤维素性渗出物凝块；肺水肿，表面覆盖有大量的纤维素性渗出物并与胸壁粘连；化脓性或纤维性腹膜炎，腹腔积液或内脏器官粘连；心包炎，心包积液，心包内常有干酪样甚至豆腐渣样渗出物，使外膜与心脏粘连在一起，形成"绒毛心"，心肌有出血点；全身淋巴结肿大，呈暗红色，切面呈大理石样花纹；脾脏肿大，有出血性梗死；关节肿大，关节腔有浆液性渗出性炎症。

2. 组织病变

渗出物可见纤维蛋白、中性粒细胞和少量巨噬细胞。

五、诊断方法

(一)临床诊断

副猪嗜血杆菌病临床上主要易与传染性胸膜肺炎相混淆，应注意鉴别诊断。后者主要由猪胸膜肺炎放线杆菌引起。副猪嗜血杆菌病主要在断奶后和保育期间发病，发病表现为纤维性多发性浆膜炎、关节炎、胸膜炎、腹膜炎，最显著的病变是胸膜炎。而猪传染性胸膜肺炎主要在6~8周龄发病，主要病变为纤维蛋白性胸膜炎和心包炎，发病局限于胸腔，多引起单灶性肺炎，病变主要发生于肺的尾叶，也产生灶性纤维蛋白性胸膜炎或心包炎。

此外，副猪嗜血杆菌病还易与关节炎型链球菌病、猪肺疫、猪气喘病等相混淆。关节炎型链球菌病肿大的关节触摸有热感，关节内的积液是混浊的，有絮状炎性物；副猪嗜血杆菌病肿大的关节触摸无热感，其内积液是澄清的无絮状物。急性猪肺疫常见咽喉肿胀，皮肤及淋巴结有出血点；而副猪嗜血杆菌病仅局限于肺和胸腔的病变。猪气喘病的体温不高，病程长，肺呈胰样或肉样病变；而副猪嗜血杆菌病的肺部病灶周围有结缔组织增生包裹。

(二)实验室诊断

1. 病原学诊断

(1) PCR方法：可以避免血清学试验中常见的交叉反应和自家凝集引起的不可分型问题，使诊断更加迅速准确。PCR方法敏感性、特异性高，可检测的样品含菌量达到10^2菌落总数/毫升，且耗时较短，应用广泛。但是，同特异性寡核苷酸捕获平板杂交（OSCPH）法一样，检测鼻拭子和扁桃体拭子样品，可能会因同样定殖于上呼吸道的吲哚放线杆菌而出现非特异性反应。因此，该方法对于剖检病变组织的检测具有临床意义，而不利于检测活体感染。

(2) 套式PCR：作为一种改良后的PCR技术，将常规PCR方法的敏感性进一步提高，但是套式特异性引物与吲哚放线杆菌16S rRNA基因严格配对的问题未能得到解决，从而影响该方法的特异性。

2. 血清学诊断

血清学诊断主要用于病原菌的筛选和流行病学研究，但副猪嗜血杆菌抗体的检测结果不一致且不准确，也难以区分免疫抗体和感染抗体。目前，血清学诊断方法主要包括琼脂扩散试验、补体结合试验、ELISA和间接血凝试验等。

(1) 琼脂扩散试验：通过对细菌进行培养后分离鉴定制备抗原，进而检测待检血清中的副猪嗜血杆菌抗体，此方法是目前最准确有效的方法，但耗时较长。

(2) 补体结合反应：从急性发病大约1周的病例中可以检测到循环抗体，且存在相当明显的交叉血清反应，该方法可以进行抗体滴度的监测。

(3) 酶联免疫吸附试验：使用煮沸细菌菌液上清或经过透析的热酚水提取物（脂多糖）

作为包被抗原建立间接 ELISA 法，操作简单，敏感性、特异性强，但经常出现假阴性结果，主要用于菌落筛选和流行病学研究。

六、防治措施

（一）预防

1. 消毒

彻底清理猪舍卫生，用 2% 氢氧化钠水溶液喷洒猪圈地面和墙壁，2 小时后用清水冲净，再用复合碘喷雾消毒，连续喷雾消毒 4～5 天。

2. 免疫

用自家苗（最好是能分离到该菌，增殖、灭活后加入该苗中）、猪副嗜血杆菌多价灭活苗能取得较好效果。种猪用猪副嗜血杆菌多价灭活苗免疫能有效保护小猪早期发病，降低复发的可能性。

母猪在产前 40 天一免，产前 20 天二免。经免猪产前 30 天免疫一次即可。受本病严重威胁的猪场，小猪也要进行免疫，根据猪场发病日龄推断免疫时间，仔猪免疫一般安排在 7～30 日龄内进行，每次 1 毫升，最好一免后过 15 天再重复免疫一次，二免距发病时间要有 10 天以上的间隔。

（二）治疗

隔离病猪，用敏感的抗生素进行治疗，口服抗生素进行全群性药物预防。为控制本病的发生发展和耐药菌株出现，应进行药敏试验，科学使用抗生素。

重症注射液肌内注射，每次 0.2 毫升/千克，每早 1 次，连用 5～7 天。

（1）硫酸卡那霉素注射液肌内注射，每次 20 毫克/千克，每晚 1 次，连用 5～7 天。

（2）大群猪口服土霉素纯原粉 30 毫克/千克，每日 1 次，连用 5～7 天。

（3）抗生素饮水对严重的该病暴发可能无效。一旦出现临床症状，应立即采取抗生素拌料的方式对整个猪群治疗，发病猪大剂量肌内注射抗生素。大多数血清型的猪副嗜血杆菌对氟苯尼考、替米考星、头孢菌素、庆大霉素、大观霉素、磺胺类及喹诺酮类等药物敏感，对四环素、氨基苷类和林可霉素有一定抵抗力。

（4）在应用抗生素治疗的同时，口服纤维素溶解酶，可快速清除纤维素性渗出物、缓解症状、控制猪群死亡率。

第九节　猪传染性胸膜肺炎

猪传染性胸膜肺炎（porcine infectious pleuropneumonia）是由胸膜肺炎放线杆菌引起猪的一种高度传染性呼吸道疾病，又称为猪接触性传染性胸膜肺炎。以急性出血性纤维素性胸膜肺炎和慢性纤维素性坏死性胸膜肺炎为特征，急性型呈现高死亡率。猪传染性胸膜肺炎是一种世界性疾病，广泛分布于全世界所有养猪国家，给集约化养猪业造成巨大的经济损失，特别是近十几年来本病的流行呈上升趋势，被国际公认为危害现代养猪业的重要疫病之一。我国于 1987 年首次发现本病，此后流行蔓延开来，危害日趋严重，成为猪细菌性呼吸道疾病的主要疫病之一。

一、病原

猪胸膜肺炎放线杆菌为革兰氏染色阴性的小球杆状菌或纤细的小杆菌，有的呈丝状，并可表现为多形态性和两极着色性。有荚膜，无芽孢，无运动性，有的菌株具有周身性纤细的菌毛。本菌包括两个生物型：生物 I 型为 NAD 依赖型，生物 II 型为 NAD 非依赖型，但需要有特定的吡啶核苷酸或其前体，用于 NAD 的合成。生物 I 型菌株毒力强，危害大。生物 II 型可引起慢性坏死性胸膜肺炎，从猪体内分离到的常为 II 生物型。生物 II 型菌体形态为杆状，比生物 I 型菌株大。根据细菌荚膜多糖和细菌脂多糖对血清的反应，生物 I 型分为 14 个血清型，其中血清 5 型进一步分为 5A 和 5B 两个亚型。但有些血清型有相似的细胞结构或相同的 LPSO 链，这可能是造成有些血清型间出现交叉反应的原因，如血清 8 型与血清 3 型和 6 型，血清 1 型与 9 型间存在有血清学交叉反应。不同血清型间的毒力有明显的差异。我国流行的主要以血清 7 型为主，其次为血清 2、4、5、10 型。

二、流行病学

各种年龄的猪对本病均易感，但由于初乳中母源抗体的存在，本病最常发生于育成猪和成年猪（出栏猪）。急性期死亡率很高，与毒力及环境因素有关，其发病率和死亡率还与其他疾病的存在有关，如伪狂犬病及 PRRS。另外，转群频繁的大猪群比单独饲养的小猪群更易发病。主要传播途径是空气、猪与猪之间的接触、污染排泄物或人员传播。猪群的转移或混养，拥挤和恶劣的气候条件（如气温突然改变、潮湿以及通风不畅）均会加速该病的传播和增加发病的危险。

三、临床症状

人工感染猪的潜伏期为 1～7 天或更长。由于动物的年龄、免疫状态、环境因素以及病原的感染数量的差异，临诊上发病猪的病程可分为最急性型、急性型、亚急性型和慢性型。

1. 最急性型

突然发病，病猪体温升高至 41～42 ℃，心率增加，精神沉郁，废食，出现短期的腹泻和呕吐症状，早期病猪无明显的呼吸道症状。后期心衰，鼻、耳、眼及后躯皮肤发绀，晚期呼吸极度困难，常呆立或呈犬坐式，张口伸舌，咳喘，并有腹式呼吸。临死前体温下降，严重者从口鼻流出泡沫血性分泌物。病猪于出现临诊症状后 24～36 小时内死亡。有的病例见不到任何临诊症状而突然死亡。此型的病死率高达 80%～100%。

2. 急性型

病猪体温升高达 40.5～41 ℃，严重的呼吸困难，咳嗽，心衰。皮肤发红，精神沉郁。由于饲养管理及其他应激条件的差异，病程长短不定，所以在同一猪群中可能会出现病程不同的病猪，如亚急性或慢性型。

3. 亚急性型和慢性型

多于急性型后期出现。病猪轻度发热或不发热，体温在39.5～40℃，精神不振，食欲减退。不同程度的自发性或间歇性咳嗽，呼吸异常，生长迟缓。病程几天至1周不等，或治愈或当有应激条件出现时，症状加重，猪全身肌肉苍白，心跳加快而突然死亡。

四、剖检病变

主要病变存在于肺和呼吸道内，肺呈紫红色，肺炎多是双侧性的，并多在肺的心叶、尖叶和膈叶出现病灶，其与正常组织界限分明。最急性死亡的病猪气管、支气管中充满泡沫状、血性黏液及黏膜渗出物，无纤维素性胸膜炎出现。发病24小时以上的病猪，肺炎区出现纤维素性物质附于表面，肺出血、间质增宽、有肝变。气管、支气管中充满泡沫状、血性黏液及黏膜渗出物，喉头充满血性液体，肺门淋巴结显著肿大。随着病程的发展，纤维素性胸膜炎蔓延至整个肺脏，使肺和胸膜粘连。常伴发心包炎，肝、脾肿大，色变暗。病程较长的慢性病例，可见硬实肺炎区，病灶硬化或坏死。发病的后期，病猪的鼻、耳、眼及后躯皮肤出现发绀，呈紫斑。

1. 最急性型

病死猪剖检可见气管和支气管内充满泡沫状带血的分泌物。肺充血、出血和血管内有纤维素性血栓形成。肺泡与间质水肿。肺的前下部有炎症出现。

2. 急性型

急性期死亡的猪可见到明显的剖检病变。喉头充满血样液体，双侧性肺炎，常在心叶、尖叶和膈叶出现病灶，病灶区呈紫红色，坚实，轮廓清晰，肺间质积留血色胶样液体。随着病程的发展，纤维素性胸膜肺炎蔓延至整个肺脏。

3. 亚急性型

肺脏可能出现大的干酪样病灶或空洞，空洞内可见坏死碎屑。如继发细菌感染，则肺炎病灶转变为脓肿，致使肺脏与胸膜发生纤维素性粘连。

4. 慢性型

肺脏上可见大小不等的结节（结节常发生于膈叶），结节周围包裹有较厚的结缔组织，结节有的在肺内部，有的突出于肺表面，并在其上有纤维素附着而与胸壁或心包粘连，或与肺之间粘连。心包内可见到出血点。在发病早期可见肺脏坏死、出血，中性粒细胞浸润，巨噬细胞和血小板激活，血管内有血栓形成等组织病理学变化。肺脏大面积水肿并有纤维素性渗出物。急性期后则主要以巨噬细胞浸润、坏死灶周围有大量纤维素性渗出物及纤维素性胸膜炎为特征。

五、诊断方法

1. 病原学诊断

（1）直接镜检：从鼻、支气管分泌物和肺脏病变部位采取病料涂片或触片，革兰氏染色，显微镜检查，如见到多形态的两极浓染的革兰氏阴性小球杆菌或纤细杆菌，可进一步鉴定。

（2）病原的分离鉴定：将无菌采集的病料接种在 7％马血巧克力琼脂、画有表皮葡萄球菌十字线的 5％绵羊血琼脂平板或加入生长因子和灭活马血清的牛心浸汁琼脂平板上，于 37℃含 5％～10％ CO_2 条件下培养。如分离到可疑细菌，可进行生化特性、CAMP 试验、溶血性测定以及血清定型等检查。

2. 血清学诊断

包括补体结合试验、2-巯基乙醇试管凝集试验、乳胶凝集试验、琼脂扩散试验和酶联免疫吸附试验等方法。国际上公认的方法是改良补体结合试验，该方法可于感染后 10 天检查血清抗体，可靠性比较强，但操作烦琐，酶联免疫吸附试验较为实用。

六、防治措施

（一）预防

1. 强饲养管理

严格卫生消毒措施，注意通风换气，保持舍内空气清新。减少各种应激因素的影响，保持猪群足够均衡的营养水平。

2. 生物安全措施

从无病猪场引进公猪或后备母猪，防止引进带菌猪；采用"全进全出"饲养方式，出猪后栏舍彻底清洁消毒，空栏 1 周才重新使用。新引进猪或公猪混入一群猪传染性胸膜肺炎的猪群时，应该进行疫苗免疫接种并口服抗菌药物，到达目的地后隔离一段时间再逐渐混入较好。

3. 血清学检查

清除血清学阳性带菌猪，并制订药物防治计划，逐步建立健康猪群。在混群、疫苗注射或长途运输前 1～2 天，应投喂敏感的抗菌药物，如在饲料中添加适量的磺胺类药物或泰妙菌素、泰乐菌素、新霉素、林可霉素和大观霉素等抗生素，进行药物预防，可控制猪群发病。

4. 免疫

国内外均已有商品化的灭活疫苗用于本病的免疫接种。一般在 5～8 周龄时首免，2～3 周后二免。母猪在产前 4 周进行免疫接种。可应用包括国内主要流行菌株和本场分离株制成的灭活疫苗预防本病，效果更好。

（二）治疗

虽然报道许多抗生素有效，但由于细菌的耐药性，本病临床治疗效果不明显。实践中选用氟甲砜霉素肌内注射或胸腔注射，连用 3 天以上；饲料中拌泰妙菌素、强力霉素、氟甲砜霉素或北里霉素，连续用药 5～7 天，有较好的疗效。有条件的最好做药敏试验，选择敏感药物进行治疗。抗生素的治疗尽管在临床上取得一定成功，但并不能在猪群中消灭感染。

猪群发病时，应以解除呼吸困难和抗菌为原则进行治疗，并要使用足够剂量的抗生素和保持足够长的疗程。本病早期治疗可收到较好的效果，但应结合药敏试验结果而选择抗菌药物。

第十节　猪支原体肺炎

　　猪支原体肺炎（MPS），又称猪气喘病、猪地方流行性肺炎、猪霉形体肺炎，是由猪肺炎支原体（MHP）引起的，以高接触性、高传染性、高发病率和低死亡率为主要特点的慢性呼吸道传染病，其主要临床表现为咳嗽、气喘、呼吸困难、日增重减少、长期生长不良，饲料报酬率大幅下降。解剖时以肺部融合性支气管肺炎病变为主，尤以两肺的心叶、中间叶和尖叶出现肉变或大理石样实变为特征。由于该病与其他呼吸道病原如多杀性巴氏杆菌、副猪嗜血杆菌或胸膜肺炎放线杆菌等病原菌协同引起猪地方性肺炎，且常与猪繁殖与呼吸综合征病毒、猪流感病毒和猪 2 型圆环病毒等协同感染引起猪呼吸道综合征，因此很难确定猪支病原体肺炎精确的发病率。2008 年我国新修订的《一、二、三类动物疫病病种名录》将其列为二类动物疫病。

一、病原

　　猪肺炎支原体又称猪肺炎霉形体，在分类上属支原体科支原体属。该属除猪肺炎支原体外，还包括牛鼻支原体、羊肺炎支原体和鸡败血支原体。本菌因无细胞壁，故呈多形态，有环状、球状、点状、杆状和两极状。革兰氏染色阴性，但着色不佳，吉姆萨染色或瑞氏染色良好。

二、流行病学

　　本病的主要传染源是带菌猪和患病母猪。各年龄阶段的不同品种猪均易感，哺乳仔猪和断乳仔猪易感性高，其次是妊娠后期和哺乳期母猪。母猪和成年猪多呈慢性和隐性感染。在畜群里，肺炎支原体在动物之间通过咳嗽、打喷嚏或者以气溶胶颗粒的方式直接接触传播。仔猪被患病的母猪感染，造成猪肺炎支原体在猪群内长期存在，因而仔猪易患支原体肺炎。经药物治疗症状消失但未痊愈的猪体内仍然带菌，依然可传播本病。

　　猪支原体肺炎的发生发展与饲养管理水平有密切关系，饲料营养不足，猪舍通风不良，阴暗潮湿，环境卫生差常易引发本病。另外，季节变化对其影响明显，本病多发于寒冷潮湿的冬季，夏季则较少发生，症状也较不明显。

　　本病与其他病原体混合感染是造成该病死亡率升高的重要因素，最常见的继发病原体有猪繁殖与呼吸综合征病毒（PRRSV）、猪流感（SIV）、多杀性巴氏杆菌（PM）、败血波氏杆菌及猪鼻支原体（Mh）等。猪支原体肺炎潜伏期长，多呈慢性流行或隐性感染。

三、临床症状

　　主要临床症状为咳嗽、气喘。本病的潜伏期长短不一，最短的为 3～5 天，一般为11～16 天，最长可达 1 个月以上。临床上根据病程长短及表现可分为急性型和慢性型、隐性型。

1. 急性型

常见于新发猪群，以仔猪、妊娠和哺乳母猪多见。发作时病猪突然精神不振，头下垂，离群独立或伏卧于地，呼吸次数剧增；严重者张口喘气，呈腹式呼吸或犬坐姿势。体温一般正常，如有继发感染则体温可升至 40 ℃ 以上。一般咳嗽次数少而低沉。急性型的病程为 1～2 周，病猪常因窒息而死，病死率较高。

2. 慢性型

多由急性型转变而来，多见于老疫区的架子猪、育肥猪和后备母猪，主要症状表现为咳嗽，不同程度的呼吸困难，病猪精神沉郁，采食量明显下降，表现为被毛粗乱无光，生长发育停滞、消瘦，成为僵猪。如无继发病，体温一般不升高，病程可长达 2～3 个月，有的在半年以上，病死率低。

3. 隐性型

可由急性或慢性转变而成。偶见咳嗽和气喘。在饲养管理条件好的情况下感染后不表现临床症状。饲养管理恶劣，病情恶化而出现急性或慢性临床症状，甚至引起死亡。X 射线检查或剖检时，可见肺炎病灶。

四、剖检病变

主要病变见于肺、肺门淋巴结和纵隔淋巴结。急性死亡患猪肺有不同程度的水肿和气肿。肉眼病变类似于膨胀不全的肺，尤其在疾病的慢性阶段。特征性病变是两肺的心叶、尖叶和膈叶前缘发生对称性的实变，肺门淋巴结肿大。肺中间叶实变，以及肺门淋巴结肿大、增生，病变最初为粟粒大至豆大呈均匀散布，逐渐扩展而融合成支气管肺炎。病变部界线明显，灰白色、无弹性，呈胰样虾肉样变。切开时，内有大量泡沫。如无继发感染，其他器官无明显变化。

五、诊断方法

近些年来，针对猪气喘病的诊断建立了不少的方法，主要有分离培养、生长代谢试验、微量间接血凝试验、微粒凝集试验、间接血凝试验和酶联免疫吸附试验、PCR 方法等。

1. 病原学诊断

目前，猪肺炎支原体分子诊断技术中最常用的是核酸探针技术、普通 PCR，套式 PCR、荧光 PCR 等技术。套式 PCR、核酸探针等诊断技术能快速检测临床样品混合培养物中的猪肺炎支原体，还能鉴定可疑分离株是猪肺炎支原体还是其他支原体。

（1）核酸探针：目前主要用于基因克隆和克隆产物的鉴定，但在临床病例的检测上，敏感度和特异性尚需要更进一步发展，而且探针检测步骤复杂，不如 PCR 方法应用方便。

（2）普通 PCR：可以快速特异从感染猪的鼻拭子和气管、支气管灌洗液中检测到 MHP。这种方法快速而特异，与是否存在活菌无关。因此，可用于活体猪或死亡猪的检查。人工感染和检测统计表明 PCR 检测仅适用于急性感染期，此时 PCR 方法明显优于 ELISA 和免疫荧光方法。

（3）套式 PCR：该方法的出现，对猪肺炎支原体的 PCR 检测灵敏度和特异性都得到了极大的提高，此方法可区别猪鼻支原体、絮状支原体和鸡毒支原体。

（4）实时荧光定量 PCR：根据猪肺炎支原体的 *p110* 基因的保守序列，设计引物和探针，建立了可以对猪肺炎支原体培养物定量的实时荧光 PCR 定量检测技术。荧光定量 PCR 具有高灵敏性，高特异性和高精确性的特点，对于 MHP 的定量检测具有重大的意义。

2. 血清学诊断

（1）间接血凝抑制试验：间接血凝试验是将抗原（或抗体）包被于红细胞表面，成为致敏的载体，然后与相应的抗体（或抗原）结合，从而使红细胞凝聚在一起，出现可见的凝集反应。

间接血凝试验具有一定的特异性和敏感性，是常用诊断方法之一。用间接血凝试验检测猪肺炎支原体抗体，感染猪的血清能使绵羊红细胞自然溶血。用猪红细胞代替绵羊红细胞，虽然其效价比用绵羊红细胞低，但在试验中不易发生溶血现象。由于血清中含有特异吸附因子易溶血，制备的红细胞存在个体差异不易标准化，试验不易操作，使得间接血凝试验在临床应用中受到一定的限制。

（2）补体结合试验：

① 基本原理：可溶性抗原，如蛋白质、多糖、类脂、病毒等或者颗粒性抗原，与相应抗体结合后，其抗原抗体复合物可以结合补体，但这一反应肉眼不能觉察。如再加入红细胞和溶血素，即可根据是否出现溶血反应来判定反应系统中是否存在相对应的抗原和抗体。

② 方法评价：补体结合试验在试验接种猪和自然感染猪中，补体结合试验阳性率与猪肺部病变有较好的相关性，但仍存在着很高的假阳性和假阴性。补体结合试验在敏感性和特异性方面存在一定的局限性，但如果综合运用临床诊断和病理显微检查，CFT 仍是确定猪支原体肺炎感染状况的有效手段之一。

（3）酶联免疫吸附试验：

① 以全菌膜蛋白作为包被抗原：建立检测猪肺炎支原体抗体的间接 ELISA 检测方法，结果显示此方法灵敏度很高。

② 以表达蛋白作为包被抗原：用抗猪肺炎支原体独特型表位的单克隆抗体建立阻断 ELISA，只有抗猪肺炎支原体血清能阻断单克隆抗体的结合。与间接血凝试验比较，该法更适合早期诊断，敏感性和特异性均优于间接血凝。猪肺炎支原体 P40、P46 和 P65 蛋白的单克隆抗体，均能与 MHP 反应，而不与猪体内的其他支原体反应。

③ 方法评价：ELISA 是目前国内外最常用于诊断猪支原体肺炎的方法之一，在敏感性和特异性方面优于间接血凝试验，而单克隆抗体阻断 ELISA 比间接 ELISA 检出抗体时间早（接种后 2 周）、持续时间更长。单克隆抗体阻断 ELISA 很适合在建立 SPF 猪群时检测猪肺炎支原体抗体。

六、防治措施

（一）预防

1. 饲养管理

尽可能自繁自养，自育及全进全出；保持舍内空气新鲜，加强通风减少尘埃，人工清除干粪降低舍内氨气浓度；断奶后 10～15 天内仔猪环境温度应为 28～30 ℃，保育阶段温度应在 20 ℃以上，最少不低于 16 ℃。保育房、产房还要注意减少温差，同时注意防止猪群过度拥挤，使用良好的地板隔离，对猪群进行定期驱虫；尽量减少迁移，降低混群应激；避免饲料突然更换，定期消毒，彻底消毒空舍等。

2. 免疫

免疫按性质分为主动免疫和被动免疫两种。被动免疫是指仔猪从母乳中获得针对性的抗体。如母猪曾接种过疫苗或自然感染过，则它的初乳中就含有特定抗体，仔猪只需吃奶就能获得母源抗体；但母源抗体的保护是短暂的，并具有某种程度的不稳定性，同时也不能保证新生仔猪免受感染。指望依靠母猪源抗体来给仔猪提供全面保护是危险的。最好的办法是通过接种疫苗来刺激机体产生主动免疫。当然猪自然感染肺炎支原体也能够产生免疫，但由于支原体的免疫原性较差，要想获得有效的免疫保护，需要花相当长的时间；通过感染获得免疫的办法，经常见效太慢，来不及保护肥育猪免受 MPS 的侵害；不过，自然感染后可有效减少母猪排毒，降低感染压力，反复进行天然攻毒可以提高猪只的免疫力。研究还发现：猪群中初产母猪比例越高，发生气喘病的机会就越大。由于经多次诱发的自然免疫，或许能保护较长一段时间；大概是这个原因，经常暴露在猪肺炎支原体下的猪，哪怕是长期感染的猪群，也不会表现出明显临床症状。感染过的母猪，即使是生过 2～4 胎后仍可能携带猪肺炎支原体，但只有初产母猪才是气喘病的主要传染源。

为了保护猪群不受气喘病的侵害，需要及早对仔猪进行免疫接种。在仔猪感染支原体前就要进行免疫，这时诱发的免疫保护效果会很好，而且保护时间会很长。由于无法预测仔猪在何时会受到感染，所以仔猪一出生，就应尽早进行预防接种。另外早期免疫接种要考虑到母源抗体会不会对疫苗产生不良影响。应当选择高质量的疫苗和制定合理的免疫程序。支原体活疫苗根据支原体致病机理，采用胸腔注射达到占位效应从而抗感染。由于猪感染肺炎支原体后，常易继发其他细菌和病毒的感染。因此，预防接种不仅可以保护猪免受肺炎支原体的侵害，同时还可以防止其他继发病原体的感染，为猪提供更广泛的保护。

（二）治疗

经常性使用抗生素可减缓疾病的临床症状和避免继发感染的发生。常用的抗生素有四环素类、泰乐菌素、林可霉素、氯甲砜霉素、泰妙灵、螺旋霉素、喹诺酮类（恩诺沙星、诺氟沙星等），但总的来说，使用抗生素不会阻止感染发生，且一旦停止用药，疾病很快就会复发。另外在生产实践中预防性使用抗生素也会出现瓶颈现象，由于是防御性措施，通常使用的抗生素浓度较低，这易导致病原体产生耐药性，以后再用类似药物效果就不好。发生气喘病后，再想彻底杀灭病原体，是十分困难的，对呼吸道感染而言尤为如此，因为抗生素很难渗入肺部黏膜表面而发挥作用；同时抗生素治疗也无法修复已造成的病变损伤。如果停止治疗，病原又会逸出，种种症状又会重新出现。除此之外，使用抗生素疗法可能带来的弊病还包括肉质会发生改变（由于持续用药会有药物残留），而且人工费和成本费也随之提高。值得注意的是猪肺炎支原体对青霉素、阿莫西林、头孢菌素Ⅱ、磺胺二甲氧嘧啶、红霉素、竹桃霉素和多黏菌素都有抗菌性。

有条件的猪场应尽可能实施多点隔离式生产（SEW）技术，也可考虑利用康复母猪基本不带菌，不排菌的原理，使用各种抗生素治疗使病猪康复，然后将康复母猪单个隔离饲养、人工授精，使用药物培育健康群。具体方法如下：怀孕母猪分娩前 14～20 天以泰妙菌素、利高霉素或林可霉素、克林霉素、氟甲砜霉素等投药 7 天。仔猪 1 日龄口服 0.5 毫升庆大霉素，于 5~7 日龄、21 日龄分 2 次免疫气喘病灭活苗。仔猪 15 日龄、25 日龄注射恩诺沙星一次，有腹泻或 PRDC 严重的猪场断奶前后定期用药，可选用泰妙菌素、利高霉素、泰乐菌素、土霉素、氟苯尼考。保育猪、育肥猪、怀孕母猪用药，可选用 1 000 毫克/千克土霉素，110 毫克/千克克林霉素。另外，根据猪群背景要求加强对猪瘟、猪伪狂犬病、猪传染性萎缩性鼻炎、链球菌等的免疫与控制。

总之，在搞好全进全出、加强管理与卫生消毒工作、提高生物安全标准的基础上，加上怀孕母猪尤其是初产母猪隐性感染和潜伏性感染的药物控制，加强仔猪特别是初产母猪的仔猪早期免疫，及时检疫，立即隔离发病猪，根据猪群具体情况采取定期用药，预防用药策略等措施是控制场内猪支原体肺炎危害的关键。

第十一节　猪大肠杆菌病

猪大肠杆菌病是由病原性大肠杆菌引起的仔猪一组肠道传染性疾病。常见的有仔猪黄痢、仔猪白痢和仔猪水肿病三种，以发生肠炎、肠毒血症为特征。

一、病原

本属菌为革兰氏染色阴性，无芽孢，一般有数根鞭毛，常无荚膜的、两端钝圆的短杆菌。在普通培养基上易于生长，于 37 ℃ 24 小时形成透明浅灰色的湿润菌落；在肉汤培养中生长丰盛，肉汤高度混浊，并形成浅灰色易摇散的沉淀物，一般不形成菌膜。生化反应活泼，在鉴定上具有意义的生化特性是：MR 试验阳性和 VP 试验阴性。不产生尿素酶、苯丙氨酸脱氢酶和硫化氢；不利用丙二酸钠，不液化明胶，不能利用柠檬酸盐，也不能在氰化钾培养基上生长。由于能分解乳糖，因而在麦康凯琼脂培养基上生长可形成红色的菌落，这一点可与不分解乳糖的细菌相区别。

本菌对外界因素抵抗力不强，60 ℃ 15 分钟即可死亡，一般消毒药均易将其杀死。大肠杆菌有菌体抗原（O）、表面（荚膜或包膜）抗原（K）和鞭毛抗原（H）3 种。O 抗原在菌体胞壁中，属多糖、磷脂与蛋白质的复合物，即菌体内毒素，耐热。抗 O 血清与菌体抗原可出现高滴度凝集。K 抗原存在于菌体表面，多数为包膜物质，有些为菌毛，如 K88 等。有 K 抗原的菌体不能被抗 O 血清凝集，且有抵抗吞噬细胞的能力。可用活菌制备抗血清，以试管或玻片凝集进行鉴定。在菌毛抗原中已知有 4 种对小肠黏膜上皮细胞有固着力，不耐热、有血凝性，称为吸着因子。引起仔猪黄痢的大肠杆菌的菌毛，以 K88 为最常见。H 抗原为不耐热的蛋白质，存在于有鞭毛的菌株，与致病性无关。病原性大肠杆菌与肠道内寄居和大量存在的非致病性大肠杆菌，在形态、染色、培养特性和生化反应等无任何差别，但在抗原构造上有所不同。

二、流行病学

猪大肠杆菌病主要有仔猪黄痢、仔猪白痢和猪水肿病三种。

致病性大肠杆菌主要存在于母猪的肠道、产道及周围环境中，因此，带菌母猪是本病的主要传染源，妊娠母猪可经胎盘直接感染胎儿，也可经乳汁、粪便、污染水、饲料接触感染。仔猪黄痢最容易发生于 0～4 日龄的乳猪，往往在同窝仔猪中的发病率达 80% 以上，病死率高。仔猪白痢多发生于 10～30 日龄的仔猪，如果一窝仔猪有一头发病，其余仔猪便可同时或相继发病，病死率较低。仔猪水肿病主要发生于断奶后 1～2 周的仔猪，并且病猪绝大多数是生长快而肥壮的仔猪，发病率低，病死率高达 90% 以上。本病一年四季均可发生，夏季和冬季多发，春秋干燥季节少发。一些大型集约化养殖场，饲养密度过大，通风换气不良，卫生和消毒不彻底，是加速本病流行的不容忽视的主要因素。

三、临床症状及剖检病变

1. 仔猪黄痢

是出生仔猪的一种急性、致死性疾病，又称早发性大肠杆菌病。多发于 0～4 日龄的仔猪，新生仔猪可在出生 2～3 小时后发生，可影响单个或整窝仔猪，排出黄色浆状稀粪，内含凝乳块，严重时仔猪可能呕吐，并伴发脱水症状，腹肌松弛、无力、迟钝、眼睛无光、精神沉郁，体重下降、不久仔猪死亡。

剖检变化：尸体严重脱水，皮下常有水肿，肠道膨胀，有多量黄色液状内容物和气体。胃大弯部静脉梗死，局部小肠壁充血，小肠扩张。肠系膜淋巴结有弥漫性小出血点，肝、肾有凝固性小坏死灶。同一窝仔猪发病率达 90%，病死率可高达 90% 以上。

2. 仔猪白痢

多发于 3～4 周龄的仔猪，病猪突然腹泻，粪便呈乳白色或灰白色，且腥臭、黏腻。病程 2～3 日，长的达 1 周以上，病死率低，一般都能自行康复，但发病仔猪影响正常生长发育。

剖检变化：尸体外观发白，消瘦，被毛粗乱，有脱水现象，肠黏膜有卡他性炎症变化，肠系膜淋巴结肿胀。

3. 仔猪水肿

病猪突然发病，精神沉郁，结膜充血、眼睑、脸部、齿龈，有时波及颈部和腹部皮下出现明显的水肿。体温无明显变化，心跳急促，呼吸初快而浅，后来慢而深。神经症状明显，表现为肌肉颤抖、阵发性抽搐，盲目运动或转圈，站立时背部拱起，发抖，前肢如发生麻痹，则站立不稳，至后躯麻痹，不能站立，四肢游泳状划动。

剖检变化：主要为水肿，胃壁及肠系膜水肿最为明显。全身淋巴结水肿，并不同程度充血和出血，水肿液一般为浆液性，有时在黏膜附近有血染。如果水肿严重，病变可延伸到基底部的黏膜下层。

四、诊断方法

可取黄痢和白痢病猪的小肠前段，用无菌盐水冲洗后刮取黏膜，或取水肿病病猪肠系膜淋巴结，接种麦康凯琼脂培养基后，37 ℃培养 18～24 小时，挑取红色菌落做进一步培养和生化试验，并用大肠杆菌因子血清鉴定血清型。

五、防治措施

(一) 预防

应改善母猪的饲料质量，使母猪膘情良好。临产前一个月接种大肠杆菌 K88、K99 进行免疫。临产前 7 天将母猪清洗消毒后再上经过消毒的产床。即将分娩的母猪，应把乳房和阴部再次清洗消毒，挤出少许乳汁，加强产房保暖，应在 22 ℃左右，母猪分娩后 1 周，建议在饲料内添加抗生素（四环素、大观霉素等）

保持仔猪足够的环境温度（1～3 日龄 32～35 ℃、4～7 日龄 30～32 ℃、8～15 日龄 28～30 ℃、15～28 日龄 26～28 ℃），产房内的良好环境有利于减少仔猪与大肠杆菌的接触，在一定程度上，可通过仔猪自身防御体系得以控制，同时注意适时通风换气，应根据仔猪的生长发育特点，及时补铁补硒，增强机体的抗病能力，最大限度降低仔猪的发病率。

仔猪出生后应口服庆大霉素，可预防大肠杆菌病的发生。仔猪出生后 4 小时内应吃到初乳，由此获得免疫力。产房内部的消毒至关重要，每周至少两次，每次更换一种消毒药物。

应经常检查母猪的泌乳状况和仔猪吃奶情况，发现缺奶或乳房炎及时采取措施进行催奶治疗。对采食量小、体况差的母猪应增加饲喂次数，提高母猪的泌乳能力，减少因母猪缺奶而造成仔猪黄、白痢的发生，降低损失。

对猪群要进行检疫，以控制不同致病型大肠杆菌和其他感染菌引入猪群。未接触过大肠杆菌菌毛抗原的猪群对此无任何免疫力。产房要彻底清洁，避免猪群中窝间感染，仔猪免疫或治疗时，要求每头猪一个针头。对每批妊娠母猪实行全进全出，产房严格消毒可减少环境中大肠杆菌的繁殖。

断奶仔猪应做到尽量减少环境或其他形式的应激，如混群、寒冷、运输、饲料、转入新圈舍等。

预防仔猪黄痢，可对妊娠母猪于产前 6 周和 2 周进行两次疫苗免疫，而预防仔猪白痢和猪水肿病，可在仔猪出生后接种大肠杆菌腹泻基因工程多价苗或灭活苗。

(二) 治疗

根据不同地区做药敏试验，可选以下治疗方案。

（1）对发病的仔猪应加强补液，可口服补液盐或电解质，温开水灌服，每天 3 次。也可腹腔注射葡萄糖氯化钠，减少因脱水而造成仔猪迅速死亡。

（2）可肌内注射恩诺沙星，遵医嘱。忌大剂量注射，因为仔猪容易发生神经症状而过敏死亡。

（3）可口服杨树花等药物，对仔猪黄白痢效果显著。

（4）仔猪白痢，可肌内注射链霉素＋乙酰甲喹，经药敏试验，效果显著。

（5）肌内注射头孢噻呋或乳酸环丙沙星类药物，久治不愈者，可肌内注射干扰素类。

（6）治疗经 2～3 天不愈者，必须更换治疗药物，否则仔猪容易产生耐药性。

（7）必须通过给母猪用药对患病仔猪进行治疗，必须挑选能到达小肠腔的药物，如头孢菌素、阿莫西林等，如果是群体问题，一定要做药敏试验。

第十二节　猪痢疾

一、病原

　　猪痢疾又称猪血痢，是由猪痢疾密螺旋体引起的一种严重的肠道传染病，主要临诊症状为严重的黏液性出血性下痢，急性型以出血性下痢为主，亚急性和慢性以黏液性腹泻为主。剖检病理特征为大肠黏膜发生卡他性、出血性及坏死性炎症。

二、流行病学

　　在自然情况下，只有猪发病，各种年龄、品种的猪都可感染，但主要侵害的是 $2\sim3$ 月龄的仔猪；小猪的发病率和死亡率都比大猪高；病猪及带菌者是主要的传染来源，本病的发生无明显季节性；由于带菌猪的存在，经常通过猪群调动和买卖猪只将病原散播开。带菌猪在正常的饲养管理条件下常不发病，当有降低猪体抵抗力的不利因素、饲养不足、缺乏维生素和应激因素时，便可促进引起发病。

三、临床症状

　　最常见的症状是出现程度不同的腹泻。一般是先拉软粪，渐变为黄色稀粪，内混黏液或带血。病情严重时所排粪便呈红色糊状，内有大量黏液、出血块及脓性分泌物。有的拉灰色、褐色甚至绿色糊状粪，有时带有很多小气泡，并混有黏液及纤维伪膜。病猪精神不振、厌食及喜饮水、拱背、脱水、行走摇摆、用后肢踢腹，被毛粗乱无光，迅速消瘦，后期排粪失禁。肛门周围及尾根被粪便沾污，起立无力，极度衰弱死亡。大部分病猪体温正常。慢性病倒，症状轻，粪中含较多黏液和坏死组织碎片，病期较长，进行性消瘦，生长停滞。

四、剖检病变

　　主要病变局限于大肠（结肠、盲肠）。急性病猪为大肠黏液性和出血性炎症，黏膜肿胀、充血和出血，肠腔充满黏液和血液；病例稍长的病例，主要为坏死性大肠炎，黏膜上有点状、片状或弥漫性坏死，坏死常限于黏膜表面，肠内混有多量黏液和坏死组织碎片。其他脏器常无明显变化。

五、诊断方法

1. 病原学诊断

　　（1）取病猪新鲜粪便或大肠黏膜涂片，用吉姆萨、草酸铵结晶紫或复红色液染色、镜检，高倍镜下每个视野见 3 个以上具有 3～4 个弯曲的较大螺旋体，即可怀疑此病。

（2）分离培养，需在厌氧条件下进行。

2. 血清学诊断

有凝集试验、免疫荧光试验、间接血凝试验、酶联免疫吸附试验等，以凝集试验和酶联免疫吸附试验较好，可作为结合判断的一项指标。

六、防治措施

1. 预防

（1）检疫：防止从病场购入带菌种猪；如果引入，猪只需隔离观察和检疫。

（2）消毒：做好猪舍、环境的清洁卫生和消毒工作；处理好粪便。

2. 治疗

本病的治疗无特殊有效方法。病猪及时治疗，药物治疗，常有一定效果，如痢菌净（MAQO，3 -甲基- 2 -乙酰基喹噁啉- 1,4 -二氧化物）5 毫克/千克，内服，每日 2 次，连服 3 日为一疗程，或按 0.5％痢菌净溶液 0.5 毫升/千克，肌内注射；二甲硝基咪啶、硫酸新霉素、呋喃唑酮、林可霉素等多种抗菌药物都有一定疗效。须指出，该病治后易复发，须坚持疗程和改善饲养管理相结合，方能收到好的效果。病猪最好淘汰。坚持药物、管理和卫生相结合的净化措施，可收到较好的净化效果。

第十三节　猪细小病毒病

猪细小病毒病是由猪细小病毒（PPV）引起的一种母猪繁殖障碍性疾病，该病以造成母猪，以初产母猪产出死胎、畸形胎、木乃伊胎、病弱仔猪及流产为主要特征，母猪本身并无明显临床症状。母猪怀孕早期感染时，其胚胎、胎儿死亡率可高达 80％～100％。猪细小病毒病广泛分布于世界各地，一般呈地方流行性或者散发，给养殖业造成巨大的经济损失，严重影响养猪业的健康发展。我国 2008 年新修订的《一、二、三类动物疫病病种名录》将猪细小病毒病列为二类动物疫病。

一、病原

猪细小病毒在分类上属细小病毒科细小病毒亚科细小病毒属。该属除猪细小病毒外，还包括鸡细小病毒、猫泛白细胞减少症病毒，H - 1 细小病毒、HB 细小病毒、大鼠潜在病毒、兔细小病毒、小鼠微小病毒、鼠细小病毒- 1 型、RT 病毒和 TVX 病毒等。目前，虽然已经分离出多种类型的猪细小病毒毒株，但均属于同一个血清型。

二、流行病学

猪细小病毒在世界各地的猪群中广泛存在，病猪和带毒猪是猪细小病毒的主要传染源。

各品系和年龄的猪都对猪细小病毒易感。该病可水平传播，母猪、公猪和育肥猪主要是通过病猪口腔、鼻腔的分泌物、排泄物及被其污染的器具、食物、环境经呼吸道、消化道或者生殖道感染。该病可垂直传播，病毒经胎盘感染胎儿，也可经交配、人工授精感染母猪。鼠类也可成为猪细小病毒的传播媒介。

本病主要发生在春夏或母猪产仔和交配季节，一般呈地方性或散发性流行，在新建猪场和初次感染的猪场往往呈地方性流行。发病猪场能持续几年甚至十几年不断发生繁殖失败。孕猪早期感染时，胎猪死亡率可达 80%～100%。

三、临床症状

猪细小病毒感染主要引起母猪的繁殖障碍，母猪在怀孕期的前 30～40 天最易感染，孕期不同时间感染分别会造成死胎、流产、木乃伊胎、产弱仔猪和母猪久配不孕等症状。在怀孕 10～30 天时感染，引起胚胎死亡和重吸收；在怀孕 30～50 天时感染，主要产木乃伊化胎儿，木乃伊化的程度与胎儿日龄有关，如果没有发生严重的胎盘炎部分胎儿存活，一般不发生流产，木乃伊化胎儿随活仔猪同时产出；怀孕 50～60 天时感染多出现死产；怀孕 70 天感染的母猪则常出现流产症状，而怀孕 70 天后感染的母猪则多能正常产出活仔猪，但这些仔猪常带有抗体和病毒。此外猪细小病毒感染还可出现产仔瘦小、产弱仔，母猪发情不正常、久配不孕等临床症状。

四、剖检病变

1. 剖检变化

怀孕母猪没有明显的眼观病变，仅见母猪子宫内膜有轻微的炎症，胎盘有部分钙化，胎儿在子宫内溶解、吸收等现象。主要的病变在胎儿，大多数死胎或弱仔猪皮下充血或水肿，胸、腹腔积有淡红或淡黄色渗出液；肝、脾、肾有时肿大、脆弱或萎缩发暗；个别死胎皮肤出血，弱仔生后半小时先在耳尖，后在颈、胸、腹部及四肢上端内侧出现瘀血、出血斑，半天内皮肤全变紫而死亡。除上述各种变化外，还可见畸形胎儿、干尸化胎儿（木乃伊）及骨质不全的腐败胎儿。

2. 组织学变化

组织学病变为母猪的妊娠黄体萎缩，子宫上皮组织和固有层有局灶性或弥漫性单核细胞浸润。感染胎儿的肺、肝、肾等实质性器官里及小脑的神经细胞和血管内皮里，也出现血管壁和外周血管炎性浸润及脑膜炎、间质性肝炎、肾炎和带钙化的胎盘炎。死亡胎儿多种组织和器官有广泛的细胞坏死、炎症和核内包涵体。其特征病变为大脑灰质、白质和软脑膜出现非化脓性脑膜脑炎的病理变化，内部有以外膜细胞、组织细胞和浆细胞形成的血管套。

五、诊断方法

（一）临床诊断

引起母猪繁殖障碍的传染病有多种，它们在临床上症状非常相似，给诊断带来很大的困难。猪感染猪细小病毒后除母猪繁殖障碍外，无其他明显症状，个别母猪出现体温升高、关节肿大及后躯运动不灵活的症状。在临床上应注意与以下疫病的鉴别诊断：

1. 伪狂犬病

仔猪体温 41 ℃以上，厌食、颤抖、呕吐、腹泻及神经症状，多为 2～3 日内死亡。成年猪症状不明显，妊娠母猪流产、死产及木乃伊胎。

2. 猪呼吸与繁殖障碍综合征

母猪精神不振，体温短暂升高，咳嗽及不同程度的呼吸困难。妊娠母猪早产、死胎、弱胎及木乃伊胎。出生仔猪体温升高、呼吸困难，一周后死亡率 25％～40％。

3. 猪乙型脑炎

妊娠母猪主要表现为流产，大小不等的死胎、畸形及木乃伊胎，也产弱仔。公猪表现为单侧睾丸肿胀、发热，性欲减退。

4. 布鲁氏菌病

母猪妊娠后 4～12 周流产或早产。流产前母猪精神不振，短暂发热，一般 8～10 日自愈。公猪双侧睾丸及附睾炎症。

（二）实验室诊断

1. 病原学诊断

猪细小病毒分子诊断技术中最常用的是 PCR、核酸探针技术等。

（1）PCR：国内外均有报道，多针对 VP1、VP2 蛋白的基因设计引物。该方法可用于检测感染细胞系和临床样品，其敏感性比 HA 高。

（2）荧光定量 PCR：荧光定量 PCR 是将常规 PCR 技术与荧光检测相结合，比常规 PCR 敏感性更高、特异性更强、检测更快速，已成为病原体检测的重要方法。

（3）各类标准采用情况：国内标准《猪细小病毒病检疫技术规范》（SN/T 1919）。

2. 血清学诊断

猪细小病毒血清学诊断技术可用于监测猪群中猪细小病毒感染状态；评估免疫效果和监测母源抗体；国际贸易引进种猪的检验检疫等。

目前，猪细小病毒抗体检测较常用的技术包括：血清中和试验、血凝抑制试验、酶联免疫吸附试验、琼脂扩散试验和补体结合试验等，其中尤以血凝抑制试验最为常用。

（1）血凝抑制试验：猪细小病毒凝集红细胞的能力可被特异性抗体所抑制，据此可用血凝抑制试验实现猪细小病毒抗体的检出和定量。血凝抑制试验包括试管法或微量滴定板两种测试方法。利用血凝抑制试验检测人工感染猪细小病毒的猪，感染后 5 天即可以检测到相应抗体。该方法具有简便、检出率高等特点，被广泛应用于猪细小病毒流行病学调查及猪群免疫水平的检测。

（2）血清中和试验：血清中和试验是最经典、传统的血清学方法，它特异、敏感。其原理是利用被检血清的抗体中和猪细小病毒，接种细胞后根据培养细胞的病变情况来计算血清抗体的滴度。血清中和试验敏感，但操作复杂，首先要进行病毒感染力的测定，才能进行中和试验，耗时长，中和试验需要细胞培养技术和病变结果的判断，需要较高专业技术，不利于临床推广应用。

（3）琼脂扩散试验：此法是一种操作简便、特异性较强的血清学诊断方法。取妊娠期延长、产死胎、木乃伊胎的初产母猪血清与抗原做常规琼脂扩散试验，结果均出现明显沉淀线。但敏感性差，不能用于检测猪细小病毒抗体效价低的样品。

（4）酶联免疫吸附试验：根据包被抗原组成的不同，可建立不同用途的 ELISA 方法。猪细小病毒 NS1 蛋白主要在病毒的复制期产生，成熟的病毒粒子中不含有该蛋白，因此，通过对 NS1 蛋白抗体检测可以区分灭活疫苗免疫猪和自然感染猪。利用 VP2 蛋白作为抗原建立的 ELISA 方法，则可用于疫苗（灭活疫苗）免疫抗体的检测。用 ELISA 方法检测猪细小病毒抗体的方法对于大量血清检测具有省时、便捷、准确的特点，更适应规模化养殖的早期诊断和紧急预防的需要。

（5）乳胶凝集试验：将经硫酸铵沉淀、透析浓缩后的猪细小病毒粒子致敏乳胶建立检测猪细小病毒抗体的乳胶凝集试验诊断方法。致敏的乳胶抗原与细小病毒阳性血清反应出现凝集颗粒。乳胶凝集试验可用于对临床大量血样进行血凝抑制试验前的初选，具有简便、准确的优点。该方法的不足之处在于它与血凝抑制试验相比，所检的血清中，乳胶凝集试验的凝集效价不规则，有的高，有的低，不像血凝抑制试验那样有一个稳定的规律，这是由于乳胶凝集试验检测的主要是 IgM 抗体，而 IgM 抗体主要出现在感染的早期，以后逐渐下降。

六、防治措施

（一）预防

本病应以预防为主，需采取综合预防措施。

1. 采取综合性防治措施

细小病毒（PPV）对外界环境的抵抗力很强，要使一个猪场无感染保持下去，必须采取严格的卫生措施，尽量坚持自繁自养，如需要引进种猪，必须从无细小病毒（PPV）感染的猪场引进。当 HI 阴性时，方准许引进。引进后严格隔离 2 周以上，当再次检测 HI 阴性时，方可混群饲养。发病猪场，应特别防止小母猪在第一胎采食时被感染，可把其配种期拖延至 9 月龄时，此时母源抗体已消失（母源抗体可持续平均 21 周），通过人工主动免疫使其产生免疫力后再配种。

2. 疫苗预防

公认使用疫苗是预防猪细小病毒病、提高母猪抗病力和繁殖率的有效方法，已有 10 多个国家研制出了细小病毒（PPV）疫苗。疫苗包括活疫苗与灭活苗。活疫苗产生的抗体滴度高，而且维持时间较长，而灭活苗的免疫期比较短，一般只有半年。疫苗注射可选在配种前几周进行，以使怀孕母猪于易感期保持坚强的免疫力。为防止母源抗体的干扰可采用两次注射法或通过测定 HI 滴度以确定免疫时间，抗体滴度大于 1：20 时，不宜注射，抗体效价高于 1：80 时，即可抵抗 PPV 的感染。在生产上为了给母猪提供坚强的免疫力，最好猪每次配种前都进行免疫，可以通过用灭活油乳剂苗两次注射，以避免体内已存在的被动免疫力的干扰。将猪在断奶时从污染群移到没有细小病毒（PPV）污染地方进行隔离饲养，也有助于本病的净化。

3. 要严格引种检疫

做好隔离饲养管理工作，对病死尸体及污物、场地，要严格消毒，做好无害化处理工作。

（二）治疗

（1）对症治疗：肌内注射头孢类药物，每日 2 次，连用 3～5 天。

（2）对延时分娩的病猪及时注射前列腺烯醇注射液引产，防止胎儿腐败，滞留子宫引起子宫内膜炎及不孕。

（3）对心功能差的猪使用强心药，机体脱水的要静脉补液。

第九章　常见牛羊病

第一节　小反刍兽疫

小反刍兽疫也称羊瘟、假性牛瘟，是由小反刍兽疫病毒引起的，以发热、口炎、腹泻、肺炎为特征的一种急性接触性传染病。世界动物卫生组织将其列为 A 类动物疫病，我国将其列为一类动物疫病。

该病现已传入我国，且近几年有进一步蔓延发展的趋势，2014 年 3 月底起，我国新疆、甘肃、内蒙古、宁夏等省份暴发了小反刍兽疫疫情，而且疫情传播快、跨度大、风险高，仅 1 个月时间疫情蔓延至 19 个省份，给我国动物疫病防控工作带来了严重威胁。

一、病原

小反刍兽疫病毒属副黏病毒科麻疹病毒属。与牛瘟病毒、麻疹病毒、犬瘟热病毒等有相似的物理化学及免疫学特性。小反刍兽疫病毒虽然与牛瘟病毒的一般形态相同，并有共同抗原，但它们还是有区别的，小反刍兽疫病毒颗粒较牛瘟病毒大，两者抗原也不完全相同，通过免疫电镜观察，共同抗原在核衣壳，而包膜抗原不同。小反刍兽疫病毒呈多形性，通常为粗糙的球形，核衣壳为螺旋中空杆状并有特征性的亚单位，有囊膜。基因组为单分子负链单股 RNA。病毒可在胎绵羊肾、胎羊及新生羊的睾丸细胞、Vero 细胞上增殖，并产生细胞病变（CPE），形成合胞体。

病毒粒子对外界环境敏感，37 ℃条件下，其感染力的半衰期为 1～3 小时，在 70 ℃以上迅速灭活，在 50 ℃ 0.5 小时即死亡，4 ℃ 12 小时和 pH 3 的条件下 3 小时能将病毒灭活。病毒粒子在 pH 5.8～11.0 时稳定，对酒精、乙醚、氯仿、甘油和一些去垢剂敏感，大多数的化学灭活剂，如酚类、2％的氢氧化钠溶液等作用 24 小时可以灭活该病毒。使用非离子去垢剂可使病毒的纤突脱落，降低感染力。

二、流行病学

自然发病主要感染山羊、绵羊、羚羊、美国白尾鹿等小反刍动物，山羊发病比较严重，常呈最急性型，很快死亡。绵羊次之，一般呈亚急性经过而后痊愈，或不呈现病状。牛、猪、骆驼等呈隐性感染，通常为亚临床经过。2～18 个月的幼年动物比成年动物易感，而哺乳幼畜抵抗力相对强。本病主要通过直接接触传染或呼吸道飞沫传染。本病的传染源主要为患病动物和隐性感染动物，处于亚临床型的病羊尤为危险。病畜的分泌物和排泄物均含有病毒。

本病的流行无明显的季节性。在首次暴发时易感动物群的发病率可达 100%，严重时致死率为 100%；中度暴发时致死率达 50%。但在老疫区，常为零星发生，只有在易感动物增加时才可发生流行。这一点从我国 2014 年至今小反刍兽疫发病情况进一步得到了证实。2014 年，该病在我国多地暴发时，多呈最急性型或急性型，临床症状十分典型，发病率和致死率很高；但经过近两年的流行和免疫工作的普及，目前发病动物多呈急性型或亚急性，甚至慢性型，症状不是十分典型，发病率和致死率也明显下降。

从 2014 年疫病发生情况来看，患过小反刍兽疫的羊群一个月后，再次发病情况严重，表现出发热、腹泻、咳喘、口炎、身上长痘，尾巴处有水疱，之后化脓的羊群较多。通过实验室检测发现有的是小反刍兽疫病毒、有的是激发的羊痘病毒或者是口疮病引起的。

三、临床症状

小反刍兽疫潜伏期为 4～5 天，最长 21 天。由于动物品种、年龄差异、免疫背景以及气候和饲养管理条件不同而出现的敏感性不一样，临床症状表现有以下几个类型。

1. 最急性型

常见于山羊，潜伏期约 2 天，出现发热（40～42 ℃）、精神沉郁，感觉迟钝，不食，毛竖立，流泪及浆液黏性鼻汁。常有齿龈出血，有时口腔黏膜溃烂。病初便秘，相继大量腹泻，体力衰竭而死亡，病程 5～6 天。

2. 急性型

潜伏期 3～4 天，症状和最急性的一样，但病程较长。自然发病多见于山羊和绵羊，患病动物发病急剧，高热 41 ℃以上，稽留 3～5 天；初期精神沉郁，食欲减退，鼻镜干燥，口、鼻腔流黏脓性分泌物，呼出恶臭气体；眼分泌物增加，出现结膜炎；发热的前几天，口腔黏膜和齿龈充血，颊黏膜进行性广泛性损害、导致多涎，随后口腔溃疡、坏死；严重者坏死灶可波及齿龈、腭、颊部及其乳头、舌等处；后期常出现孕畜流产和血性腹泻，病畜严重脱水、消瘦，并常伴发咳嗽，胸部啰音以及腹式呼吸的表现。病程 8～10 天，有的因继发感染而死亡，有的痊愈，也有的转为慢性。

3. 亚急性或慢性型

病程延长至 10～15 天，常见于急性期之后。早期的症状和上述的相同。口腔和鼻孔周围以及下颌部发生结节和脓疱是本病晚期的特有症状，易与传染性脓疱混同。

四、剖检病变

尸体病变与牛瘟相似。患畜可见结膜炎、坏死性口炎等肉眼可见的特征性病变，严重病例可蔓延到硬腭及咽喉部。开始为白色点状的小坏死灶，直径数毫米，待数目增多即汇合成片，形成底面红色的糜烂区，上覆以脱落的上皮碎片。在舌面、齿龈、上腭部位的溃疡很快被覆一层由浆液性渗出和脱落碎屑以及多核白细胞混合构成的黄白色浮膜。若无细菌性并发感染，这些病变很快痊愈。在咽喉和食道经常有条状糜烂（每条长十几毫米，宽 2～3 毫米)。鼻甲、喉、气管等处有出血斑。肺尖叶或心叶末端可见肺炎灶或支气管肺炎灶。皱胃常出现病变，而瘤胃、网胃、瓣胃很少出现病变，病变部常出现有规则、有轮廓的糜烂，创面红色、出血。肠可见糜烂或出血，尤其在结肠直肠结合处呈特征性线状出血或斑马样条纹。淋巴结肿大，脾有坏死性病变。慢性型，口鼻周围和下颌部出现结节，直径 5～20 毫米，表面粗糙黄灰色，这些病变在 3 周后逐渐痊愈。

五、诊断方法

(一) 临床诊断

根据本病的流行病学、临床症状和剖检病变特征，即可作出初步诊断。确诊需进一步进行实验室诊断。

(二) 实验室诊断

在国际贸易中，指定诊断方法为病毒中和试验，替代诊断方法为酶联免疫吸附试验。

1. 病料采集

①用棉拭子无菌采集眼睑下结膜分泌物和鼻腔、颊部及直肠黏膜；②采集全血，加肝素抗凝；③采集血清（制取血清的血液样品不冷冻，但要保存在阴凉处）；④用于组织病理学检查的样品，可采集淋巴结（尤其是肠系膜和支气管淋巴结）、脾、大肠和肺脏，置于 10%甲醛溶液中保存待检。

2. 病毒分离鉴定

可用棉拭子采集活体动物的眼结膜分泌物、鼻腔分泌物、颊及直肠黏膜，或病死动物的脏器如肠系膜淋巴结、支气管淋巴结、脾脏、大肠和肺脏等病料，接种于适当的细胞，当细胞培养物出现病变或形成合胞体时，表明病料中存在病毒，然后用标记抗体、电镜或 RT-PCR、荧光 RT-PCR 方法鉴定。也可用电镜技术和 RT-PCR、荧光 RT-PCR 等方法直接检测病料。

3. 血清学检查

常用的方法有病毒中和试验、竞争酶联免疫吸附试验、琼脂凝胶免疫扩散试验、对流免疫电泳试验、荧光抗体试验等。

(三) 鉴别诊断

小反刍兽疫诊断时，应注意与牛瘟、蓝舌病、口蹄疫、羊传染性脓疱病等作鉴别。小反刍兽疫可引起绵羊和山羊临床症状，但被感染的牛不表现症状，因此，仅限绵羊和山羊发病时，应首先怀疑小反刍兽疫；蓝舌病与小反刍兽疫相反，主要感染绵羊；羊传染性脓疱病，舌无溃烂。必要时进行实验室检测。

六、防控措施

(一) 预防措施

1. 加强饲养管理

平时饲喂全价日粮，以提高畜群的抵抗力。

2. 坚持自繁自养

严格控制该病的侵入，从而减少本病的发生与流行。

3. 加强检疫

（1）不从疫区引进牲畜，杜绝疫源的传入。

（2）如需从外地输入牲畜或畜产品时，须有检疫证明书，并经输入地区兽医机构检查，认定无疫时，方可引进。对新购入的牲畜，必须进行隔离检疫，观察一定时间，认定健康后，方可混群。

（3）对牲畜交易市场和屠宰场等加强检疫，以便及时发现病畜，及时报告，及时处置，以防疫病的散播。

4. 平时做好卫生消毒工作

对外界环境、畜舍和场内的饮水，以及用具等进行定期消毒。

5. 免疫接种

在发生本病的地区，用疫苗进行免疫接种。新生羔羊1月龄以后免疫一次，对本年未免疫羊和超过3年免疫保护期的羊进行免疫。

（二）控制扑灭措施

一旦发生该病时，在疫区应紧急采取以下措施。

1. 及时发现，诊断和上报疫情并通知邻近单位做好预防工作

在发现疑似该病时，应立即报告当地畜禽防疫机构或乡镇兽医站，并由其组织有关专家进行采样检验，确诊后并负责通知邻近有关单位，以便采取相应的预防措施，防止疫病蔓延。

2. 迅速隔离病畜，污染地方进行紧急消毒

隔离病畜和可疑病畜以控制传染源，把疫情限制在最小范围内，以便就地消灭。

3. 严密封锁疫区，控制疫源

确诊该病后立即报请当地人民政府划定疫区范围，进行封锁，并据具体条件划定疫点、疫区和受威胁区。对疫点疫区进行严密封锁，具体做到：严禁人、畜、畜产品及车辆等出入疫区。在特殊情况下人员必须出入时，需经有关兽医人员许可，经严格消毒后出入。对病死畜及同群可疑畜群进行扑杀、烧毁；其排泄物和被污染的饲料、垫草、污水等进行统一销毁或无害化处理。对疫点疫区内用具、圈舍、场地等必须进行彻底消毒。并在疫区出入口设立临时检疫关卡，对必须出入的人员、车辆进行消毒。停止本疫区的畜群集市贸易，杜绝疫区内牲畜及其产品与外界流通。同时开展必要的杀虫灭鼠工作。

4. 对受威胁地区内的牲畜可紧急免疫接种小反刍兽疫疫苗，建立免疫带

发生疫情时对疫区和受威胁地区所有健康羊进行一次加强免疫。最近1个月内已免疫的羊可以不进行加强免疫。禁止从疫区购买牲畜、草料和畜产品，如需购入新的畜群，必须进行隔离观察一段时间，认定健康时再混群；加强对当地屠宰场、加工厂、畜产品仓库等的检疫和卫生监督工作。

5. 解除封锁

待疫区最后一头病畜扑杀后，经一个潜伏期以上的检测，观察未再出现新的病例后，经彻底清扫和终末消毒，由原发布封锁令的政府解除封锁。恢复所有市场畜群交易，但仍仅限于原疫区范围内活动，不能将其调到安全区去。

第二节 牛 肺 疫

牛肺疫也称牛传染性胸膜肺炎，俗称烂肺疫。是由丝状支原体丝状亚种引起的对牛危害严重的一种接触性传染病，主要侵害肺和胸膜，其病理特征为纤维素性肺炎和浆液纤维素性肺炎。世界动物卫生组织将其列为 A 类动物疫病，我国将其列为一类动物疫病。我国已宣布消灭牛肺疫，2010 年我国通过世界动物卫生组织无牛肺疫认证。

一、病原

病原为丝状支原体丝状亚种，属支原体科支原体属成员，为一种细小、多形性的微生物，但常见球形，革兰氏染色阴性。多存在于病牛的肺组织、胸腔渗出液和气管分泌物中。

丝状支原体在已知的支原体中是对培养基要求较低的一种，在含 10％马（牛）血清的马丁氏肉汤培养基中生长良好，呈轻度混浊带乳色样彗星状、丝状或纤细菌丝状生长。在固体培养基中形成细小的半透明菌落、中心颗粒致密、边缘疏松、呈微黄褐色的荷包蛋状。能代谢葡萄糖，不水解精氨酸和尿素。

病原体对外界环境的抵抗力很弱。暴露在空气中，特别是直射阳光下，几小时即失去毒力。干燥、高温都可使其迅速死亡，55 ℃ 15 分钟、60 ℃ 5 分钟均能将其杀死；反之，在冷冻条件下却能存活很久，－20 ℃以下能存活数月，真空冻干低温保存可活 10 年之久。对酸碱敏感，酸性或碱性条件下均可灭活。对化学消毒剂抵抗力不强，常用的消毒剂都能将它彻底杀死，如乙醚、0.01％升汞、生石灰、1％苯酚作用 3 分钟，0.5％甲醛溶液作用 30 秒即可灭活；10 毫克/升的硫柳汞、10 毫克/升的新胂凡纳明（914）或每毫升含2 万～10 万国际单位的链霉素，均能抑制本菌。但对青霉素、磺胺类药物、醋酸铊和甲紫则有抵抗力。

二、流行病学

在自然条件下主要侵害牛类，包括牦牛、奶牛、黄牛、水牛、犏牛等，还可感染驯鹿及羚羊，其中奶牛最易感。各种牛对本病的易感性，依其品种、生活方式及个体抵抗力不同而有区别，发病率为 60％～70％，病死率为 30％～50％；山羊、绵羊及骆驼在自然情况下不易感染，其他动物及人无易感性。本病在我国西北、东北、内蒙古和西藏部分地区曾有过流行，造成很大损失；目前在亚洲、非洲和拉丁美洲仍有流行。病牛、康复牛及隐性带菌牛是本病的主要传染来源。病牛康复 15 个月甚至 2～3 年还能感染健康牛。病原主要由呼吸道随飞沫排出，也可由尿及乳汁排出，在产犊时还可由子宫分泌物中排出。

牛肺疫主要通过呼吸道感染，也可经消化道感染。牛吸入污染的空气、尘埃或食入污染的饲料、饮水即可感染发病。

年龄、性别、季节和气候等因素对易感性无影响，饲养管理条件差、畜舍拥挤、转群或气温突然降低，均可促进本病的流行。引进带菌牛入易感牛群，常引起本病的暴发，以后转为地方性流行。牛群中流行本病时，流行过程很长；舍饲者一般在数周后病情逐渐明显，全群患病要经过数月。

三、临床症状

潜伏期一般为2～4周，短者8天，长者可达4个月之久。症状发展缓慢者，常是在清晨冷空气或冷饮刺激或运动时才发生短干咳嗽（起初咳嗽次数少，进而逐渐增多），继之食欲减退，反刍迟缓，泌乳减少，此症状易被忽视；症状发展迅速者则以体温升高0.5～1℃开始，随病程发展，症状逐渐明显。按其经过可分为急性和慢性两型。

1. 急性型

症状明显而有特征性，主要呈急性胸膜肺炎症状。病初体温升高至40～42℃，呈稽留热，干咳，呼吸加快而有呻吟声，鼻孔扩张，鼻翼扇动，前肢外展，呼吸高度困难，发出吭声，按压肋间有疼痛反应。由于胸部疼痛不愿行动或下卧，呈腹式呼吸。咳嗽逐渐频繁，呈疼痛性短咳，咳声低沉、弱而无力。有时流出浆液或脓性鼻液，可视黏膜发绀。呼吸困难加重后，叩诊胸部，有浊音或实音区。听诊患部，可听到湿性啰音，肺泡音减弱乃至消失，代之以支气管呼吸音，无病变部分则呼吸音增强，有胸膜炎发生时，则可听到摩擦音，叩诊可引起疼痛。病后期，臀部或肩胛部肌肉震颤，心脏常衰弱，脉搏细弱而快，每分钟可达80～120次，有时因胸腔积液，只能听到微弱心音或不能听到。此外，还可见到食欲丧失，泌乳停止，尿量减少而比重增加，便秘与腹泻交替出现。病畜体况迅速衰弱，眼球下陷，眼无神，呼吸更加困难，常因窒息而死。急性病程一般在症状明显后经过5～8天，约半数转归为死亡；有些患畜病势趋于缓和，全身状态改善，体温下降，逐渐痊愈；有些患畜则转为慢性。整个急性病程为15～60天。

2. 慢性型

多数由急性转来，少数病畜一开始即取慢性经过。除体况消瘦，多数无明显症状。病牛食欲时好时坏，体瘦无力，偶发干性短咳，胸部听诊、叩诊变化不明显，胸前、腹下、颈部常有浮肿。此种患畜在良好护理及妥善治疗下，可以逐渐恢复，但常成为带菌者。若病变区域广泛，或饲养管理不好或使役过度，则患畜日益衰弱，预后不良。

四、剖检病变

主要特征性病变在呼吸系统，尤其是肺脏和胸腔。典型表现是大理石样肺和浆液性、纤维素性胸膜肺炎。肺和胸膜的变化，按其发生发展过程，分为初期、中期和后期三个时期。

肺的损害常限于一侧，以右侧较常见。

初期病变以小叶性支气管肺炎为特征。肺炎灶充血、水肿，呈鲜红色或紫红色。

中期为该病典型病变，表现为浆液性纤维素性胸膜肺炎，肺脏肿大、增厚，灰白色，多发生在膈叶，也有在心叶或尖叶者。肺实质同时存在不同阶段的肝变，切面红灰相间，呈大理石样花纹。肺间质水肿变宽，呈灰白色，淋巴管扩张，也可见到坏死灶。胸膜增厚，表面有纤维素性附着物，多数病例的胸腔内有淡黄色透明或混浊液体，多的可达1万～2万毫升，内夹杂有纤维素凝块或凝片。胸膜常见有出血、肥厚、粗糙，并与肺病部粘连，肺膜表面有纤维蛋白附着物；心包膜也有同样变化，心包内有积液，心肌脂肪变性。肝、脾、肾无特殊变化，胆囊肿大。

后期肉眼病变有两种。一种是不完全治愈型，局部病灶形成脓腔或空洞；局部结缔组织增生，形成瘢痕。另一种是完全治愈型，病灶完全瘢痕化或钙化。

本病病变还可见腹膜炎、浆液性纤维性关节炎等。

五、诊断方法

（一）临床诊断

本病初期不易诊断。若引进种牛在数周内出现高热，持续不退，同时兼有浆液性纤维素胸膜肺炎之症状并结合剖检病变，可作出初步诊断。其病理诊断要点为：①肺呈多色彩的大理石样变；②肺间质明显增宽、水肿，肺组织坏死；③浆液纤维素性胸膜肺炎。确诊有赖于实验室诊断。

（二）实验室诊断

在国际贸易中指定的检测方法是补体结合试验。替代方法有酶联免疫吸附试验。

病料采集：细菌学检查需无菌采集鼻汁、肺病灶、胸腔渗出液、淋巴结、肺组织；血清学检查需采集发病动物血清。

1. 细菌学检查

无菌采集肺组织、胸腔渗出液及淋巴结等接种于含 10％马血清的 pH 7.5～8.0 的马丁肉汤及马丁琼脂培养基，37 ℃培养 2～7 天，如有生长，即可进行支原体的分离、鉴定。

2. 血清学检查

常用的方法有补体结合试验和凝集反应试验。

（1）补体结合试验：此法对本病已被消灭地区或无病地区进行检疫时，可能有 1％～2％的非特异性反应。接种本病疫苗的牛群，有部分可出现阳性或疑似反应（一般维持 3 个月左右），故对接种疫苗的牛群用补体结合试验检验，在一定时间内无诊断意义。

（2）凝集反应试验：此法操作较简便，但因凝集素在病牛体内持续时间短，故其准确性不如补体结合试验。

在本病疫区，也可应用间接血凝试验、玻片凝集试验作为辅助诊断。

本病应与牛巴氏杆菌病、牛肺结核等进行区别诊断。

六、防控措施

1. 预防措施

本病预防工作应注意自繁自养，非疫区勿从疫区引牛，必须引进时，对引进牛要进行检疫。老疫区宜定期用牛肺疫兔化弱毒菌苗预防注射；发现病牛应隔离、封锁，必要时宰杀淘汰；污染的牛舍、屠宰场应用 3％来苏儿或 20％石灰乳消毒。

2. 扑灭措施

发现本病，应按《中华人民共和国动物防疫法》及有关规定，采取紧急、强制性、综合性的扑灭措施。

3. 治疗

治愈的牛长期带菌，是危险的传染源，故对病牛必须扑杀并进行无害化处理。对特殊用途的病牛可用新肿凡纳明静脉注射进行治疗。有人用土霉素盐酸盐实验性治疗本病，效果比新肿凡纳明好，与链霉素联合治疗也有效果。也可使用红霉素、卡那霉素、泰乐菌素等进行治疗。

第三节　奶牛乳房炎

奶牛乳房炎是奶牛乳腺组织受到病原菌及化学、物理因素刺激而引发的一种炎症，常见的致病菌包括葡萄球菌、链球菌、大肠杆菌、化脓杆菌等。按临床表现可分为浆液性乳房炎、卡他性乳房炎、化脓性乳房炎、出血性乳房炎、坏疽性乳房炎和隐性乳房炎。

一、病因

1. 自身因素

（1）年龄：随着年龄的增加，奶牛体质减弱，免疫功能下降，乳房在挤奶过程中长期受挤压，造成乳头、乳管的机械损伤增多，乳头括约肌机能衰退，出现闭合不严、松弛，导致病原微生物容易侵入，因而导致隐性乳房炎的阳性率随年龄的增加而增高。

（2）胎次：隐性乳房炎的阳性率会随胎次的增加而增高。同一泌乳期，不同胎次间隐性乳房炎阳性率存在明显差异。

（3）泌乳月：隐性乳房炎的阳性率随泌乳月的增加而递增。随挤奶时间增长，外界环境中致病菌的入侵机会就增加。

2. 营养因素

对处于泌乳盛期或乳产量过高的奶牛而言，高能量、高蛋白质的日粮有利于提高产奶量，但同时也增加了乳房的负荷，使机体抵抗力下降。炎症发生时，去甲肾上腺素及肾上腺素等儿茶酚胺类激素分泌增加，同时胰高血糖素及皮质醇类激素也增加，这些激素促进糖异生作用，抑制周围组织对葡萄糖的利用，使体内糖原消耗，外周脂肪组织被动用。另外，致病因素与肌上皮细胞分泌的毒素和酶之间的相互作用也可能影响微量元素的利用，导致微量元素缺乏。因此，应适当提高日粮中营养物质的浓度以增强机体抵抗炎症的能力。

3. 环境因素

（1）季节：温度过高或过低都会导致隐性乳房炎的发生。

（2）卫生状况：圈舍内湿度大、卫生状况差都有利于病原微生物及各类细菌的生长繁殖，乳房受感染概率增大。

（3）外界应激：人、牛、挤奶设备之间长期的配合形成了挤奶定势，这种挤奶定势一旦被打破对牛来说就是一种应激。

4. 管理因素

（1）挤奶操作：挤奶条件不符合泌乳生理要求，如真空负压过高、过低，不适当地擦洗乳房和搭机挤奶等都会导致乳房炎的发生。

（2）产犊期护理：奶牛产前要适时停乳，彻底干乳，乳房剧烈膨胀的应减少多汁饲料及精料供给；产后要及时清除从阴道内排出的恶露，消毒尾根及外阴部，同时还要及时挤出初乳。

（3）牛群管理：必须严防乳房的外伤和冻伤，如有发生必须及时处理，防止不必要的感染。

5. 其他疫病的继发感染

能够不同程度继发奶牛隐性乳房炎的疾病很多，如结核病、布鲁氏菌病、乳头外伤、流感、胎衣不下、子宫内膜炎、产后败血症等，对此类疾病应严加预防和治疗。

二、病原体

到目前为止，人们已从奶牛乳腺组织中分离出了 150 种病原微生物，最常见的有 23 种，其中细菌 14 种，支原体 2 种，真菌和病毒 7 种。其中发病率最高的是金黄色葡萄球菌、大肠杆菌、链球菌，近年来支原体、真菌引起的乳房炎发病率逐年上升。

三、临床症状

1. 临床型乳房炎

（1）浆液性乳房炎：主要以乳房内浆液渗出为主要特征，多见于大肠杆菌感染、低血钙。出现乳房均匀肿胀，乳区水肿，无任何柔软空隙，不痛不热，呈水样乳汁。多发生于胎产次高或产奶量高的奶牛。临床上多伴有食欲减退，反刍减少等症状。

（2）卡他性乳房炎：病理特征主要是腺泡、腺管、输乳管和乳池的腺状上皮及其他上皮细胞剥脱和变性，其渗出的白细胞及脱落的上皮沉积在上皮细胞的表面，因炎症只涉及上皮表层，故称卡他性乳房炎。由于病变部位的不同，症状也有所不同。腺泡卡他为个别小叶或数个小叶的局限性炎症，由炎症部位挤出的奶汁，呈清稀水样，含有絮状凝块。如炎症扩大，患部温度增高，挤奶有痛感，并有体温升高（不超过 40.5 ℃）、食欲减退等全身症状。输乳管和乳池卡他，患部充血、肿胀，乳中含有絮状凝块。凝块可阻塞输乳管使管腔扩大，外部可摸到面团状结节或感到波动，其絮状凝块可阻塞乳头，不易被挤出。随着病区乳汁挤尽，后挤出的奶可转为正常。

（3）化脓性乳房炎：化脓性放线菌是乳牛皮肤上的常见菌。在夏季，常因蝇蚊叮咬乳头而发病，多发生于干奶 2 周后，且多在泥泞、潮湿环境中，发病率可达 25%。主要表现为 1 个或多个乳区浮肿、硬实，乳汁夹有脓液，后期乳区变软，皮肤破溃，流脓。

（4）出血性乳房炎：指乳汁内含有大量红细胞的炎症，多见于机械性损伤。临床上主要表现为乳汁中夹有血丝、血块，其他症状不明显。主要是由于粗暴挤奶、挤压或乳房封闭而损伤乳腺内血管所致。

（5）坏疽性乳房炎：临床上主要以乳汁中含有污秽不洁、味恶臭、色发绿的异物为特征。主要由坏死杆菌、金黄色葡萄球菌引起。除乳汁含有异物外，还伴有严重的全身症状，精神沉郁，食欲废绝，乳房坏疽的皮肤冰冷、呈蓝黑色，释放特殊恶臭味。一般预后不良。

2. 隐性乳房炎

又称亚临床型乳房炎，为无临床症状表现的一种乳房炎。其特征是乳房和乳汁无肉眼可见异常，然而乳汁在理化性质、细菌学上已发生变化。具体表现：pH 7.0 以上，呈偏碱性；乳内有乳块、絮状物、纤维；氯化钠含量在 0.14% 以上，体细胞数在 50 万个/毫升以上，细菌数和电导值增高。

3. 慢性病例

由于乳腺组织呈渐进性炎症过程，泌乳腺泡较大范围遭受破坏，乳腺组织发生纤维化，常引起乳房萎缩和乳房硬结。

四、诊断

1. 临床型乳房炎的诊断

以乳房及乳汁的临床检查即可。检查包括以下项。①视诊：观察乳房的大小、对称性、乳头的大小、形状、完整性（有无外伤）及皮肤颜色等。②触诊：包括有无疼痛、敏感性、乳头管及乳房坚硬度、乳房上有无硬块，有无捻发音、温度有无增高、乳上淋巴结有无肿大等。③乳汁变化：观察其颜色、絮状物、黏稠度、血块等。

2. 隐性乳房炎的诊断

由于无临床症状表现，故只能依靠于物理和化学检验，如乳汁电导率测定、乳汁体细胞计数和乳汁微生物鉴定、乳清蛋白量测定、血清蛋白测定、乳汁抗胰蛋白酶活性测定等。

五、防控措施

（一）预防

奶牛乳房炎的发生原因很多，必须采取综合措施预防，长期坚持。

1. 保持环境卫生

牛床设计要合理，大小合适，过大会使奶牛把粪便排泄在牛床上，趴卧时污染乳房；过小又易使牛只接近粪沟。牛床要有足够的垫草，并及时更换。及时清理粪便，保持运动场干燥清洁，经常刷拭牛体，尤其要保持牛的后躯及尾部清洁。饲养密度要合理，如果在过小的空间内饲养较多的奶牛，则易使污染加剧。保证正常通风，避免空气污浊。

2. 加强挤奶管理

无论是手工挤奶还是用机器挤奶，在挤奶之前都要擦洗好乳房，确保每头牛一条毛巾，每头牛换一次水，注意先擦乳头再擦乳区，最后擦洗乳镜。在挤奶前后药浴乳头对预防乳房炎会起到良好的效果。利用机器挤奶还要注意每次挤奶前后对设备进行清洗及消毒，平常还应对挤奶设备进行经常的检修和有效的保养。

3. 合理配制日粮

日粮营养要平衡，要根据饲养标准，在日粮中提供充足的维生素，尤其是维生素 A、维生素 D、维生素 E，提供丰富的常量元素和微量元素。

4. 加强干奶牛的乳区护理

一般应采用快速干奶法，在最后一次挤净牛乳后，立即对每个乳区进行药物处理，干奶的最初 7～10 天每天一次乳头药浴，且要注意观察乳房。如有红肿反应立即请兽医处理。

5. 加强围产期奶牛的护理

产犊前 7～10 天每天一次乳头药浴。乳房水肿在初产牛中比较多发，遇到这种情况，要控制日粮中的食盐量，要手工挤奶，切记在水肿没有消失前不能用机器挤奶。

6. 加强牛群的日常管理，避免机械损伤

犊牛期要进行去角，这样可以避免牛只打斗时牛角划伤乳房。牛只经过的门要有足够的宽度，地面和牛床不应光滑，且哄赶时要慢，避免拥挤和滑倒。水槽和饲槽要有足够宽度，尽量避免牛群抢水抢料。减少转群，因为转群时，牛只要重新打斗以排出各自在牛群中的位次。转群时尽量安排在晚间，并且还要注意隔离和淘汰严重乳房炎病牛。

7. 药物预防

（1）盐酸左旋咪唑：虽为驱虫药，但可增强牛的免疫功能，对奶牛隐性乳房炎有较好的预防作用。泌乳期口服 7.5 毫克/千克体重，肌内注射 5 毫克/千克体重，21 天后再用药 1次，以后每 3 个月重复用药 1 次。或者在干奶前 7 天用药 1 次，临产前 10 天再用药 1 次，以后每 3 个月重复用药 1 次。

（2）亚硒酸钠维生素 E（简称硒 E 粉）：将药粉先用 75％酒精溶解，然后加适量水，均匀拌入精料中饲喂，每头每次投药 0.5 克，隔 7 天投药 1 次，共投药 3 次。

（3）腐殖酸：腐殖酸在自然界中广泛存在，主要功能是防病促长，也可用于多种疾病的治疗，而且资源广、成本低、使用方便、无药物残留，属于生态型制剂。实践证明，奶牛饲料中添加一定量的腐殖酸钠，对防治奶牛乳房炎、提高产奶量有明显的效果。

（二）治疗

临床型乳房炎的治疗要求越早越好，过晚治疗效果不佳。治疗方法和药物要选择得当。诊断要准，如是继发病，应对原发病进行治疗。治疗原则：消灭病原微生物，抑制和控制炎症过程，改善奶牛全身状况，防止败血症。目前治疗乳房炎的方法很多，可参考如下方法。

1. 西药治疗

西医用药以抗菌消炎、解热镇痛为主，改善血液循环为辅。初中期宜杀菌消炎，选择用量小、疗效高且持久敏感的药物。对于症状严重的患畜，先治标救命，采用输液疗法，选用那些扩散入乳腺泡的速度快的药物。林可霉素、大观霉素、克林霉素、四环素、泰乐霉素扩散能力较强；青霉素类效果相对较差；链霉素、新霉素的效果更差；庆大霉素虽然扩散能力好，但是由于对神经肌肉接头有阻滞作用，故不宜做静脉注射或大剂量快速静脉点滴，以防止呼吸抑制的发生。

也可将药液稀释成一定浓度，通过乳头管直接注入乳池，可在局部保持较高浓度，达到治疗目的。具体操作为先挤净患区内的乳汁或分泌物，用碘酊或酒精擦拭乳头管口及乳头，经乳头管口向乳池内插入接有胶管的灭菌乳导管或去尖的注射针头，胶管的另一端连接注射器，将药液徐徐注入乳池内。注毕抽出导管，以手指轻轻捻动乳头管片刻，再以双手掌自乳头乳池向乳腺乳池再到腺泡管顺序轻轻向上按摩挤压，迫使药液渐次上升并扩散到腺管腺泡，2～3 次/日。如果乳房炎已经造成乳池与乳头管狭窄以及闭锁，而使乳头管不通，通奶针不能插入，则上述药物无效，可以采用乳房基部封闭法，每叶乳房注入 0.25％盐酸普鲁卡因溶液 150～200 毫升，注射时注意扩大浸润面。后乳叶的刺激点在乳房中线旁 2 厘米。

2. 中草药治疗

中医用药以清热解毒、消痈散肿、活血化瘀为主，以健脾和胃为辅。可单用，亦可与西药共用，均有良好的效果。现介绍几种方剂。

（1）栝楼散：栝楼 60 克、当归 40 克、乳香 30 克、没药 30 克、甘草 15 克，研成细末后，用开水冲调，候温灌服。本方中栝楼清热化痰，解瘀散结；当归、没药、乳香养血活血，祛瘀止痛；甘草调和诸药，解疮毒。诸药合用，共奏其效。如肿痛严重，可加清热解毒、行气散结的蒲公英、金银花；有血、乳凝块者，可加川芎、桃仁、炒侧柏叶。

（2）防腐生肌散：枯矾 500 克、陈石灰 50 克、熟石膏 400 克、没药 400 克、血竭 250 克、乳香 250 克、黄丹 50 克、轻粉 50 克、冰片 50 克，研成极细末，混匀装瓶备用。用时撒于创面或填塞创腔。功能为祛腐、敛疮、生肌，主治痈疽疮疡和破溃的坏死化脓性乳房炎。

（3）乳炎散：将金银花 100 克、蒲公英 100 克、连翘 60 克、黄连 35 克、赤芍 45 克、白芷 45 克、皂角刺 45 克，混拌均匀，加水 2 000 克浸泡 60 分钟，放于火炉上烧沸后，将炉火调至文火煎熬 40 分钟即成。加入 250 毫升白酒，分装入啤酒瓶中灌服，每间隔 12 小时灌服一服，一般 2~3 次，即可痊愈，对治疗慢性乳房炎效果好。有关实验结果表明，金银花、连翘和蒲公英及其复方制剂对牛乳腺炎主要病原菌（大肠杆菌、金黄色葡萄球菌、无乳链球菌和停乳链球菌）均具有较强的体外抗菌活性。

（4）乳炎康：蒲公英 100 克、金银花 100 克、连翘 80 克、紫花地丁 80 克、王不留行 80 克、栝楼 40 克、木通 40 克、通草 40 克、穿山甲 30 克、黄芪 30 克、当归 30 克、甘草 30 克。用法与用量：煎药灌服每日 1~2 次，或磨成药粉温开水灌服每日 1 次。疗效：5~7 天治愈。适应症状：急慢性乳房炎、化脓性乳房炎、乳房红肿、乳房水肿。

第四节　奶牛子宫内膜炎

奶牛子宫内膜炎为子宫内膜的急性炎症。常发生于分娩后的数天之内。如不及时治疗，炎症易于扩散，引起子宫浆膜或子宫周围炎，并常转为慢性炎症，最终导致长期不孕，给奶牛养殖业造成很大的经济损失。

一、病因

产房卫生条件差（如临产母牛的外阴、尾根部污染粪便而未彻底洗净消毒），助产或剥离胎衣时，术者的手臂、器械消毒不严，胎衣不下腐败分解，恶露停滞等，均可引起产后子宫内膜感染。产后早期能引起子宫炎的细菌有化脓性放线菌、坏死梭杆菌、拟杆菌、大肠杆菌、溶血性链球菌、变形杆菌、假单胞菌、梭状芽孢杆菌。产后治疗不及时或久治不愈常转为慢性子宫炎，子宫内由多种混合菌变成单一的化脓性放线菌感染。此外，子宫积水、双胎子宫严重扩张、产道损伤、低血钙、分娩环境脏、难产、子宫脱出、流产（胎儿浸溶）等都能引起子宫感染。在极冷极热时，身体抵抗力降低和饲养管理不当都会使子宫炎的发病率升高。另外，一些传染病如布鲁氏菌病、滴虫病、钩端螺旋体病、牛传染性鼻气管炎、病毒性腹泻等都能引起子宫发炎。慢性子宫炎多由急性炎症转化而来，有的因配种消毒不严而引起，没有明显的全身症状。

二、临床症状

根据病理过程和炎症性质可分为急性黏液脓性子宫内膜炎、急性纤维蛋白性子宫内膜炎、慢性卡他性子宫内膜炎、慢性脓性子宫内膜炎和隐性子宫内膜炎。通常在产后 1 周内发病，轻者无全身症状，发情正常，但不能受孕；严重的伴有全身症状，如体温升高，呼吸加快，精神沉郁，食欲下降，反刍减少等表现。患牛拱腰、举尾，有时努责，不时从阴道流出大量污浊或棕黄色黏液脓性分泌物，有腥臭味，内含絮状物或胎衣碎片，常附着尾根，形成干痂。

慢性脓性子宫内膜炎经常由阴门流出脓性分泌物，特别是在发情时排出较多，阴道和子宫颈黏膜充血，性周期紊乱或不发情。

隐性子宫内膜炎无明显症状，性周期、发情和排卵均正常，但屡配不孕，或配种受孕后发生流产，发情时从阴道中流出较多的混浊黏液。

三、诊断

当发生子宫内膜炎时，如果病变轻微，一般很难确诊，尤其在患隐性子宫内膜炎时更是如此。一般情况下，产后子宫内膜炎，根据临床症状及阴门排出的分泌物即可作出临床诊断。慢性子宫内膜炎，可以根据临床症状、发情时分泌物的性状、阴道检查、直肠检查和实验室检查进行诊断。

1. 发情分泌物性状的检查

正常发情时分泌物的量较多，清亮透明，可拉成丝状。子宫内膜炎的病畜分泌物量多，但较稀薄，不能拉成丝状，或量少且黏稠，混浊，呈灰白色或灰黄色。

2. 阴道检查

阴道内可见子宫颈口不同程度的肿胀和充血。在子宫颈封闭不全时，有不同性状的炎性分泌物经子宫颈排出。如子宫颈封闭时则无分泌物排出。

3. 直肠检查

母牛患慢性卡他性子宫内膜炎时直肠检查子宫角变粗，子宫壁增厚、弹性减弱，收缩反应减弱。有时触摸子宫有痛感，若子宫内蓄积渗出物时，触之有波动感。轻轻按摩子宫体、子宫颈和阴道的前端可使恶臭的子宫内容物从阴门流出。有的查不出明显的变化。

4. 实验室诊断

（1）子宫分泌物的镜检：将分泌物涂片可见脱落的子宫内膜上皮细胞、白细胞或脓球。

（2）发情时的分泌物的化学检查：4％氢氧化钠 2 毫升加等量分泌物煮沸冷却后无色为正常，呈微黄或柠檬黄为阳性。

（3）细菌学检查：无菌采取子宫分泌物分离培养确定病原物是一种科学的确定方法。

5. 鉴别诊断

与慢性子宫颈炎的类似处是有些有脓性分泌物流出。不同处是：患慢性子宫颈炎可引起结缔组织增生，子宫颈黏液皱襞肥大呈菜花样，直肠检查子宫颈变粗而且坚实。

四、防治措施

产房要彻底打扫消毒，对于临产母牛的后躯要清洗消毒，助产或剥离胎衣时要无菌操作。治疗奶牛子宫内膜炎主要是控制感染、消除炎症和促进子宫腔内病理分泌物的排出，对有全身症状的进行对症治疗。

为了促进子宫收缩而排出子宫腔内炎性产物，可静脉注射 50 单位催产素，也可注射麦角新碱、前列腺素或其类似物。禁止应用雌激素，因为尽管雌激素可以增强生殖器官的抵抗力，但会增加子宫的血液流量，从而加速对细菌毒素的吸收。然后用温热（49 ℃）的消毒液（禁止用刺激性药物）冲洗子宫，利用虹吸作用将子宫内冲洗液排出，反复冲洗几次，尽可能将子宫腔内容物冲洗干净，20～30 分钟后向子宫腔内直接注入或投放抗菌药物，每天或隔天一次，连续 3～4 次。但是，对于纤维蛋白性子宫内膜炎，禁止冲洗，以防炎症扩散，应向子宫腔内注入抗生素，同时进行全身治疗。对于慢性化脓性子宫内膜炎的治疗可选用中药，如当归活血止痛排脓散，隔日 1 剂，连服 3 剂。

第五节　牛病毒性腹泻/黏膜病

牛病毒性腹泻/黏膜病（BVD/MD）是由牛病毒性腹泻病毒引起的牛、羊和猪的一种急性热性传染病。病毒引起的急性疾病称为牛病毒性腹泻，引起的慢性持续性感染称为黏膜病。牛、羊发生本病时的主要病理特征是消化道黏膜发炎、糜烂及肠壁淋巴组织坏死、病牛腹泻、消瘦及白细胞减少。猪则表现为怀孕母猪的不孕、产仔数下降和流产，仔猪的生长迟缓和先天性震颤等。我国把本病列为三类动物疫病。

一、病原

病原为牛病毒性腹泻病毒，是黄病毒科、瘟病毒属的成员，与猪瘟病毒和边界病病毒同属，它们在基因结构和抗原性上有很高的同源性。该病毒为单股 RNA 病毒，有囊膜，病毒粒子呈圆形，直径 40～60 纳米。

根据致病性、抗原性及基因序列的差异，Heinz 等提出将牛病毒性腹泻病毒分为两个种：BVDV1 及 BVDV2。二者均可引致牛病毒性腹泻和黏膜病，但 BVDV2 毒力更强，还可引致成年牛急性发病，导致严重的血小板减少及出血综合征，与猪瘟病毒有相似的致病特点。但 BVDV2 与猪瘟病毒抗原性无交叉，BVDV1 则有之。

本病毒能在胎牛皮肤、肌肉细胞或肾细胞中生长繁殖，牛感染病毒后可获长期（13～22个月）而坚强的免疫力。本病毒能在胎牛肾、睾丸、肺、皮肤、肌肉、鼻甲、气管、胎羊睾丸、猪肾等细胞培养物中增殖传代，也适应于牛胎肾传代细胞系。根据病毒对细胞的致病作用可分为致细胞病变型和非致细胞病变型。由于该病毒对组织培养物的适应范围广，经常导致多种组织培养物受到血清中牛病毒性腹泻病毒的污染而不被发现，因此在进行组织细胞培养时，应事先检测细胞和血清中的病毒污染情况。

该病毒对氯仿、乙醚和胰酶等敏感。对外界因素的抵抗力不强，pH 3.0 以下或 56 ℃很快被灭活，对一般消毒药敏感，但血液和组织中的病毒在低温状态下稳定，在冻干状态可存活多年。

二、流行病学

本病可感染黄牛、水牛、牦牛、绵羊、山羊、猪、鹿及小袋鼠，家兔可实验感染。各种年龄的牛均可感染。病畜和带毒畜是主要传染源，传播方式是通过直接或间接接触，主要传播途径是消化道和呼吸道，也可通过胎盘垂直传播，交配和人工授精也能传染。猪群感染通常是通过接种被该病毒污染的猪瘟弱毒苗或伪狂犬病弱毒苗引起，也可以通过与牛接触或来往于猪场和牛场之间的交通工具传播而感染。母牛在妊娠早期感染本病毒后，病毒可经胎盘引起死胎和流产，同时还可使胎儿发生白内障、小脑发育不全、视网膜萎缩、小眼症、视网膜炎以及免疫功能受损。母牛在妊娠后期感染时，其所产的犊牛通常无症状，但在犊牛体内可检出病毒，或有较高的抗体水平。持续性感染是牛病毒性腹泻病毒感染动物的一种类型，感染的牛群在下一次产犊期所生犊牛中有大多数成为持续感染者。

本病的流行特点是，新疫区急性病例多，不论放牧牛或舍饲牛、成年牛或犊牛均可感染发病，发病率通常不高，约为 5%，其病死率为 90%～100%，发病牛以 8～24 个月者居多；老疫区则急性病例很少，发病率和病死率很低，而隐性感染率在 50% 以上。本病常年均可发生，通常多发生于冬末和春季。本病也常见于肉用牛群中，关闭饲养的牛群发病时往往呈暴发式。猪感染后以怀孕母猪及其所产仔猪的临诊表现最明显，其他日龄猪多为隐性感染。

三、临床症状

潜伏期 7～14 天，人工感染 2～3 天就有临床表现。根据临床症状和病程可分为急性型和慢性型，临床上感染牛群一般很少表现症状，多数表现为隐性感染。

1. 急性型

多见于幼犊。常突然发病，体温升高至 40～42 ℃，持续 4～7 天，有的还有第二次升高。病畜精神沉郁，厌食，鼻腔有浆液性分泌物，2～3 天内可能有鼻镜及口腔黏膜表面糜烂，舌面上皮坏死，流涎增多，呼气恶臭。通常在口内损害之后常发生严重腹泻，持续 3～4 周或可间歇持续几个月之久，开始水泻，以后带有黏液和血。有些病牛常有蹄叶炎及趾间皮肤糜烂坏死，从而导致跛行。犊牛病死率高于年龄较大的牛；成年奶牛的病状轻重不等，泌乳减少或停止；肉用牛群感染率为 25%～35%，急性病例多于发病后 15～30 天死亡。

2. 慢性型

较少见，病程 2～6 个月，有的长达 1 年，多数病例以死亡告终。很少有明显的发热症状，但体温可能有高于正常的波动。最引人注意的症状是鼻镜上的糜烂，此种糜烂可在全鼻镜上连成一片。眼常有浆液分泌物。在口腔内很少有糜烂，但门齿齿龈通常发红。由于蹄叶炎及趾间皮肤糜烂坏死而致的跛行是最明显的症状。

母牛在妊娠期感染本病时常发生流产，或产下有先天性缺陷的犊牛。最常见的缺陷是小脑发育不全。患犊可能只呈现轻度共济失调或完全缺乏协调和站立的能力,有的可能失明。

猪感染时很少出现临床症状,但怀孕母猪感染后可引起繁殖障碍,表现为不孕,产仔数减少,新生仔猪个体变小、体重减轻及流产和木乃伊胎等,个别母猪可能出现发热和阵发性痉挛等现象。当母猪接种污染有本病毒的疫苗时,所产仔猪生后的死淘率明显升高,仔猪的临床表现主要为贫血、消瘦、被毛粗乱、生长迟缓、先天性震颤等。有时还可出现结膜炎、腹泻、多发性关节炎、皮肤具有出血斑及蓝耳尖等症状。

绵羊可以用黏膜病病毒实验感染,但仅在妊娠绵羊被感染而病毒通过胎盘及胎儿时才会发病。妊娠12~80天的绵羊,可能导致胎儿死亡、流产或早产。

四、剖检病变

患病牛的主要病变在消化道和淋巴组织。从口腔至直肠整个消化道黏膜出现糜烂性或溃疡性病灶。口腔(口黏膜、齿龈、舌、软腭和硬腭)、咽部、鼻镜出现小的、不规则的浅表烂斑,以食道黏膜呈纵行虫蚀样烂斑最具特征。瘤胃黏膜偶见出血和糜烂,真胃黏膜炎性水肿和糜烂。肠壁因水肿增厚,肠淋巴结肿大,小肠急性卡他性炎症,空肠、回肠较为严重,盲肠、结肠、直肠有卡他性、出血性、溃疡性以及坏死性等不同程度的炎症。集合淋巴结和整个消化道淋巴结水肿、出血或坏死。在流产胎儿的口腔、食道、真胃及气管内可能有出血斑及溃疡。运动失调的犊牛,严重的可见到小脑发育不全及两侧脑室积水。

猪患病后通常缺乏特征性的变化,常见的病变是淋巴结、心外膜和肾脏出血,消化道黏膜出现卡他性、增生性或坏死性炎症,黏膜肥厚或有溃疡。有时可见坏死性扁桃体炎、黄疸、多发性浆膜炎、多发性关节炎和胸腺萎缩等变化。

五、诊断

(一)临床诊断

在本病流行地区,可根据病史、临床症状和剖检病变,特别是口腔和食道的特征性病变可作出初步诊断,确诊须进行病毒分离鉴定以及血清学检查。

(二)实验室诊断

1. 病毒分离鉴定

于病牛急性发热期间采取血液、尿、鼻液或眼分泌物,剖检时采取脾、骨髓、肠系膜淋巴结等病料,经处理后人工感染易感犊牛或用乳兔来分离病毒;也可接种细胞培养物来分离病毒,不论病毒有无细胞致病作用,均能在胎牛肾、脾、睾丸和气管等细胞培养物中生长繁殖,通常将病料盲传3代后用荧光抗体检测病毒的存在状况,用中和试验进行鉴定。

2. RT-PCR 或荧光 RT-PCR 检测

可直接检测病料样品中病毒存在状况,也可用于检测人工接种动物或细胞培养物中病毒存在状况。

3. 血清学试验

目前应用最广的是血清中和试验,试验时采取双份血清(发病初期和后期的动物血清，间隔 3～4 周），滴度升高 4 倍以上者为阳性，本法可用来定性，也可用来定量。此外，还可应用 ELISA、补体结合试验、免疫荧光抗体技术、琼脂扩散试验等方法来诊断本病。

（三）鉴别诊断

如果病牛出现口腔黏膜的糜烂、溃疡等病变，应注意本病与牛恶性卡他热、蓝舌病等的区别。

1. 牛恶性卡他热

呈散发，牛发病通常与染病绵羊的接触有关，高热、全眼球炎、角膜混浊，口鼻的炎症和充血较严重，伴有脑炎症状，致死率很高。

2. 蓝舌病

系蚊虫传播，无接触传染性，主要侵害绵羊，牛发病少。口腔病变的特点是黏膜（特别是齿龈）的弥漫性坏死，与牛病毒性腹泻/黏膜病的散在性小糜烂不同。

六、防控措施

平时预防要加强口岸检疫，从国外引进种牛、种羊、种猪时必须进行血清学检查，防止引入带毒牛、羊和猪。国内在进行牛只调拨或交易时，要加强检疫，防止本病的扩大或蔓延。近年来，猪对本病病毒的感染率日趋上升，不但增加了猪作为本病传染来源的重要性，而且由于本病病毒与猪瘟病毒在分类上同属于瘟病毒属，有共同的抗原关系，使猪瘟的防治工作变得复杂化，因此在本病的防治计划中对猪的检疫也不容忽视。对猪群的预防措施包括防止猪群与牛群的直接和间接接触，禁止牛奶或屠宰牛废弃物作为猪饲料添加剂使用，但更重要的是防止猪用活疫苗中该病毒的污染。

为控制本病的流行并加以消灭，必须采取检疫、隔离、净化、预防等兽医防治措施。预防上，我国已生产一种弱毒冻干疫苗，可接种不同年龄和品种的牛，接种后表现安全，14天后可产生抗体并保持 22 个月的免疫力。

本病在目前尚无有效疗法。只有加强护理和对症疗法，增强机体抵抗力，促使病牛康复。应用收敛剂和补液疗法可缩短恢复期，减少损失。用抗生素和磺胺类药物，可减少继发性细菌感染。

第六节　牛流行热

牛流行热是由牛流行热病毒引起牛的一种急性热性传染病。其特征为突然高热，呼吸促迫，流泪、消化器官的严重卡他炎症和运动障碍。感染该病的大部分病牛经 2～3 天即恢复正常，故又称三日热或暂时热。该病病势迅猛，但多为良性经过，发病率可高达 100%，病死率低，一般只有 1%～2%。由于大批牛发病，严重影响牛的产奶量、出肉率以及役用牛的使役能力，尤其对奶牛产奶量的影响最大，且流行后期部分病牛因瘫痪常被淘汰，故对养牛业的危害相当大。我国将本病列为三类动物疫病。

一、病原

牛流行热病毒，又名牛暂时热病毒，属于弹状病毒科暂时热病毒属的成员。病毒粒子呈子弹头形或圆锥形，长 130～220 纳米，宽 60～70 纳米，为单股负链 RNA 病毒。有囊膜，对氯仿、乙醚等敏感。发热期病毒存在于病牛的血液、呼吸道分泌物及粪便中。

牛流行热病毒具有血凝性抗原，能凝集鹅、鸽、马、仓鼠、小鼠和豚鼠的红细胞，而且能被相应的抗血清抑制。本病毒只有一个血清型。

分离牛流行热病毒时，以母牛血毒脑内接种为宜，适宜接种动物是初生乳鼠或仓鼠，进行脑内接种时，可分离出病毒。鼠化病毒还能在牛胚肾、犊肾和睾丸细胞上生长，并能引起牛胚肾细胞产生病理变化。

该病毒对外界的抵抗力不强，对热敏感，37 ℃ 18 小时、56 ℃ 10 分钟均可将其灭活；但血液中的病毒 2～4 ℃储存 8 天后仍有感染性；感染鼠脑悬液 4 ℃放置 1 个月后，毒力仍无明显下降；反复冻融对病毒也无明显的影响；－20 ℃以下可长期保持毒力。

二、流行病学

本病主要侵害牛，其中以奶牛和黄牛最易感，水牛的易感性较低，羚羊和绵羊也感染并产生中和抗体。3～5 岁壮年牛多发，1～2 岁牛及 6～8 岁牛次之，犊牛及 9 岁以上牛很少发生。膘情较好的牛发病时病情较严重，母牛尤以怀孕牛的发病率略高于公牛，产奶量高的奶牛发病率明显高于低产奶牛。

病牛是该病的主要传染源，主要通过血液传播。以库蠓、疟蚊等节肢动物为传播媒介，通过吸血昆虫（蚊、蠓、蝇）叮咬而传播。该病毒能在蚊子和库蠓体内繁殖，因此该类吸血昆虫对此病具有很强的传播和扩散能力。

该病具有明显的周期性、季节性和跳跃性。多发生于雨量多和气候炎热的 6～9 月。传播能力强、传播迅速，短期内可使大批牛只发病，呈地方性流行或大流行。通常在发病初期传播较为缓慢，发病 1 周以后才出现流行高峰；在奶牛场中，成年母牛最先发病，后为育成牛；在牛群中，该病呈跳跃式传播，同一牛场或牛棚内的牛不一定同时发病。此外，该病在流行上还有一定周期性，每 3～6 年大流行一次；在大流行的间歇期常发生较小的流行。病牛多为良性经过，在没有继发感染的情况下，死亡率为 1%～2%。

三、临床症状

潜伏期一般为 3～7 天。

病牛突然发病，体温升高达 39.5～42.5 ℃，以持续 24～48 小时的单相热、双相热和三相热为特征。在体温升高的同时，可见精神沉郁，目光呆滞，反应迟钝，食欲减退，反刍停止，流泪，畏光，眼睑、眼结膜充血、水肿；多数病牛鼻腔流出浆液性或黏液性鼻涕；口腔发炎、流涎、口角有泡沫。心跳和呼吸加快，呈明显的腹式呼吸，并在呼吸时发出哼哼声；病牛运动时可见四肢强拘、肌肉震颤，有的患牛四肢关节浮肿、硬、疼痛，步态僵硬，有的跛行，常因站立困难而卧地不起。触诊病牛皮温不整，特别是角根、耳翼、肢端有冷感。有的病牛出现便秘或腹泻，发热期尿量减少，尿液呈暗褐色，混浊。妊娠母牛患病时可发生流产、死胎，乳量下降或泌乳停止。大部分病例为良性经过，病程 3～4 天，很快恢复，病死率一般在 1% 以下，但部分病牛常因跛行或瘫痪而被淘汰。

四、剖检病变

急性死亡的患牛多因窒息所致。剖检可见气管和支气管黏膜充血和点状出血，黏膜肿胀，气管内充满大量泡沫黏液。胸腔内有大量暗紫红色积液，肺显著肿大，有程度不同的充血、水肿和间质气肿，压之有捻发音，切面流出大量的暗紫红色液体，间质增宽，内有气泡和胶冻样浸润。全身淋巴结肿胀、充血或出血。真胃、小肠和盲肠黏膜呈卡他性炎症和渗出性出血。其他实质脏器可见混浊肿胀。胸部、颈部和臀部肌肉间有出血斑点。

五、诊断

（一）临床诊断

一般根据以上的流行病学特征，临床症状和剖检病变的特点，可以对本病作出初步诊断。需要确诊的，必须借助一些实验室检测手段来进行。

（二）实验室诊断

1. 病原学检查

可采取病牛的血液加入抗凝剂，人工感染乳鼠或乳仓鼠并通过中和试验鉴定病毒；或将病死牛的脾、肝、肺等组织及人工感染乳鼠的脑组织制成超薄切片，电镜检查子弹状或圆锥形病毒颗粒；也可取高热期病牛的血液或病料人工接种乳鼠后采取含毒组织，接种适宜的细胞培养物进行病毒分离，通过中和试验或免疫荧光技术进行病毒抗原的检查或鉴定。另外，由于荧光抗体技术简便、快速，除用于检查细胞培养物中的分离物外，还可将病牛肝、脾、肾、肺等脏器或细胞培养物制成涂片或压片，用特异性荧光抗体染色和镜检。

2. 血清学检查

采取双份血清（发病初期和后期的动物血清，间隔 3～4 周）进行中和试验，滴度升高 4 倍以上者为阳性。此外，还可应用补体结合试验、ELISA、琼脂扩散试验等方法来诊断本病。

（三）鉴别诊断

应与牛的其他一些急性呼吸道传染病加以鉴别。

1. 茨城病

病牛在体温恢复正常后出现明显的咽喉食道麻痹，头下垂时第一胃内容物可自口鼻溢出，并可诱发咳嗽。但流行季节、临诊表现均与牛流行热相似。

2. 牛呼吸道合胞体病毒感染

是牛的一种急性热性呼吸道传染病，传染性很强，但与牛流行热的不同点是多发生于晚秋、严冬和早春。该病以支气管肺炎为主，病程较长，约 1 周或更长，病死率低。

3. 牛鼻病毒感染

也可诱发牛的急性热性呼吸道传染病，但在一定时间内流行范围没有牛流行热广泛。其呼吸道症状持续时间较流行热长，康复缓慢，有的病例达 1 个月以上。

4. 牛传染性鼻气管炎

是以发热、鼻漏、流泪、呼吸困难及咳嗽为主的上呼吸道及气管感染，无明显季节性，但多发于寒冷季节。病原为牛疱疹病毒 1 型。

六、防控措施

加强牛的卫生管理对该病预防具有重要作用。管理不良时发病率高，并容易成为重症，增高死亡率。发现病牛应立即隔离，并采取严格封锁、彻底消毒的措施，切断传播途径。针对牛流行热病毒由蚊蝇传播的特点，可每周两次用 5% 敌百虫液喷洒牛舍和周围排粪沟，以杀灭蚊蝇。另外，针对该病毒对酸敏感，对碱不敏感的特点，可用过氧乙酸对牛舍地面及食槽等进行消毒，以减少传染。定期对牛群进行疫苗免疫接种也是控制该病的重要措施。

本病尚无特效的治疗药物。发现病牛时，病初可根据具体情况酌用退热药及强心药；停食时间较长时可适当补充生理盐水及葡萄糖溶液。治疗过程中可适当用抗生素类药物防止并发症和继发感染；呼吸困难时应及时输氧。也可用中药辨证施治。

第七节　羔羊痢疾

羔羊痢疾是由 B 型产气荚膜梭菌引起初生羔羊的一种急性毒血症，以剧烈腹泻和小肠发生溃疡为特征。由于小肠有急性发炎变化，有些放牧员称之为红肠子病。该病对羔羊的致死率很高，一旦某一地区发生本病，以后几年内可能继续使 3 周以内的羔羊患病，表现为亚急性或慢性，可给养羊业造成重大的经济损失。我国将其列为二类动物疫病。

一、病原

本病病原为 B 型产气荚膜梭菌，是两端钝圆的粗大杆菌，单在或成双排列，无鞭毛，不能运动，在动物体内形成荚膜，能产生与菌体直径相同的卵圆形芽孢，位于菌体中央或近端。革兰氏染色阳性，但陈旧培养物可变为阴性。对厌氧要求不十分严格，2%～10% 的二氧化碳条件下，生长更好；对营养不太苛刻，在普通培养基上迅速生长；在葡萄糖血液琼脂上形成中央隆起、表面有放射状条纹、边缘呈锯齿状、灰白色、半透明的大菌落，直径 2～4 毫米，菌落周围出现溶血环；在厌氧肉肝汤中生长迅速，5～6 小时出现混浊，产生大量气体；在牛乳培养基中能迅速分解糖，产酸、产气、凝固、陈化几乎同时发生，称为"汹涌发酵"或"暴发酵"，是本菌的特征。

本菌的生化培养特性：MR 试验、吲哚试验、硫化氢试验、凝固血清液化试验等为阴性；VP 试验、明胶液化试验、硝酸盐利用试验、柠檬酸盐利用试验、卵黄沉淀试验等为阳性。

该菌在自然界分布极广泛，可见于土壤、污水、饲料、粪便及动物肠道中。

一般消毒药均易杀死本菌繁殖体，但芽孢抵抗力较强，在 95 ℃下经 2.5 小时方可杀死；冻干保存至少 10 年其毒力和抗原性不发生变化。环境消毒时，必须用强力消毒药如 20％漂白粉、3％～5％的氢氧化钠溶液等。

二、流行病学

该病主要发生于 7 日龄以内的羔羊，尤以 2～3 日龄羔羊发病最多，7 日龄以上的羔羊很少患病。主要通过消化道感染，也可通过脐带或创伤感染。本病呈地方性流行。

促使羔羊痢疾发生的不良诱因主要是母羊怀孕期营养不良，羔羊体质瘦弱；气候寒冷，特别是大风雪后，羔羊受冻；哺乳期哺乳不当，羔羊饥饱不匀或卫生不良。因此，羔羊痢疾的发生和流行表现出一系列明显的规律。饲草质量差而又没有搞好补饲的年份，常易发生；气候最冷和变化较大的月份，发病最为严重；纯种细毛羊的适应性差，发病率和病死率最高，杂种羊则介于纯种羊与土种羊之间，其中杂交代数愈高者，发病率和病死率也愈高。

三、临床症状

自然感染的潜伏期为 1～2 天，病初精神委顿，低头拱背，不想吃奶。不久就发生腹泻，粪便恶臭，有的稠如面糊，有的稀薄如水，粪便呈黄绿色、黄白色甚至灰白色，后期有的还含有血液，直到成为血便。病羔逐渐虚弱，肛门失禁、严重脱水、卧地不起。若不及时治疗，常在 1～2 天内死亡，只有少数病轻者可能自愈。个别病羔羊表现腹胀而不下痢或只排少量稀粪（也可能带血），主要呈现神经症状，四肢瘫软，卧地不起，呼吸急促，口流白沫，最后昏迷，头向后仰，体温降至常温以下，常在数小时到十几小时内死亡。

四、剖检病变

尸体脱水现象严重。最显著的病理变化是在消化道。真胃内往往存在未消化的凝乳块。小肠（特别是回肠）黏膜充血发红，常可见到直径为 1～2 毫米的溃疡，溃疡周围有一出血带环绕，有的肠内容物呈血色。肠系膜淋巴结肿胀充血，间或出血。心包积液，心内膜有时有出血点。肺常有充血区域或瘀斑。

五、诊断

在常发地区，依据流行病学、临床症状和病理变化一般可以作出初步诊断。确诊需进行实验室检查，以鉴定病原菌及其毒素。沙门氏菌、大肠杆菌和肠球菌也可引起初生羔羊下痢，应注意区别。

1. 羔羊痢疾与沙门氏菌病的鉴别
由沙门氏菌引起的初生羔下痢，粪中有血。

2. 羔羊痢疾与大肠杆菌的鉴别

在羔羊刚死时采集病料进行细菌学检查，确诊。

六、防控措施

1. 预防

本病发病因素复杂，应综合实施抓膘保暖、合理哺乳、消毒隔离、预防接种和药物防治等措施才能有效地予以防治。每年秋季注射羔羊痢疾苗、羊四联苗、羊五联苗或厌气菌七联干粉苗，母羊产前 2～3 周再接种一次，使羔羊从初乳中获得足够的母源抗体。羔羊出生后 12 小时内，灌服土霉素、磺胺类药物等，每日一次，连续灌服 3 天，有一定的预防效果。

2. 治疗

治疗羔羊痢疾的方法很多，各地应用效果不一，应根据当地条件和实际效果，试验选用。

（1）内服土霉素 0.2～0.3 克（加等量胃蛋白酶更好），水调后灌服，1 日 2 次，连服 2～3 日。

（2）磺胺胍 0.5 克、鞣酸蛋白 0.2 克、次硝酸铋 0.2 克、碳酸氢钠 0.2 克（或再加呋喃唑酮 0.1～0.2 克），水调灌服，1 日 3 次，连服 2～3 日。

（3）可用微生态制剂，如促菌生、调痢生、乳康生等（按说明书服用，不可与抗生素同用）。同时对症施治，如强心、补液、解痉、镇静、调理胃肠功能。

（4）百草霜用蜜调，抹入羔羊口中。一日多次，有益无损。

（5）白头翁汤：白头翁 3 克、黄连 2 克、黄柏 2 克、苦参 3 克，加水 1 升，煎后喂羔羊及母羊，1 日 3 次，共饮 3～5 日。

（6）白头翁 6 克、龙胆末 3 克、黄连 2 克，研细，米汤灌服。

（7）马齿苋 50 克，煎汁，加红糖。

第八节　羊口疮

羊口疮，又称为羊传染性脓疱性皮炎，是由口疮病毒引起绵羊和山羊的一种急性接触性人畜共患传染病，主要危害羔羊，以口唇、舌、鼻、乳房等部位形成红斑、丘疹、水疱、脓疱和结成疣状结痂为特征。本病广泛存在于世界各养羊地区，在我国养羊业中，本病也是一种常发疾病，引起羔羊生长发育缓慢和体重下降，给养羊业造成较大的经济损失，随着家畜烈性传染病的消灭或控制，本病越来越引起人们的重视。我国将本病列为三类动物疫病。

一、病原

口疮病毒，又称羊传染性脓疱病毒，是痘病毒科副痘病毒属的代表种。病毒粒子呈纺锤状，基因组为线状双股 DNA，病毒大小约为 260 纳米×160 纳米，轴比约为 1.6。电镜观察，可见病毒有两种外形可以互变的颗粒：M 型（即桑葚型）和 C 型。M 型粒子以表面特殊的管状结构为特征；C型粒子多呈圆锥状，没有M型的表面结构，但在碱性溶液或有机溶剂中，M型粒子可变成C型粒子（失去表面结构）。C型颗粒主要存在于人工感染的牛、犬及兔的病料中，在羊的病料中仅可见到少量的C型颗粒（在自然发病羊的材料中，C型颗粒也很少），而M型粒子占绝大多数。采取不同地区的病羊痂皮在羊体做交叉免疫试验，未发现病毒有型别差异。

用电镜超薄切片观察本病毒的繁殖特性证明，本病毒通过吞噬作用侵入宿主细胞，在细胞质中先后脱去囊膜和衣壳，释放出核酸。核酸转录、翻译、复制形成病毒成分，再行装配。装配开始时，首先在核酸链周围产生双层包膜，随后核酸组分浓缩，在颗粒中心装配成芯髓。与此同时或稍后，在芯髓周围装配若干层蛋白质构成病毒衣壳。原来的包膜与病毒衣壳蛋白紧密结合，构成病毒粒子的囊膜。此外，病毒在复制过程中能产生二倍体和三倍体。

本病毒可在体外进行人工培养，并且有着广泛的宿主细胞谱。如羊胚皮肤原代细胞、绵羊原代睾丸细胞、牛原代睾丸细胞、犊牛睾丸原代细胞、奶山羊睾丸细胞、羔羊原代肾细胞、人原代羊膜细胞、猴肾细胞、鸡和鸭胚成纤维细胞等。口疮病毒能产生细胞病变，主要表现为细胞变圆、堆集，最终从培养皿表面脱落。

采用交叉免疫保护试验证明，来自英国、美国、法国及澳大利亚的分离株存在抗原多型性。在补体结合试验和琼脂扩散试验中该病毒与其他副痘病毒（如伪牛痘病毒、牛丘疹口炎病毒等）具有明显的抗原交叉反应。用血清学试验不能区分出口疮病毒与伪牛痘病毒。口疮病毒与正痘病毒属的某些成员如痘苗病毒等也有轻度的血清学交叉反应。抗山羊痘血清能中和口疮病毒，但抗口疮血清却不能中和山羊痘病毒。山羊痘和兔痘病毒对口疮病毒有免疫作用，反之却无。

本病毒比较耐热，55～60℃30分钟方能杀死，而50℃30分钟可保持其传染性，在室温条件下可存活5年，在－75℃时十分稳定，在－10℃时稳定性较差。痂皮暴露在阳光下可保持感染性达数月，而在阴暗潮湿的牧地可保持数年，于普通冰箱内至少可保存32个月。50%甘油缓冲液为病毒的良好保存剂，0.01%硫柳汞、0.05%叠氮钠、1%胰酶不影响病毒的活力。1.5%苯酚在22℃作用3小时仍不能使病毒灭活。病毒对乙醚、氯仿、苯及丙酮轻微敏感。0.5米高30瓦紫外光照射10分钟、2%甲醛溶液浸泡20分钟能杀死病毒，可用于污染场地和物品、用具的消毒。常用的消毒药为2%氢氧化钠溶液、10%石灰乳、20%热草木灰溶液。

二、流行病学

本病毒感染绵羊及山羊，主要是3～6月龄的羔羊，常呈群发性流行。成年羊也可感染发病，但呈散发性流行。人类与羊接触也可感染，引起人的口疮。此外，骆驼、狗、驯鹿、美洲山羊、大角绵羊、羚羊、猴对本病也有易感性。除家兔（口唇划痕）和牛（舌背接种）人工感染发病外，其他实验动物如大鼠、小鼠、鸡、猪、鸽、猫、豚鼠对本病毒的人工感染均无反应。近年来人口疮的发病率有所增加。

病羊和带毒羊是传染源。主要通过直接和间接接触感染。病毒存在于污染的圈舍、垫草、饲草等，通过损伤的皮肤、黏膜感染。自然感染主要因购入病羊或带毒羊而传入健康羊群，或者是通过将健羊置于曾有病羊污染过的厩舍或牧场而引起。

本病一年四季均可发生，但以春夏发病最多，这可能与羊只的繁殖季节有关。圈舍潮湿、拥挤、饲喂带芒刺或坚硬的饲草、羔羊的出牙等均可促使本病的发生。本病主要侵害羔羊，成年羊发病率较低。如果以群为单位计，则羔羊的发病率可达100%。若无继发感染，病死率不超过1%，但若有继发感染，则病死率可高达20%～50%不等。

三、临床症状

本病的潜伏期为2～3天，临诊上分为唇型、蹄型、乳房型与外阴型4种类型。

1. 唇型或头型

多见于绵羊、山羊羔。一般在唇、口角、鼻或眼睑的皮肤上出现散在的小红斑，很快形成丘疹和小结节，继而成为水疱和脓疱，后者破溃后结成黄棕褐色的疣状硬痂，牢固地附着在真皮层的红色乳头状增生物上，呈桑葚样外观，这种痂块经10～14天脱落而痊愈。口腔黏膜也常受害。在唇内侧、齿龈、颊内侧、舌和软腭上，发生灰白色水疱，其外绕以红晕，继而变成脓疱和烂斑；或愈合而康复，或因继发感染而形成溃疡，或发生深部组织坏死，甚至使部分舌体脱落，少数病例可因继发细菌性肺炎而死亡。

2. 蹄型

几乎只发生于绵羊，通常单独发生，偶尔有混合型。病羊多见一肢患病，但也可能同时或相继侵害多数甚至全部蹄端。通常在四肢的蹄叉、蹄冠或系部皮肤上，出现痘样湿疹，亦按丘疹、水疱、脓疱的规律发展，破裂后形成溃疡，若有继发性细菌感染则发生化脓、坏死，常波及基部、蹄骨，甚至肌腱或关节。病羊跛行，长期卧地，病期缠绵。也可能在肺脏以及乳房中发生转移病灶，严重者最终多因全身组织器官衰竭或败血症而死亡。

3. 乳房型

病羔吮乳时，常使母羊的乳头和乳房的皮肤上发生丘疹、水疱、脓疱、烂斑和痂块，有时还会发生乳房炎。

4. 外阴型

本型病例较为少见。病羊表现为黏性或脓性分泌物，在肿胀的阴唇及附近皮肤上发生溃疡；公羊的阴鞘肿胀，阴鞘和阴茎上发生小脓疱和溃疡。

羚羊感染后发生乳头状瘤。

四、剖检病变

病理组织学变化以表皮的网状变性、真皮的炎性浸润和结缔组织增生为主要特征。

五、诊断

（一）临床诊断

根据临床症状特征（口角周围有增生性桑葚样痂垢）和流行病学，可初步诊断。必要时进行实验室检验。

（二）实验室诊断

1. 病原学检查

（1）电镜观察：采集水疱液、水疱皮、脓疱皮以及较深层痂皮，制片，磷钨酸钠负染后直接作电镜观察，可见特殊形态的羊口疮病毒粒子，结合流行病学分析、临床症状和剖检病变，即可确诊。

（2）病毒分离培养：羊口疮病毒可用胎羊皮肤细胞，牛、羊睾丸细胞和肾细胞，人羊膜细胞等进行分离培养。一般接种后48～60小时可见细胞变圆和脱壁等病变，并可观察到细胞核内嗜酸性包涵体。

（3）动物接种试验：病料制成乳剂，划痕接种于健康羔斗口唇，翌日即可观察到接种部位红肿，继而出现水疱，4～6天变为脓疱，经3～4周脱落。

2. 血清学检查

本病可用补体结合反应、琼脂扩散试验、免疫荧光技术、反向间接血凝试验、酶联免疫吸附试验等血清学方法进行诊断。

（三）鉴别诊断

本病须与羊痘、坏死杆菌病等类似疾病相鉴别。

1. 羊传染性脓疱与羊痘的鉴别

羊痘的痘疹多为全身性，而且病羊体温升高，全身反应严重。痘疹结节呈圆形突出于皮肤表面，界线明显，似脐状。

2. 羊传染性脓疱与坏死杆菌病的鉴别

坏死杆菌病主要表现为组织坏死，一般无水疱、脓疱的病变，也无疣状增生物。进行细菌学检查和动物试验即可区别。

六、防控措施

1. 预防

本病主要由创伤感染，所以要防止黏膜和皮肤发生损伤，在羔羊出牙期应喂给嫩草，拣出垫草中的芒刺。加喂适量食盐，以减少啃土啃墙。不从疫区引进羊和购买畜产品。发生本病时，对污染的环境，特别是厩舍、管理用具、病羊体表和患部，要进行严格的消毒。

在流行地区可接种弱毒疫苗，中和性抗体及特异性淋巴细胞转化反应的测定结果表明，皮肤划痕接种引起的全身反应很弱，而注射活的本病疫苗可激发高度的全身免疫反应。

现用于本病的疫苗有两种：一种是痂皮强毒苗，一种是细胞弱毒苗。痂皮强毒苗成本低，制备简便，免疫期7～8个月，但免疫力产生较慢，需21天左右，且接种后有数天发病期，容易散毒，可能在产生坚强免疫力前就造成疫病的暴发和流行，最终接种局部还要结痂，痂皮脱落又可污染场地，故此苗仅限于疫区应用。

2. 治疗

对唇型和外阴型病羊，可先用0.1%～0.2%高锰酸钾溶液冲洗创面，再涂以2%甲紫、5%碘酊甘油、5%土霉素软膏或青霉素软膏等，每天1～2次。对蹄型病羊，可将病蹄浸泡在 5％甲醛溶液中 1 分钟，必要时每周重复一次，连续 3 次；或每隔两三天用 3％甲紫或 1％苦味酸，或 10％硫酸锌酒精溶液重复涂擦。土霉素软膏也有良效。对严重病例可给予支持疗法。为防止继发感染，可注射抗生素或内服磺胺类药物。

七、公共卫生学

人感染本病主要发生在屠宰工人、皮毛处理工人、兽医及常与病畜接触的人群（如牧工）等。人传染人的病例也有报道。手臂的伤口可增加感染的机会。从国外报道的资料来看，人口疮的发病率近年来有所增加，在公共卫生上占有一定的地位。

人感染本病后，呈现持续性发热（2～4 天），或发生口疮性口膜炎后形成溃疡，或在手、前臂或眼睑上发生伴有疼痛的皮疹、水疱或脓疱。并常见局部淋巴结肿胀。皮疹、水疱或脓疱于 3～4 天内破溃形成溃疡，于 10 天后愈合。如有继发感染，溃疡须经 3～4 周后才能愈合。人患本病时主要采取对症疗法。

第九节　牛羊球虫病

球虫病是畜牧生产中常见且危害严重的一种畜禽原虫病。牛球虫病是由艾美耳属球虫寄生于牛消化道引起的一种以出血性肠炎为主要特征的寄生虫病，常发生于犊牛，表现为腹泻、营养不良、消瘦等临床症状。羊球虫病是由艾美耳属球虫寄生于羊消化道引起的一种原虫病，能引起羊腹泻、消瘦、贫血、发育不良等症状，甚至死亡。本病对羔羊危害较大，成年山羊多为带虫者，无临床症状，是本病的传染源。绵羊和山羊有不同的感病球虫种类，彼此不能交叉感染。

一、病原

1. 牛球虫病

已报道的牛艾美耳球虫有 20 多种，除 1 种寄生于皱胃外，其余均寄生于肠道。国内报道的有阿拉巴马艾美耳球虫、奥博艾美耳球虫、巴雷利艾美耳球虫、牛艾美耳球虫、巴西艾美耳球虫、布基农艾美耳球虫、加拿大艾美耳球虫、圆柱状艾美耳球虫、椭圆艾美耳球虫、伊利诺斯艾美耳球虫、广西艾美耳球虫、皮利他艾美耳球虫、亚球形艾美耳球虫、怀俄明艾美耳球虫、云南艾美耳球虫和邱氏艾美耳球虫。其中，分布较广的有邱氏艾美耳球虫和牛艾美耳球虫。邱氏艾美耳球虫的生殖发生于小肠，配子生殖发生于回肠后段、结肠与盲肠，致病力强，潜隐期为 9～23 天，排卵囊持续期为 5～26 天。牛艾美耳球虫的生殖发生于小肠，配子生殖发生于回肠后段、结肠、盲肠与直肠，致病力仅次于邱氏艾美耳球虫，潜隐期为 15～22 天，排卵囊持续期为 2～11 天。

2. 羊球虫病

山羊球虫有 13 种，分别是艾丽艾美耳球虫、阿普艾美耳球虫、阿氏艾美耳球虫、山羊艾美耳球虫、羊艾美耳球虫、克氏艾美耳球虫、格氏艾美耳球虫、家山羊艾美耳球虫、约奇艾美耳球虫、柯氏艾美耳球虫、雅氏艾美耳球虫、苍白艾美耳球虫和斑点艾美耳球虫。以雅氏艾美耳球虫的致病力最强，其次为阿氏艾美耳球虫，但也有学者认为克氏艾美耳球虫对山羊致病力最强，山羊艾美耳球虫也有致病性。目前公认的绵羊艾美耳球虫有 14 个，分别是阿撒他艾美耳球虫、巴库艾美耳球虫、槌状艾美耳球虫、浮氏艾美耳球虫、格氏艾美耳球虫、贡氏艾美耳球虫、颗粒艾美耳球虫、错乱艾美耳球虫、马西卡艾美耳球虫、类绵羊艾美耳球虫、苍白艾美耳球虫、小艾美耳球虫、斑点艾美耳球虫和温布里奇艾美耳球虫。其中，类绵羊艾美耳球虫的致病力最强，其次为槌状艾美耳球虫，阿撒他艾美耳球虫也可能有致病力。

二、流行病学

球虫对各种年龄、品种的牛羊均有易感性，以 2 岁内犊牛和 1～6 月龄的羔羊更为易感，成年牛羊多为带虫者。在奶牛场，犊牛感染率超过 50%，青年牛的感染率在 20% 左右，成年牛通常低于 10%。黄牛的感染率常高于奶牛，犊牛可达 80% 以上，青年牛感染率在 50% 左右，成年牛在 40% 左右。水牛犊的感染率在 50% 左右。牛球虫病一年四季均可发生，尤多发于温暖潮湿的季节。在牛的饲养方式发生改变、饲料突然变换、患其他疾病等情况时，容易诱发本病。感染试验证明，感染少量牛艾美耳球虫孢子化卵囊时，不会引起疾病发作，反而能诱发一定的免疫力；感染卵囊量超过 10 万个/头时，会产生明显的临床症状；感染量超过 25 万个/头时，可致犊牛死亡。因球虫病死亡的犊牛，其粪便中每克粪便卵囊数可达 18 万～31 万个。

各品种的山羊均有易感性，但表现临床症状的主要是 1～6 月龄的羔羊。羔羊在 2～3 周龄时就可有卵囊排出，在 2～4 月龄时排卵囊达峰值，随后迅速减少。圈养绵羊的球虫感染率高于放牧羊。在规模化养殖条件下，绵羊群因畜舍潮湿、环境污染等因素更易感染球虫病。在我国北方地区，夏、秋季节是绵羊球虫病的主要流行季节。在流行区，绵羊球虫病的感染率为 10%～50%。

三、临床症状

牛羊球虫病的潜伏期为 2～3 周，有时达 1 个月。犊牛一般呈急性经过，病程通常为 10～15 天，感染严重时可在发病后 1～2 天内死亡。发病初期，表现为精神沉郁，被毛逆乱晦暗，体温略高或正常，排稀便，稍带血液。约 1 周后，精神更加沉郁，消瘦，喜躺卧，体温可升至 40～41 ℃。瘤胃蠕动和反刍停止，肠蠕动增强，排出带血有恶臭的稀粪，其中混有纤维素性伪膜，后肢及尾部被粪便污染。发病后期，粪便呈黑色，几乎全为血液，因极度贫血和衰弱而死亡。慢性病牛一般在发病后 3～5 天逐渐好转，但腹泻和贫血症状仍持续存在，病程可持续数月，也有的因高度贫血和消瘦而死亡。类绵羊艾美耳球虫与槌状艾美耳球虫引起的临床症状相似。罹病羔羊体弱，部分羔羊被毛蓬乱折起，有些因腹泻使其后肢和臀部沾染粪便。羔羊食欲废绝，虚弱和生长不良。随着病程发展，部分羔羊出现大量的水样腹泻，常带有血液。如不及时治疗，病羊可持续腹泻，最终死于脱水和酸碱平衡紊乱。

本病可能依感染的虫种、感染强度、羊的年龄、机体抵抗力及饲养管理条件等因素，呈急性或慢性过程。病畜精神不振，食欲减退或消失，体重下降，被毛粗乱，可视黏膜苍白。腹泻，粪便中常混有血液、脱落的黏膜和上皮，有恶臭，含有大量卵囊。体温有时升至

40～41 ℃，严重者可导致死亡，死亡率常达 10％～25％，有时可达 80％以上。存活的病羊腹泻逐渐缓和，最后可以恢复，但生长发育受阻。也有 2～4 月龄的羔羊不表现出任何消化道症状而突然死于球虫病。病变主要见于小肠，尤以空肠变化明显。从浆膜面可见肠壁有大小不一的黄白色小斑点。肠壁水肿，肠腔充满黄白色黏液，肠黏膜充血或出血，布有白色凸出小点、凸起斑、平斑和息肉 4 种类型的斑点变化。部分病羊在盲肠可见出血点，肠壁增厚。有些病羊的肠系膜淋巴结索状肿胀，切面湿润，苍白色或浅黄色。肝轻度肿胀，表面和实质有针尖大或粟粒大黄色斑点。胆囊扩张，囊壁增厚，黏膜坏死，胆汁浓稠呈红褐色，胆汁涂片和肝组织压片中可见卵囊。

四、病理变化

牛羊球虫病发病后，可见尸体极度消瘦，可视黏膜苍白。肛门敞开、外翻，后肢和肛门周围被带血粪便污染。直肠黏膜增厚，有出血性炎症变化。淋巴滤泡肿大凸出，有白色和灰色的小病灶，在这些部位常同时出现直径 4～15 毫米的溃疡，其表面覆有凝乳样薄膜。直肠内容物呈褐色，带恶臭，有纤维素性薄膜和黏膜碎片。肠系膜淋巴结肿大和发炎。牛的各种球虫均主要寄生于小肠下段和大肠的上皮细胞。在裂殖生殖阶段，肠道黏膜上皮细胞遭受大量破坏，这种机械损伤引起黏膜下层淋巴细胞浸润，并发生溃疡和出血。肠黏膜被大量破坏之后，肠道腐败细菌大量生长繁殖，其所产生的毒素和肠道中的其他有毒物质被机体吸收后，引起全身性中毒，导致中枢神经系统和各个器官的机能失调。

牛羊球虫病的病变主要发生在盲肠和结肠。类绵羊艾美耳球虫常致盲肠发炎、肠腔空虚、肠管缩短，肠壁出血、水肿和增厚。羔羊严重感染槌状艾美耳球虫后约 10 天，从浆膜外可清楚看到由大量第一代裂殖体在黏膜上引起的白色斑点（块）。腹泻出现后，其小肠壁出血和增厚，而且在盲肠病变加重。格氏艾美耳球虫感染可引起皱胃黏膜显著增厚，有小的结节和出血病灶。

五、诊断方法

牛羊球虫病应从流行病学、临床症状和病理变化等方面做综合判断。临床上以血便、粪便恶臭带黏液，剖检时以出血性肠炎和溃疡为特征时，应进行粪便检查，发现大量球虫卵囊时即可确诊。对病畜表现的单纯性腹泻，应注意与大肠杆菌病、隐孢子虫病和消化道线虫病等鉴别。也可以通过剖检，观察到球虫特征性的病理变化，在病变组织中检查到大量的各发育阶段虫体。球虫病常与细菌性腹泻和败血症并发。

六、防控措施

牛羊球虫病的临床治疗可用妥曲珠利、氨丙啉、莫能菌素或盐霉素等。此外，临床上应结合止泻、强心和补液等对症治疗措施。另外，在球虫病流行季节，可使用地克珠利、妥曲珠利、莫能菌素和癸氧喹酯等药物进行预防。一旦发现病牛/羊，立即更换场地，隔离治疗。此外，饲养环境差、管理不良是牛羊球虫病发生的主要诱因，饲料、饮水、笼具、工具污染均可导致场间感染和传播，蝇类等节肢动物也是重要的传播媒介。

第十章 常见多种动物共患病

第一节 口 蹄 疫

口蹄疫是由口蹄疫病毒引起的一种偶蹄动物共患的急性、热性、高度接触性传染病。临诊上以发热、口腔黏膜及蹄部和乳房皮肤发生水疱和溃烂为特征，严重时蹄壳脱落、跛行、不能站立。本病传染性强，传播速度快，往往造成大流行，不易控制和消灭，带来严重的经济损失，是全球性的危害动物健康的重要疫病之一。OIE 将本病列为 A 类动物疫病，我国将其列为一类动物疫病。

一、病原

口蹄疫病毒属于微核糖核酸病毒科口蹄疫病毒属。形态呈球形或六角形，无囊膜，直径为 20～25 纳米。口蹄疫病毒具有多型性、易变异的特点，目前已发现的口蹄疫病毒有 O 型、A 型、C 型、SAT1 型、SAT2 型、SAT3 型和 Asia1 型 7 个血清型，各型之间无交叉免疫保护作用，感染了一型口蹄疫的动物仍可感染另一型口蹄疫病毒而发病。每个型内又有多个亚型，同型各亚型之间有一定的交叉免疫保护作用，但交叉免疫保护变化幅度较大。O 型口蹄疫为全世界流行最广的一个血清型。我国目前流行的主要为 O 型和 A 型口蹄疫，其中 O 型以 Mya-98 毒株、PanAsia 毒株和香港新毒株为主，A 型以 Sea-97（G2）毒株为主；A-sia1 型曾于 2005—2009 年在我国流行，2009 年 6 月至今无疫情报告。过去猪群主要以 O 型口蹄疫为主，但近几年发现猪群体内也能分离到 A 型口蹄疫病毒。

口蹄疫病毒在患病动物水疱液、水疱皮内及淋巴液中含量最多，随后进入血液，分布到全身各种组织和体液。在发热期的血液内病毒含量最高，退热后病毒可以出现于乳、粪、尿、泪、涎水及各脏器中。本病毒可用多种哺乳动物细胞系培养，如犊牛肾细胞、仔猪肾细胞、仓鼠肾细胞等几十种细胞，并产生细胞病变，最为敏感的是犊牛甲状腺细胞，并能产生很高的病毒滴度，因此常用于本病毒的分离鉴定，常用的还有乳鼠、豚鼠、乳仓鼠肾传代细胞等。

口蹄疫病毒对外界环境的抵抗力较强。耐干燥，在干燥垃圾中可存活 14 天；在潮湿垃圾中可存活 8 天；在 30 厘米厚的厩肥内可存活 6 天以上；在土壤表面，秋季可存活 28 天，夏季可存活 3 天；在干草中可存活 140 天；在畜舍污水中可存活 21 天；在未发酵的粪尿中可存活 39 天。该病毒对日光、热、酸、碱等敏感，在 pH 5.3～5.7 肉品中的病毒，10～

20 ℃ 24 小时被灭活，8～10 ℃ 24～28 小时被灭活，但骨髓、内脏和淋巴组织中所含的病毒存活时间较长且能保留感染性（主要是由于这些组织产酸较少）；在阴暗低温（－70～－50 ℃）环境中可存活数年，在 1～4 ℃条件下可存活数周，26 ℃可存活 3 周，37 ℃可存活 2 天，60 ℃ 15 分钟、70 ℃ 10 分钟、85 ℃ 1 分钟均可被杀死。2%～4%氢氧化钠、5%～8%甲醛溶液、5%氨水、0.5%～1%过氧乙酸或 5%次氯酸钠等均为口蹄疫病毒良好的消毒剂。食盐对病毒无杀灭作用，碘酊、酒精、苯酚、来苏儿、新洁尔灭等对口蹄疫病毒也没有杀灭作用。

二、流行病学

口蹄疫病毒能感染多种偶蹄动物，以牛最易感（黄牛、奶牛易感，水牛次之），其次是猪，再次为绵羊、山羊和骆驼，鹿、犬、猫、兔等也可感染。此病对成年动物致死率很低，一般低于 5%，但幼畜因心肌炎可导致病死率高达 20%～50%。本病具有流行快、传播广、发病急、危害大等流行病学特点，疫区发病率可达 50%～100%，犊牛死亡率较高，其他则较低。马不会感染口蹄疫，但会成为口蹄疫的被动载体。

患病畜和带毒畜是主要的传染源。病毒随分泌物和排泄物排出，发病初期排毒量最大、传染性最强，恢复期排毒量逐渐减少。水疱皮、水疱液中含毒量最高，毒力最强，传染性也最强。愈后动物可持续排毒，仍是危险的传染源。口蹄疫病毒在有抗体存在时，可引起病毒演化，发生持续性感染。动物感染后带毒超过 28 天的称为持续感染带毒，持续感染带毒者主要为牛、羊及野生偶蹄动物，猪不是持续感染带毒者。持续带毒的毒力较低，与流行期病毒的性质有所不同。持续感染带毒者在一定条件下可成为传染源，如各种应激因素使带毒者免疫力降低，或由于病毒变异增强了毒力。

本病以直接接触或间接接触的方式传播，主要通过消化道、呼吸道以及损伤的皮肤和黏膜感染。空气也是重要的传播媒介，常可发生远距离气源性传播，病毒在陆地可随风传播到 100 千米以外的地方，在水面可随风传播到 300 千米以外的地方。

过去认为口蹄疫的流行具有明显的季节性，遵循"秋始冬剧春缓夏消"的规律，但随着规模养殖的发展，该病的发生已无明显的季节性，规模猪场一年四季均可发病。本病呈跳跃式流行，主要发生于集中饲养的猪场、仓库、城郊猪场及交通沿线；畜产品、人、动物、运输工具等都是本病的传播媒介。卫生条件和营养状况也能影响本病流行的经过，畜群的免疫状况对流行的情况有着决定性的影响。由于曾患过病的家畜被其后裔代替，在数年之后又形成一个有易感性的畜群，从而构成一次新的流行的先决条件，表现为每隔 1～2 年或 2～4 年发生一次小流行，每隔 10 年发生一次大流行的周期性特点。

三、临床症状

由于不同动物的易感性、病毒的数量和毒力以及感染门户不同，潜伏期长短和症状也不完全一致。

1. 牛

潜伏期一般 2～4 天，最长可达 1 周左右。最初体温升高，精神沉郁，食欲减退或废绝，反刍缓慢或停止，不喜饮水，闭口呆立，流涎。起初 1～2 天病畜口腔黏膜、齿龈、唇部、舌部等发生蚕豆至核桃大的水疱，甚至连成片状，口温高，流涎，采食反刍完全停止。水疱约经一昼夜破裂形成浅表的红色糜烂；水疱破裂后，病畜体温降至正常，糜烂逐渐愈合，全身症状逐渐好转。如有细菌感染，糜烂加深，发生溃疡，愈合后形成瘢痕。有时并发口膜炎、咽炎和胃肠炎。有时在鼻咽部形成水疱，引起呼吸障碍和咳嗽。在发生口腔水疱后或同时，在蹄冠、蹄踵和趾间发生水疱、糜烂或结痂，若破溃后被细菌污染，病畜出现跛行，严重者蹄壳脱落，恢复期可见瘢痕、新生蹄甲。奶牛乳头皮肤有时也可出现水疱，很快破裂形成烂斑，如涉及乳腺引起乳房炎，泌乳量显著减少，甚至停止泌乳。

本病一般取良性经过，约经 1 周即可痊愈。如果蹄部出现病变，则病期可延至 2～3 周或更长时间。病死率较低，一般为 1％～3％。但在有些情况下，水疱病变逐渐痊愈，病牛趋向恢复之际病情可能突然恶化，出现全身虚弱、肌肉发抖、心跳加快、节律失调、反刍停止、食欲废绝、行走摇摆、站立不稳，最后因心脏停搏而突然倒地死亡，这种病型称为恶性口蹄疫，病死率高达 20％～50％，主要是由于病毒侵害心肌所致。

哺乳犊牛患病时，水疱症状不明显，主要表现为出血性肠炎和心肌麻痹，病死率很高。

2. 羊

潜伏期为 1 周左右，症状与牛大致相同，但羊的感染率低。病羊口腔黏膜上可见到水疱、烂斑和弥漫性炎症变化，山羊比绵羊明显，但主要症状在蹄部，有 50％以上病例为蹄型口蹄疫。在蹄冠、蹄踵和趾间发生水疱和烂斑，跛行。哺乳羔羊对口蹄疫特别敏感，常呈现出血性胃肠炎和心肌炎症状，发病急，死亡快。

3. 猪

潜伏期一般为 18～20 小时。病初体温升高到 41～42 ℃，精神不振，食欲减少或废绝，在舌、唇、齿龈、咽、腭等处形成小水疱或糜烂；蹄冠、蹄叉、蹄踵出现局部红肿、微热、敏感等症状，不久出现小水疱，并逐渐融合变大，呈白色环状，破裂后常形成出血性溃疡面，不久干燥后形成痂皮，严重的蹄壳脱落，卧地不起；有的病猪鼻端、乳房也出现水疱，破溃后形成溃疡，影响猪的正常采食。如无继发感染，本病多呈良性经过，育成猪很少发生死亡，但初生仔猪常因发生严重心肌炎和胃肠炎而突然死亡。

4. 骆驼

以老、弱、幼骆驼发病较多，症状与牛大致相同，水疱主要发生于口腔和蹄部。先在舌面两侧或齿龈发生水疱和烂斑、流涎、不食。继而蹄冠出现大小不一的水疱，水疱破裂后易感染化脓，致使蹄壳脱落，不能行走。

5. 鹿

与牛的症状相同。病鹿体温升高，口腔有散在的水疱和烂斑、流涎。四肢患病时，呈现跛行，严重者蹄壳脱落。

四、剖检病变

除口腔、鼻端、蹄部和乳房病变外，还可见到咽喉、食道、和胃黏膜等出现水疱和烂斑；胃肠有出血性炎症；肺呈浆液性浸润；心包内有大量混浊而黏稠的液体。恶性口蹄疫心包膜、心肌有弥散性及点状出血、坏死，心肌松软似煮肉状，切面上见到灰白色或淡黄色条纹与正常心肌相伴而行，如同虎皮状斑纹，俗称"虎斑心"。

五、诊断方法

（一）临床诊断

口蹄疫病变典型易辨认，故结合临床流行病学调查不难作出初步诊断。其诊断要点为：

（1）牛呆立流涎，猪卧地不起，羊跛行。

（2）唇部、舌面、齿龈、蹄踵、蹄叉、乳房等部位出现水疱。

（3）发病后期，水疱破溃、结痂，严重者蹄壳脱落，恢复期可见瘢痕、新生蹄甲。

（4）传播速度快，发病率高；成年动物死亡率低，幼畜常突然死亡且死亡率高，仔猪常成窝死亡。

（二）实验室诊断

在国际贸易中指定的检测方法是酶联免疫吸附试验、病毒中和试验。替代方法有补体结合试验。

病料样品采集：取病畜水疱皮或水疱液，置于 50％甘油生理盐水中，迅速送往实验室进行诊断。牛羊也可用食道探杯采集食道/咽黏液（O/P 液），猪采集喉拭子，立即按 1∶1 加保存液后置－40 ℃（干冰或液氮容器）保存运输。

1. 病原学检查

（1）病毒分离鉴定：取病畜水疱皮，用 PBS 液制备混悬浸出液，或直接取水疱液接种 BHK 细胞、IBRS2 细胞或猪甲状腺细胞进行病毒培养分离，做蚀斑试验。同时应用补体结合试验，目前多用酶联免疫吸附试验效果更好。

对康复牛用食道探杯取 O/P 液，接种 BHK 细胞或犊牛甲状腺细胞分离口蹄疫病毒，用蚀斑试验检查病毒。

（2）RT-PCR 或荧光 RT-PCR：是目前实验室最常用的病原学诊断方法，可以确定血清型。

（3）核酸探针技术：目前仅用于试验研究。

2. 血清学试验

（1）正向间接血凝试验：可用标准抗原检测待检样品中的抗体，常用于免疫抗体水平的评价，但该方法会产生一定的非特异性。

（2）反向间接血凝试验：用标准血清检测待检样品中的病原，该方法比补体结合试验灵敏度高。

（3）酶联免疫吸附试验：目前常用的方法有液相阻断 ELISA、固相阻断 ELISA、间接 ELISA 等，该方法具有敏感、特异且操作快捷等优点，是目前实验室常用的免疫抗体评价方法。

（4）中和试验：用水疱皮制成的混悬浸出液细胞培养物与标准阳性血清进行中和试验，主要用于型和亚型鉴定，并可用于抗体水平测定。

（5）补体结合试验：取水疱皮混悬浸出液作抗原，用标准阳性血清作补体结合试验或微量补体结合试验，同时可以进行定型诊断或分型鉴定。目前，国际上不再进行亚型的鉴定。

（三）鉴别诊断

1. 口蹄疫与牛瘟的区别

牛瘟传染猛烈，死亡率高；胃肠炎严重，胃肠部可见糜烂但蹄部无病变；真胃及小肠黏膜有溃疡。

2. 口蹄疫与牛恶性卡他热的区别

后者常散发；口腔及鼻黏膜有糜烂，但不形成水疱；常见角膜混浊。

六、防控措施

（一）预防措施

坚持"预防为主"的方针，采取以免疫预防为主的综合防控措施，控制疫情发生。

1. 实行强制普免

免疫预防是控制本病的主要措施，我国对口蹄疫实行强制免疫。非疫区要根据接邻国家和地区发生口蹄疫的血清型选择同血清型的疫苗；发生口蹄疫的地区，应当鉴定口蹄疫血清型，然后选择同血清型的疫苗。

散养家畜在春、秋两季实施集中免疫，对新补栏的家畜要及时补免，规模养殖场按免疫程序进行免疫。有条件的地方，可根据母源抗体和免疫抗体检测结果，制定相应的免疫程序。根据国家推荐免疫方案，建议仔猪、羔羊在 28～35 日龄时进行初免，免疫剂量分别是成年猪、羊的一半；犊牛在 90 日龄左右进行初免，免疫剂量是成年牛的一半；所有新生家畜初免后，间隔 1 个月进行一次强化免疫，以后每隔 4～6 个月免疫一次；对调出县境的种用或非屠宰畜，在调运前 2 周进行一次强化免疫。

牛、羊、骆驼和鹿常用的疫苗有口蹄疫 O 型 - A 型 - Asia1 型三价灭活疫苗、口蹄疫 O 型 - Asia1 型二价灭活疫苗、口蹄疫 O 型 - A 型二价灭活疫苗和口蹄疫 A 型灭活疫苗等。猪常用的疫苗有口蹄疫 O 型灭活类疫苗、合成肽疫苗。

2. 依法进行检疫

带毒活畜及其产品的流动是口蹄疫暴发和流行的重要原因之一，因此要依法进行产地检疫和屠宰检疫，严厉打击非法经营和屠宰；依法做好流通领域运输活畜及其产品的检疫、监督和管理，防止口蹄疫传入；进入流通领域的偶蹄动物必须具备检疫合格证明和疫苗免疫注射证明。

3. 坚持自繁自养

尽量不从外地引进动物，必须引进时，需了解当地近 1～3 年内有无口蹄疫发生和流行，应从非疫区、健康群中购买，并需经产地检疫合格。购买后，仍需隔离观察 1 个月，经临诊和实验室检查，确认健康无病方可混群饲养。发生口蹄疫的动物饲养场，全场动物不能留作种用。

4. 严防外来疫情传入

严格隔离饲养，杜绝外来人员参观，加强对进场的车辆、人员、物品消毒，不从疫区购买饲料，严禁从疫区调运动物及其产品等，严防通过各种传染媒介和传播渠道传入疫情。

（二）控制扑灭措施

严格按《中华人民共和国动物防疫法》及有关规定，采取紧急、强制性、综合性的扑灭措施。疫情一旦确诊，应立即启动相应级别的应急预案。

1. 封锁

疫情发生所在地县级以上兽医行政管理部门报请同级人民政府对疫区实行封锁，人民政府在接到报告后，应在 24 小时内发布封锁令。跨行政区域发生疫情的，由共同上级兽医行政管理部门报请同级人民政府对疫区发布封锁令。

2. 对疫点采取的措施

扑杀疫点内所有病畜及同群易感畜，并对病死畜、被扑杀畜及其产品进行无害化处理；对排泄物、被污染饲料、垫料、污水等进行无害化处理；对被污染或疑似污染的物品、交通工具、用具、畜舍、场地进行严格彻底消毒；对发病前 14 天售出的家畜及其产品进行追踪，并做扑杀和无害化处理。

3. 对疫区采取的措施

在疫区周围设置警示标志，在出入疫区的交通路口设置动物检疫消毒站，执行监督检查任务，对出入的车辆和有关物品进行消毒；所有易感畜进行紧急强制免疫，建立完整的免疫档案；关闭家畜产品交易市场，禁止活畜进出疫区及产品运出疫区；对交通工具、畜舍及用具、场地进行彻底消毒；对易感家畜进行疫情监测，及时掌握疫情动态；必要时，可对疫区内所有易感动物进行扑杀和无害化处理。

4. 对受威胁区采取的措施

对最后一次免疫超过 1 个月的所有易感畜，进行一次紧急强化免疫；省境边界地区受到省外疫情威胁时，要对距边界 30 千米以内的所有易感家畜进行一次强化免疫。同时要加强疫情监测，掌握疫情动态。

5. 封锁的解除

最后一头病畜死亡或扑杀后 14 天，经彻底消毒，技术专家验收合格，可由原决定机关宣布对疫点、疫区、受威胁区和疫区解除封锁。

第二节　布鲁氏菌病

布鲁氏菌病是由布鲁氏杆菌引起人和动物共患的慢性传染病。本病以母畜发生流产、不孕和公畜发生睾丸炎为特征，人也可感染，表现为长期发热、乏力、多汗、食欲不振、肌肉关节酸痛、生殖能力下降及肝、脾肿大等症状。本病严重损害人和动物的健康，OIE 将其列为 B 类动物疫病，我国将其列为二类动物疫病。

一、病原

病原为布鲁氏杆菌，是一种不活动、微小、革兰氏阴性的多形性短小杆菌，通常呈散在状态，很少成对或短链状排列。无鞭毛，无芽孢，常在细胞内寄生。世界动物卫生组织布鲁氏菌病专家委员会根据其病原性、生化特性等的不同，将布鲁氏菌属分为 6 个种 20 个生物型，即羊种（马耳他布鲁氏菌、生物型 1～3）、牛种（流产布鲁氏菌、生物型 1～9）、猪种（生物型 1～5）、绵羊附睾种、沙林鼠种、犬种（各 1 个生物型）。本菌生物型较多的原因，可能是由于同一种可在不同种类宿主体内繁殖，从而发生遗传变异较多的缘故。例如，某一混放牧区内，从羊体内曾分离出牛 1 型、牛 3 型、牛 7 型和牛 9 型。从猪体内曾分离出牛 1 型和牛 6 型等。本菌分型对临床和流行病学均有重要意义。从临床看，6 个种中以羊、牛、猪 3 种的意义最大，其余 3 种仅犬种偶感染人。前 3 种中，又以羊种的致病力最强，感染后症状较重，可引起暴发流行；牛种的致病力最弱，感染后症状较轻，甚至无症状，常呈散发。各菌株的致病力也不相同，羊种、猪种的强毒株致病力强，而其弱毒株和牛种的各种毒株的致病力均弱。从流行病学看，分型更有重要意义，如传染源的追踪、流行病学调查等。我国主要为羊种流行，其次为牛种，猪种仅存在于少数地区。近年发现，我国很多地区犬中有犬种感染，其感染率可达 7.5%，人群感染率也较高，尚需进一步证实。

本菌生长对营养要求较高，需硫胺素、烟酰胺和酵母生长素。葡萄糖、甘油和复合氨基酸可促进布鲁氏菌的生长；泛酸钙和赤藓醇也可促进某些布鲁氏菌的生长；来自人或动物的标本最好接种在胰酶消化液或血液培养基中。但即使在良好培养条件下生长仍较缓慢，因此培养至少 4 周仍无菌生长才能判定为阴性。除绵羊附睾种和大部分牛种菌需增加二氧化碳方可生长外，其他的则不需要。本菌致病毒力因子的物质基础是脂多糖（LPS）、外膜蛋白（OMP）和某些毒力相关因子（如过氧化氢酶、尿素酶、Cu/Zn 超氧歧化酶等）。绵羊附睾种、犬种和猪种的第 5 生物型为粗糙型（R 型），其余均属光滑型（S 型）。现已证明 S 型菌毒力明显高于 R 型菌，是因粗糙型 R 型菌细胞壁中缺少 S 型菌的脂多糖，S 型菌抗机体吞噬细胞能力强于 R 型菌有关。S 型菌的菌落呈露滴状，色微蓝，边缘整齐，有荧光。本菌各种之间有共同抗原，故一种有效菌苗对各种均有预防作用。

布鲁氏菌在自然环境中生命力较强。在病畜的分泌物、排泄物及死畜的脏器中能生存 4 个月左右，食品中约生存 2 个月，在牛奶中可存活 18 个月，皮毛上可存活 4 个月。但对常用的物理化学消毒法均较敏感，如湿热 60 ℃ 10～20 分钟、100 ℃ 1～4 分钟或日光下暴晒 10～20 分钟均可将其杀灭；1% 新洁尔灭、3% 来苏儿、2.5% 漂白粉溶液作用 5 分钟也均能杀死布鲁氏菌。该菌对抗生素也比较敏感，但在抗生素等的作用下本菌可变成 L 型，此型可在体内长期存在并可逆转为普通型，这可能和复发有关。

二、流行病学

本病几乎遍及世界各地，据调查全世界 160 个国家中有 123 个国家有布鲁氏菌病发生。中华人民共和国成立前，在我国的内蒙古、东北、西北等牧区曾一度流行本病，在北方农区也有散发。我国成立了专门防治机构，发病率逐年下降。后来国家取消了专门防治机构，20 世纪 80 年代后，特别是近些年来该病发病率有回升趋势，但近几年我国加强了联合防控力度，疫情得到了控制。

目前已知有 60 多种家畜、家禽、野生动物是布鲁氏菌的宿主。各种布鲁氏菌对相应动物具有最强的致病性，而对其他种类动物的致病性较弱或缺乏致病性。其中羊布鲁氏菌病对绵羊、山羊、牛、鹿和人的致病性较强，牛布鲁氏菌对牛、水牛、牦牛、马和人的致病力较强，猪布鲁氏菌对猪、野兔、人等的致病力较强，绵羊附睾种布鲁氏菌只感染绵羊，沙林鼠种布鲁氏菌只感染本动物，犬种布鲁氏菌除感染本动物外偶可感染人。故与人类有关的传染源主要是羊、牛及猪，其次是犬。染菌动物首先在同种动物间传播，造成带菌或发病，随后波及人类。

病畜的分泌物、排泄物、流产物及乳类含有大量病菌，患睾丸肿的公畜精液中也有病菌，如实验性羊布鲁氏菌病流产后每毫升乳含菌量高达 3 万个以上，带菌时间可达 1.5～2 年，所以是人类最危险的传染源。患者也可以从粪、尿、乳向外排菌，但人传人的实例很少见到。

本病的传播途径很多，一是可经皮肤黏膜接触传染，直接接触或间接接触病畜或其排泄物、阴道分泌物、娩出物可被感染；布鲁氏菌不仅可经皮肤微伤或眼结膜被污染，也可由健康皮肤侵入机体。二是可经消化道传染，食用被病菌污染的饲草、饲料、水或生乳以及未熟的肉、内脏而受染。三是可经呼吸道传染，病菌污染环境后形成气溶胶，可发生呼吸道感染。这三种途径在流行区同时发生。四是可经苍蝇、蜱传播。

本病一年四季均可发病，但以家畜流产季节为多。发病率牧区高于农区，农区高于城市。流行区在发病高峰季节（春末夏初）可呈点状暴发流行。牧区存在自然疫源地，但其流行强度受布鲁氏菌种、型及气候、牧场管理情况的影响。造成本病的流行有社会因素和自然因素。社会因素，如检疫制度不健全，集市贸易和频繁的流动，毛、皮收购与销售等，都能促进布鲁氏菌病的传播。自然因素，如暴风雨、洪水或干旱的袭击，迫使家畜到处流窜，很容易增加传播机会，甚至暴发成灾。动物是长期带菌者，除相互传染外，还能传染给人。

三、临床症状

1. 牛布鲁氏菌病

潜伏期长短不一，通常依赖于病原菌毒力、感染剂量及感染时母牛的妊娠阶段，一般在 14～180 天。患牛多为隐性感染。怀孕母牛常于妊娠 6～8 个月发生流产、产死胎或弱胎，流产后常排出污秽的灰色或棕色恶露。有的发生胎衣滞留，出现子宫内膜炎，阴道流出不洁棕红色渗出物。通常只发生 1 次流产，第 2 胎正常。早期流产的犊牛，常在流产前已经死亡。发育完全的犊牛，流产后可存活 1～2 天。乳腺受到损害引起泌乳量下降，重者可使乳汁完全变质，乳房硬化，甚至丧失泌乳能力；有的病牛发生关节炎、淋巴结炎和滑液囊炎。公牛主要表现为睾丸炎和副睾丸炎，睾丸肿大，触之疼痛。

2. 羊布鲁氏菌病

绵羊、山羊流产时，一般为无症状经过。有的在流产前 2～3 天长期躺卧，食欲减退，常发生阴户炎和阴道炎，从阴道排出黏性或黏液血样分泌物。在流产后的 5～7 天仍有黏性红色分泌物从阴道流出。母羊流产多发生在妊娠期的 3～4 个月，也有提前或推迟的。病母羊一生中很少出现第二次流产，胎衣不下也不多见，有时可出现体温反应、子宫炎、关节炎或滑液囊炎。公羊感染常发生睾丸炎和附睾炎。

3. 猪布鲁氏菌病

大部分为隐性经过，少数呈现典型症状，病猪短暂发热或无热，很少发生死亡。母猪主要表现为流产、子宫炎和不孕，产死胎及弱仔。流产常发生在妊娠后的 4～12 周，但也有提前或推迟的。流产前母猪出现精神沉郁、食欲不振、乳房和阴唇肿胀，有时可从阴道排出黏性脓样分泌物，分泌物通常于1周左右消失，很少出现胎盘停滞。子宫黏膜常出现灰黄色粟粒大结节或卵巢囊肿，以致不孕。正常分娩或早产时，除可产下虚弱的仔猪外，还可排出死胎，甚至木乃伊胎。如发生脊椎炎，可致后躯麻痹；发生脓性关节炎、滑液囊炎时，可出现跛行。公猪常呈现一侧或两侧睾丸炎，病初睾丸肿大、硬固、热痛；病程长时，常导致睾丸萎缩、性欲减退甚至消失，失去配种能力。

4. 绵羊附睾种布鲁氏菌病

仅限于公绵羊发病，表现为体温上升，附睾肿胀，睾丸萎缩，以致两者愈合在一起，初诊时无法区别。本病多发生在一侧睾丸。

5. 犬种布鲁氏菌病

多发生在犬。母犬表现为流产或不孕，无体温反应，长期从阴道排出分泌物。流产胎儿伴有出血和浮肿，大多为死胎，也有活胎但往往在数小时或数天内死亡，感染胎儿有肺炎和肝炎变化，全身淋巴结肿大。公犬常发生附睾炎、睾丸炎、睾丸萎缩、前列腺炎和阴囊炎等，性欲消失，睾丸常常出现萎缩或缺乏精子，晚期附睾可肿大4～5倍。但大多数病犬缺乏明显的临诊症状，尤其是青年犬和未妊娠犬。犬感染牛、羊或猪种布鲁氏菌时，常呈隐性经过，缺乏明显的临诊症状。

6. 马布鲁氏菌病

多数是由牛种布鲁氏菌或猪种布鲁氏菌所引起。患病母马并不流产，最具特征的症状是项部和鬐甲部的滑液囊炎，从发炎的滑液囊中流出一种清澈丝状或琥珀黄色的渗出液，逐渐成为脓性。有的可引起关节炎或腱鞘炎，患肢跛行。

7. 鹿布鲁氏菌病

鹿感染布鲁氏菌后多呈慢性经过，初期无明显症状，随后可见食欲减退，身体衰弱，皮下淋巴结肿大。有的病鹿呈波状发热。母鹿流产多发生在妊娠第6～8个月，分娩前后可见从子宫内流出污褐色或乳白色的脓性分泌物，带恶臭味。流产胎儿多为死胎。母鹿产后常发生乳腺炎、胎衣不下、不孕等。公鹿感染后出现睾丸炎和附睾炎，呈一侧性或两侧性肿大。

四、剖检病变

1. 牛布鲁氏菌病

除流产外，最特征的变化是在绒毛叶上有多数出血点和淡灰色不洁渗出物，并覆有坏死组织。胎膜粗糙、水肿，严重充血或有出血点，并覆盖一层脓性纤维蛋白物质。子宫黏膜呈卡他性炎或化脓性内膜炎，以及脓肿病变，胎儿胃底腺有淡黄色黏液样絮状或块状物。皮下组织和肌肉间结缔组织呈出血性浆液性的浸润，淋巴结、肝、脾明显肿胀。病母牛常常有输卵管炎、卵巢炎或乳房炎。公牛患本病时，精囊常有出血和坏死病灶。囊壁和输精管的壶部变厚或变硬。睾丸和附睾肿大，出现脓性病灶、坏死病灶或整个睾丸坏死。

2. 羊布鲁氏菌病

主要表现为流产，病变多发生在生殖器官。子宫增大、黏膜充血和水肿，质地松弛，肉阜明显增大出血，周围被黄褐色黏液性物质所包围，表面松软污秽。公羊可发生睾丸肿大、质地坚硬，附睾可见到脓肿。

3. 猪布鲁氏菌病

胎儿变化与牛基本相似，但距流产或分娩前较久死亡的胎儿，可成为木乃伊。胎衣上绒毛充血、水肿或伴有小出血点，或为灰棕色渗出物所覆盖。即或没有怀孕的子宫深层黏膜，也可见到灰黄色针头大乃至粟粒大的结节，此即所谓子宫颗粒性布鲁氏菌病。这是猪布鲁氏菌病的特征。公猪患病时，可见到结节性退行性变化的睾丸炎。

4. 鹿布鲁氏菌病

剖检可见鹿流产时胎衣变化明显，多呈黄色胶样浸润，有些部位覆盖灰色或黄绿色纤维蛋白及脓性絮片，有时可见有脂肪状渗出物。胎儿胃内有淡黄色或黄绿色絮状物，胃肠和膀胱黏膜有点状出血或线状出血，淋巴结、脾脏和肝脏有不同程度肿胀，并有散在的炎性坏死灶。胎儿和新生鹿仔有肺炎病灶。公鹿的精囊有出血点和坏死灶，睾丸和附睾有炎性坏死和化脓灶。

五、诊断

发现可疑患病动物时，应首先观察有无布鲁氏菌病的特征，如流产、胎盘滞留、关节炎或睾丸炎，了解传染源与患病动物接触史，然后通过实验室检测进行确诊。

病料样品采集：采集发病动物的血清、流产胎儿、胎盘、阴道分泌物或乳汁等。

1. 病原学检查

（1）细菌分离鉴定：通常取流产胎儿、胎盘、阴道分泌物或乳汁等作为病料，革兰氏染色后镜检或接种于含 10% 马血清的马丁琼脂斜面，如病料有污染可以用选择性培养基。必要时进行生化试验和动物接种试验。

（2）PCR 检测：目前市场有商品化的 PCR 检测试剂盒，取流产胎儿、胎盘、阴道分泌物或乳汁等作病料，扩增出目的条带即可确诊。

2. 血清学试验

（1）虎红平板凝集试验：对于未免疫畜群，该方法是目前实验室最常用的布鲁氏菌病初筛方法，简单、快速，但有时会出现假阳性，故初筛出来的阳性样品需进一步进行确诊。

（2）试管凝集试验：按照《动物布鲁氏菌病诊断技术》（GB/T 18646）进行，常用于对虎红平板凝集试验初筛阳性样品的复核，若未免畜群试管凝集试验为阳性，即可确诊。

（3）全乳环状试验：采集未免动物的乳汁进行检测，该方法不能作为确诊方法，确诊需进行补体结合试验或其他方法。

（4）补体结合试验：未免动物补体结合试验阳性即可确诊。

（5）酶联免疫吸附试验：目前市场上有商品化的检测试剂盒，有些试剂盒说明书上标注能区分感染和免疫阳性畜，但该方法尚未得到国家认可。

（6）胶体金试纸：该方法虽简便、快速，但特异性较差。

六、防控措施

对于布鲁氏菌病的防控，我们应坚持预防为主、综合防控、因地制宜、分类指导、依靠科学、依法防控、人畜同步、联防联控的工作原则。

（一）净化措施

布鲁氏菌病的传播机会很多，在防控方法上，必须采取综合性防控措施，早期发现病畜，彻底消灭传染源和切断传播途径，防止疫情扩散。

布鲁氏菌病的非疫区，应严格建立检疫隔离制度，防止从疫区引入带菌动物以及可能被污染的饲草、饲料、动物产品等；同时提高饲养管理水平，加强养殖环节的消毒工作和对易感畜群的布鲁氏菌病检测工作。一旦发现病畜，果断进行处置。

布鲁氏菌病的疫区应采取有效措施控制其流行。发病率低的地区应采取监测、扑杀阳性畜的措施，使布鲁氏菌病逐步得到净化；发病率高、净化工作难以实施的地区，可采取分类指导、科学免疫的措施，逐步控制疫病的流行。

（二）预防措施

各地应按照《常见动物疫病免疫推荐方案（试行）》，并结合当地实际，分类开展布鲁氏菌病的免疫工作。《常见动物疫病免疫推荐方案（试行）》中关于布鲁氏菌病的免疫规定如下。

1. 区域划分

（1）一类地区是指北京、天津、河北、内蒙古、山西、黑龙江、吉林、辽宁、山东、河南、陕西、新疆、宁夏、青海、甘肃 15 个省份和新疆生产建设兵团。以县为单位，连续 3 年对牛羊实行全面免疫。牛羊种公畜禁止免疫。奶畜原则上不免疫，个体病原阳性率超过 2% 的县，由县级兽医主管部门提出申请，报省级兽医主管部门批准后实施免疫。免疫前监测淘汰病原阳性畜。已达到或提前达到控制、稳定控制和净化标准的县，由县级兽医主管部门提出申请，报省级兽医主管部门批准后可不实施免疫。

连续免疫 3 年后，以县为单位，由省级兽医主管部门组织评估考核达到控制标准的，可停止免疫。

（2）二类地区是指江苏、上海、浙江、江西、福建、安徽、湖南、湖北、广东、广西、四川、重庆、贵州、云南、西藏 15 个省份。原则上不实施免疫。未达到控制标准的县，需要免疫的由县级兽医主管部门提出申请，经省级兽医主管部门批准后实施免疫，报农业部备案。

（3）净化区是指海南省。禁止免疫。

2. 免疫程序

经批准对布鲁氏菌病实施免疫的区域，按疫苗使用说明书推荐程序和方法，对易感家畜先行检测，对阴性家畜方可进行免疫。

使用疫苗：布鲁氏菌活疫苗（M5 株或 M5-90 株）用于预防牛、羊布鲁氏菌病；布鲁氏菌活疫苗（S2 株）用于预防山羊、绵羊、猪和牛的布鲁氏菌病；布鲁氏菌活疫苗（A19 株或 S19 株）用于预防牛的布鲁氏菌病。

3. 其他事项要求

（1）各种疫苗具体免疫接种方法及剂量按相关产品说明操作。

（2）切实做好疫苗效果监测评价工作，免疫抗体水平达不到要求时，应立即实施加强免疫。

（3）对开展相关重点疫病净化工作的种畜禽场等养殖单位，可按净化方案实施，不采取免疫措施。

（4）必须使用经国家批准生产或已注册的疫苗，并加强疫苗管理，严格按照疫苗保存条件进行储存和运输。对布鲁氏菌病等常见动物疫病，如国家批准使用新的疫苗产品，也可纳入本方案投入使用。

（5）使用疫苗前应仔细检查疫苗外观质量，如是否在有效期内、疫苗瓶是否破损等。免疫接种时应按照疫苗产品说明书要求规范操作，并对废弃物进行无害化处理。

（6）要切实做好个人生物安全防护工作，避免通过皮肤伤口、呼吸道、消化道、可视黏膜等途径感染病原或引起不良反应。

（7）免疫过程中要做好消毒工作，猪、牛、羊、犬等家畜免疫要做到"一畜一针头"，鸡、鸭等家禽免疫做到勤换针头，防止交叉感染。

（8）要做好免疫记录工作，建立规范完整的免疫档案，确保免疫时间、使用疫苗种类等信息准确翔实、可追溯。

七、公共卫生学

人类可感染布鲁氏菌病，患病牛、羊、猪、犬是主要传染源。传染途径是食入、吸入或皮肤和黏膜的伤口，动物流产和分娩之际是感染机会最多的时期。

人类布鲁氏菌病的流行特点是患病与职业有密切关系，凡与病畜、染菌畜产品接触多的如畜牧兽医人员、屠宰工作、皮毛工等，其感染和发病显著高于其他职业。一般来说，牧区感染率高于农区，农村高于城镇。主要原因是与生产、生活特点，家畜（传染源）数量以及人们的活动有关。从近几年人间发病情况看，部分人群因食用未消毒或未消毒彻底的生乳、肉制品等而感染，甚至有些是儿童。故在日常生活中一定要做好防护，总结以下几项防护要点。

（1）职业易感人群应该注意个人卫生，勤洗手消毒。工作中禁止吸烟、吃零食。工作完成后，先用消毒水洗手，再用肥皂和清水冲洗。

（2）提高个人防护意识，杜绝人畜混居。

（3）不食用未消毒的生乳以及未煮熟的内脏和肉，生熟肉案板等分开使用。

（4）病死的牲畜或流产的胎羔，不得贩卖、食用，要及时进行无害化处理，并对被污染的场地进行及时消毒。

（5）任何情况下，避免直接接触病畜及其排泄物、阴道分泌物、胎衣等。

（6）在采血、接产、饲养、挤奶、剪毛、屠宰以及加工皮、毛、肉等过程中注意个人防护，戴好乳胶手套、口罩、帽子、穿工作服和工作鞋，避免经皮肤或黏膜感染。

（7）发现可疑患畜及时向兽医部门报告，出现布鲁氏菌病症状的患者要及时就医。

第三节 结 核 病

结核病是由分枝杆菌属的细菌引起的多种动物和人共患的一种慢性传染病，家畜中以牛最易感，特别是奶牛，猪、禽等也可感染发病。其临诊特征是病程缓慢、渐进性消瘦、咳嗽、衰竭，病理特征是体表淋巴结肿胀，在机体多种组织器官中形成特征性肉芽肿、干酪样坏死和钙化的结节性病灶。世界动物卫生组织将其列为 B 类动物疫病，我国将其列为二类动物疫病。

牛结核病呈全球性分布，可谓世界性疾病。目前只有少数国家被认为无牛结核病。我国牛结核病一直是最常见的传染病之一，该病给养牛业造成的经济损失很大。遏制牛结核病疫情的疫源扩散，防止结核病的发生，关系到奶牛养殖业的健康发展，更关系到奶源安全和人民的身体健康，意义重大。

一、病原

该病的病原为分枝杆菌，主要分三个型：即牛型分枝杆菌、人型结核分枝杆菌和禽型分枝杆菌。主要为牛型，人型、禽型也可引起本病。此外还有冷血动物型和鼠型，但对人畜都无致病力。

分枝杆菌的形态，不同的型稍有差异。人型分枝杆菌是直的或微弯的细长杆菌，呈单独或平行相聚排列，多为棍棒状，间有分支状。牛型结核菌比人型菌短粗，且着色不均匀；禽型结核菌短而小，呈多形性。

本菌为平直或微弯的细长杆菌，大小为（0.2～0.6）微米×（1.0～10）微米，在陈旧培养基上或干酪性淋巴结内的菌体偶尔可见分支现象，常呈单独或平行排列。不产生芽孢和荚膜，也不能运动，为革兰氏染色阳性菌。

分枝杆菌为严格的需氧菌，对营养要求严格，生长最适 pH 为：牛型分枝杆菌 5.9～6.9、人型分枝杆菌 7.4～8.0、禽型分枝杆菌 7.2。最适温度为 37～38 ℃。初次分离分枝杆菌时，生长缓慢，可用劳文斯坦-杰森二氏培养基培养，经 10～14 天长出菌落。分枝杆菌的菌落、毒力及耐药性可发生变异。典型的菌落为粗糙型，毒力强，而变异菌株菌落则呈光滑型，毒力弱。

分枝杆菌对外界的抵抗力很强，特别是对干燥、腐败及一般消毒药耐受性强。在干燥的痰中可生存 10 个月，在土壤中可生存 7 个月，在粪便内可生存 5 个月，在常水中可存活 5 个月，在奶中可存活 90 天，在直射阳光下 2 小时仍可存活。对低温抵抗力强，在 0 ℃可存活 4～5 个月。但对湿热的抵抗力较弱，60～70 ℃经 10～15 分钟、100 ℃水中立即死亡。对紫外线敏感，波长 265 纳米的紫外线杀菌力最强。一般的消毒药作用不大，但 70％酒精、10％漂白粉、碘化物等有可靠的消毒作用。

本菌对磺胺药、青霉素和其他广谱抗生素均不敏感，而对链霉素、异烟肼、利福平、乙胺丁醇、卡那霉素、对氨基水杨酸、环丝氨酸等药物有不同程度的敏感性。但长期应用上述药物易产生耐药性。百部、黄芩等中草药对本菌有一定程度的抑制作用。

二、流行病学

本病可侵害多种动物，牛对牛型菌易感，其中奶牛最易感，水牛易感性也很高，黄牛和牦牛次之；猪、鹿、猴也可感染；马、绵羊、山羊少见；人也能感染，且与牛互相传染。家禽对禽型菌易感，猪、绵羊少见；人对人型菌易感，牛、猪、狗、猴也可感染。

结核病病牛和开放性结核病人是本病的主要传染源。牛型分枝杆菌是通过开放性病畜的痰液、粪尿、乳汁和生殖器官的分泌物排出体外，健康畜通过被污染的空气、饲料、饮水经呼吸道、消化道等途径感染。也可经胎盘传播或交配感染。

本病一年四季都可发生，无明显的季节性和地区性，多呈散发。各种年龄的牛均可感染发病。一般说来，舍饲的牛发生较多。畜舍拥挤、阴暗、潮湿、污秽，过度使役或挤乳，饲养不良等，均可促进本病的发生和传播。

三、临床症状

牛结核病的潜伏期长短不一，自然感染的病例潜伏期为16～45天，甚至长达数月或数年。通常取慢性经过，病初症状不明显，当病程逐渐延长，饲养管理粗放，营养不良，则症状逐渐显露。病菌侵入机体后，由于毒力、机体抵抗力和受害器官不同，症状亦不一样。奶牛结核病中肺结核、乳房结核、肠结核和淋巴结核最为常见。此外，还有生殖器官结核和神经结核。

1. 肺结核

以长期顽固干咳为主要症状，且以清晨最为明显。病初食欲、反刍无明显变化，偶尔有短促干咳，随着病情的发展，咳嗽逐渐加重、频繁，呼吸困难，在早晨、运动及饮水后特别明显。胸部听诊常有啰音和摩擦音。有时从口腔或鼻孔内流出淡黄色黏脓鼻涕。病畜逐渐消瘦、贫血、精神不振，食欲不良，肩前、股前、腹股沟、颌下、咽及颈淋巴结肿大。纵隔淋巴结肿大时可压迫食道，引起慢性瘤胃臌气。病情恶化时可见病牛体温升高（达 40 ℃以上），呈弛张热或稽留热，呼吸困难，最后可因心力衰竭而死亡。

2. 乳房结核

一般先是乳房上淋巴结肿大，继而后两乳区患病，以发生局限性或弥散性硬结为特点，无热无痛，表面凹凸不平。乳量减少，乳汁变稀，严重时乳腺萎缩，泌乳停止。

3. 肠结核

多见于犊牛，以消瘦和便秘下痢交替出现或顽固性下痢为特征。

4. 淋巴结核

可见于结核病的各个病型，淋巴结肿大突出于体表，无热无痛，常见肩前、股前、腹股沟、颌下、咽及颈淋巴结等部位。

5. 生殖器官结核

以性机能紊乱为特点。母牛发情频繁，且性欲亢进，表现为慕雄狂与不孕；妊娠牛流产。公牛出现附睾及睾丸肿大，阴茎前部发生结节、糜烂等。

6. 神经结核

中枢神经系统受侵害时，在脑和脑膜等可发生粟粒状或干酪样结核，常引起神经症状，如癫痫样发作、运动障碍等。

四、剖检病变

特征病变是在肺脏及其他被侵害的组织器官形成白色的结核结节，粟粒大至豌豆大，灰白色、半透明状，较坚硬，多为散在。在胸膜和腹膜的结节密集状似珍珠，俗称珍珠病。病期较久的，结节中心发生干酪样坏死或钙化，或形成脓腔和空洞。病理组织学检查，在结节病灶内见到大量的分枝杆菌。

五、诊断

（一）临床诊断

当发现动物呈现不明原因的逐渐消瘦、咳嗽、肺部异常、慢性乳腺炎、顽固性下痢、体表淋巴结慢性肿胀等症状时，可怀疑为本病。通过病理剖检的特异性结核病变不难作出诊断，但确诊需进一步做实验室诊断。

（二）实验室诊断

在国际贸易中，指定诊断方法为结核菌素试验，无替代诊断方法。

病料采集：无菌采集患病动物的痰、尿、脑脊液、粪便、乳及其他分泌物，病变淋巴结（肺、咽、支气管、纵隔、肝、乳房及肠系膜淋巴结等）和病变器官（如肝、肺、脾等）。

1. 病原检查

方法有以下几种：①显微镜检查：根据本菌的抗酸性特征，采用姜尼二氏染色或荧光抗酸染色，检查抗酸性杆菌。②病原分离鉴定：用选择性培养基分离，再通过培养和生化试验进行鉴定。③DNA寡聚核苷酸探针或聚合酶链反应：测定培养分离物或可疑动物组织样品中的牛分枝杆菌 DNA。

2. 皮内变态反应

将牛只编号后在颈中部上 1/3 处剪毛（或提前 1 天剃毛），3 个月以内的犊牛，也可以在肩胛部进行，直径约 10 厘米。用卡尺测量术部中央皮皱厚度，做好记录。注意，术部应无明显的病变。将牛型分枝杆菌提纯菌素（PPD）稀释成每毫升含 2 万单位后使用，不论大小牛只，一律皮内注射 0.1 毫升（含 2 000 单位）。冻干 PPD 稀释后当天用完。皮内注射后经 72 小时判定，仔细观察局部有无热痛、肿胀等炎性反应，并以卡尺测量皮皱厚度，做好详细记录。对疑似反应牛应立即在另一侧以同一批 PPD 同一剂量进行第二次皮内注射，再经 72 小时观察反应结果。对阴性牛和疑似反应牛，于注射后 96 小时和 120 小时再分别观察一次，以防个别牛出现较晚的迟发型变态反应。

判定标准：局部有明显的炎性反应，皮厚差大于或等于 4.0 毫米判为阳性反应；局部炎性反应不明显，皮厚差大于或等于 2.0 毫米、小于 4.0 毫米判为疑似反应；无炎性反应，皮厚差在 2.0 毫米以下判为阴性反应。凡判定为疑似反应的牛只，于第一次检疫 60 天后进行复检，其结果仍为疑似反应时，经 60 天再复检，如仍为疑似反应，应判为阳性。

本方法为测定牛结核病的标准方法，也为国际贸易指定的诊断方法。

3. 血清学反应

淋巴细胞增生试验、γ 干扰素试验和酶联免疫吸附试验。

六、防控措施

对奶牛结核病主要采取综合性防控措施，防止疫病传入，净化污染牛群。有临床症状的病牛应按《中华人民共和国动物防疫法》及有关规定，采取严格扑杀措施，防止扩散。

1. 防止结核病传入

无结核病健康牛群，每年春秋各进行一次变态反应检疫。坚持自繁自养，不从疫区引进家畜，必须引进或补充奶牛等家畜时，要按有关规定进行检疫隔离，经结核病检测合格后方可混群饲养，防止疫病传入。结核病人不能饲养牲畜。加强饲养管理，确保环境卫生。

2. 净化污染牛群

污染牛群是指多次检疫不断出现阳性家畜的牛群。对污染牛群，每年通常进行 4 次以上检疫。检出的阳性牛应及时扑杀，进行无害化处理；对发现的可疑病牛，立即分群隔离饲养，加强监控，同时复检确诊，并严格按国家有关规程无害化处理可疑病牛在隔离饲养期间生产的乳。剔除阳性牛及可疑牛后的牛群，应间隔 1～1.5 个月检疫 1 次，连检 3 次均为阴性者，为假定健康牛群。假定健康群为向健康群过渡的畜群，当无阳性牛出现时，在 1～1.5 年 3 次检疫，全是阴性时，称为健康群。

3. 培养健康犊牛群

病牛群更新为健牛群的方法是，设置分娩室，分娩前消毒乳房及后躯，产犊后立即与乳牛分开，用 2%～5%来苏儿消毒犊牛全身，擦干后送预防室，喂健康牛乳或消毒乳。犊牛应在 6 个月隔离饲养中检疫 3 次，阳性牛及时做扑杀处理，阴性牛且无任何临床症状，放入假定健康牛群。

严格执行兽医防疫制度，每季度进行一次全场消毒，牧场、牛舍入口处应设置消毒池，牛舍、运动场每月消毒 1 次，饲养用具每 10 天消毒 1 次。如检出阳性牛，必须临时增加消毒，粪便堆积发酵处理。进出车辆与人员要严格消毒。

七、公共卫生学

病人和牛互相感染的现象在结核病防控中应当充分注意。人结核病多由牛分枝杆菌所致，特别是儿童常因饮用带菌牛奶而感染，所以饮用消毒牛奶是预防人患结核病的一项重要措施。但为了消灭传染源，必须对牛群进行定期检疫，无害化处理病牛才是最有效的办法。

第四节　伪狂犬病

伪狂犬病是由伪狂犬病毒引起的家畜和多种野生动物共患的一种急性传染病。除猪以外，其他动物发病后通常具有发热、奇痒及脑脊髓炎的典型症状，均为致死性感染，但呈散发形式。该病对猪危害最大，成年猪多呈隐性感染，妊娠母猪可出现流产、死胎、木乃伊胎和呼吸道症状；新生仔猪出现明显的神经症状和腹泻等症状，可造成急性死亡。世界动物卫生组织将本病列为 B 类动物疫病，我国将其列为二类动物疫病。

一、病原

伪狂犬病病毒属于疱疹病毒科甲型疱疹病毒亚科。病毒完整粒子呈圆形，有囊膜和纤突。基因组由单分子双股线状 DNA 组成。伪狂犬病毒的毒力是由几种基因协同控制，主要有糖蛋白 gE、gD、gI 和 TK 基因。研究表明 TK 基因一旦灭活，病毒对宿主的毒力将丧失或明显降低。该病毒只有一个血清型，但毒株间存在差异。病毒最初定位于扁桃体，在感染的最初 24 小时之内可从头部神经节、脊髓及脑桥中分离到病毒。用核酸探针或 PCR 可从康复猪的神经节中检出病毒。

病毒对外界抵抗力较强，在污染的猪舍能存活 30 天以上，在肉中可存活 35 天以上，但病毒对化学药品的抵抗力不大，一般常用的消毒药均有效，如福尔马林、0.5%石灰乳、2%氢氧化钠溶液或 0.1%升汞能立即杀死病毒。

二、流行病学

本病多种家畜和野生动物都可感染，家畜中以猪发生较多，但犬也可感染发病。一年四季均可发生，但以春季和产仔旺季多发。病猪、带毒猪为重要传染源，康复猪可通过鼻腔分泌物及唾液持续排毒，但粪尿不带毒。本病主要通过食入污染病毒的饲料、气雾经鼻腔与口腔感染，也可通过交配、精液、胎盘传播，还可以经破损的皮肤感染，被病毒污染的工作人员和器具在传播中起着重要的作用，也可通过吸血昆虫叮咬传播。

近几年伪狂犬疫情席卷全国，多地出现伪狂犬病毒强毒株，其主要特征是吃了病死猪的狗大批死亡，一般疫苗难以控制疫情，损失严重。

三、临床症状

潜伏期一般为 3~6 天，猪的临床症状随年龄不同有很大的差异，但是都无明显的局部瘙痒现象。

呼吸道症状主要表现在 2 月龄以上发病猪及怀孕母猪。2 月龄以上发病猪，表现轻微或隐性感染，一过性发热，咳嗽，便秘，发病率很高，无并发症时，死亡率较低；有的猪出现呕吐，多在 3~4 天恢复。如体温继续升高，呼吸道症状严重时，可发展至肺炎，剧烈咳嗽，呼吸困难。伴发细菌感染时，死亡率明显升高。怀孕母猪则表现为咳嗽、发热、精神不振及流产、产死胎、木乃伊胎等繁殖障碍症状，且以产死胎为主。

1 月龄以内哺乳仔猪及断奶仔猪感染发病后，还会出现拉稀、呕吐、神经症状。

四、剖检病变

鼻腔出血性或化脓性炎症，扁桃体、喉头水肿、咽炎、勺状软骨和会厌软骨皱襞呈浆液浸润，并常有纤维素性坏死膜覆盖。肺水肿，上呼吸道有大量泡沫性液，喉黏膜点状或斑状出血、肾点状出血性炎症、胃底大面积出血、小肠黏膜充血、水肿、大肠有斑块状出血。淋巴结特别是肠系膜淋巴结和下颌淋巴结充血肿大、间有出血、脑膜充血、水肿。病程较长者，心包液、胸腹液、脑脊液均明显增多，肝表面有大量纤维素渗出。仔猪剖检主要是肾脏布满针尖样出血点，有时见到肺水肿、脑膜表面充血出血，有的先天感染仔猪肾脏发育不良，表面有凹凸不平。除猪外，其他动物还因瘙痒，体表皮肤出现局部擦伤、撕裂。

五、诊断方法

根据病畜典型的临床症状和剖检病变以及流行病学情况，可作出初步诊断。但若只表现为呼吸道症状或感染只局限于育肥猪和成年猪则较难作出诊断，且容易误诊，确诊本病还需进行实验室检查。

1. gE-ELISA

采集全血样品送检，样品 S/N 值低于或等于 0.60，样品应判定为伪狂犬病病毒 gpI 抗体阳性；如果 S/N 值大于 0.60 但小于或等于 0.70，样品应重测；如果 S/N 值大于 0.70，样品应判定为伪狂犬病病毒 gpI 抗体阴性。

2. gB-ELISA

采集全血样品送检，如采用快速模式（1 小时孵育）进行监测，则样品 S/N 值小于或等于 0.60，判为阳性；S/N 值小于或等于 0.70 但大于 0.60，该样品必须被重测；S/N 值大于 0.70，判为阴性。如采用过夜模式（过夜孵育）进行监测，则样品 S/N 值小于或等于 0.50，判为阳性；S/N 值小于或等于 0.60 但大于 0.50，该样品必须被重测；S/N 值大于 0.60，判为阴性。

3. 乳胶凝集试验

可进行定性试验判定阴阳性、定量检测判定抗体滴度。

4. PCR 或荧光定量 PCR 检测

病猪采集流产胎儿、脑组织（尤其是三叉神经节）、扁桃体、淋巴结、脾脏等病料，其他动物采集患瘙痒病病畜的脊髓，尽快低温送检。PCR 检测扩增出目的片段者为阳性，荧光 PCR 检测出现标准曲线者为阳性，否则为阴性。

5. 动物接种试验法

采取病猪脑组织或其他病畜的脊髓，磨碎后，加生理盐水制成 10% 悬液，同时每毫升加青霉素 1 000 单位、链霉素 1 毫克，放入 4 ℃冰箱过夜，离心沉淀，取上清液于后腿外侧部皮下注射，家兔 1~2 毫升，小鼠 0.2~0.5 毫升，家兔接种后 2~3 天、小鼠 2~10 天（大部分在 3~5 天）死亡。死亡前，注射部位的皮肤发生剧痒。家兔、小鼠抓咬患部，以致呈现出血性皮炎，局部脱毛，皮肤破损出血，则判定为感染猪伪狂犬病毒。

6. 病毒分离和鉴定

采取病畜脑组织、扁桃体、脊髓，用 PBS 制成 10% 悬液或鼻咽洗液接种猪、牛肾细胞或鸡胚成纤维细胞，于 18~96 小时出现病变，有病变的细胞用苏木精-伊红染色，镜检看到嗜酸性核内包涵体即可确诊。

7. 检测结果应用

未进行猪伪狂犬病免疫时，可选择前 4 种诊断方法进行检测，结果阳性说明存在猪伪狂犬病毒感染。

已免疫猪伪狂犬病的，且选用的是 gE 缺失苗的，可选择 gE-ELISA 方法进行诊断，结果阳性说明存在猪伪狂犬病毒的感染。或选用 PCR 或荧光定量 PCR 检测方法进行诊断，结果阳性说明存在猪伪狂犬病毒的感染。也可用动物接种试验判定猪野毒感染情况。

评价免疫效果的，可选用乳胶凝集试验方法，定量判断猪伪狂犬疫苗抗体的产生情况，群体免疫合格率达 70% 以上为合格。

六、防治措施

1. 预防

本病应以预防为主，需采取综合预防措施。

（1）检疫：对新引进的猪要严格检疫，引进后隔离观察、抽血检验，对检出阳性猪要注射疫苗，不可作种用。

（2）免疫：种猪要定期进疫苗免疫，目前常用的伪狂犬病疫苗有灭活苗和基因缺失弱毒苗，弱毒苗有 gE 缺失、gI 缺失、gG 缺失和 TK 缺失单价或多价苗，但总的原则是尽量使用同一种基因缺失苗。后备母猪于 3 月龄及配种前 4 周各免疫一次。怀孕母猪于产前3～4周免疫一次。公猪除在后备猪阶段免疫 2 次外，以后每年应免疫 3～4 次。基因缺失弱毒苗可经肌内注射或滴鼻进行仔猪的超前免疫和发病仔猪的紧急预防注射，可在 24 小时内产生明显作用。对暴发本病的猪场，全群猪用弱毒苗紧急接种，对乳猪和断奶仔猪，用成年猪的 1/3～1/2 剂量，进行免疫，对初生仔猪还可试用 1/3～1/4 剂量做超前免疫。

（3）消毒：猪场要进行定期严格的消毒措施，最好使用 2% 的氢氧化钠（烧碱）溶液或酚类消毒剂。

（4）灭鼠：猪场内要进行严格的灭鼠措施，因为带毒的鼠类会把本病散播到全场而无法根除本病，所以消灭鼠类减少带毒传播疾病的危险。

2. 治疗

本病目前无特效治疗药物，对感染发病猪可注射猪伪狂犬病高免血清和抗病毒型干扰素，它对断奶仔猪有效果，同时应用紫锥菊、黄芪多糖等中药制剂配合治疗。对未发病受威胁猪进行紧急免疫接种。

3. 净化

种猪场特别是原种猪场应按照"检测→淘汰/分群→免疫→检测→淘汰→净化"的程序，通过对野毒感染猪群进行淘汰，对假定阴性猪群实施高密度免疫，同时加强消毒和提高综合饲养管理水平等措施开展猪伪狂犬病的净化工作。

第五节　球　虫　病

球虫病是由孢子虫纲真球虫目艾美耳科球虫引起畜禽的一种重要寄生性原虫病，包括艾美耳属、等孢属、泰泽属和温扬属等球虫。该病严重危害畜禽生长。

一、病原

1. 球虫的特性

球虫卵囊呈圆形、椭圆形或卵圆形。囊壁光滑、无色或黄褐色。有些种类在卵囊较锐的一端有明显的卵膜孔，还有的卵囊内膜突出于卵囊孔之外，形成极帽。在卵囊中的一端可能有 1～3 个折光性的颗粒，称为极粒。随粪便新排出的卵囊内为一球状的原生质团。粪便检查发现卵囊是诊断本病的一种重要方法。

依球虫的孢子化卵囊中有无孢子囊、孢子囊数目和每个孢子囊内所含子孢子的数目，将球虫分为 4 个不同的属：泰泽属，卵囊内含 8 个子孢子，无孢子囊；温扬属，1 个卵囊内含 4 个孢子囊，每个孢子囊内含 4 个子孢子；等孢属，1 个卵囊内含 2 个孢子囊，每个孢子囊内含 4 个子孢子；艾美耳属，1 个卵囊内含 4 个孢子囊，每个孢子囊内含 2 个子孢子。

各种动物球虫的发育过程一样，均包括孢子生殖、裂殖生殖和配子生殖 3 个阶段。以鸡球虫为例，卵囊随粪便排出体外后，在适宜的温度、湿度及充足的氧气条件下，卵囊经一定时间发育为成熟的孢子化卵囊。孢子化的卵囊才具有感染性。土壤、饲料或饮水中的孢子化卵囊被鸡吞食后进入消化道，在胃肠消化液的作用下卵囊壁破裂，子孢子释放，侵入其寄生部位的肠上皮细胞进行裂殖生殖；各种球虫的裂殖生殖代次不同，经数代裂殖生殖后，最后一代裂殖子侵入上皮细胞进行配子生殖。其中一部分裂殖子发育为大配子体，最后发育为大配子；另一部分发育为小配子体，继而生成许多带有 2 根鞭毛的小配子。活动的小配子钻入大配子体内（受精），成为合子。合子迅速由被膜包围而成为卵囊，随粪便排出体外。球虫发育过程中的裂殖生殖阶段和配子生殖阶段在宿主上皮细胞内进行，因此又称为内生发育；而孢子发育在宿主体外进行，又称为外生发育。

卵囊对恶劣的外界环境条件和消毒剂具有很强的抵抗力，在土壤中可生存 4～9 个月，1%氢氧化钠溶液作用 4 小时、1%～2%的甲醛溶液或 1%的漂白粉作用 3 小时、2%复合酶溶液作用 1 小时才被灭活，生产上常用 0.5%次氯酸钠溶液进行消毒，但卵囊对高温、干燥的抵抗力较弱，高温能很快将其杀死。

2. 不同宿主体内的球虫

球虫为细胞内寄生虫，对宿主和寄生部位有严格的选择性，即各种畜禽都有其特异的虫体种类寄生，互不交叉感染，而且各种球虫只在宿主的一定部位寄生。球虫是否引起发病，取决于球虫的种类、感染强度、宿主年龄及抵抗力、饲养管理条件及其他外界环境因素。家畜中的牛、羊、猪、驼、兔，家禽中的鸡、鸭、鹅都是球虫的宿主，其中尤以鸡、鸭、兔球虫病危害严重，常导致大批死亡。

能感染鸡的球虫属于艾美耳属，公认的有 7 种，即柔嫩艾美耳球虫、毒害艾美耳球虫、堆型艾美耳球虫、布氏艾美耳球虫、巨型艾美耳球虫、和缓艾美耳球虫和早熟艾美耳球虫，其中以柔嫩艾美耳球虫及毒害艾美耳球虫致病性较强，前者寄生于盲肠，后者寄生于小肠的中 1/3 段。

鸭的球虫有 18 种，分别属于艾美耳属、等孢属、泰泽属和温扬属，主要致病种是毁灭泰泽球虫和菲莱氏温扬球虫，寄生于鸭的小肠上皮细胞，尤以前者最为严重。

兔艾美耳球虫公认的有 13 种，其中除斯氏艾美耳球虫寄生在胆管上皮细胞外，其余各种都寄生在肠上皮细胞。

此外，牛以邱氏艾美耳球虫和牛艾美耳球虫为最常见，致病性也最强；鹅以寄生于肾小管上皮细胞的截形艾美耳球虫最有害；感染鹌鹑的球虫有 6 种艾美耳属球虫和一种温扬属球虫，其中致病力较强的有巴氏艾美耳球虫、鹌鹑艾美耳球虫和分散艾美耳球虫。

二、流行病学

球虫是宿主特异性和寄生部位特异性都很强的原虫，家畜中，牛、羊、猪、驼、兔，家禽中，鸡、鸭、鹅都是球虫的宿主。各种日龄和品种的畜禽都有易感性，但一般对雏禽和幼畜的危害更严重，成年畜禽多为带虫者，成为重要传染源。生产中多是数种球虫混合感染。

本病感染途径是经口食入含有孢子化卵囊的水或饲料。饲养员、工具、苍蝇等也可携带球虫卵囊而传播本病。球虫病的流行与饲养管理条件密切相关，营养不良、卫生条件恶劣等是促成本病传播的重要环节。

三、临床症状

(一) 鸡球虫病

患球虫病的鸡，其症状和病程常因病鸡的感染程度、球虫种类及饲养管理条件而异。

1. 急性型

多见于3～6周龄雏鸡，病程1～3周。发病早期，病鸡精神不佳，羽毛松乱，双翅下垂，闭目呆立，食欲减退而饮欲增加，粪便增多变稀，泄殖腔周围羽毛常因液状粪便粘连在一起。随着病情的发展，病鸡翅膀轻瘫，运动失调，食欲废绝，粪如水样并带有血液，重者全为血粪。病鸡消瘦，可视黏膜、冠及垂髯苍白，后期发生神经症状，如痉挛、两脚外翻或直伸，不久死亡。雏鸡病死率可达50%，严重者可达80%以上。死亡鸡泄殖腔周围常沾污有血迹。

2. 慢性型

多见于4～6月龄的鸡或成年鸡。病鸡逐渐消瘦，间歇性下痢，病程长短不一。成年鸡主要表现体重增长慢或减轻，产蛋减少。也有些成年鸡为无症状型带虫者。

(二) 鸭球虫病

急性鸭球虫病多发生于2～3周龄的雏鸭，于感染后第4天出现精神委顿，缩颈，不食，喜卧，渴欲增加等症状；病初腹泻，随后排暗红色或深紫色血便，发病当天或第2～3天发生急性死亡，耐过的病鸭逐渐恢复食欲，死亡停止，但生长受阻，增重缓慢。

慢性型一般不显症状，偶见有拉稀，常成为球虫携带者和传染源。

(三) 兔球虫病

按球虫的种类和寄生部位的不同，将兔球虫病分为三型，即肠型、肝型和混合型，临诊上所见的多为混合型。

兔球虫病以断乳后到12周龄幼兔最多见。典型症状表现为食欲减退或废绝，精神沉郁，动作迟缓，伏卧不动，眼、鼻分泌物和唾液分泌增多，口腔周围被毛潮湿，腹泻或腹泻和便秘交替出现。病兔尿频或常作排尿姿势，后肢和肛门周围被粪便所污染。病兔由于肠膨胀，膀胱积尿和肝肿大而呈现腹围膨大；肝受损害时可肝区触诊有痛感，可视黏膜轻度黄染，结膜苍白，病兔虚弱消瘦；末期出现神经症状，如四肢痉挛、麻痹等，多数极度衰弱而死。死亡率有时可达 80% 以上。病程为 10 余天至数周。病愈后长期消瘦，生长发育不良。

（四）其他动物球虫病

鹌鹑球虫病多发生于 1~2 月龄鹌鹑。病鹑下痢，粪便呈黄褐色或灰黄色黏液性，混有血液，幼鹑发育不良，成年鹑产蛋停止，极度消瘦，扎堆，卧倒不起，最后因衰竭而死亡，病程 7~20 天。

犬、猫球虫病是由孢子虫纲、球虫目、艾美耳科的等孢属球虫引起的。幼犬、幼猫感染后可表现出明显的临床症状。一般于严重感染后的 3~6 天，开始出现水样腹泻或排出泥状粪便或带有黏液的血便。患病动物轻度发热，精神沉郁，被毛无光泽，消化不良，便血，进行性消瘦，最终因衰竭而死亡。如果病犬抵抗力较强，一般在感染 3 周以后，临床症状可逐渐消失，自行康复，老龄动物一般抵抗力较强，常呈慢性经过。

四、剖检病变

（一）鸡球虫病

患球虫病的鸡尸体消瘦，黏膜苍白，泄殖腔周围羽毛被混血的粪便污染。

鸡柔嫩艾美耳球虫主要侵害盲肠，两侧盲肠显著肿大，盲肠上皮增厚并有坏死灶。盲肠外表呈暗红色，肠腔内充满暗红色或红色的血凝块，或充满血液及肠黏膜坏死的物质，肠壁的浆膜面可见有灰白色小斑点。切开病变部位，肠壁增厚，肠黏膜有点状出血或坏死点。

毒害艾美耳球虫主要损害小肠中段，可使肠壁扩张、松弛、肥厚和严重的坏死。肠黏膜上灰白色斑点状坏死灶和小出血点相间，肠腔内有凝固的血液。

堆型艾美耳球虫主要损害十二指肠和小肠前段，有大量淡灰色斑点，汇合成带状横过肠管。

巨型艾美耳球虫主要损害小肠中段，肠管扩张，肠壁肥厚，肠内容物呈黏稠的淡灰色、淡褐色或淡红色液状，肠壁有溢血点。

日龄稍大的鸡，呈慢性型，其主要病变是小肠管增粗，肠壁肥厚，肠黏膜有炎性肿胀。

由于球虫寄生程度不一，有时会有混合感染，故在病理学诊断时要注意区别。

（二）鸭球虫病

毁灭泰泽球虫危害严重，肉眼病变为整个小肠呈泛发性出血性肠炎，尤以卵黄蒂前后范围的病变严重。肠壁肿胀、出血；黏膜上有出血斑或密布针尖大小的出血点，有的见有红白相间的小点，有的黏膜上覆盖一层糠麸状或奶酪状黏液，或有淡红色或深红色胶冻状出血性黏液，但不形成肠芯。组织学病变为肠绒毛上皮细胞广泛崩解脱落，几乎被裂殖体和配子体所取代。宿主细胞核被压挤到一端或消失。肠绒毛固有层充血、出血，组织细胞大量增生，嗜酸性粒细胞浸润。感染后第 7 天肠道变化已不明显，趋于恢复。

菲莱氏温扬球虫致病性不强，肉眼病变不明显，仅可见回肠后部和直肠轻度充血，偶尔在回肠后部黏膜上见有散在的出血点，严重者直肠黏膜弥漫性充血。

（三）兔球虫病

尸体外观消瘦，黏膜苍白，肛门周围污秽。肝球虫病时，肝表面和实质内有许多白色或黄白色结节，呈圆形，如粟粒至豌豆大，沿小胆管分布。取结节作压片镜检，可以看到裂殖子、裂殖体、配子体和卵囊等不同发育阶段的虫体。陈旧病灶中的内容物变稠，形成粉粒样的钙化物质。在慢性肝球虫病时，胆管周围和小叶间部分结缔组织增生，使肝细胞萎缩，肝脏体积缩小（间质性肝炎）。胆囊黏膜有卡他性炎症，胆汁浓稠，内含许多崩解的上皮细胞。

肠球虫病的病变主要在肠道，肠道血管充血，十二指肠扩张、肥厚，黏膜发生卡他性炎症，小肠内充满气体和大量黏液，黏膜充血，上有溢血点。在慢性病例，肠黏膜呈淡灰色，上有许多小的白色结节，压片镜检可见大量卵囊，肠黏膜上有时有小的化脓性、坏死性病灶。

（四）其他动物球虫病

鹌鹑球虫病病变为小肠肿胀，浆膜面呈奶酪样色泽，空肠、回肠呈弥漫性出血和充血。犬、猫球虫病病理变化主要表现在小肠，整个小肠可发生出血性肠炎，但多见于回肠段，特别是回肠下段最为严重，肠黏膜肥厚，黏膜上皮剥蚀。

五、诊断

根据流行病学资料、临床诊断和病理变化可作出初步诊断，确诊需实验室诊断。

按照《动物球虫病诊断技术》(GB/T 18647) 进行实验室检验，用饱和盐水漂浮法检查粪便中的卵囊；或将肠黏膜刮取物（兔球虫病的诊断还需刮取肝脏病灶）制成涂片，镜检球虫卵囊、裂殖体或裂殖子等。

由于成年畜禽带虫现象比较普遍，所以仅在粪便和肠壁等刮取物中检获卵囊，不足以作为鸡球虫病的诊断依据。正确的诊断，必须根据实验室检查、临床症状、流行病学调查和剖检病变等多方面因素加以综合判定。

六、防治措施

（一）预防

1. 搞好环境卫生，消灭传染源

（1）球虫病主要是通过粪便污染场地、饲料、饮水和用具等而传播，因此搞好鸡群的环境卫生是防控球虫病的中心环节。

（2）育雏室及青年舍在使用前要彻底消毒，地面、墙壁、房顶、饲养管理用具等用热碱水消毒，有运动场者，要铲老土换新土。

（3）如用垫料，必须干净，用前应充分晒干。

（4）饲养管理人员出入圈舍应严格消毒，更换鞋子和工作服。

（5）要及时更换洁净的饮水。

（6）消灭场内的鼠类、蝇类和其他昆虫。

（7）对已发病的场，除进行药物治疗外，还要定期消毒。污染的垫草要集中烧毁，饲养用具用5％的漂白粉或20％生石灰水消毒，粪便宜堆集进行生物热处理。死尸要烧掉或深埋。

2. 搞好隔离工作，切断传染源

孵化室、育雏室、成年舍都要分开，饲养管理人员要固定，互不来往，用具不混用。发现病畜禽及时诊断，立即隔离，轻者治疗，重者淘汰，并对整个圈舍进行消毒。

3. 加强饲养管理，提高机体抗病力

合理搭配日粮，保障正常营养需要。饲养密度要适宜，分群合理，保持环境条件稳定等以提高机体抗病力。

4. 药物预防

预防用的抗球虫药有数十种，如氨丙啉、莫能菌素、盐霉素、磺胺六甲氧嘧啶、杀球灵等，各种抗球虫药连续使用一定时间后，都会产生不同程度的抗药性，故用药时要注意穿梭用药和轮换用药。

5. 疫苗免疫

针对鸡球虫病已研制出了数种疫苗，在生产中达到了较好的预防效果，主要分为两类：活毒虫苗和早熟弱毒虫苗。

（二）治疗

治疗球虫病的时间越早越好，因为球虫的危害主要是在裂殖生殖阶段，若不晚于感染后96小时，则可降低雏畜禽的死亡率。然而在实际操作中，药物选择时往往比较盲目，加之球虫发病时，不易判断球虫繁殖处于哪个阶段，因此在选择药物时要选择抗球虫谱比较广，作用繁殖周期比较广的药物，也就是要联合用药。

1. 连续用药法

此法用于短期饲养的肉用仔鸡，从7天至上市前0～5天连续用药，以完全抑制球虫卵囊的形成，缺点是用药多，成本高。

2. 轮换法

每2～3个月更换一种球虫药，抗药性产生较慢，抗球虫药使用寿命长。

3. 穿梭法

常常是将化学药物和离子载体类药物穿梭应用。一般幼雏用化学合成药，后期用聚醚类药。

第六节　弓形虫病

弓形虫病又称弓形体病，是由龚地弓形虫寄生于多种动物的细胞内引起的一种人畜共患原虫病。该病为全身性疾病，主要特征为患病动物出现高热、呼吸困难及出现神经系统症状，甚至死亡，妊娠动物流产、产死胎、胎儿畸形。呈世界性分布，传染性强，发病率和病死率较高，人群普遍易感，但多为隐性感染。我国将本病列为二类动物疫病。

一、病原

龚地弓形虫属真球虫目弓形虫科弓形虫属，目前只有一个种，但有不同的虫株。

虫体寄生于全身有核细胞内。弓形虫传播过程中猫为终末宿主。猫吞食了弓形虫包囊，子孢子侵入小肠上皮细胞，进行球虫样发育和繁殖，首先通过裂殖增殖产生大量的裂殖子，到一定阶段，部分裂殖子转化为雌、雄配子体，雌、雄配子进行配子生殖，最后形成卵囊。随着卵囊的增大，肠上皮细胞破裂，卵囊落入肠腔，随猫的粪便排出体外，在外界成为孢子化卵囊即感染性卵囊，通过污染饲料和饮水等被人、畜禽等中间宿主吞食后，子孢子在肠内逸出并侵入肠壁血管或淋巴管，扩散至全身有核细胞繁殖，由滋养体形成众多的速殖子，簇集成团，形成假包囊。速殖子（即假包囊中的滋养体）繁殖数代后转入脑和肌肉等组织寄生发育为缓殖子，并形成包囊。

不同发育期弓形虫的抵抗力不同。滋养体对高温和消毒剂较敏感，但对低温有一定抵抗力，在-8～-2℃可存活56天。包囊的抵抗力较强，在冰冻状态下可存活35天，4℃存活68天，胃液内存活3小时。但包囊不耐干燥和高温，56℃加热10～15分钟即可被杀死。卵囊对外界环境、酸、碱和常用消毒剂的抵抗力很强，在室温下可存活3个月。但对热的抵抗力较弱，80℃加热1分钟即可丧失活力。

二、流行病学

弓形虫是一种多宿主原虫，对中间宿主的选择不严，有200多种动物可以感染弓形虫，包括猫、猪、牛、羊、马、犬、兔、骆驼、鸡等畜禽和猩猩、狼、狐狸、野猪、熊等野生动物。人群普遍易感，胎儿和婴儿易感性比成人高，免疫功能缺陷或免疫受损患者比正常人更易感。实验动物以小鼠、仓鼠最为敏感。终末宿主为猫科的家猫、野猫、美洲豹、亚洲豹等，其中家猫在本病的传播上起重要作用。

病畜和带虫动物是传染源。其脏器、肉、血液、乳汁、粪、尿及其他分泌物、排泄物、流产胎儿体内、胎盘及其他流产物中都含有大量的滋养体、速殖子、缓殖子；尤其是随猫粪排出的卵囊污染的饲料、饮水和土壤，都可作为传染来源。

弓形虫主要经消化道传染，也可通过黏膜和受损的皮肤而感染，还可通过胎盘垂直感染。经口吃入被卵囊或带虫动物肉、内脏、分泌物等污染的饲料和饮水是猪的主要感染途径。滋养体和速殖子可通过受损的皮肤、呼吸道、消化道黏膜及眼、鼻等途径侵入猪体内造成感染；也可经胎盘感染胎儿；虫体污染的采血、注射器械、手术器械及其他用具可机械性传播；多种昆虫如食粪甲虫、蟑螂、污蝇等和蚯蚓也可机械性传播卵囊。人主要是因吃入含虫肉、乳及污染蔬菜的卵囊或玩猫时吃入卵囊而感染。

弓形虫属兼性二宿主寄生虫，在无终末宿主参与情况下，可在猪、人等中间宿主之间循环；在无中间宿主存在时，可在猫等终末宿主之间传播。

弓形虫病的发生和流行无严格的季节性，但在5～10月的温暖季节发病较多。各品种、年龄和性别的动物均可感染和发病，猪以3～5月龄发病最严重。猪的流行形式有暴发型、急性型、零星散发、隐性感染。本病20世纪60～70年代在我国发生和流行时，多以暴发型和急性型为主，给养猪业造成了极大的损失；近年来虽仍有零星散发或局部小范围暴发，但以隐性感染为主要流行形式。

三、临床症状

1. 猪弓形虫病

虽然弓形虫的宿主范围广泛，但以对猪的致病力最强，危害最严重，其临床症状依感染猪的年龄、弓形虫的毒力、感染数量及感染途径等不同而异。

急性病例，潜伏期一般 3～7 天，呈现和猪瘟极相似的症状。高热稽留，精神沉郁，食欲减退或废绝，但常饮水。粪干，以后拉稀。鼻镜干燥，被毛逆立，结膜潮红，眼分泌物增多，呈黏液性或脓性；呼吸困难、咳嗽、气喘；体表淋巴结肿大，尤以腹股沟淋巴结肿大最明显。后期，病猪耳、鼻、四肢内侧和下腹部皮肤出现紫红色斑块或间有出血点，有的病猪出现癫痫样痉挛等神经症状，最后昏迷或因窒息而死。病程数天至半月。急性病例耐过的猪一般于 2 周后恢复，但常遗留咳嗽、呼吸困难及后躯麻痹、癫痫样痉挛等神经症状，生长发育缓慢。怀孕母猪发生流产、死胎、胎儿畸形，即使产出活仔也会发生急性死亡或发育不全、不会吃奶或畸形。母猪常在分娩后迅速自愈。

亚急性病例，潜伏期 10～14 天或更长，症状似急性病例但较轻，病程亦缓慢。

慢性病例、隐性感染及愈后的带虫猪，一般无可见临床症状，此类情况尤其在老疫区较多。

2. 羊弓形虫病

成年羊多呈隐性感染，妊娠羊发生流产，其他症状不明显。流产常发生于正常分娩前 4～6 周。少数病羊可出现神经系统和呼吸系统的症状。病羊呼吸促迫，明显腹式呼吸，流泪，流涎，走路摇摆，运动失调，视力障碍，心跳加快。体温在 41 ℃以上，呈稽留热。青年羊全身颤抖，腹泻，粪恶臭。

3. 牛弓形虫病

牛弓形虫病较少见。犊牛有呼吸困难、咳嗽、发热、头震颤、精神沉郁和虚弱等症状，常于 2～6 天内死亡。青年牛和使役牛发病剧烈，病死率高。表现为高热稽留，淋巴结肿大，视网膜炎，结膜苍白或黄染，呼吸频数，共济失调，皮肤溃疡，衰竭等。在高热病牛的末梢血液中可查见弓形虫速殖子。

4. 犬弓形虫病

症状类似犬瘟热，幼犬表现有发热、精神萎靡、厌食、咳嗽、呼吸困难，重者便血、麻痹。孕犬流产或早产。

四、剖检病变

在病的后期，病猪体表尤其是耳、四肢、下腹部和尾部有紫红色斑点。全身各脏器有出血斑点，全身淋巴结肿大，有大小不等的出血点和灰白色坏死灶，尤以肺门淋巴结、腹股沟淋巴结和肠系膜淋巴结最为显著。肺高度水肿，呈暗红色，小叶间质增宽，其内充满半透明胶冻样渗出物，气管和支气管内有大量黏液性泡沫，有的并发肺炎。肝脏呈灰红色，散在有灰白或黄色小点状坏死灶。脾脏早期肿大呈现棕红色，有少量出血点及灰白色小坏死灶，后期萎缩。肾脏呈现黄褐色，常见有针尖大出血点和坏死灶。肠黏膜肥厚、糜烂，有出血斑点。

五、诊断

根据流行特点、临床症状和病理变化及磺胺类药的良好疗效而抗生素类药无效等可作出初步诊断，确诊需检查病原。

1. 病原检查

取急性感染期病人或动物的组织液或血液离心，用沉淀物涂片，或取病畜、病尸的肺、肝、脾、淋巴结做成涂片或压片，用吉姆萨氏或瑞氏染色法染色后置显微镜油镜下观察弓形虫滋养体等。组织切片经免疫酶或荧光染色后，观察特异性反应也可用于弓形虫检查。此外，可通过动物接种或通过细胞培养检查滋养体。

滋养体：又称速殖子，呈弓形、月牙形或香蕉形，一端偏尖，一端偏钝圆，平均大小为（4～7）微米×（2～4）微米。经吉姆萨或瑞氏染色后，细胞质呈浅蓝色，有颗粒。核呈深紫色，位于钝圆的一端。速殖子主要出现于急性病例的腹水中，常可见到游离的（细胞外的）单个虫体。在有核细胞（单核细胞、内皮细胞、淋巴细胞等）内可见到正在进行双芽增殖的虫体。有时在宿主细胞的细胞质里，许多滋养体簇集在一个囊内形成"假囊"。

包囊：或称组织囊，见于慢性病例的脑、骨骼肌、心肌和视网膜等处。包囊呈卵圆形，有较厚的囊膜，囊中的虫体称为慢殖子，数目可由数十个至数千个。包囊的直径为50～60微米，可在患者体内长期存在，并随虫体的繁殖而逐渐增大，可大至100微米。包囊在某些情况下可破裂，虫体从包囊中逸出后进入新的细胞内繁殖，再度形成新的包囊。

裂殖体：成熟的裂殖体呈圆形，直径为12～15微米，内有4～20个裂殖子。

裂殖子：游离的裂殖子大小为（7～10）微米×（2.5～3.5）微米，前端尖，后端钝圆，核呈卵圆形，常位于后端。

卵囊：见于猫科动物。卵囊呈椭圆形，大小为（11～14）微米×（7～11）微米。孢子化后每个卵囊内有2个孢子囊，大小为3～7微米，每个孢子囊内有4个子孢子。子孢子一端尖，一端钝，其胞浆内含暗蓝色的核，靠近钝端。

2. 免疫学方法

用于弓形虫病诊断的免疫学方法有间接血凝试验（IHA）、间接免疫荧光抗体试验（IFA）、酶联免疫吸附试验（ELISA）、免疫酶染色试验（LEST）、染色试验（DT）、补体结合试验等。

3. 分子生物学方法

目前，国内外已将聚合酶链反应（PCR）、DNA探针技术用于弓形虫病的检测，灵敏度高。

六、防治措施

1. 预防

猪场、猪舍应保持清洁，定期消毒，猪场内禁止养猫，防止猫进猪舍和猫粪污染猪舍、饲料和饮水，避免饲养人员与猫接触；尽一切可能灭鼠，不用未煮熟的碎肉或洗肉水喂猪；流产的胎儿排出物以及死于本病的尸体等应按规定程序进行处理，防止污染环境；本病易发季节或发生过该病的猪场，可饲喂添加磺胺嘧啶、磺胺-6-甲氧嘧啶、磺胺甲氧吡嗪或乙胺嘧啶等的饲料预防，连喂 7 天。

2. 治疗

绝大多数抗生素对弓形虫病无效，仅螺旋霉素有一定效果。磺胺类药物和抗菌增效剂（甲氧苄啶）联合使用效果最好，单独使用磺胺类药物也有很好的效果，但所有药物均不能杀死包囊内的慢殖子。使用磺胺类药物时，首次剂量必须加倍。一般应连续用药3～4 天。

七、公共卫生学

大多数人为隐性感染，仅少数患者表现严重症状。临床上分为先天性和获得性两大类。

先天性弓形虫病发生于感染弓形虫的怀孕妇女，虫体经胎盘感染胎儿。母体很少出现临床症状。妊娠头 3 个月胎儿受感染时，可发生流产、死产或生出有严重先天性缺陷或畸形的婴儿，而且往往死亡。轻度感染的婴儿主要表现为视力减弱，重症者可呈现四联症的全部症状，包括视网膜炎、脑积水、痉挛和脑钙化灶等变化，其中以脑积水最为常见。

获得性弓形虫病可表现为长时间低热，疲倦，肌肉不适。部分患者有暂时性脾肿大，偶尔可出现咽喉肿痛、头痛、皮肤斑疹或丘疹，很少出现脉络膜视网膜炎。最常见的为淋巴结硬肿，受害最多的为颈深淋巴结，疼痛不明显，于感染后数周或数月内自行恢复。根据临床表现常分为急性淋巴结炎型、急性脑膜炎型和肺炎型。

为了避免人体感染，在接触牲畜、肉类、病畜尸体后，应注意消毒，肉类或肉制品应充分煮熟或冷冻处理（－10 ℃ 15 天，－15 ℃ 3 天）后方可出售。儿童与孕妇不要与猫、犬接触。

第七节　破　伤　风

破伤风是破伤风梭菌经由皮肤或黏膜伤口侵入人体，在缺氧环境下生长繁殖，产生毒素而引起肌痉挛的一种特异性感染。破伤风毒素主要侵袭神经系统中的运动神经元，因此本病以牙关紧闭、阵发性痉挛、强直性痉挛的为临床特征，主要波及的肌群包括咬肌、背棘肌、腹肌、四肢肌等。破伤风潜伏期通常为 7～8 天，可短至 24 小时或长达数月、数年。潜伏期越短者，预后越差。约 90％的患者在受伤后 2 周内发病，偶见患者在摘除体内存留多年的异物后出现破伤风症状。人群普遍易感，且各种类型和大小的创伤都可能被含有破伤风梭菌的土壤或污泥污染，但只有少数患者会发病。在户外活动多的温暖季节，受伤患病者更为常见。患病后无持久免疫力，故可再次感染。

一、病原

破伤风是常和创伤相关联的一种特异性感染。各种类型和大小的创伤都可能受到污染，特别是开放性骨折、含铁锈的伤口、伤口小而深的刺伤、盲管外伤、火器伤，更易受到破伤风梭菌的污染。小儿患者以手脚刺伤多见。若以泥土、香灰、柴灰等土法敷伤口，更易致病。

破伤风梭菌菌体细长，长4～8微米，宽0.3～0.5微米，周身鞭毛、芽孢呈圆形，位于菌体顶端，直径比菌体宽大，似鼓槌状，是本菌形态上的特征。繁殖体为革兰氏阳性，带芽孢的菌体易转为革兰氏阴性。破伤风梭菌为专性厌氧菌，最适生长温度为37℃pH 7.0～7.5，营养要求不高，在普通琼脂平板上培养24～48小时后，可形成直径1毫米以上不规则的菌落，中心紧密，周边疏松，似羽毛状菌落，易在培养基表面迁徙扩散。在血液琼脂平板上有明显溶血环，在疱肉培养基中培养，肉汤混浊，肉渣部分被消化，微变黑，产生气体，生成甲基硫醇（有腐败臭味）及硫化氢。一般不发酵糖类，能液化明胶，产生硫化氢，形成吲哚，不能还原硝酸盐为亚硝酸盐。对蛋白质有微弱消化作用。本菌繁殖体抵抗力与其他细菌相似，但芽孢抵抗力强大。在土壤中可存活数十年，能耐煮沸40～50分钟。对青霉素敏感，磺胺类有抑菌作用。

破伤风梭菌芽孢广泛分布于自然界中可由伤口侵入人体，发芽繁殖而致病，但破伤风梭菌是厌氧菌，在一般伤口中不能生长，伤口的厌氧环境是破伤风梭菌感染的重要条件。窄而深的伤口（如刺伤），有泥土或异物污染，或大面积创伤、烧伤、坏死组织多，局部组织缺血或同时有需氧菌或兼性厌氧菌混合感染，均易造成厌氧环境，局部氧化还原电势降低。有利于破伤风杆菌生长。破伤风梭菌能产生强烈的外毒素，即破伤风痉挛毒素或称神经毒素。破伤风痉挛毒素是一种神经毒素，为蛋白质，由十余种氨基酸组成，不耐热，可被肠道蛋白酶破坏，故口服毒素不起作用。破伤风毒素的毒性非常强烈，仅次于肉毒毒素。破伤风梭菌没有侵袭力，只在污染的局部组织中生长繁殖，一般不入血流。当局部产生破伤风痉挛毒素后，引起全身横纹肌痉挛。毒素在局部产生后，通过运动终板吸收，沿神经纤维间隙至脊髓前角神经细胞，上达脑干，也可经淋巴吸收，通过血流到达中枢神经。毒素封闭了脊髓抑制性突触末端，阻止释放抑制冲动的传递介质甘氨酸和γ氨基丁酸，从而破坏上、下神经元之间的正常抑制性冲动的传递，导致超反射反应（兴奋性异常增高）和横纹肌痉挛。破伤风多见于战伤。平时除创伤感染外，分娩时断脐不洁，手术器械灭菌不严，均可引起发病。新生儿破伤风（俗称脐风）尤为常见。破伤风潜伏期不定，短的1～2天，长的达2个月，平均7～14天。潜伏期越短，病死率越高。发病早期有发热、头痛、不适、肌肉酸痛等前驱症状，局部肌肉抽搐，出现张口困难，咀嚼肌痉挛，患者牙关紧闭，呈苦笑面容。继而颈部、躯干和四肢肌肉发生强直收缩，身体呈角弓反张，面部紫绀、呼吸困难，最后可因窒息而死。病死率约50%，新生儿和老年人尤高。

二、流行病学

1. 易感动物

单蹄兽最易感，其次是猪，牛、羊和犬发病较少见。幼龄动物较老龄动物更为易感。人的易感性也很高。

2. 传染源

破伤风梭菌广泛存在于人、畜粪便和土壤中，极易通过灰尘或直接污染各类伤口而引起感染发病。

3. 传播途径

主要是由于创伤引起，特别是开放性骨折、深刺伤、深切割伤、挤压伤、动物咬伤、产道感染、钉伤、断脐、去势、鞍伤、戴鼻环及大手术等；偶有因注射或手术时消毒不严，或在较差的环境条件下进行拔牙、穿耳等小手术而感染发病的病例。受伤后通常先有化脓感染，特别是伤口较深，不易彻底清创引流或有异物残留的伤口，受伤处很脏，又未能及时处理，极易感染破伤风。

三、临床症状

感染破伤风梭菌至发病，有一个潜伏期，破伤风潜伏期长短与伤口所在部位、感染情况和机体免疫状态有关，一般1～2周，最短1天（幼马、幼驹），马属1周左右，猪1～2周，牛1～4周，最长可达数月。潜伏期越短者，预后越差。

1. 前驱症状

起病较缓者，发病前可有全身乏力、头晕、头痛、咀嚼无力、局部肌肉发紧、扯痛、反射亢进等症状。

2. 典型症状

主要为运动神经系统脱抑制的表现，包括肌强直和肌痉挛。通常最先受影响的肌群是咀嚼肌，随后顺序为面部表情肌，颈、背、腹、四肢肌，最后为膈肌。肌强直的征象为张口困难和牙关紧闭，腹肌坚如板状，颈部强直、头后仰，当背、腹肌同时收缩，因背部肌群较为有力，躯干因而扭曲成弓，形成角弓反张或侧弓反张。阵发性肌痉挛是在肌强直基础上发生的，且在痉挛间期肌强直持续存在。相应的征象为蹙眉、口角下缩、咧嘴"苦笑"（面肌痉挛）；喉头阻塞、吞咽困难、呛咳（咽肌痉挛）；通气困难、发绀、呼吸骤停（呼吸肌和膈肌痉挛）；尿潴留（膀胱括约肌痉挛）。强烈的肌痉挛，可使肌断裂，甚至发生骨折。患者死亡原因多为窒息、心力衰竭或肺部并发症。

上述发作可因轻微的刺激，如光、声、接触、饮水等而诱发，也可自发。轻型者每日肌痉挛发作不超过3次；重型者发作频繁，可数分钟发作一次，甚至呈持续状态。每次发作时间由数秒至数分钟不等。

病程一般为3～4周，如积极治疗、不发生特殊并发症者，发作的程度可逐步减轻，缓解期平均约1周。但肌紧张与反射亢进可持续一段时间；恢复期还可出现一些精神症状，如幻觉、言语、行动错乱等，但多能自行恢复。

3. 自主神经症状

为毒素影响交感神经所致，表现为血压波动明显、心率增快伴心律不齐、周围血管收缩、大汗等。

4. 特殊类型

（1）局限性破伤风：表现为创伤部位或面部咬肌的强直与痉挛。

（2）头面部破伤风：头部外伤所致，面、动眼及舌下神经瘫患者为瘫痪型，而非瘫痪型则出现牙关紧闭、面肌及咽肌痉挛。

四、诊断

破伤风症状比较典型，其诊断主要依据临床表现和有无外伤史。重点在于早期诊断，因此凡有外伤史，不论伤口大小、深浅，如果伤后出现肌紧张、扯痛、张口困难、颈部发硬、反射亢进等，均应考虑此病的可能性。

1. 病原分离鉴定

用棉拭子自创伤深处取脓汁、坏死组织涂片镜检或厌氧培养分离鉴定。

2. 鉴别诊断

（1）急性肌肉风湿症：无创伤史，体温稍高，应激性不高，局部肌肉肿胀、疼痛，水杨酸制剂可治疗。

（2）脑炎：无创伤史，各种反射机能减退或消失，视力障碍，昏迷不醒并有麻痹症状。

五、预防措施

目前对破伤风的认识是防重于治。破伤风是可以预防的，措施包括注射破伤风类毒素主动免疫，正确处理伤口，以及在伤后采用被动免疫预防发病。

1. 主动免疫

注射破伤风类毒素作为抗原，使人体产生抗体以达到免疫目的。采用类毒素基础免疫通常需注射 3 次。首次在皮下注射 0.5 毫升，间隔 4～8 周再注射 0.5 毫升，第二针后 6～12 个月再注射 0.5 毫升，此 3 次注射称为基础注射，可获得较为稳定的免疫力。以后每隔 5～7 年皮下注射类毒素 0.5 毫升，作为强化注射，可保持足够的免疫力。免疫力在首次注射后 10 日内产生，30 日后能达到有效保护的抗体浓度。有基础免疫力的伤员，伤后不需注射破伤风抗毒素，只要皮下注射类毒素 0.5 毫升即可获得足够免疫力。

2. 被动免疫

该方法适用于未接受或未完成全程主动免疫注射，而伤口污染、清创不当以及严重的开放性损伤患者。破伤风抗毒血清（TAT）是最常用的被动免疫制剂，但有抗原性，可致敏。常用剂量是 1 500 单位（肌内注射），伤口污染重或受伤超过 12 小时者剂量加倍，有效作用维持 10 日左右。注射前应做过敏试验。TAT 皮内试验过敏者可采用脱敏法注射。

第八节　炭　疽

炭疽是由炭疽芽孢杆菌所致的一种人畜共患的急性传染病。炭疽主要为食草动物（牛、羊、马等）的传染病。人接触患炭疽的动物后，可因受染而患病。临床上炭疽的种类有皮肤炭疽、肺炭疽、肠炭疽，主要表现为皮肤坏死、溃疡、焦痂和周围组织广泛水肿及毒血症症状，皮下及浆膜下结缔组织出血性浸润；血液凝固不良，呈煤焦油样，偶可引致肺、肠和脑膜的急性感染，并可伴发败血症。可以继发炭疽芽孢杆菌菌血症及炭疽芽孢杆菌脑膜炎，病死率较高。自然条件下，食草兽最易感，人类中等敏感，主要发生于与动物及畜产品加工接触较多及误食病畜肉的人员。

由于经济的发展和卫生条件的改善，自然发生的炭疽病例已有明显降低；而将炭疽杆菌制成生物武器，用于恐怖活动却时有发生。

一、病原

炭疽芽孢杆菌是病原菌中最大的杆菌之一，大小为（3～5）微米×（1～1.2）微米，革兰氏染色阳性，无鞭毛，无动力，有荚膜，能形成芽孢。镜检两端平切，在动物和人体标本中，常呈单个或短链排列，在人工培养基中常形成竹节状长链，有的链长达数百个菌体，菌体相连处有胞间连丝。

炭疽芽孢杆菌在机体内或含血清或碳酸氢钠特殊培养基中可形成荚膜。荚膜抗腐败能力大于菌体，因此在腐尸检片中可见到称为菌影的无内容物的荚膜。荚膜是由质粒 DNA 编码，无毒菌株不产生荚膜。

荚膜成分为 D-多聚谷氨酸，由荚膜质粒控制，与炭疽杆菌致病力有关，在体内能抑制白细胞的吞噬和消化，在体外能阻断菌体胞壁上的噬菌体受体，有助于病菌在体内繁殖扩散和建立感染。

炭疽芽孢杆菌是需氧芽孢杆菌属中最重要的致病菌，在有氧、温度适宜（25～30 ℃）的外界环境或人工培养基上，易形成芽孢。芽孢位于菌体中央，呈椭圆形，孢子囊不膨大。芽孢又称内生孢子，带有完整的核质、酶系统，合成菌体的机构，保存细菌的全部生命活性。

在适宜的条件下，芽孢通过激活、发芽、生长三个阶段又可成为新的繁殖体，继续分裂、增殖、活跃生长，所以芽孢是处于休眠状态的细菌，广泛存在于空气、尘埃、地表、水源、土壤和腐烂物体中。每种细菌的芽孢形态、大小和在菌体中所处部位相当稳定，这在细菌鉴别上重要意义。

芽孢具有多层厚膜结构，其中芽孢壳由一种类似角蛋白的疏水蛋白组成，非常致密、不具渗透性，对外界抵抗力强，能抵抗表面活性剂、化学药物的渗透和常用物理灭菌法。

炭疽芽孢污染点难以彻底消除，往往成为顽固疫点，是炭疽的自然疫源地，也是炭疽在畜间、人间暴发流行的源头。芽孢是炭疽芽孢杆菌在自然条件下存在的主要形式；在宿主体内和完整尸体内，炭疽芽孢杆菌保持繁殖体形态，不形成芽孢。所以，炭疽病死尸体严禁解剖、屠宰、剥皮，以防止炭疽芽孢污染环境。

由于炭疽芽孢可大量制备、长期存放，并适宜于气溶胶施放，其在军事医学上有特殊意义。人吸入极微量的炭疽芽孢即可造成致死性感染。

二、流行病学

1. 易感动物

自然条件下，草食兽最易感，常表现为急性败血症。以绵羊、山羊、马、牛易感性最强，骆驼、水牛及野生草食兽次之；猪的感受性较低，多表现为慢性的咽部局限感染；犬、猫、狐狸等肉食动物很少见，多表现为肠炭疽；家禽一般不感染。许多野生动物也可感染发病，实验动物中以豚鼠、小鼠、家兔较敏感，大鼠易感性较差。人对炭疽的易感性介于草食动物和猪之间，主要发生于那些与动物及其产品接触机会较多的人员。

2. 传染源

患病的牛、马、羊、骆驼等食草动物是人类炭疽的主要传染源。猪可因吞食染菌青饲料；狗、狼等食肉动物可因吞食病畜肉类而感染得病，成为次要传染源。炭疽患者的分泌物和排泄物也具传染性。

3. 传播途径

人感染炭疽芽孢杆菌主要通过工业和农业两种方式。接触感染是本病流行的主要途径。皮肤直接接触病畜及其皮毛最易受染，吸入带大量炭疽芽孢的尘埃、气溶胶或进食染菌肉类，可分别发生肺炭疽或肠炭疽。应用未消毒的毛刷，或被带菌的昆虫叮咬，偶也可致病。

4. 流行特征

本病多呈散发。感染多发生于牧民、农民、兽医、屠宰及皮毛加工工人等特定职业人群。在发展中国家，一般未进行预防接种，对家畜管理很差的情况下，终年都有一定数量的散发病例。而在发达国家偶然发生的病例，则多为受畜产品上的芽孢感染所致。

本病的发生和致死与荚膜和炭疽毒素有直接关联。菌体入侵体内生长繁殖后，形成荚膜，从而增强细菌抗吞噬能力，使之易于扩散，引起感染乃至败血症。炭疽毒素是外毒素蛋白复合物，由水肿因子（EF）、保护性抗原（PA）和致死因子（LF）三种成分构成，其中任何单一因素无毒性作用，这三种成分必须协同作用才对动物致病，且 EF、LF 可与 PA 发生竞争性结合。它们的整体作用是损伤及杀死吞噬细胞，抑制补体活性；激活凝血酶原，致使发生弥散性血管内凝血，并损伤毛细血管内皮细胞，增强微血管的通透性，改变血液循环动力学；损害肾脏功能干扰糖代谢；血液呈高凝状态，易形成感染性休克和弥漫性血管内凝集，最后导致动物死亡。用特异性抗血清可以中和这种作用。

三、临床症状

潜伏期 1～5 日，最短仅 12 小时，最长 12 日。临床上可分以下 5 种类型。

1. 皮肤炭疽

最为多见，可分炭疽痈和恶性水肿两型。炭疽多见于面、颈、肩、手和脚等裸露部位皮肤，初为丘疹或斑疹，第 2 日顶部出现水疱，内含淡黄色液体，周围组织硬而肿，第 3～4 日中心区呈现出血性坏死，稍下陷，周围有成群小水疱，水肿区继续扩大。第 5～7 日水疱坏死破裂成浅小溃疡，血样分泌物结成黑色似炭块的干痂，痂下有肉芽组织形成炭疽痈。周围组织有非凹陷性水肿。黑痂坏死区的直径为 1～6 厘米，水肿区直径可达 5～20 厘米，坚实、疼痛不著、溃疡不化脓等为其特点。继之水肿渐退，黑痂在 1～2 周内脱落，再过 1～2 周愈合成疤。发病 1～2 日后出现发热、头痛、局部淋巴结肿大及脾肿大等。

少数病例局部无黑痂形成而呈现大块状水肿，累及部位大多为组织疏松的眼睑、颈、大腿等，患处肿胀透明而坚韧，扩展迅速，可致大片坏死。全身毒血症明显，病情危重，若治疗贻误，可因循环衰竭而死亡。如病原菌进入血液，可引起败血症，并继发肺炎及脑膜炎。

2. 肺炭疽

大多为原发性，由吸入炭疽杆菌芽孢所致，也可继发于皮肤炭疽。起病多急骤，但一般先有 2～4 日的感冒样症状，且在缓解后再突然起病，呈双相型。临床表现为寒战、高热、气急、呼吸困难、喘鸣、发绀、血样痰、胸痛等，有时在颈、胸部出现皮下水肿。肺部仅闻及散在的细湿啰音，或有脑膜炎体征，体征与病情严重程度常不成比例。患者病情大多危重，常并发败血症和感染性休克，偶也可继发脑膜炎。若不及时诊断与抢救，则常在急性症状出现后 24～48 小时因呼吸、循环衰竭而死亡。

3. 肠炭疽

可表现为急性胃肠炎型和急腹症型。前者潜伏期 12～18 小时，同食者可同时或相继出现严重呕吐、腹痛、水样腹泻，多于数日内迅速康复。后者起病急骤，有严重毒血症症状、持续性呕吐、腹泻、血水样便、腹胀、腹痛等，腹部有压痛或呈腹膜炎征象，若不及时治疗，常并发败血症和感染性休克而于起病后 3～4 日内死亡。

4. 脑膜型炭疽

大多继发于伴有败血症的各型炭疽，原发性偶见。临床症状有剧烈头痛、呕吐、抽搐，明显脑膜刺激征。病情凶险，发展特别迅速，患者可于起病 2～4 日内死亡。脑脊液大多呈血性。

5. 败血型炭疽

多继发于肺炭疽或肠炭疽，由皮肤炭疽引起者较少。可伴高热、头痛、出血、呕吐、毒血症、感染性休克、DIC（弥散性血管内凝血）等。

四、病理变化

凡炭疽病例或疑似炭疽病例禁止剖检，以防炭疽芽孢污染环境，而造成持久疫源地。

急性炭疽为败血症病变，尸僵不全，尸体极易腐败，天然孔流出带泡沫的黑红色血液，黏膜发绀。剖检时，血凝不良，黏稠如煤焦油样；全身多发性出血，皮下、肌间、浆膜下结缔组织水肿；脾脏变性、瘀血、出血、水肿，肿大 2～5 倍，脾髓呈暗红色，煤焦油样、粥样软化。

局部炭疽死亡的猪，咽部、肠系膜以及其他淋巴结常见出血、肿胀、坏死，邻近组织呈出血性胶冻样浸润，扁桃体肿胀、出血、坏死，并有黄色痂皮覆盖。局部慢性炭疽，肉检时可见限于几个肠系膜淋巴结的变化。

五、诊断方法

随动物种类不同，本病的经过和表现多样，最急性病例往往缺乏临床症状，对疑似病死畜又禁止解剖，因此最后诊断一般要依靠微生物学及血清学方法。

在国际贸易中，尚无指定和替代诊断方法。

病料采集：动物如怀疑感染炭疽，不可进行尸体剖检，尤其不能在田间解剖病死动物，此时可采集动物血液送检。

1. 病原检查

新鲜病料可直接触片镜检或培养增菌后进行细菌学检查，或进行噬菌体敏感性试验、串珠试验；陈旧腐败病料、处理过的材料、环境（土壤）样品可先采用选择性培养基，以解决样品污染问题，或进行环状沉淀试验（Ascoli 试验）、免疫荧光试验。

2. 血清学检查

血清学检查对炭疽诊断通常无太大意义，但为了评价疫苗的免疫效果，可做琼脂扩散试验、补体结合试验、酶联免疫试验。

3. 动物接种

用培养物或病料制成 1∶5 乳悬液，皮下注射小鼠（0.1 毫升）或豚鼠、家兔（0.2～0.3毫升）。动物通常注射后 24～36 小时（小鼠）或 2～4 天（豚鼠、家兔）死于败血症，其血液或脾脏中可检出有荚膜、竹节状的大杆菌。

六、防控措施

1. 预防措施

在疫区或 2～3 年内发生过的地区，每年春季或秋季对易感动物进行一次预防注射，常用的疫苗是无毒炭疽芽孢苗，接种 14 天后产生免疫力，免疫期为一年。另外，要加强检疫和大力宣传有关本病的危害性及防控办法，特别是告诫广大群众不可食用死于本病动物的产品。

2. 控制扑灭措施

发生本病时，应尽快上报疫情，划定疫点、疫区，采取隔离封锁等措施。禁止动物、动物产品和草料出入疫区，禁止食用患病动物乳、肉等产品，并妥善处理患病动物及其尸体，其处理方法如下：对死亡家畜应在天然孔等处，用浸泡过消毒液的棉花或纱布堵塞，连同粪便、垫草一起焚烧，尸体可就地深埋，病死畜躺过的地面应除去表土 15～20 厘米并与 20％漂白粉混合后深埋，畜舍及用具、场地均应彻底消毒；对病畜要采取严格防护措施的条件下进行扑杀并无害化处理；对受威胁区及假定健康动物作紧急预防接种，逐日观察至 2 周。

可疑动物可用药物防治，选用的药物有青霉素、土霉素、链霉素及磺胺类药等。牛、山羊、绵羊发病后因病程短促往往来不及治疗，常在发病前进行预防性给药，除去病畜后，全群用药 3 天有一定效果。

全场进行彻底消毒，污染的地面连同 15～20 厘米厚的表层土一起取下，加入 20％漂白粉溶液混合后深埋。污染的饲料、垫草、粪便焚烧处理。动物圈舍的地面和墙壁可用 20％漂白粉或 10％氢氧化钠溶液喷洒 3 次，每次间隔 1 小时，然后认真冲洗，干燥后火焰消毒。

在最后一头动物死亡或痊愈 14 天后，若无新病例出现时报请有关部门批准，并经终末消毒后可解除封锁。

主 要 参 考 文 献

陈溥言，2015. 动物传染病学 [M].5 版 . 北京：中国农业出版社 .

陈文贤，2014. 兽医实用消毒技术 [M]. 成都：西南交通大学出版社 .

陈杖榴，2009. 兽医药理学 [M].3 版 . 北京：中国农业出版社 .

崔治中，2015. 兽医免疫学 [M].2 版 . 北京：中国农业出版社 .

黄律，2019. 非洲猪瘟知识手册 [M]. 北京：中国农业出版社 .

陆承平，2013. 兽医微生物学 [M].5 版 . 北京：中国农业出版社 .

马超锋，2018. 兽医诊疗指南 [M]. 北京：中国农业出版社 .

佘锐萍，高洪，2011. 兽医公共卫生与健康 [M]. 北京：中国农业大学出版社 .

徐作仁，顾剑新，2010. 兽医临床诊疗技术 [M]. 北京：化学工业出版社 .

周翠珍，2011. 动物药理 [M].2 版 . 重庆：重庆大学出版社 .

周大薇，2013. 养禽与禽病防治实训教程 [M]. 成都：西南交通大学出版社 .

附　　录

附录 1　中华人民共和国畜牧法

（2005 年 12 月 29 日第十届全国人民代表大会常务委员会第十九次会议通过　根据 2015 年 4 月 24 日第十二届全国人民代表大会常务委员会第十四次会议《关于修改〈中华人民共和国计量法〉等五部法律的决定》修正　2022 年 10 月 30 日第十三届全国人民代表大会常务委员会第三十七次会议修订）

第一章　总　　则

第一条　为了规范畜牧业生产经营行为，保障畜禽产品供给和质量安全，保护和合理利用畜禽遗传资源，培育和推广畜禽优良品种，振兴畜禽种业，维护畜牧业生产经营者的合法权益，防范公共卫生风险，促进畜牧业高质量发展，制定本法。

第二条　在中华人民共和国境内从事畜禽的遗传资源保护利用、繁育、饲养、经营、运输、屠宰等活动，适用本法。

本法所称畜禽，是指列入依照本法第十二条规定公布的畜禽遗传资源目录的畜禽。

蜂、蚕的资源保护利用和生产经营，适用本法有关规定。

第三条　国家支持畜牧业发展，发挥畜牧业在发展农业、农村经济和增加农民收入中的作用。

县级以上人民政府应当将畜牧业发展纳入国民经济和社会发展规划，加强畜牧业基础设施建设，鼓励和扶持发展规模化、标准化和智能化养殖，促进种养结合和农牧循环、绿色发展，推进畜牧产业化经营，提高畜牧业综合生产能力，发展安全、优质、高效、生态的畜牧业。

国家帮助和扶持民族地区、欠发达地区畜牧业的发展，保护和合理利用草原，改善畜牧业生产条件。

第四条　国家采取措施，培养畜牧兽医专业人才，加强畜禽疫病监测、畜禽疫苗研制，健全基层畜牧兽医技术推广体系，发展畜牧兽医科学技术研究和推广事业，完善畜牧业标准，开展畜牧兽医科学技术知识的教育宣传工作和畜牧兽医信息服务，推进畜牧业科技进步和创新。

第五条　国务院农业农村主管部门负责全国畜牧业的监督管理工作。县级以上地方人民政府农业农村主管部门负责本行政区域内的畜牧业监督管理工作。

县级以上人民政府有关主管部门在各自的职责范围内，负责有关促进畜牧业发展的工作。

第六条　国务院农业农村主管部门应当指导畜牧业生产经营者改善畜禽繁育、饲养、运输、屠宰的条件和环境。

第七条　各级人民政府及有关部门应当加强畜牧业相关法律法规的宣传。

对在畜牧业发展中做出显著成绩的单位和个人，按照国家有关规定给予表彰和奖励。

第八条　畜牧业生产经营者可以依法自愿成立行业协会，为成员提供信息、技术、营销、培训等服务，加强行业自律，维护成员和行业利益。

第九条　畜牧业生产经营者应当依法履行动物防疫和生态环境保护义务，接受有关主管部门依法实施的监督检查。

第二章　畜禽遗传资源保护

第十条　国家建立畜禽遗传资源保护制度，开展资源调查、保护、鉴定、登记、监测和利用等工作。各级人民政府应当采取措施，加强畜禽遗传资源保护，将畜禽遗传资源保护经费列入预算。

畜禽遗传资源保护以国家为主、多元参与，坚持保护优先、高效利用的原则，实行分类分级保护。

国家鼓励和支持有关单位、个人依法发展畜禽遗传资源保护事业，鼓励和支持高等学校、科研机构、企业加强畜禽遗传资源保护、利用的基础研究，提高科技创新能力。

第十一条　国务院农业农村主管部门设立由专业人员组成的国家畜禽遗传资源委员会，负责畜禽遗传资源的鉴定、评估和畜禽新品种、配套系的审定，承担畜禽遗传资源保护和利用规划论证及有关畜禽遗传资源保护的咨询工作。

第十二条　国务院农业农村主管部门负责定期组织畜禽遗传资源的调查工作，发布国家畜禽遗传资源状况报告，公布经国务院批准的畜禽遗传资源目录。

经过驯化和选育而成，遗传性状稳定，有成熟的品种和一定的种群规模，能够不依赖于野生种群而独立繁衍的驯养动物，可以列入畜禽遗传资源目录。

第十三条　国务院农业农村主管部门根据畜禽遗传资源分布状况，制定全国畜禽遗传资源保护和利用规划，制定、调整并公布国家级畜禽遗传资源保护名录，对原产我国的珍贵、稀有、濒危的畜禽遗传资源实行重点保护。

省、自治区、直辖市人民政府农业农村主管部门根据全国畜禽遗传资源保护和利用规划及本行政区域内的畜禽遗传资源状况，制定、调整并公布省级畜禽遗传资源保护名录，并报国务院农业农村主管部门备案，加强对地方畜禽遗传资源的保护。

第十四条 国务院农业农村主管部门根据全国畜禽遗传资源保护和利用规划及国家级畜禽遗传资源保护名录，省、自治区、直辖市人民政府农业农村主管部门根据省级畜禽遗传资源保护名录，分别建立或者确定畜禽遗传资源保种场、保护区和基因库，承担畜禽遗传资源保护任务。

享受中央和省级财政资金支持的畜禽遗传资源保种场、保护区和基因库，未经国务院农业农村主管部门或者省、自治区、直辖市人民政府农业农村主管部门批准，不得擅自处理受保护的畜禽遗传资源。

畜禽遗传资源基因库应当按照国务院农业农村主管部门或者省、自治区、直辖市人民政府农业农村主管部门的规定，定期采集和更新畜禽遗传材料。有关单位、个人应当配合畜禽遗传资源基因库采集畜禽遗传材料，并有权获得适当的经济补偿。

县级以上地方人民政府应当保障畜禽遗传资源保种场和基因库用地的需求。确需关闭或者搬迁的，应当经原建立或者确定机关批准，搬迁的按照先建后拆的原则妥善安置。

畜禽遗传资源保种场、保护区和基因库的管理办法，由国务院农业农村主管部门制定。

第十五条 新发现的畜禽遗传资源在国家畜禽遗传资源委员会鉴定前，省、自治区、直辖市人民政府农业农村主管部门应当制定保护方案，采取临时保护措施，并报国务院农业农村主管部门备案。

第十六条 从境外引进畜禽遗传资源的，应当向省、自治区、直辖市人民政府农业农村主管部门提出申请；受理申请的农业农村主管部门经审核，报国务院农业农村主管部门经评估论证后批准；但是国务院对批准机关另有规定的除外。经批准的，依照《中华人民共和国进出境动植物检疫法》的规定办理相关手续并实施检疫。

从境外引进的畜禽遗传资源被发现对境内畜禽遗传资源、生态环境有危害或者可能产生危害的，国务院农业农村主管部门应当商有关主管部门，及时采取相应的安全控制措施。

第十七条 国家对畜禽遗传资源享有主权。向境外输出或者在境内与境外机构、个人合作研究利用列入保护名录的畜禽遗传资源的，应当向省、自治区、直辖市人民政府农业农村主管部门提出申请，同时提出国家共享惠益的方案；受理申请的农业农村主管部门经审核，报国务院农业农村主管部门批准。

向境外输出畜禽遗传资源的，还应当依照《中华人民共和国进出境动植物检疫法》的规定办理相关手续并实施检疫。

新发现的畜禽遗传资源在国家畜禽遗传资源委员会鉴定前，不得向境外输出，不得与境外机构、个人合作研究利用。

第十八条 畜禽遗传资源的进出境和对外合作研究利用的审批办法由国务院规定。

第三章　种畜禽品种选育与生产经营

第十九条 国家扶持畜禽品种的选育和优良品种的推广使用，实施全国畜禽遗传改良计划；支持企业、高等学校、科研机构和技术推广单位开展联合育种，建立健全畜禽良种繁育体系。

县级以上人民政府支持开发利用列入畜禽遗传资源保护名录的品种，增加特色畜禽产品供给，满足多元化消费需求。

第二十条 国家鼓励和支持畜禽种业自主创新，加强育种技术攻关，扶持选育生产经营相结合的创新型企业发展。

第二十一条　培育的畜禽新品种、配套系和新发现的畜禽遗传资源在销售、推广前，应当通过国家畜禽遗传资源委员会审定或者鉴定，并由国务院农业农村主管部门公告。畜禽新品种、配套系的审定办法和畜禽遗传资源的鉴定办法，由国务院农业农村主管部门制定。审定或者鉴定所需的试验、检测等费用由申请者承担。

畜禽新品种、配套系培育者的合法权益受法律保护。

第二十二条　转基因畜禽品种的引进、培育、试验、审定和推广，应当符合国家有关农业转基因生物安全管理的规定。

第二十三条　省级以上畜牧兽医技术推广机构应当组织开展种畜质量监测、优良个体登记，向社会推荐优良种畜。优良种畜登记规则由国务院农业农村主管部门制定。

第二十四条　从事种畜禽生产经营或者生产经营商品代仔畜、雏禽的单位、个人，应当取得种畜禽生产经营许可证。

申请取得种畜禽生产经营许可证，应当具备下列条件：

（一）生产经营的种畜禽是通过国家畜禽遗传资源委员会审定或者鉴定的品种、配套系，或者是经批准引进的境外品种、配套系；

（二）有与生产经营规模相适应的畜牧兽医技术人员；

（三）有与生产经营规模相适应的繁育设施设备；

（四）具备法律、行政法规和国务院农业农村主管部门规定的种畜禽防疫条件；

（五）有完善的质量管理和育种记录制度；

（六）法律、行政法规规定的其他条件。

第二十五条　申请取得生产家畜卵子、精液、胚胎等遗传材料的生产经营许可证，除应当符合本法第二十四条第二款规定的条件外，还应当具备下列条件：

（一）符合国务院农业农村主管部门规定的实验室、保存和运输条件；

（二）符合国务院农业农村主管部门规定的种畜数量和质量要求；

（三）体外受精取得的胚胎、使用的卵子来源明确，供体畜符合国家规定的种畜健康标准和质量要求；

（四）符合有关国家强制性标准和国务院农业农村主管部门规定的技术要求。

第二十六条　申请取得生产家畜卵子、精液、胚胎等遗传材料的生产经营许可证，应当向省、自治区、直辖市人民政府农业农村主管部门提出申请。受理申请的农业农村主管部门应当自收到申请之日起六十个工作日内依法决定是否发放生产经营许可证。

其他种畜禽的生产经营许可证由县级以上地方人民政府农业农村主管部门审核发放。

国家对种畜禽生产经营许可证实行统一管理、分级负责，在统一的信息平台办理。种畜禽生产经营许可证的审批和发放信息应当依法向社会公开。具体办法和许可证样式由国务院农业农村主管部门制定。

第二十七条　种畜禽生产经营许可证应当注明生产经营者名称、场（厂）址、生产经营范围及许可证有效期的起止日期等。

禁止无种畜禽生产经营许可证或者违反种畜禽生产经营许可证的规定生产经营种畜禽或者商品代仔畜、雏禽。禁止伪造、变造、转让、租借种畜禽生产经营许可证。

第二十八条　农户饲养的种畜禽用于自繁自养和有少量剩余仔畜、雏禽出售的，农户饲养种公畜进行互助配种的，不需要办理种畜禽生产经营许可证。

第二十九条　发布种畜禽广告的，广告主应当持有或者提供种畜禽生产经营许可证和营业执照。广告内容应当符合有关法律、行政法规的规定，并注明种畜禽品种、配套系的审定或者鉴定名称，对主要性状的描述应当符合该品种、配套系的标准。

第三十条　销售的种畜禽、家畜配种站（点）使用的种公畜，应当符合种用标准。销售种畜禽时，应当附具种畜禽场出具的种畜禽合格证明、动物卫生监督机构出具的检疫证明，销售的种畜还应当附具种畜禽场出具的家畜系谱。

生产家畜卵子、精液、胚胎等遗传材料，应当有完整的采集、销售、移植等记录，记录应当保存二年。

第三十一条　销售种畜禽，不得有下列行为：

（一）以其他畜禽品种、配套系冒充所销售的种畜禽品种、配套系；

（二）以低代别种畜禽冒充高代别种畜禽；

（三）以不符合种用标准的畜禽冒充种畜禽；

（四）销售未经批准进口的种畜禽；

（五）销售未附具本法第三十条规定的种畜禽合格证明、检疫证明的种畜禽或者未附具家畜系谱的种畜；

（六）销售未经审定或者鉴定的种畜禽品种、配套系。

第三十二条　申请进口种畜禽的，应当持有种畜禽生产经营许可证。因没有种畜禽而未取得种畜禽生产经营许可证的，应当提供省、自治区、直辖市人民政府农业农村主管部门的说明文件。进口种畜禽的批准文件有效期为六个月。

进口的种畜禽应当符合国务院农业农村主管部门规定的技术要求。首次进口的种畜禽还应当由国家畜禽遗传资源委员会进行种用性能的评估。

种畜禽的进出口管理除适用本条前两款的规定外，还适用本法第十六条、第十七条和第二十二条的相关规定。

国家鼓励畜禽养殖者利用进口的种畜禽进行新品种、配套系的培育；培育的新品种、配套系在推广前，应当经国家畜禽遗传资源委员会审定。

第三十三条　销售商品代仔畜、雏禽的，应当向购买者提供其销售的商品代仔畜、雏禽的主要生产性能指标、免疫情况、饲养技术要求和有关咨询服务，并附具动物卫生监督机构出具的检疫证明。

销售种畜禽和商品代仔畜、雏禽，因质量问题给畜禽养殖者造成损失的，应当依法赔偿损失。

第三十四条　县级以上人民政府农业农村主管部门负责种畜禽质量安全的监督管理工作。种畜禽质量安全的监督检验应当委托具有法定资质的种畜禽质量检验机构进行；所需检验费用由同级预算列支，不得向被检验人收取。

第三十五条　蜂种、蚕种的资源保护、新品种选育、生产经营和推广，适用本法有关规定，具体管理办法由国务院农业农村主管部门制定。

第四章　畜禽养殖

第三十六条　国家建立健全现代畜禽养殖体系。县级以上人民政府农业农村主管部门应当根据畜牧业发展规划和市场需求，引导和支持畜牧业结构调整，发展优势畜禽生产，提高畜禽产品市场竞争力。

第三十七条　各级人民政府应当保障畜禽养殖用地合理需求。县级国土空间规划根据本地实际情况，安排畜禽养殖用地。畜禽养殖用地按照农业用地管理。畜禽养殖用地使用期限届满或者不再从事养殖活动，需要恢复为原用途的，由畜禽养殖用地使用人负责恢复。在畜禽养殖用地范围内需要兴建永久性建（构）筑物，涉及农用地转用的，依照《中华人民共和国土地管理法》的规定办理。

第三十八条　国家设立的畜牧兽医技术推广机构，应当提供畜禽养殖、畜禽粪污无害化处理和资源化利用技术培训，以及良种推广、疫病防治等服务。县级以上人民政府应当保障国家设立的畜牧兽医技术推广机构从事公益性技术服务的工作经费。

国家鼓励畜禽产品加工企业和其他相关生产经营者为畜禽养殖者提供所需的服务。

第三十九条　畜禽养殖场应当具备下列条件：

（一）有与其饲养规模相适应的生产场所和配套的生产设施；

（二）有为其服务的畜牧兽医技术人员；

（三）具备法律、行政法规和国务院农业农村主管部门规定的防疫条件；

（四）有与畜禽粪污无害化处理和资源化利用相适应的设施设备；

（五）法律、行政法规规定的其他条件。

畜禽养殖场兴办者应当将畜禽养殖场的名称、养殖地址、畜禽品种和养殖规模，向养殖场所在地县级人民政府农业农村主管部门备案，取得畜禽标识代码。

畜禽养殖场的规模标准和备案管理办法，由国务院农业农村主管部门制定。

畜禽养殖户的防疫条件、畜禽粪污无害化处理和资源化利用要求，由省、自治区、直辖市人民政府农业农村主管部门会同有关部门规定。

第四十条　畜禽养殖场的选址、建设应当符合国土空间规划，并遵守有关法律法规的规定；不得违反法律法规的规定，在禁养区域建设畜禽养殖场。

第四十一条　畜禽养殖场应当建立养殖档案，载明下列内容：

（一）畜禽的品种、数量、繁殖记录、标识情况、来源和进出场日期；

（二）饲料、饲料添加剂、兽药等投入品的来源、名称、使用对象、时间和用量；

（三）检疫、免疫、消毒情况；

（四）畜禽发病、死亡和无害化处理情况；

（五）畜禽粪污收集、储存、无害化处理和资源化利用情况；

（六）国务院农业农村主管部门规定的其他内容。

第四十二条　畜禽养殖者应当为其饲养的畜禽提供适当的繁殖条件和生存、生长环境。

第四十三条　从事畜禽养殖，不得有下列行为：

（一）违反法律、行政法规和国家有关强制性标准、国务院农业农村主管部门的规定使用饲料、饲料添加剂、兽药；

（二）使用未经高温处理的餐馆、食堂的泔水饲喂家畜；

（三）在垃圾场或者使用垃圾场中的物质饲养畜禽；

（四）随意弃置和处理病死畜禽；

（五）法律、行政法规和国务院农业农村主管部门规定的危害人和畜禽健康的其他行为。

第四十四条 从事畜禽养殖，应当依照《中华人民共和国动物防疫法》、《中华人民共和国农产品质量安全法》的规定，做好畜禽疫病防治和质量安全工作。

第四十五条 畜禽养殖者应当按照国家关于畜禽标识管理的规定，在应当加施标识的畜禽的指定部位加施标识。农业农村主管部门提供标识不得收费，所需费用列入省、自治区、直辖市人民政府预算。

禁止伪造、变造或者重复使用畜禽标识。禁止持有、使用伪造、变造的畜禽标识。

第四十六条 畜禽养殖场应当保证畜禽粪污无害化处理和资源化利用设施的正常运转，保证畜禽粪污综合利用或者达标排放，防止污染环境。违法排放或者因管理不当污染环境的，应当排除危害，依法赔偿损失。

国家支持建设畜禽粪污收集、储存、粪污无害化处理和资源化利用设施，推行畜禽粪污养分平衡管理，促进农用有机肥利用和种养结合发展。

第四十七条 国家引导畜禽养殖户按照畜牧业发展规划有序发展，加强对畜禽养殖户的指导帮扶，保护其合法权益，不得随意以行政手段强行清退。

国家鼓励涉农企业带动畜禽养殖户融入现代畜牧业产业链，加强面向畜禽养殖户的社会化服务，支持畜禽养殖户和畜牧业专业合作社发展畜禽规模化、标准化养殖，支持发展新产业、新业态，促进与旅游、文化、生态等产业融合。

第四十八条 国家支持发展特种畜禽养殖。县级以上人民政府应当采取措施支持建立与特种畜禽养殖业发展相适应的养殖体系。

第四十九条 国家支持发展养蜂业，保护养蜂生产者的合法权益。

有关部门应当积极宣传和推广蜂授粉农艺措施。

第五十条 养蜂生产者在生产过程中，不得使用危害蜂产品质量安全的药品和容器，确保蜂产品质量。养蜂器具应当符合国家标准和国务院有关部门规定的技术要求。

第五十一条 养蜂生产者在转地放蜂时，当地公安、交通运输、农业农村等有关部门应当为其提供必要的便利。

养蜂生产者在国内转地放蜂，凭国务院农业农村主管部门统一格式印制的检疫证明运输蜂群，在检疫证明有效期内不得重复检疫。

第五章　草原畜牧业

第五十二条 国家支持科学利用草原，协调推进草原保护与草原畜牧业发展，坚持生态优先、生产生态有机结合，发展特色优势产业，促进农牧民增加收入，提高草原可持续发展能力，筑牢生态安全屏障，推进牧区生产生活生态协同发展。

第五十三条 国家支持牧区转变草原畜牧业发展方式，加强草原水利、草原围栏、饲草料生产加工储备、牲畜圈舍、牧道等基础设施建设。

国家鼓励推行舍饲半舍饲圈养、季节性放牧、划区轮牧等饲养方式，合理配置畜群，保持草畜平衡。

第五十四条 国家支持优良饲草品种的选育、引进和推广使用，因地制宜开展人工草地建设、天然草原改良和饲草料基地建设，优化种植结构，提高饲草料供应保障能力。

第五十五条 国家支持农牧民发展畜牧业专业合作社和现代家庭牧场，推行适度规模养殖，提升标准化生产水平，建设牛羊等重要畜产品生产基地。

第五十六条　牧区各级人民政府农业农村主管部门应当鼓励和指导农牧民改良家畜品种，优化畜群结构，实行科学饲养，合理加快出栏周转，促进草原畜牧业节本、提质、增效。

第五十七条　国家加强草原畜牧业灾害防御保障，将草原畜牧业防灾减灾列入预算，优化设施装备条件，完善牧区牛羊等家畜保险制度，提高抵御自然灾害的能力。

第五十八条　国家完善草原生态保护补助奖励政策，对采取禁牧和草畜平衡措施的农牧民按照国家有关规定给予补助奖励。

第五十九条　有关地方人民政府应当支持草原畜牧业与乡村旅游、文化等产业协同发展，推动一二三产业融合，提升产业化、品牌化、特色化水平，持续增加农牧民收入，促进牧区振兴。

第六十条　草原畜牧业发展涉及草原保护、建设、利用和管理活动的，应当遵守有关草原保护法律法规的规定。

第六章　畜禽交易与运输

第六十一条　国家加快建立统一开放、竞争有序、安全便捷的畜禽交易市场体系。

第六十二条　县级以上地方人民政府应当根据农产品批发市场发展规划，对在畜禽集散地建立畜禽批发市场给予扶持。

畜禽批发市场选址，应当符合法律、行政法规和国务院农业农村主管部门规定的动物防疫条件，并距离种畜禽场和大型畜禽养殖场三公里以外。

第六十三条　进行交易的畜禽应当符合农产品质量安全标准和国务院有关部门规定的技术要求。

国务院农业农村主管部门规定应当加施标识而没有标识的畜禽，不得销售、收购。

国家鼓励畜禽屠宰经营者直接从畜禽养殖者收购畜禽，建立稳定收购渠道，降低动物疫病和质量安全风险。

第六十四条　运输畜禽，应当符合法律、行政法规和国务院农业农村主管部门规定的动物防疫条件，采取措施保护畜禽安全，并为运输的畜禽提供必要的空间和饲喂饮水条件。

有关部门对运输中的畜禽进行检查，应当有法律、行政法规的依据。

第七章　畜禽屠宰

第六十五条　国家实行生猪定点屠宰制度。对生猪以外的其他畜禽可以实行定点屠宰，具体办法由省、自治区、直辖市制定。农村地区个人自宰自食的除外。

省、自治区、直辖市人民政府应当按照科学布局、集中屠宰、有利流通、方便群众的原则，结合畜禽养殖、动物疫病防控和畜禽产品消费等实际情况，制定畜禽屠宰行业发展规划并组织实施。

第六十六条　国家鼓励畜禽就地屠宰，引导畜禽屠宰企业向养殖主产区转移，支持畜禽产品加工、储存、运输冷链体系建设。

第六十七条　畜禽屠宰企业应当具备下列条件：

（一）有与屠宰规模相适应、水质符合国家规定标准的用水供应条件；

（二）有符合国家规定的设施设备和运载工具；

（三）有依法取得健康证明的屠宰技术人员；

（四）有经考核合格的兽医卫生检验人员；

（五）依法取得动物防疫条件合格证和其他法律法规规定的证明文件。

第六十八条 畜禽屠宰经营者应当加强畜禽屠宰质量安全管理。畜禽屠宰企业应当建立畜禽屠宰质量安全管理制度。

未经检验、检疫或者经检验、检疫不合格的畜禽产品不得出厂销售。经检验、检疫不合格的畜禽产品，按照国家有关规定处理。

地方各级人民政府应当按照规定对无害化处理的费用和损失给予补助。

第六十九条 国务院农业农村主管部门负责组织制定畜禽屠宰质量安全风险监测计划。

省、自治区、直辖市人民政府农业农村主管部门根据国家畜禽屠宰质量安全风险监测计划，结合实际情况，制定本行政区域畜禽屠宰质量安全风险监测方案并组织实施。

第八章 保障与监督

第七十条 省级以上人民政府应当在其预算内安排支持畜禽种业创新和畜牧业发展的良种补贴、贴息补助、保费补贴等资金，并鼓励有关金融机构提供金融服务，支持畜禽养殖者购买优良畜禽、繁育良种、防控疫病，支持改善生产设施、畜禽粪污无害化处理和资源化利用设施设备、扩大养殖规模，提高养殖效益。

第七十一条 县级以上人民政府应当组织农业农村主管部门和其他有关部门，依照本法和有关法律、行政法规的规定，加强对畜禽饲养环境、种畜禽质量、畜禽交易与运输、畜禽屠宰以及饲料、饲料添加剂、兽药等投入品的生产、经营、使用的监督管理。

第七十二条 国务院农业农村主管部门应当制定畜禽标识和养殖档案管理办法，采取措施落实畜禽产品质量安全追溯和责任追究制度。

第七十三条 县级以上人民政府农业农村主管部门应当制定畜禽质量安全监督抽查计划，并按照计划开展监督抽查工作。

第七十四条 省级以上人民政府农业农村主管部门应当组织制定畜禽生产规范，指导畜禽的安全生产。

第七十五条 国家建立统一的畜禽生产和畜禽产品市场监测预警制度，逐步完善有关畜禽产品储备调节机制，加强市场调控，促进市场供需平衡和畜牧业健康发展。

县级以上人民政府有关部门应当及时发布畜禽产销信息，为畜禽生产经营者提供信息服务。

第七十六条 国家加强畜禽生产、加工、销售、运输体系建设，提升畜禽产品供应安全保障能力。

省、自治区、直辖市人民政府负责保障本行政区域内的畜禽产品供给，建立稳产保供的政策保障和责任考核体系。

国家鼓励畜禽主销区通过跨区域合作、建立养殖基地等方式，与主产区建立稳定的合作关系。

第九章 法律责任

第七十七条 违反本法规定，县级以上人民政府农业农村主管部门及其工作人员有下列行为之一的，对直接负责的主管人员和其他直接责任人员依法给予处分：

（一）利用职务上的便利，收受他人财物或者牟取其他利益；

（二）对不符合条件的申请人准予许可，或者超越法定职权准予许可；

（三）发现违法行为不予查处；

（四）其他滥用职权、玩忽职守、徇私舞弊等不依法履行监督管理工作职责的行为。

第七十八条　违反本法第十四条第二款规定，擅自处理受保护的畜禽遗传资源，造成畜禽遗传资源损失的，由省级以上人民政府农业农村主管部门处十万元以上一百万元以下罚款。

第七十九条　违反本法规定，有下列行为之一的，由省级以上人民政府农业农村主管部门责令停止违法行为，没收畜禽遗传资源和违法所得，并处五万元以上五十万元以下罚款：

（一）未经审核批准，从境外引进畜禽遗传资源；

（二）未经审核批准，在境内与境外机构、个人合作研究利用列入保护名录的畜禽遗传资源；

（三）在境内与境外机构、个人合作研究利用未经国家畜禽遗传资源委员会鉴定的新发现的畜禽遗传资源。

第八十条　违反本法规定，未经国务院农业农村主管部门批准，向境外输出畜禽遗传资源的，依照《中华人民共和国海关法》的有关规定追究法律责任。海关应当将扣留的畜禽遗传资源移送省、自治区、直辖市人民政府农业农村主管部门处理。

第八十一条　违反本法规定，销售、推广未经审定或者鉴定的畜禽品种、配套系的，由县级以上地方人民政府农业农村主管部门责令停止违法行为，没收畜禽和违法所得；违法所得在五万元以上的，并处违法所得一倍以上三倍以下罚款；没有违法所得或者违法所得不足五万元的，并处五千元以上五万元以下罚款。

第八十二条　违反本法规定，无种畜禽生产经营许可证或者违反种畜禽生产经营许可证规定生产经营，或者伪造、变造、转让、租借种畜禽生产经营许可证的，由县级以上地方人民政府农业农村主管部门责令停止违法行为，收缴伪造、变造的种畜禽生产经营许可证，没收种畜禽、商品代仔畜、雏禽和违法所得；违法所得在三万元以上的，并处违法所得一倍以上三倍以下罚款；没有违法所得或者违法所得不足三万元的，并处三千元以上三万元以下罚款。违反种畜禽生产经营许可证的规定生产经营或者转让、租借种畜禽生产经营许可证，情节严重的，并处吊销种畜禽生产经营许可证。

第八十三条　违反本法第二十九条规定的，依照《中华人民共和国广告法》的有关规定追究法律责任。

第八十四条　违反本法规定，使用的种畜禽不符合种用标准的，由县级以上地方人民政府农业农村主管部门责令停止违法行为，没收种畜禽和违法所得；违法所得在五千元以上的，并处违法所得一倍以上二倍以下罚款；没有违法所得或者违法所得不足五千元的，并处一千元以上五千元以下罚款。

第八十五条　销售种畜禽有本法第三十一条第一项至第四项违法行为之一的，由县级以上地方人民政府农业农村主管部门和市场监督管理部门按照职责分工责令停止销售，没收违法销售的（种）畜禽和违法所得；违法所得在五万元以上的，并处违法所得一倍以上五倍以下罚款；没有违法所得或者违法所得不足五万元的，并处五千元以上五万元以下罚款；情节严重的，并处吊销种畜禽生产经营许可证或者营业执照。

第八十六条 违反本法规定，兴办畜禽养殖场未备案，畜禽养殖场未建立养殖档案或者未按照规定保存养殖档案的，由县级以上地方人民政府农业农村主管部门责令限期改正，可以处一万元以下罚款。

第八十七条 违反本法第四十三条规定养殖畜禽的，依照有关法律、行政法规的规定处理、处罚。

第八十八条 违反本法规定，销售的种畜禽未附具种畜禽合格证明、家畜系谱，销售、收购国务院农业农村主管部门规定应当加施标识而没有标识的畜禽，或者重复使用畜禽标识的，由县级以上地方人民政府农业农村主管部门和市场监督管理部门按照职责分工责令改正，可以处二千元以下罚款。

销售的种畜禽未附具检疫证明，伪造、变造畜禽标识，或者持有、使用伪造、变造的畜禽标识的，依照《中华人民共和国动物防疫法》的有关规定追究法律责任。

第八十九条 违反本法规定，未经定点从事畜禽屠宰活动的，依照有关法律法规的规定处理、处罚。

第九十条 县级以上地方人民政府农业农村主管部门发现畜禽屠宰企业不再具备本法规定条件的，应当责令停业整顿，并限期整改；逾期仍未达到本法规定条件的，责令关闭，对实行定点屠宰管理的，由发证机关依法吊销定点屠宰证书。

第九十一条 违反本法第六十八条规定，畜禽屠宰企业未建立畜禽屠宰质量安全管理制度，或者畜禽屠宰经营者对经检验不合格的畜禽产品未按照国家有关规定处理的，由县级以上地方人民政府农业农村主管部门责令改正，给予警告；拒不改正的，责令停业整顿，并处五千元以上五万元以下罚款，对直接负责的主管人员和其他直接责任人员处二千元以上二万元以下罚款；情节严重的，责令关闭，对实行定点屠宰管理的，由发证机关依法吊销定点屠宰证书。

违反本法第六十八条规定的其他行为的，依照有关法律法规的规定处理、处罚。

第九十二条 违反本法规定，构成犯罪的，依法追究刑事责任。

第十章 附 则

第九十三条 本法所称畜禽遗传资源，是指畜禽及其卵子（蛋）、精液、胚胎、基因物质等遗传材料。

本法所称种畜禽，是指经过选育、具有种用价值、适于繁殖后代的畜禽及其卵子（蛋）、精液、胚胎等。

第九十四条 本法自 2023 年 3 月 1 日起施行。

附录 2　中华人民共和国动物防疫法

（1997 年 7 月 3 日第八届全国人民代表大会常务委员会第二十六次会议通过　2007 年 8 月 30 日第十届全国人民代表大会常务委员会第二十九次会议第一次修订　根据 2013 年 6 月 29 日第十二届全国人民代表大会常务委员会第三次会议《关于修改〈中华人民共和国文物保护法〉等十二部法律的决定》第一次修正　根据 2015 年 4 月 24 日第十二届全国人民代表大会常务委员会第十四次会议《关于修改〈中华人民共和国电力法〉等六部法律的决定》第二次修正　2021 年 1 月 22 日第十三届全国人民代表大会常务委员会第二十五次会议第二次修订）

第一章　总　　则

第一条　为了加强对动物防疫活动的管理，预防、控制、净化、消灭动物疫病，促进养殖业发展，防控人畜共患传染病，保障公共卫生安全和人体健康，制定本法。

第二条　本法适用于在中华人民共和国领域内的动物防疫及其监督管理活动。

进出境动物、动物产品的检疫，适用《中华人民共和国进出境动植物检疫法》。

第三条　本法所称动物，是指家畜家禽和人工饲养、捕获的其他动物。

本法所称动物产品，是指动物的肉、生皮、原毛、绒、脏器、脂、血液、精液、卵、胚胎、骨、蹄、头、角、筋以及可能传播动物疫病的奶、蛋等。

本法所称动物疫病，是指动物传染病，包括寄生虫病。

本法所称动物防疫，是指动物疫病的预防、控制、诊疗、净化、消灭和动物、动物产品的检疫，以及病死动物、病害动物产品的无害化处理。

第四条　根据动物疫病对养殖业生产和人体健康的危害程度，本法规定的动物疫病分为下列三类：

（一）一类疫病，是指口蹄疫、非洲猪瘟、高致病性禽流感等对人、动物构成特别严重危害，可能造成重大经济损失和社会影响，需要采取紧急、严厉的强制预防、控制等措施的；

（二）二类疫病，是指狂犬病、布鲁氏菌病、草鱼出血病等对人、动物构成严重危害，可能造成较大经济损失和社会影响，需要采取严格预防、控制等措施的；

（三）三类疫病，是指大肠杆菌病、禽结核病、鳖腮腺炎病等常见多发，对人、动物构成危害，可能造成一定程度的经济损失和社会影响，需要及时预防、控制的。

前款一、二、三类动物疫病具体病种名录由国务院农业农村主管部门制定并公布。国务院农业农村主管部门应当根据动物疫病发生、流行情况和危害程度，及时增加、减少或者调整一、二、三类动物疫病具体病种并予以公布。

人畜共患传染病名录由国务院农业农村主管部门会同国务院卫生健康、野生动物保护等主管部门制定并公布。

第五条　动物防疫实行预防为主，预防与控制、净化、消灭相结合的方针。

第六条　国家鼓励社会力量参与动物防疫工作。各级人民政府采取措施，支持单位和个人参与动物防疫的宣传教育、疫情报告、志愿服务和捐赠等活动。

第七条 从事动物饲养、屠宰、经营、隔离、运输以及动物产品生产、经营、加工、贮藏等活动的单位和个人，依照本法和国务院农业农村主管部门的规定，做好免疫、消毒、检测、隔离、净化、消灭、无害化处理等动物防疫工作，承担动物防疫相关责任。

第八条 县级以上人民政府对动物防疫工作实行统一领导，采取有效措施稳定基层机构队伍，加强动物防疫队伍建设，建立健全动物防疫体系，制定并组织实施动物疫病防治规划。

乡级人民政府、街道办事处组织群众做好本辖区的动物疫病预防与控制工作，村民委员会、居民委员会予以协助。

第九条 国务院农业农村主管部门主管全国的动物防疫工作。

县级以上地方人民政府农业农村主管部门主管本行政区域的动物防疫工作。

县级以上人民政府其他有关部门在各自职责范围内做好动物防疫工作。

军队动物卫生监督职能部门负责军队现役动物和饲养自用动物的防疫工作。

第十条 县级以上人民政府卫生健康主管部门和本级人民政府农业农村、野生动物保护等主管部门应当建立人畜共患传染病防治的协作机制。

国务院农业农村主管部门和海关总署等部门应当建立防止境外动物疫病输入的协作机制。

第十一条 县级以上地方人民政府的动物卫生监督机构依照本法规定，负责动物、动物产品的检疫工作。

第十二条 县级以上人民政府按照国务院的规定，根据统筹规划、合理布局、综合设置的原则建立动物疫病预防控制机构。

动物疫病预防控制机构承担动物疫病的监测、检测、诊断、流行病学调查、疫情报告以及其他预防、控制等技术工作；承担动物疫病净化、消灭的技术工作。

第十三条 国家鼓励和支持开展动物疫病的科学研究以及国际合作与交流，推广先进适用的科学研究成果，提高动物疫病防治的科学技术水平。

各级人民政府和有关部门、新闻媒体，应当加强对动物防疫法律法规和动物防疫知识的宣传。

第十四条 对在动物防疫工作、相关科学研究、动物疫情扑灭中做出贡献的单位和个人，各级人民政府和有关部门按照国家有关规定给予表彰、奖励。

有关单位应当依法为动物防疫人员缴纳工伤保险费。对因参与动物防疫工作致病、致残、死亡的人员，按照国家有关规定给予补助或者抚恤。

第二章 动物疫病的预防

第十五条 国家建立动物疫病风险评估制度。

国务院农业农村主管部门根据国内外动物疫情以及保护养殖业生产和人体健康的需要，及时会同国务院卫生健康等有关部门对动物疫病进行风险评估，并制定、公布动物疫病预防、控制、净化、消灭措施和技术规范。

省、自治区、直辖市人民政府农业农村主管部门会同本级人民政府卫生健康等有关部门开展本行政区域的动物疫病风险评估，并落实动物疫病预防、控制、净化、消灭措施。

第十六条 国家对严重危害养殖业生产和人体健康的动物疫病实施强制免疫。

国务院农业农村主管部门确定强制免疫的动物疫病病种和区域。

省、自治区、直辖市人民政府农业农村主管部门制定本行政区域的强制免疫计划；根据本行政区域动物疫病流行情况增加实施强制免疫的动物疫病病种和区域，报本级人民政府批准后执行，并报国务院农业农村主管部门备案。

第十七条　饲养动物的单位和个人应当履行动物疫病强制免疫义务，按照强制免疫计划和技术规范，对动物实施免疫接种，并按照国家有关规定建立免疫档案、加施畜禽标识，保证可追溯。

实施强制免疫接种的动物未达到免疫质量要求，实施补充免疫接种后仍不符合免疫质量要求的，有关单位和个人应当按照国家有关规定处理。

用于预防接种的疫苗应当符合国家质量标准。

第十八条　县级以上地方人民政府农业农村主管部门负责组织实施动物疫病强制免疫计划，并对饲养动物的单位和个人履行强制免疫义务的情况进行监督检查。

乡级人民政府、街道办事处组织本辖区饲养动物的单位和个人做好强制免疫，协助做好监督检查；村民委员会、居民委员会协助做好相关工作。

县级以上地方人民政府农业农村主管部门应当定期对本行政区域的强制免疫计划实施情况和效果进行评估，并向社会公布评估结果。

第十九条　国家实行动物疫病监测和疫情预警制度。

县级以上人民政府建立健全动物疫病监测网络，加强动物疫病监测。

国务院农业农村主管部门会同国务院有关部门制定国家动物疫病监测计划。省、自治区、直辖市人民政府农业农村主管部门根据国家动物疫病监测计划，制定本行政区域的动物疫病监测计划。

动物疫病预防控制机构按照国务院农业农村主管部门的规定和动物疫病监测计划，对动物疫病的发生、流行等情况进行监测；从事动物饲养、屠宰、经营、隔离、运输以及动物产品生产、经营、加工、贮藏、无害化处理等活动的单位和个人不得拒绝或者阻碍。

国务院农业农村主管部门和省、自治区、直辖市人民政府农业农村主管部门根据对动物疫病发生、流行趋势的预测，及时发出动物疫情预警。地方各级人民政府接到动物疫情预警后，应当及时采取预防、控制措施。

第二十条　陆路边境省、自治区人民政府根据动物疫病防控需要，合理设置动物疫病监测站点，健全监测工作机制，防范境外动物疫病传入。

科技、海关等部门按照本法和有关法律法规的规定做好动物疫病监测预警工作，并定期与农业农村主管部门互通情况，紧急情况及时通报。

县级以上人民政府应当完善野生动物疫源疫病监测体系和工作机制，根据需要合理布局监测站点；野生动物保护、农业农村主管部门按照职责分工做好野生动物疫源疫病监测等工作，并定期互通情况，紧急情况及时通报。

第二十一条　国家支持地方建立无规定动物疫病区，鼓励动物饲养场建设无规定动物疫病生物安全隔离区。对符合国务院农业农村主管部门规定标准的无规定动物疫病区和无规定动物疫病生物安全隔离区，国务院农业农村主管部门验收合格予以公布，并对其维持情况进行监督检查。

省、自治区、直辖市人民政府制定并组织实施本行政区域的无规定动物疫病区建设方案。国务院农业农村主管部门指导跨省、自治区、直辖市无规定动物疫病区建设。

国务院农业农村主管部门根据行政区划、养殖屠宰产业布局、风险评估情况等对动物疫病实施分区防控，可以采取禁止或者限制特定动物、动物产品跨区域调运等措施。

第二十二条 国务院农业农村主管部门制定并组织实施动物疫病净化、消灭规划。

县级以上地方人民政府根据动物疫病净化、消灭规划，制定并组织实施本行政区域的动物疫病净化、消灭计划。

动物疫病预防控制机构按照动物疫病净化、消灭规划、计划，开展动物疫病净化技术指导、培训，对动物疫病净化效果进行监测、评估。

国家推进动物疫病净化，鼓励和支持饲养动物的单位和个人开展动物疫病净化。饲养动物的单位和个人达到国务院农业农村主管部门规定的净化标准的，由省级以上人民政府农业农村主管部门予以公布。

第二十三条 种用、乳用动物应当符合国务院农业农村主管部门规定的健康标准。

饲养种用、乳用动物的单位和个人，应当按照国务院农业农村主管部门的要求，定期开展动物疫病检测；检测不合格的，应当按照国家有关规定处理。

第二十四条 动物饲养场和隔离场所、动物屠宰加工场所以及动物和动物产品无害化处理场所，应当符合下列动物防疫条件：

（一）场所的位置与居民生活区、生活饮用水水源地、学校、医院等公共场所的距离符合国务院农业农村主管部门的规定；

（二）生产经营区域封闭隔离，工程设计和有关流程符合动物防疫要求；

（三）有与其规模相适应的污水、污物处理设施，病死动物、病害动物产品无害化处理设施设备或者冷藏冷冻设施设备，以及清洗消毒设施设备；

（四）有与其规模相适应的执业兽医或者动物防疫技术人员；

（五）有完善的隔离消毒、购销台账、日常巡查等动物防疫制度；

（六）具备国务院农业农村主管部门规定的其他动物防疫条件。

动物和动物产品无害化处理场所除应当符合前款规定的条件外，还应当具有病原检测设备、检测能力和符合动物防疫要求的专用运输车辆。

第二十五条 国家实行动物防疫条件审查制度。

开办动物饲养场和隔离场所、动物屠宰加工场所以及动物和动物产品无害化处理场所，应当向县级以上地方人民政府农业农村主管部门提出申请，并附具相关材料。受理申请的农业农村主管部门应当依照本法和《中华人民共和国行政许可法》的规定进行审查。经审查合格的，发给动物防疫条件合格证；不合格的，应当通知申请人并说明理由。

动物防疫条件合格证应当载明申请人的名称（姓名）、场（厂）址、动物（动物产品）种类等事项。

第二十六条 经营动物、动物产品的集贸市场应当具备国务院农业农村主管部门规定的动物防疫条件，并接受农业农村主管部门的监督检查。具体办法由国务院农业农村主管部门制定。

县级以上地方人民政府应当根据本地情况，决定在城市特定区域禁止家畜家禽活体交易。

第二十七条 动物、动物产品的运载工具、垫料、包装物、容器等应当符合国务院农业农村主管部门规定的动物防疫要求。

染疫动物及其排泄物、染疫动物产品，运载工具中的动物排泄物以及垫料、包装物、容器等被污染的物品，应当按照国家有关规定处理，不得随意处置。

第二十八条　采集、保存、运输动物病料或者病原微生物以及从事病原微生物研究、教学、检测、诊断等活动，应当遵守国家有关病原微生物实验室管理的规定。

第二十九条　禁止屠宰、经营、运输下列动物和生产、经营、加工、贮藏、运输下列动物产品：

（一）封锁疫区内与所发生动物疫病有关的；

（二）疫区内易感染的；

（三）依法应当检疫而未经检疫或者检疫不合格的；

（四）染疫或者疑似染疫的；

（五）病死或者死因不明的；

（六）其他不符合国务院农业农村主管部门有关动物防疫规定的。

因实施集中无害化处理需要暂存、运输动物和动物产品并按照规定采取防疫措施的，不适用前款规定。

第三十条　单位和个人饲养犬只，应当按照规定定期免疫接种狂犬病疫苗，凭动物诊疗机构出具的免疫证明向所在地养犬登记机关申请登记。

携带犬只出户的，应当按照规定佩戴犬牌并采取系犬绳等措施，防止犬只伤人、疫病传播。

街道办事处、乡级人民政府组织协调居民委员会、村民委员会，做好本辖区流浪犬、猫的控制和处置，防止疫病传播。

县级人民政府和乡级人民政府、街道办事处应当结合本地实际，做好农村地区饲养犬只的防疫管理工作。

饲养犬只防疫管理的具体办法，由省、自治区、直辖市制定。

第三章　动物疫情的报告、通报和公布

第三十一条　从事动物疫病监测、检测、检验检疫、研究、诊疗以及动物饲养、屠宰、经营、隔离、运输等活动的单位和个人，发现动物染疫或者疑似染疫的，应当立即向所在地农业农村主管部门或者动物疫病预防控制机构报告，并迅速采取隔离等控制措施，防止动物疫情扩散。其他单位和个人发现动物染疫或者疑似染疫的，应当及时报告。

接到动物疫情报告的单位，应当及时采取临时隔离控制等必要措施，防止延误防控时机，并及时按照国家规定的程序上报。

第三十二条　动物疫情由县级以上人民政府农业农村主管部门认定；其中重大动物疫情由省、自治区、直辖市人民政府农业农村主管部门认定，必要时报国务院农业农村主管部门认定。

本法所称重大动物疫情，是指一、二、三类动物疫病突然发生，迅速传播，给养殖业生产安全造成严重威胁、危害，以及可能对公众身体健康与生命安全造成危害的情形。

在重大动物疫情报告期间，必要时，所在地县级以上地方人民政府可以作出封锁决定并采取扑杀、销毁等措施。

第三十三条 国家实行动物疫情通报制度。

国务院农业农村主管部门应当及时向国务院卫生健康等有关部门和军队有关部门以及省、自治区、直辖市人民政府农业农村主管部门通报重大动物疫情的发生和处置情况。

海关发现进出境动物和动物产品染疫或者疑似染疫的，应当及时处置并向农业农村主管部门通报。

县级以上地方人民政府野生动物保护主管部门发现野生动物染疫或者疑似染疫的，应当及时处置并向本级人民政府农业农村主管部门通报。

国务院农业农村主管部门应当依照我国缔结或者参加的条约、协定，及时向有关国际组织或者贸易方通报重大动物疫情的发生和处置情况。

第三十四条 发生人畜共患传染病疫情时，县级以上人民政府农业农村主管部门与本级人民政府卫生健康、野生动物保护等主管部门应当及时相互通报。

发生人畜共患传染病时，卫生健康主管部门应当对疫区易感染的人群进行监测，并应当依照《中华人民共和国传染病防治法》的规定及时公布疫情，采取相应的预防、控制措施。

第三十五条 患有人畜共患传染病的人员不得直接从事动物疫病监测、检测、检验检疫、诊疗以及易感染动物的饲养、屠宰、经营、隔离、运输等活动。

第三十六条 国务院农业农村主管部门向社会及时公布全国动物疫情，也可以根据需要授权省、自治区、直辖市人民政府农业农村主管部门公布本行政区域的动物疫情。其他单位和个人不得发布动物疫情。

第三十七条 任何单位和个人不得瞒报、谎报、迟报、漏报动物疫情，不得授意他人瞒报、谎报、迟报动物疫情，不得阻碍他人报告动物疫情。

第四章 动物疫病的控制

第三十八条 发生一类动物疫病时，应当采取下列控制措施：

（一）所在地县级以上地方人民政府农业农村主管部门应当立即派人到现场，划定疫点、疫区、受威胁区，调查疫源，及时报请本级人民政府对疫区实行封锁。疫区范围涉及两个以上行政区域的，由有关行政区域共同的上一级人民政府对疫区实行封锁，或者由各有关行政区域的上一级人民政府共同对疫区实行封锁。必要时，上级人民政府可以责成下级人民政府对疫区实行封锁；

（二）县级以上地方人民政府应当立即组织有关部门和单位采取封锁、隔离、扑杀、销毁、消毒、无害化处理、紧急免疫接种等强制性措施；

（三）在封锁期间，禁止染疫、疑似染疫和易感染的动物、动物产品流出疫区，禁止非疫区的易感染动物进入疫区，并根据需要对出入疫区的人员、运输工具及有关物品采取消毒和其他限制性措施。

第三十九条 发生二类动物疫病时，应当采取下列控制措施：

（一）所在地县级以上地方人民政府农业农村主管部门应当划定疫点、疫区、受威胁区；

（二）县级以上地方人民政府根据需要组织有关部门和单位采取隔离、扑杀、销毁、消毒、无害化处理、紧急免疫接种、限制易感染的动物和动物产品及有关物品出入等措施。

第四十条 疫点、疫区、受威胁区的撤销和疫区封锁的解除，按照国务院农业农村主管部门规定的标准和程序评估后，由原决定机关决定并宣布。

第四十一条　发生三类动物疫病时，所在地县级、乡级人民政府应当按照国务院农业农村主管部门的规定组织防治。

第四十二条　二、三类动物疫病呈暴发性流行时，按照一类动物疫病处理。

第四十三条　疫区内有关单位和个人，应当遵守县级以上人民政府及其农业农村主管部门依法作出的有关控制动物疫病的规定。

任何单位和个人不得藏匿、转移、盗掘已被依法隔离、封存、处理的动物和动物产品。

第四十四条　发生动物疫情时，航空、铁路、道路、水路运输企业应当优先组织运送防疫人员和物资。

第四十五条　国务院农业农村主管部门根据动物疫病的性质、特点和可能造成的社会危害，制定国家重大动物疫情应急预案报国务院批准，并按照不同动物疫病病种、流行特点和危害程度，分别制定实施方案。

县级以上地方人民政府根据上级重大动物疫情应急预案和本地区的实际情况，制定本行政区域的重大动物疫情应急预案，报上一级人民政府农业农村主管部门备案，并抄送上一级人民政府应急管理部门。县级以上地方人民政府农业农村主管部门按照不同动物疫病病种、流行特点和危害程度，分别制定实施方案。

重大动物疫情应急预案和实施方案根据疫情状况及时调整。

第四十六条　发生重大动物疫情时，国务院农业农村主管部门负责划定动物疫病风险区，禁止或者限制特定动物、动物产品由高风险区向低风险区调运。

第四十七条　发生重大动物疫情时，依照法律和国务院的规定以及应急预案采取应急处置措施。

第五章　动物和动物产品的检疫

第四十八条　动物卫生监督机构依照本法和国务院农业农村主管部门的规定对动物、动物产品实施检疫。

动物卫生监督机构的官方兽医具体实施动物、动物产品检疫。

第四十九条　屠宰、出售或者运输动物以及出售或者运输动物产品前，货主应当按照国务院农业农村主管部门的规定向所在地动物卫生监督机构申报检疫。

动物卫生监督机构接到检疫申报后，应当及时指派官方兽医对动物、动物产品实施检疫；检疫合格的，出具检疫证明、加施检疫标志。实施检疫的官方兽医应当在检疫证明、检疫标志上签字或者盖章，并对检疫结论负责。

动物饲养场、屠宰企业的执业兽医或者动物防疫技术人员，应当协助官方兽医实施检疫。

第五十条　因科研、药用、展示等特殊情形需要非食用性利用的野生动物，应当按照国家有关规定报动物卫生监督机构检疫，检疫合格的，方可利用。

人工捕获的野生动物，应当按照国家有关规定报捕获地动物卫生监督机构检疫，检疫合格的，方可饲养、经营和运输。

国务院农业农村主管部门会同国务院野生动物保护主管部门制定野生动物检疫办法。

第五十一条　屠宰、经营、运输的动物，以及用于科研、展示、演出和比赛等非食用性利用的动物，应当附有检疫证明；经营和运输的动物产品，应当附有检疫证明、检疫标志。

第五十二条　经航空、铁路、道路、水路运输动物和动物产品的，托运人托运时应当提供检疫证明；没有检疫证明的，承运人不得承运。

进出口动物和动物产品，承运人凭进口报关单证或者海关签发的检疫单证运递。

从事动物运输的单位、个人以及车辆，应当向所在地县级人民政府农业农村主管部门备案，妥善保存行程路线和托运人提供的动物名称、检疫证明编号、数量等信息。具体办法由国务院农业农村主管部门制定。

运载工具在装载前和卸载后应当及时清洗、消毒。

第五十三条　省、自治区、直辖市人民政府确定并公布道路运输的动物进入本行政区域的指定通道，设置引导标志。跨省、自治区、直辖市通过道路运输动物的，应当经省、自治区、直辖市人民政府设立的指定通道入省境或者过省境。

第五十四条　输入到无规定动物疫病区的动物、动物产品，货主应当按照国务院农业农村主管部门的规定向无规定动物疫病区所在地动物卫生监督机构申报检疫，经检疫合格的，方可进入。

第五十五条　跨省、自治区、直辖市引进的种用、乳用动物到达输入地后，货主应当按照国务院农业农村主管部门的规定对引进的种用、乳用动物进行隔离观察。

第五十六条　经检疫不合格的动物、动物产品，货主应当在农业农村主管部门的监督下按照国家有关规定处理，处理费用由货主承担。

第六章　病死动物和病害动物产品的无害化处理

第五十七条　从事动物饲养、屠宰、经营、隔离以及动物产品生产、经营、加工、贮藏等活动的单位和个人，应当按照国家有关规定做好病死动物、病害动物产品的无害化处理，或者委托动物和动物产品无害化处理场所处理。

从事动物、动物产品运输的单位和个人，应当配合做好病死动物和病害动物产品的无害化处理，不得在途中擅自弃置和处理有关动物和动物产品。

任何单位和个人不得买卖、加工、随意弃置病死动物和病害动物产品。

动物和动物产品无害化处理管理办法由国务院农业农村、野生动物保护主管部门按照职责制定。

第五十八条　在江河、湖泊、水库等水域发现的死亡畜禽，由所在地县级人民政府组织收集、处理并溯源。

在城市公共场所和乡村发现的死亡畜禽，由所在地街道办事处、乡级人民政府组织收集、处理并溯源。

在野外环境发现的死亡野生动物，由所在地野生动物保护主管部门收集、处理。

第五十九条　省、自治区、直辖市人民政府制定动物和动物产品集中无害化处理场所建设规划，建立政府主导、市场运作的无害化处理机制。

第六十条　各级财政对病死动物无害化处理提供补助。具体补助标准和办法由县级以上人民政府财政部门会同本级人民政府农业农村、野生动物保护等有关部门制定。

第七章　动物诊疗

第六十一条　从事动物诊疗活动的机构，应当具备下列条件：

（一）有与动物诊疗活动相适应并符合动物防疫条件的场所；

（二）有与动物诊疗活动相适应的执业兽医；

（三）有与动物诊疗活动相适应的兽医器械和设备；

（四）有完善的管理制度。

动物诊疗机构包括动物医院、动物诊所以及其他提供动物诊疗服务的机构。

第六十二条　从事动物诊疗活动的机构，应当向县级以上地方人民政府农业农村主管部门申请动物诊疗许可证。受理申请的农业农村主管部门应当依照本法和《中华人民共和国行政许可法》的规定进行审查。经审查合格的，发给动物诊疗许可证；不合格的，应当通知申请人并说明理由。

第六十三条　动物诊疗许可证应当载明诊疗机构名称、诊疗活动范围、从业地点和法定代表人（负责人）等事项。

动物诊疗许可证载明事项变更的，应当申请变更或者换发动物诊疗许可证。

第六十四条　动物诊疗机构应当按照国务院农业农村主管部门的规定，做好诊疗活动中的卫生安全防护、消毒、隔离和诊疗废弃物处置等工作。

第六十五条　从事动物诊疗活动，应当遵守有关动物诊疗的操作技术规范，使用符合规定的兽药和兽医器械。

兽药和兽医器械的管理办法由国务院规定。

第八章　兽医管理

第六十六条　国家实行官方兽医任命制度。

官方兽医应当具备国务院农业农村主管部门规定的条件，由省、自治区、直辖市人民政府农业农村主管部门按照程序确认，由所在地县级以上人民政府农业农村主管部门任命。具体办法由国务院农业农村主管部门制定。

海关的官方兽医应当具备规定的条件，由海关总署任命。具体办法由海关总署会同国务院农业农村主管部门制定。

第六十七条　官方兽医依法履行动物、动物产品检疫职责，任何单位和个人不得拒绝或者阻碍。

第六十八条　县级以上人民政府农业农村主管部门制定官方兽医培训计划，提供培训条件，定期对官方兽医进行培训和考核。

第六十九条　国家实行执业兽医资格考试制度。具有兽医相关专业大学专科以上学历的人员或者符合条件的乡村兽医，通过执业兽医资格考试的，由省、自治区、直辖市人民政府农业农村主管部门颁发执业兽医资格证书；从事动物诊疗等经营活动的，还应当向所在地县级人民政府农业农村主管部门备案。

执业兽医资格考试办法由国务院农业农村主管部门商国务院人力资源主管部门制定。

第七十条　执业兽医开具兽医处方应当亲自诊断，并对诊断结论负责。

国家鼓励执业兽医接受继续教育。执业兽医所在机构应当支持执业兽医参加继续教育。

第七十一条　乡村兽医可以在乡村从事动物诊疗活动。具体管理办法由国务院农业农村主管部门制定。

第七十二条　执业兽医、乡村兽医应当按照所在地人民政府和农业农村主管部门的要求，参加动物疫病预防、控制和动物疫情扑灭等活动。

第七十三条 兽医行业协会提供兽医信息、技术、培训等服务，维护成员合法权益，按照章程建立健全行业规范和奖惩机制，加强行业自律，推动行业诚信建设，宣传动物防疫和兽医知识。

第九章　监督管理

第七十四条 县级以上地方人民政府农业农村主管部门依照本法规定，对动物饲养、屠宰、经营、隔离、运输以及动物产品生产、经营、加工、贮藏、运输等活动中的动物防疫实施监督管理。

第七十五条 为控制动物疫病，县级人民政府农业农村主管部门应当派人在所在地依法设立的现有检查站执行监督检查任务；必要时，经省、自治区、直辖市人民政府批准，可以设立临时性的动物防疫检查站，执行监督检查任务。

第七十六条 县级以上地方人民政府农业农村主管部门执行监督检查任务，可以采取下列措施，有关单位和个人不得拒绝或者阻碍：

（一）对动物、动物产品按照规定采样、留验、抽检；

（二）对染疫或者疑似染疫的动物、动物产品及相关物品进行隔离、查封、扣押和处理；

（三）对依法应当检疫而未经检疫的动物和动物产品，具备补检条件的实施补检，不具备补检条件的予以收缴销毁；

（四）查验检疫证明、检疫标志和畜禽标识；

（五）进入有关场所调查取证，查阅、复制与动物防疫有关的资料。

县级以上地方人民政府农业农村主管部门根据动物疫病预防、控制需要，经所在地县级以上地方人民政府批准，可以在车站、港口、机场等相关场所派驻官方兽医或者工作人员。

第七十七条 执法人员执行动物防疫监督检查任务，应当出示行政执法证件，佩带统一标志。

县级以上人民政府农业农村主管部门及其工作人员不得从事与动物防疫有关的经营性活动，进行监督检查不得收取任何费用。

第七十八条 禁止转让、伪造或者变造检疫证明、检疫标志或者畜禽标识。

禁止持有、使用伪造或者变造的检疫证明、检疫标志或者畜禽标识。

检疫证明、检疫标志的管理办法由国务院农业农村主管部门制定。

第十章　保障措施

第七十九条 县级以上人民政府应当将动物防疫工作纳入本级国民经济和社会发展规划及年度计划。

第八十条 国家鼓励和支持动物防疫领域新技术、新设备、新产品等科学技术研究开发。

第八十一条 县级人民政府应当为动物卫生监督机构配备与动物、动物产品检疫工作相适应的官方兽医，保障检疫工作条件。

县级人民政府农业农村主管部门可以根据动物防疫工作需要，向乡、镇或者特定区域派驻兽医机构或者工作人员。

第八十二条　国家鼓励和支持执业兽医、乡村兽医和动物诊疗机构开展动物防疫和疫病诊疗活动；鼓励养殖企业、兽药及饲料生产企业组建动物防疫服务团队，提供防疫服务。地方人民政府组织村级防疫员参加动物疫病防治工作的，应当保障村级防疫员合理劳务报酬。

第八十三条　县级以上人民政府按照本级政府职责，将动物疫病的监测、预防、控制、净化、消灭，动物、动物产品的检疫和病死动物的无害化处理，以及监督管理所需经费纳入本级预算。

第八十四条　县级以上人民政府应当储备动物疫情应急处置所需的防疫物资。

第八十五条　对在动物疫病预防、控制、净化、消灭过程中强制扑杀的动物、销毁的动物产品和相关物品，县级以上人民政府给予补偿。具体补偿标准和办法由国务院财政部门会同有关部门制定。

第八十六条　对从事动物疫病预防、检疫、监督检查、现场处理疫情以及在工作中接触动物疫病病原体的人员，有关单位按照国家规定，采取有效的卫生防护、医疗保健措施，给予畜牧兽医医疗卫生津贴等相关待遇。

第十一章　法律责任

第八十七条　地方各级人民政府及其工作人员未依照本法规定履行职责的，对直接负责的主管人员和其他直接责任人员依法给予处分。

第八十八条　县级以上人民政府农业农村主管部门及其工作人员违反本法规定，有下列行为之一的，由本级人民政府责令改正，通报批评；对直接负责的主管人员和其他直接责任人员依法给予处分：

（一）未及时采取预防、控制、扑灭等措施的；

（二）对不符合条件的颁发动物防疫条件合格证、动物诊疗许可证，或者对符合条件的拒不颁发动物防疫条件合格证、动物诊疗许可证的；

（三）从事与动物防疫有关的经营性活动，或者违法收取费用的；

（四）其他未依照本法规定履行职责的行为。

第八十九条　动物卫生监督机构及其工作人员违反本法规定，有下列行为之一的，由本级人民政府或者农业农村主管部门责令改正，通报批评；对直接负责的主管人员和其他直接责任人员依法给予处分：

（一）对未经检疫或者检疫不合格的动物、动物产品出具检疫证明、加施检疫标志，或者对检疫合格的动物、动物产品拒不出具检疫证明、加施检疫标志的；

（二）对附有检疫证明、检疫标志的动物、动物产品重复检疫的；

（三）从事与动物防疫有关的经营性活动，或者违法收取费用的；

（四）其他未依照本法规定履行职责的行为。

第九十条　动物疫病预防控制机构及其工作人员违反本法规定，有下列行为之一的，由本级人民政府或者农业农村主管部门责令改正，通报批评；对直接负责的主管人员和其他直接责任人员依法给予处分：

（一）未履行动物疫病监测、检测、评估职责或者伪造监测、检测、评估结果的；

（二）发生动物疫情时未及时进行诊断、调查的；

（三）接到染疫或者疑似染疫报告后，未及时按照国家规定采取措施、上报的；

（四）其他未依照本法规定履行职责的行为。

第九十一条　地方各级人民政府、有关部门及其工作人员瞒报、谎报、迟报、漏报或者授意他人瞒报、谎报、迟报动物疫情，或者阻碍他人报告动物疫情的，由上级人民政府或者有关部门责令改正，通报批评；对直接负责的主管人员和其他直接责任人员依法给予处分。

第九十二条　违反本法规定，有下列行为之一的，由县级以上地方人民政府农业农村主管部门责令限期改正，可以处一千元以下罚款；逾期不改正的，处一千元以上五千元以下罚款，由县级以上地方人民政府农业农村主管部门委托动物诊疗机构、无害化处理场所等代为处理，所需费用由违法行为人承担：

（一）对饲养的动物未按照动物疫病强制免疫计划或者免疫技术规范实施免疫接种的；

（二）对饲养的种用、乳用动物未按照国务院农业农村主管部门的要求定期开展疫病检测，或者经检测不合格而未按照规定处理的；

（三）对饲养的犬只未按照规定定期进行狂犬病免疫接种的；

（四）动物、动物产品的运载工具在装载前和卸载后未按照规定及时清洗、消毒的。

第九十三条　违反本法规定，对经强制免疫的动物未按照规定建立免疫档案，或者未按照规定加施畜禽标识的，依照《中华人民共和国畜牧法》的有关规定处罚。

第九十四条　违反本法规定，动物、动物产品的运载工具、垫料、包装物、容器等不符合国务院农业农村主管部门规定的动物防疫要求的，由县级以上地方人民政府农业农村主管部门责令改正，可以处五千元以下罚款；情节严重的，处五千元以上五万元以下罚款。

第九十五条　违反本法规定，对染疫动物及其排泄物、染疫动物产品或者被染疫动物、动物产品污染的运载工具、垫料、包装物、容器等未按照规定处置的，由县级以上地方人民政府农业农村主管部门责令限期处理；逾期不处理的，由县级以上地方人民政府农业农村主管部门委托有关单位代为处理，所需费用由违法行为人承担，处五千元以上五万元以下罚款。

造成环境污染或者生态破坏的，依照环境保护有关法律法规进行处罚。

第九十六条　违反本法规定，患有人畜共患传染病的人员，直接从事动物疫病监测、检测、检验检疫，动物诊疗以及易感染动物的饲养、屠宰、经营、隔离、运输等活动的，由县级以上地方人民政府农业农村或者野生动物保护主管部门责令改正；拒不改正的，处一千元以上一万元以下罚款；情节严重的，处一万元以上五万元以下罚款。

第九十七条　违反本法第二十九条规定，屠宰、经营、运输动物或者生产、经营、加工、贮藏、运输动物产品的，由县级以上地方人民政府农业农村主管部门责令改正、采取补救措施，没收违法所得、动物和动物产品，并处同类检疫合格动物、动物产品货值金额十五倍以上三十倍以下罚款；同类检疫合格动物、动物产品货值金额不足一万元的，并处五万元以上十五万元以下罚款；其中依法应当检疫而未检疫的，依照本法第一百条的规定处罚。

前款规定的违法行为人及其法定代表人（负责人）、直接负责的主管人员和其他直接责任人员，自处罚决定作出之日起五年内不得从事相关活动；构成犯罪的，终身不得从事屠宰、经营、运输动物或者生产、经营、加工、贮藏、运输动物产品等相关活动。

第九十八条　违反本法规定，有下列行为之一的，由县级以上地方人民政府农业农村主管部门责令改正，处三千元以上三万元以下罚款；情节严重的，责令停业整顿，并处三万元以上十万元以下罚款：

（一）开办动物饲养场和隔离场所、动物屠宰加工场所以及动物和动物产品无害化处理场所，未取得动物防疫条件合格证的；

（二）经营动物、动物产品的集贸市场不具备国务院农业农村主管部门规定的防疫条件的；

（三）未经备案从事动物运输的；

（四）未按照规定保存行程路线和托运人提供的动物名称、检疫证明编号、数量等信息的；

（五）未经检疫合格，向无规定动物疫病区输入动物、动物产品的；

（六）跨省、自治区、直辖市引进种用、乳用动物到达输入地后未按照规定进行隔离观察的；

（七）未按照规定处理或者随意弃置病死动物、病害动物产品的。

第九十九条　动物饲养场和隔离场所、动物屠宰加工场所以及动物和动物产品无害化处理场所，生产经营条件发生变化，不再符合本法第二十四条规定的动物防疫条件继续从事相关活动的，由县级以上地方人民政府农业农村主管部门给予警告，责令限期改正；逾期仍达不到规定条件的，吊销动物防疫条件合格证，并通报市场监督管理部门依法处理。

第一百条　违反本法规定，屠宰、经营、运输的动物未附有检疫证明，经营和运输的动物产品未附有检疫证明、检疫标志的，由县级以上地方人民政府农业农村主管部门责令改正，处同类检疫合格动物、动物产品货值金额一倍以下罚款；对货主以外的承运人处运输费用三倍以上五倍以下罚款，情节严重的，处五倍以上十倍以下罚款。

违反本法规定，用于科研、展示、演出和比赛等非食用性利用的动物未附有检疫证明的，由县级以上地方人民政府农业农村主管部门责令改正，处三千元以上一万元以下罚款。

第一百零一条　违反本法规定，将禁止或者限制调运的特定动物、动物产品由动物疫病高风险区调入低风险区的，由县级以上地方人民政府农业农村主管部门没收运输费用、违法运输的动物和动物产品，并处运输费用一倍以上五倍以下罚款。

第一百零二条　违反本法规定，通过道路跨省、自治区、直辖市运输动物，未经省、自治区、直辖市人民政府设立的指定通道入省境或者过省境的，由县级以上地方人民政府农业农村主管部门对运输人处五千元以上一万元以下罚款；情节严重的，处一万元以上五万元以下罚款。

第一百零三条　违反本法规定，转让、伪造或者变造检疫证明、检疫标志或者畜禽标识的，由县级以上地方人民政府农业农村主管部门没收违法所得和检疫证明、检疫标志、畜禽标识，并处五千元以上五万元以下罚款。

持有、使用伪造或者变造的检疫证明、检疫标志或者畜禽标识的，由县级以上人民政府农业农村主管部门没收检疫证明、检疫标志、畜禽标识和对应的动物、动物产品，并处三千元以上三万元以下罚款。

第一百零四条　违反本法规定，有下列行为之一的，由县级以上地方人民政府农业农村主管部门责令改正，处三千元以上三万元以下罚款：

（一）擅自发布动物疫情的；

（二）不遵守县级以上人民政府及其农业农村主管部门依法作出的有关控制动物疫病规定的；

（三）藏匿、转移、盗掘已被依法隔离、封存、处理的动物和动物产品的。

第一百零五条 违反本法规定，未取得动物诊疗许可证从事动物诊疗活动的，由县级以上地方人民政府农业农村主管部门责令停止诊疗活动，没收违法所得，并处违法所得一倍以上三倍以下罚款；违法所得不足三万元的，并处三千元以上三万元以下罚款。

动物诊疗机构违反本法规定，未按照规定实施卫生安全防护、消毒、隔离和处置诊疗废弃物的，由县级以上地方人民政府农业农村主管部门责令改正，处一千元以上一万元以下罚款；造成动物疫病扩散的，处一万元以上五万元以下罚款；情节严重的，吊销动物诊疗许可证。

第一百零六条 违反本法规定，未经执业兽医备案从事经营性动物诊疗活动的，由县级以上地方人民政府农业农村主管部门责令停止动物诊疗活动，没收违法所得，并处三千元以上三万元以下罚款；对其所在的动物诊疗机构处一万元以上五万元以下罚款。

执业兽医有下列行为之一的，由县级以上地方人民政府农业农村主管部门给予警告，责令暂停六个月以上一年以下动物诊疗活动；情节严重的，吊销执业兽医资格证书：

（一）违反有关动物诊疗的操作技术规范，造成或者可能造成动物疫病传播、流行的；

（二）使用不符合规定的兽药和兽医器械的；

（三）未按照当地人民政府或者农业农村主管部门要求参加动物疫病预防、控制和动物疫情扑灭活动的。

第一百零七条 违反本法规定，生产经营兽医器械，产品质量不符合要求的，由县级以上地方人民政府农业农村主管部门责令限期整改；情节严重的，责令停业整顿，并处二万元以上十万元以下罚款。

第一百零八条 违反本法规定，从事动物疫病研究、诊疗和动物饲养、屠宰、经营、隔离、运输，以及动物产品生产、经营、加工、贮藏、无害化处理等活动的单位和个人，有下列行为之一的，由县级以上地方人民政府农业农村主管部门责令改正，可以处一万元以下罚款；拒不改正的，处一万元以上五万元以下罚款，并可以责令停业整顿：

（一）发现动物染疫、疑似染疫未报告，或者未采取隔离等控制措施的；

（二）不如实提供与动物防疫有关的资料的；

（三）拒绝或者阻碍农业农村主管部门进行监督检查的；

（四）拒绝或者阻碍动物疫病预防控制机构进行动物疫病监测、检测、评估的；

（五）拒绝或者阻碍官方兽医依法履行职责的。

第一百零九条 违反本法规定，造成人畜共患传染病传播、流行的，依法从重给予处分、处罚。

违反本法规定，构成违反治安管理行为的，依法给予治安管理处罚；构成犯罪的，依法追究刑事责任。

违反本法规定，给他人人身、财产造成损害的，依法承担民事责任。

第十二章 附 则

第一百一十条 本法下列用语的含义：

（一）无规定动物疫病区，是指具有天然屏障或者采取人工措施，在一定期限内没有发生规定的一种或者几种动物疫病，并经验收合格的区域；

（二）无规定动物疫病生物安全隔离区，是指处于同一生物安全管理体系下，在一定期限内没有发生规定的一种或者几种动物疫病的若干动物饲养场及其辅助生产场所构成的，并经验收合格的特定小型区域；

（三）病死动物，是指染疫死亡、因病死亡、死因不明或者经检验检疫可能危害人体或者动物健康的死亡动物

（四）病害动物产品，是指来源于病死动物的产品，或者经检验检疫可能危害人体或者动物健康的动物产品。

第一百一十一条　境外无规定动物疫病区和无规定动物疫病生物安全隔离区的无疫等效性评估，参照本法有关规定执行。

第一百一十二条　实验动物防疫有特殊要求的，按照实验动物管理的有关规定执行。

第一百一十三条　本法自 2021 年 5 月 1 日起施行。

附录3　非洲猪瘟疫情应急实施方案（第六版）

非洲猪瘟疫情属重大动物疫情，一旦发生，死亡率高，是我国生猪产业生产安全最大威胁。为扎实打好非洲猪瘟防控持久战，切实维护养猪业稳定健康发展，有效保障猪肉产品供给，依据《中华人民共和国动物防疫法》、《中华人民共和国进出境动植物检疫法》、《中华人民共和国生物安全法》、《重大动物疫情应急条例》、《国家突发重大动物疫情应急预案》等有关法律法规和规定，制定本方案。

一、疫情报告与确认

任何单位和个人发现生猪出现疑似非洲猪瘟症状或异常死亡等情况，应立即向所在地农业农村（畜牧兽医）主管部门或动物疫病预防控制机构报告，有关单位接到报告后应立即按规定采取必要措施并上报信息，按照"可疑疫情—疑似疫情—确诊疫情"的程序认定和报告疫情。

（一）可疑疫情

县级以上动物疫病预防控制机构接到信息后，应立即指派两名中级以上技术职称人员到场，及时采取临时隔离控制、消毒等必要措施，开展现场诊断和流行病学调查，符合《非洲猪瘟诊断规范》（附件1，以下简称《规范》）可疑病例标准的，应判定为可疑病例，及时采样送检并报同级地方人民政府农业农村（畜牧兽医）主管部门认定。

县级以上地方人民政府农业农村（畜牧兽医）主管部门根据现场诊断结果和流行病学调查信息，对符合可疑病例标准的，应认定为可疑疫情。

（二）疑似疫情

可疑病例样品经县级以上动物疫病预防控制机构实验室，或经省级人民政府农业农村（畜牧兽医）主管部门认可的第三方实验室检出非洲猪瘟病毒核酸的，应判定为疑似病例，及时送样复检并报县级以上地方人民政府农业农村（畜牧兽医）主管部门认定。

县级以上地方人民政府农业农村（畜牧兽医）主管部门根据实验室检测结果和流行病学调查信息，对符合疑似病例标准的，应认定为疑似疫情。

（三）确诊疫情

疑似病例样品经省级动物疫病预防控制机构复检，或经省级人民政府农业农村（畜牧兽医）主管部门授权的地市级动物疫病预防控制机构实验室复检，检出非洲猪瘟病毒核酸的，应判定为确诊病例，并及时报省级人民政府农业农村（畜牧兽医）主管部门认定。有条件的省级动物疫病预防控制机构应按照《规范》要求，有针对性地开展病原鉴别检测。

省级人民政府农业农村（畜牧兽医）主管部门根据确诊结果和流行病学调查信息，对符合确诊病例标准的，应认定为确诊疫情；疫区、受威胁区涉及两个以上省份的疫情，由农业农村部认定。

（四）疫情报告与发布

认定为确诊疫情后，确诊疫情所在地的省级动物疫病预防控制机构应按疫情快报要求将有关信息上报至中国动物疫病预防控制中心，并将样品和流行病学调查信息送中国动物卫生与流行病学中心。中国动物疫病预防控制中心按照程序向农业农村部报送疫情信息。农业农村部按规定报告和通报疫情后，由疫情所在地省级人民政府农业农村（畜牧兽医）主管部门发布疫情信息。其他任何单位和个人不得发布疫情和排除疫情信息。

相关单位在开展疫情报告、调查以及样品采集、送检、检测等工作时，应及时做好记录备查。

在生猪运输环节中发现的非洲猪瘟疫情，由疫情发现地负责报告、处置，疫情计入生猪输出地。

确诊疫情所在地的县级以上动物疫病预防控制机构应按疫情快报要求，逐级上报后续报告和最终报告；疫情所在地省级人民政府农业农村（畜牧兽医）主管部门应向农业农村部及时报告疫情处置重要情况和总结。

二、疫情响应

根据非洲猪瘟流行特点、危害程度和影响范围，将疫情应急响应分为四级。

（一）特别重大（Ⅰ级）疫情响应

21天内多数省份发生疫情，且新发疫情持续增加、快速扩散，对生猪产业发展和经济社会运行构成严重威胁时，农业农村部根据疫情形势和风险评估结果，报请国务院启动Ⅰ级疫情响应，启动国家应急指挥机构；或经国务院授权，由农业农村部启动Ⅰ级疫情响应，并牵头启动多部门组成的应急指挥机构，各有关部门按照职责分工共同做好疫情防控工作。

启动Ⅰ级疫情响应后，农业农村部负责向社会发布疫情预警。县级以上地方人民政府应立即启动应急指挥机构工作，组织各部门依据职责分工共同做好疫情应对，实施防控工作每日报告制度，组织开展紧急流行病学调查和应急监测等工作，对发现的疫情及时采取应急处置措施。

（二）重大（Ⅱ级）疫情响应

21天内9个以上省份发生疫情，且疫情有进一步扩散趋势时，应启动Ⅱ级疫情响应。

疫情所在地县级以上地方人民政府应立即启动应急指挥机构工作，组织各有关部门依据职责分工共同做好疫情应对；实施防控工作每日报告制度，组织开展紧急流行病学调查和应急监测工作；对发现的疫情及时采取应急处置措施。

农业农村部加强对全国疫情形势的研判，对发生疫情省份开展应急处置督导，根据需要派专家组指导处置疫情，向社会发布预警，并指导做好疫情应对。

（三）较大（Ⅲ级）疫情响应

21天内4个以上、8个以下省份发生疫情，或3个相邻省份发生疫情时，应启动Ⅲ级疫情响应。

疫情所在地的市、县级人民政府应立即启动应急指挥机构工作，组织各有关部门依据职责分工共同做好疫情应对；实施防控工作每日报告制度，组织开展紧急流行病学调查和应急监测；对发现的疫情及时采取应急处置措施。

疫情所在地的省级人民政府农业农村（畜牧兽医）主管部门对疫情发生地开展应急处置督导，根据需要组织专家提供技术支持，向本省有关地区、相关部门通报疫情信息，指导做好疫情应对。

农业农村部向相关省份发布预警。

（四）一般（Ⅳ级）疫情响应

21 天内 3 个以下省份发生疫情的，应启动Ⅳ级疫情响应。

疫情所在地的县级人民政府应立即启动应急指挥机构工作，组织各有关部门依据职责分工共同做好疫情应对，实施防控工作每日报告制度，组织开展紧急流行病学调查和应急监测工作，对发现的疫情及时采取应急处置措施。

疫情所在地的市级人民政府农业农村（畜牧兽医）主管部门对疫情发生地开展应急处置督导，及时组织专家提供技术支持；向本市有关县区、相关部门通报疫情信息，指导做好疫情应对。

省级人民政府农业农村（畜牧兽医）主管部门应根据需要对疫情处置提供技术支持，并向相关地区发布预警信息。

（五）各地应急响应措施细化和调整

省级人民政府或应急指挥机构要结合辖区内工作实际，科学制定和细化应急响应分级标准和响应措施，并指导市、县两级逐级明确和落实。原则上，地方制定的应急响应分级标准和响应措施，应不低于国家制定的标准和措施。省级人民政府或应急指挥机构在调低响应级别前，省级人民政府农业农村（畜牧兽医）主管部门应及时将有关情况报农业农村部备案。

（六）国家层面应急响应级别调整

农业农村部根据疫情形势和防控实际，组织开展评估分析，及时提出调整响应级别或终止应急响应的建议或意见，由原启动响应机制的人民政府或应急指挥机构调整响应级别或终止应急响应。

三、应急处置

对发生可疑和疑似疫情的相关场点，所在地县级人民政府农业农村（畜牧兽医）主管部门和乡镇人民政府应立即组织采取隔离观察、采样检测、流行病学调查、限制易感动物及相关物品进出、环境消毒等措施。必要时可采取封锁、扑杀等措施。

疫情确诊后，县级以上地方人民政府农业农村（畜牧兽医）主管部门应立即划定疫点、疫区和受威胁区，向本级人民政府提出启动相应级别应急响应的建议，由本级人民政府依法作出决定。影响范围涉及两个以上行政区域的，由有关行政区域共同的上一级人民政府农业农村（畜牧兽医）主管部门划定，或者由各有关行政区域的上一级人民政府农业农村（畜牧兽医）主管部门共同划定。

划定疫点应考虑发病生猪所在场所的生物安全防护水平、防控措施落实情况等因素；划定疫区、受威胁区应考虑当地天然屏障（如河流、山脉等）、人工屏障（如道路、围栏等）、行政区划、生猪存栏密度和饲养条件、生猪生产设施（如屠宰、经营场所等）布局、野猪分布等情况，在综合评估疫病传播风险后，合理划定。

（一）疫点划定与处置

1. 疫点划定。对具备良好生物安全防护水平的规模养殖场，发病生猪所在栏舍与其他栏舍有效隔离的，可将发病生猪所在栏舍划为疫点；发病生猪所在栏舍与其他栏舍未能有效隔离的，以该猪场为疫点，或以发病生猪所在栏舍及流行病学关联栏舍为疫点。

对其他养殖场（户），以发病生猪所在的养殖场（户）为疫点；如已出现或具有交叉污染风险，以发病生猪所在养殖场（户）和流行病学关联场（户）为疫点。

对放养生猪，以发病生猪活动场地为疫点。

在运输过程中发现疫情的，以运载发病生猪的车辆、船只、飞机等运载工具为疫点。

在生猪经营和隔离场所发生疫情的，以该场所为疫点。

在屠宰厂（场）发生疫情的，以该屠宰厂（场）（不含未受病毒污染的肉制品生产加工车间、冷库）为疫点。

2. 应采取的措施。县级人民政府应依法及时组织扑杀疫点内的所有生猪，并参照《病死及病害动物无害化处理技术规范》等相关规定，对所有病死猪、被扑杀猪及其产品，以及排泄物、餐厨废弃物、被污染或可能被污染的饲料和垫料、污水等进行无害化处理；按照《非洲猪瘟消毒规范》（附件 2）等相关要求，对被污染或可能被污染的人员、交通工具、用具、圈舍、场地等进行严格消毒，并强化灭蝇、灭鼠等媒介生物控制措施；禁止生猪调入、生猪及其产品调出。疫点为生猪屠宰厂（场）的，还应暂停生猪屠宰等生产经营活动，并对流行病学关联车辆进行清洗消毒。运输途中发现疫情的，还应对运载工具进行彻底清洗消毒，不得劝返。

（二）疫区划定与处置

疫区划定。根据综合评估结果，具备良好生物安全防护水平的场所发生疫情时，可将该场所划为疫区；其他场所发生疫情时，可将发病生猪所在自然村划为疫区，或疫点外延合理范围划为疫区。运输途中、屠宰厂（场）发生疫情，经流行病学调查和评估无扩散风险的，可不划定疫区。

应采取的措施。疫区所在地县级以上地方人民政府农业农村（畜牧兽医）主管部门报请本级人民政府对疫区实行封锁。当地人民政府依法发布封锁令，组织设立警示标志，设置临时检查消毒站，对出入的相关人员和车辆进行消毒；关闭生猪经营场所并进行彻底消毒，对场所内的生猪予以隔离；禁止生猪调入、生猪及其产品调出疫区，经检测合格的出栏肥猪可经指定路线就近屠宰；监督指导养殖场（户）隔离观察存栏生猪，增加清洗消毒频次，并采取灭蝇、灭鼠等媒介生物控制措施。

疫区内的生猪屠宰厂（场），应暂停生猪屠宰活动，进行彻底清洗消毒，经当地县级人民政府农业农村（畜牧兽医）主管部门组织对其环境和生猪产品样品检测合格的，由疫情所在县的上一级人民政府农业农村（畜牧兽医）主管部门组织开展风险评估通过后可恢复生产；恢复生产后，经检测、检验、检疫合格的生猪产品，可在所在地县级行政区内销售。

疫区内发现疫情或生猪样品检出非洲猪瘟病毒核酸的，应参照疫点处置措施处置。经流行病学调查和风险评估，认为无疫情扩散风险的，可不再扩大疫区范围。

（三）受威胁区划定与处置

1. 受威胁区划定。受威胁区应根据综合评估结果划定。没有野猪活动的地区，一般从疫区边缘向外延伸 10 公里划为受威胁区；有野猪活动的地区，一般从疫区边缘向外延伸 50 公里划为受威胁区。

2. 应采取的措施。受威胁区所在地县级以上地方人民政府农业农村（畜牧兽医）主管部门应及时组织对生猪养殖场（户）全面排查，必要时抽样检测，掌握疫情动态，强化防控措施。禁止调出未按规定检测、检疫的生猪；经检测、检疫合格的出栏肥猪，可经指定路线就近屠宰；对取得《动物防疫条件合格证》、按规定检测合格的养殖场（户），其出栏肥猪可与本省符合条件的屠宰企业实行"点对点"调运，出售的种猪、商品仔猪（重量在 30 千克及以下且用于育肥的生猪）可在本省范围内调运。

受威胁区内的生猪屠宰厂（场），应彻底清洗消毒，采样检测合格且由受威胁区所在县的上一级人民政府农业农村（畜牧兽医）主管部门组织开展风险评估通过后，可继续生产。

受威胁区内发现疫情或生猪样品检出非洲猪瘟病毒核酸的，应参照疫点处置措施处置。经流行病学调查和风险评估，认为无疫情扩散风险的，可不再扩大疫区、受威胁区范围。

（四）紧急流行病学调查

初步调查。在疫点、疫区和受威胁区内搜索可疑病例，寻找首发病例，查明发病顺序；调查了解当地地理环境、生猪养殖和野猪分布情况，分析疫情潜在扩散范围。

追踪调查。对首发病例出现前至少 21 天内以及疫情发生后采取隔离措施前，从疫点输出的生猪、风险物品、运载工具及密切接触人员进行追踪调查，对有流行病学关联的养殖、屠宰厂（场）进行采样检测，评估疫情扩散风险。

溯源调查。对首发病例出现前至少 21 天内，引入疫点的所有生猪、风险物品、运输工具、人员进出和兽药饲料使用情况等进行溯源调查，对有流行病学关联的相关场所、运载工具、兽药饲料等进行采样检测，分析疫情来源。

流行病学调查过程中发现异常情况的，应根据风险分析情况及时采取隔离观察、采样检测等处置措施。

（五）应急监测

疫情所在县及毗邻县人民政府农业农村（畜牧兽医）主管部门要立即组织对所有养殖、屠宰、隔离、经营等场所开展应急排查，对重点区域、关键环节和异常死亡的生猪加大监测力度，及时发现疫情隐患。加大对生猪经营场所、屠宰厂（场）、无害化处理场所的巡查力度，有针对性地开展监测。加大入境口岸、交通枢纽周边地区以及货物卸载区周边的监测力度。高度关注生猪、野猪的异常死亡情况，指导生猪养殖场（户）强化生物安全防护，避免饲养的生猪与野猪接触。应急监测中发现异常情况的，必须按规定立即采取隔离观察、采样检测等处置措施。

（六）解除封锁和恢复生产

在各项应急处置措施落实到位并达到下列规定条件时，当地县级人民政府农业农村（畜牧兽医）主管部门向上一级人民政府农业农村（畜牧兽医）主管部门申请组织验收，合格后，向原发布封锁令的人民政府申请解除封锁，由该人民政府发布解除封锁令，并组织恢复生产。

1. 疫点为养殖场（户）、生猪经营和隔离场所的。应进行无害化处理的所有猪按规定处理后 21 天内，疫区、受威胁区未出现新发疫情；所在县的上一级人民政府农业农村（畜牧兽医）主管部门组织对疫点和屠宰加工、经营场所等流行病学关联场点采样检测合格。

2. 疫点为生猪屠宰厂（场）的。所在县的上一级政府农业农村（畜牧兽医）主管部门组织对其环境和生猪产品抽样检测合格后，48 小时内疫区、受威胁区无新发病例。解除封锁后，生猪屠宰加工企业可恢复生产；对疫情发生前，生猪屠宰厂（场）生产的生猪产品，经抽样检测合格后，方可销售或加工使用。

解除封锁后，疫区内生猪经营场所隔离的生猪，经抽样检测合格后，方可销售或加工使用。

四、监测阳性和检测阳性的处置

（一）监测阳性及其处置

疫情防控检查、监测排查、流行病学调查和企业自检等活动中，对生猪样品检出非洲猪瘟病毒核酸，但样品来源地存栏生猪无疑似临床症状或无存栏生猪的，为监测阳性。

1. 生猪养殖场（户）、经营和隔离场所监测阳性。生产经营主体自检发现的监测阳性，应报经县级以上动物疫病预防控制机构复核确认。自检监测阳性经复核确认后，以及各级人民政府农业农村（畜牧兽医）主管部门组织抽检发现监测阳性的，应扑杀阳性猪及其同群猪，对其余猪群，应隔离观察 21 天。隔离观察期满无异常发病、死亡且抽样未检出非洲猪瘟病毒核酸的，可就近屠宰或继续饲养；隔离观察期内有异常发病或死亡且检出非洲猪瘟病毒核酸的，按疫情处置。

对不按要求报告自检监测阳性或弄虚作假的生产经营主体，还应列为重点监控对象，其存栏生猪出栏时，抽样经县级以上动物疫病预防控制机构实验室或第三方实验室检测，未检出非洲猪瘟病毒核酸的，方可正常出栏。

2. 屠宰厂（场）监测阳性。屠宰厂（场）自检发现的监测阳性，应暂停生猪屠宰活动并报县级以上动物疫病预防控制机构复核确认。自检监测阳性经复核确认后，以及各级人民政府农业农村（畜牧兽医）主管部门组织抽检发现监测阳性的，应责令发现监测阳性的屠宰厂（场）暂停生猪屠宰活动，全面清洗消毒，对阳性生猪及其产品进行无害化处理。相关工作完成后，采样经县级以上动物疫病预防控制机构检测合格的，可恢复生产。该屠宰厂（场）在暂停生猪屠宰活动前，尚有待宰生猪的，应进行隔离观察，隔离观察期内无异常发病、死亡且未检出非洲猪瘟病毒核酸的，可在恢复生产后继续屠宰；有异常发病或死亡且检出非洲猪瘟病毒核酸的，按疫情处置。

地方各级人民政府农业农村（畜牧兽医）主管部门发现屠宰厂（场）不报告监测阳性的，应责令屠宰厂（场）立即暂停屠宰活动并全面清洗消毒，对阳性生猪、同群生猪及其产品进行无害化处理。相关工作完成 48 小时后，经县级以上动物疫病预防控制机构采样检测合格的，可恢复生产。当地县级以上人民政府农业农村（畜牧兽医）主管部门还应将其列为重点监控对象，加大抽检频次。

3. 生猪运输环节监测阳性。在生猪运输环节发现监测阳性的，扑杀同一运输工具上的所有生猪并就近无害化处理，对生猪运输工具进行彻底清洗消毒，追溯来源。

4. 监测阳性的调查和信息报送。养殖、经营、隔离、屠宰环节自检监测阳性经复核确认和抽检发现监测阳性后，以及生猪运输环节发现监测阳性的，当地县级人民政府农业农村（畜牧兽医）主管部门应组织开展紧急流行病学调查，将监测阳性信息按快报的内容和时限要求，逐级报送至中国动物疫病预防控制中心，将阳性样品和流行病学调查信息送中国动物卫生与流行病学中心，并及时向当地生产经营者通报有关信息。

（二）检测阳性及其处置

在饲料及饲料添加剂、兽药、生猪产品中检出非洲猪瘟病毒核酸的，应立即封存，经评估有疫情传播风险的，对封存的相关饲料及饲料添加剂、兽药、生猪产品予以销毁。在无害化处理场所病死猪样品检出非洲猪瘟病毒核酸的，应查找发生原因，强化风险管控；在各类场所环境样品中检出非洲猪瘟病毒核酸的，还应责令有关生产经营主体对该场所彻底清洗消毒。

五、善后处理

（一）落实生猪扑杀补助

对强制扑杀的生猪及人工饲养的野猪，符合补助规定的，按照有关规定给予补助，扑杀补助经费由中央财政和地方财政按比例承担。对运输环节发现的疫情，疫情处置由疫情发现地承担，扑杀补助费用由生猪输出地按规定承担。

（二）开展后期评估

应急响应结束后，疫情发生地县级以上人民政府农业农村（畜牧兽医）主管部门组织有关单位对应急处置情况进行系统总结，可结合体系效能评估，找出差距和改进措施，报告同级人民政府和上级人民政府农业农村（畜牧兽医）主管部门，并逐级上报至农业农村部。

（三）表彰奖励

县级以上人民政府及其部门按照国家有关规定，对疫情报告、处置等动物防疫工作中作出贡献的单位和个人，进行表彰、奖励；对在疫情应急处置工作中英勇献身的人员，按有关规定追认为烈士。

（四）责任追究

在疫情报告、处置过程中，发现违反有关法律法规规章行为的，以及国家工作人员有玩忽职守、失职、渎职等违法违纪行为的，依法、依规、依纪严肃追究当事人的责任。

（五）抚恤和补助

地方各级人民政府要组织有关部门对因参与应急处置工作致病、致残、死亡的人员，按照有关规定给予相应的补助或抚恤。

六、保障措施

各级地方人民政府加强对本地疫情防控工作的领导，强化联防联控机制建设，压实相关部门职责，建立重大动物疫情应急处置预备队伍，落实应急资金和物资，对非洲猪瘟疫情迅速作出反应、依法果断处置。

各级地方人民政府农业农村（畜牧兽医）主管部门要加强体系建设和能力作风建设，做好非洲猪瘟防控宣传，建立疫情分片包村包场排查工作机制，强化重点场点和关键环节监测，提升疫情早期发现识别能力；强化养殖、屠宰、经营、运输、病死动物无害化处理等环节风险管控，推动落实生产经营者主体责任。综合施策，切实化解疫情发生风险。

七、附则

（一）本方案有关数量的表述中，"以上"、"以下"均含本数。

（二）野猪发生疫情的，根据流行病学调查和风险评估结果，参照本方案采取相关处置措施，依据动物防疫法等法律法规，由县级以上地方人民政府林业和草原主管部门负责处置，并向本级人民政府农业农村（畜牧兽医）主管部门通报，防止野猪疫情向家猪扩散。

（三）动物园、野生动物园、保种场、实验动物饲养场所发生疫情的，应按本方案进行相应处置。必要时，可根据流行病学调查、实验室检测、风险评估结果，报请省级人民政府有关部门并经省级人民政府农业农村（畜牧兽医）主管部门同意，合理确定扑杀范围。

（四）本方案由农业农村部负责解释。

附件：1. 非洲猪瘟诊断规范

2. 非洲猪瘟消毒规范

附件1

非洲猪瘟诊断规范

一、流行病学

（一）传染源
感染非洲猪瘟病毒的家猪、野猪和钝缘软蜱等为主要传染源。

（二）传播途径
主要通过接触非洲猪瘟病毒感染的生猪或非洲猪瘟病毒污染物（餐厨废弃物、饲料、饮水、圈舍、垫草、衣物、用具、车辆等）传播，消化道和呼吸道是最主要的感染途径；也可经钝缘软蜱等媒介昆虫叮咬传播。气溶胶传播非洲猪瘟的风险很低。

（三）易感动物
家猪和欧亚野猪高度易感，无明显的品种、日龄和性别差异。非洲野猪，例如疣猪、丛林猪、红河猪和巨林猪，感染后很少或者不出现临床症状，是病毒的储存宿主。

（四）潜伏期
因毒株、宿主和感染途径的不同，潜伏期有所差异，一般为5至19天，最长可达21天。

（五）发病率和病死率
不同毒株致病性有所差异，强毒力毒株感染猪的发病率、病死率均可达100%；中等毒力毒株造成的病死率一般为30%至50%，低毒力毒株仅引起少量猪死亡。

（六）季节性
该病季节性不明显，但北方寒冷季节、南方多雨季节和生猪调运频繁时疫情发生风险相对较高。

二、临床表现

（一）最急性
无明显临床症状突然死亡。

（二）急性
体温可高达42摄氏度，沉郁，厌食，耳、四肢、腹部皮肤有出血点，可视黏膜潮红、发绀。眼、鼻有黏液脓性分泌物；呕吐；便秘，粪便表面有血液和黏液覆盖；腹泻，粪便带血。共济失调或步态僵直，呼吸困难，病程延长则出现瘫痪、抽搐等其他神经症状。妊娠母猪流产。病死率可达100%。病程4至10天。

（三）亚急性
症状与急性相同，但病情较轻，病死率较低。体温波动无规律，一般高于40.5摄氏度。仔猪病死率较高。病程5至30天。

（四）慢性
波状热，呼吸困难，湿咳。消瘦或发育迟缓，体弱，毛色暗淡。关节肿胀，皮肤溃疡。死亡率低。病程2至15个月。

三、病理变化

病理变化包括浆膜表面充血、出血，肾脏、肺脏表面有出血点，心内膜和心外膜有大量出血点，胃、肠道黏膜弥漫性出血，胆囊、膀胱出血；心包积液、绒毛心；肺脏肿大，切面流出泡沫性液体，气管内有血性泡沫样粘液；脾脏肿大、易碎，呈暗红色至黑色，表面有出血点，边缘钝圆，有时出现边缘梗死；颌下淋巴结、腹腔淋巴结肿大、出血或严重出血；关节炎。

最急性型的个体可能不出现明显的病理变化。

四、实验室诊断

非洲猪瘟临床症状与古典猪瘟、高致病性猪蓝耳病、猪丹毒等疫病相似，必须通过实验室检测进行诊断。实验室诊断程序可参见《非洲猪瘟诊断技术》（GB/T 18648）。

（一）样品的采集、运输和保存

可采集发病动物或同群动物的血清样品和病原学样品。样品的包装和运输应符合农业农村部《高致病性动物病原微生物菌（毒）种或者样本运输包装规范》等规定。

1. 血清学样品。无菌采集 5 毫升血液样品，室温放置 12 至 24 小时，收集血清，冷藏运输。到达检测实验室后，立即进行非洲猪瘟抗体检测或冷冻储存备用。

2. 病原学样品

（1）抗凝血样品。无菌采集 5 毫升乙二胺四乙酸抗凝血，冷藏运输。到达检测实验室后，立即进行非洲猪瘟病原检测或冷冻储存备用。

（2）组织样品。首选脾脏，其次为淋巴结、扁桃体、肾脏、骨髓等，冷藏运输。到达检测实验室后，立即进行非洲猪瘟病原检测或冷冻储存备用。

（二）病原检测

可采用荧光聚合酶链式反应、核酸等温扩增、双抗夹心酶联免疫吸附试验、试纸条等方法。

（三）抗体检测

可采用阻断酶联免疫吸附试验、间接酶联免疫吸附试验、抗原夹心酶联免疫吸附试验、间接免疫荧光等方法。

五、结果判定

（一）可疑病例

猪群符合下述流行病学、临床症状、剖检病变标准之一的，判定为可疑病例。

1. 流行病学标准

（1）已经按照程序规范免疫猪瘟、高致病性猪蓝耳病等疫苗，但猪群发病率、病死率依然超出正常范围；

（2）饲喂餐厨废弃物的猪群，出现异常发病死亡；

（3）调入猪群、更换饲料、外来人员和车辆进入猪场、畜主和饲养人员购买生猪产品等可能存在风险的事件发生后，猪群 21 天内出现异常发病死亡；

（4）野外放养有可能接触垃圾、野猪的生猪出现发病或死亡。符合上述 4 条之一的，判定为符合流行病学标准。

2. 临床症状标准

(1) 发病率、病死率超出正常范围或无前兆突然死亡;

(2) 皮肤发红或发紫;

(3) 出现高热或结膜炎症状;

(4) 关节肿胀、皮肤溃疡;

(5) 出现腹泻或呕吐症状;

(6) 出现神经症状;

(7) 母猪出现流产、死胎。

符合第(1)条,且符合其他条之一的,判定为符合临床症状标准。

3. 剖检病变标准

(1) 脾脏异常肿大;

(2) 脾脏有出血性梗死;

(3) 下颌淋巴结肿胀或出血;

(4) 腹腔淋巴结肿胀或出血;

(5) 关节炎;

(6) 心包积液、绒毛心。

符合上述任何一条的,判定为符合剖检病变标准。

(二)疑似病例

对临床可疑病例,经县级以上动物疫病预防控制机构实验室或经省级人民政府农业农村(畜牧兽医)主管部门认可的第三方实验室检出非洲猪瘟病毒核酸的,判定为疑似病例。

(三)确诊病例

对疑似病例,按有关要求经省级动物疫病预防控制机构实验室或省级人民政府农业农村(畜牧兽医)主管部门授权的地市级动物疫病预防控制机构实验室复检,检出非洲猪瘟病毒核酸的,判定为确诊病例。

(四)基因缺失株鉴别诊断

对于确诊病例,必要时,省级动物疫病预防控制机构应进行基因缺失株的鉴别诊断,具体参见《非洲猪瘟病毒流行株与基因缺失株鉴别检测规范》(农办牧〔2020〕39号)。

附件 2

非洲猪瘟消毒规范

一、消毒剂推荐品类与应用范围

应用范围		推荐品类
道路、车辆	生产线道路、疫区及疫点道路	氢氧化钠（火碱）、氢氧化钙（熟石灰）
	车辆及运输工具	酚类、戊二醛类、季铵盐类、复方含碘类（碘、磷酸、硫酸复合物）、过氧乙酸
	大门口及更衣室消毒池、脚踏垫	氢氧化钠
生产、加工区	畜舍建筑物、围栏、木质结构、水泥表面、地面	氢氧化钠、酚类、戊二醛类、二氧化氯类、过氧乙酸
	生产、加工设备及器具	季铵盐类、复方含碘类（碘、磷酸、硫酸复合物）、过硫酸氢钾
	环境及空气消毒	过硫酸氢钾类、二氧化氯、过氧乙酸
	饮水消毒	季铵盐类、过硫酸氢钾类、二氧化氯、含氯类
	人员皮肤消毒	含碘类
	衣、帽、鞋等可能被污染的物品	过硫酸氢钾
办公、生活区	疫区范围内办公、饲养人员宿舍、公共食堂等场所	二氧化氯、过硫酸氢钾、含氯类
人员、衣物	隔离服、胶鞋等	过硫酸氢钾

备注：1. 氢氧化钠、氢氧化钙消毒剂，可采用1%工作浓度；2. 戊二醛类、季铵盐类、酚类、二氧化氯消毒剂，可参考说明书标明的工作浓度使用，饮水消毒工作浓度除外；3. 含碘类、含氯类、过硫酸氢钾消毒剂，可参考说明书标明的高工作浓度使用。

二、场地及设施设备消毒

（一）消毒前准备

1. 消毒前必须彻底清洗，清除有机物、污物、粪便、饲料、垫料等。
2. 按需选择合适的消毒产品。
3. 备有喷雾器、火焰喷射枪、消毒车辆、消毒人员防护用具（如口罩、手套、防护靴等）、消毒容器等。

（二）消毒方法

1. 对金属设施设备，可采用火焰、熏蒸和冲洗等方式消毒。
2. 对圈舍、车辆、屠宰加工、贮藏等场所，可采用消毒液清洗、喷洒等方式消毒。
3. 对养殖场（户）的饲料、垫料，可采用堆积发酵或焚烧等方式处理；对粪便等污物，作化学处理后采用深埋、堆积发酵或焚烧等方式处理。

对办公室、宿舍、食堂等场所，可采用喷洒方式消毒。

对消毒产生的污水应进行无害化处理。

（三）人员及物品消毒

1. 饲养及管理人员可采取淋浴和更衣方式消毒。

2. 对衣、帽、鞋等可能被污染的物品，可采取消毒液浸泡、高压灭菌等方式消毒。

（四）消毒频率

疫点每天消毒 3 至 5 次，连续 7 天，之后每天消毒 1 次，持续消毒 21 天；疫区临时检查消毒站做好出入车辆人员消毒工作，直至解除封锁。

三、消毒效果评价

最后一次消毒后，针对金属设施设备、车辆、圈舍、屠宰加工和储藏场所，以及办公室、宿舍、食堂等场所，采集环境样品，进行非洲猪瘟病毒核酸检测。核酸检测结果为阴性，表明消毒效果合格；核酸检测结果为阳性，需要继续进行清洗消毒。

附录 4　动物疫病净化场评估管理指南（2025 版）

第一条　为做好动物疫病净化场评估工作，规范动物疫病净化场评估管理，根据《农业农村部关于推进动物疫病净化工作的意见》（农牧发〔2021〕29 号，以下简称《意见》），经农业农村部畜牧兽医局同意，制定本指南。

第二条　农业农村部负责全国动物疫病净化工作。中国动物疫病预防控制中心具体组织实施，负责组建国家级动物疫病净化评估专家库，制定并发布《动物疫病净化场评估管理指南》和《动物疫病净化场评估技术规范》（以下简称《评估技术规范》）等。

第三条　本指南所称》动物疫病净化场》是指通过农业农村部或省级农业农村（畜牧兽医）主管部门组织的统一评估，达到特定动物疫病净化标准的养殖场。

第四条　申报国家级动物疫病净化场评估的养殖场，需通过省级动物疫病净化场评估，并按《国家级动物疫病净化场申报书》（附件 1）要求，逐级向省级农业农村（畜牧兽医）主管部门提交相关申请材料；省级农业农村（畜牧兽医）主管部门统一组织向农业农村部畜牧兽医局申请评估。

第五条　中国动物疫病预防控制中心具体组织评估专家组对申报材料进行初审，对首次申报且通过初审的养殖场开展现场评估，对国家级动物疫病净化场有效期到期前提出复评估申请的养殖场开展材料评估或现场评估。

第六条　国家级动物疫病净化场评估实行专家组长负责制。评估专家由中国动物疫病预防控制中心从国家级动物疫病净化评估专家库中随机抽取，专家组由 3—5 人组成，专家组组长由中国动物疫病预防控制中心指定。

第七条　现场评估包括现场审查和抽样检测两部分，评估专家组负责现场审查、抽样方案制定、进场查看、进场监督采样以及实验室检测结果的确认。农业农村部畜牧兽医局根据工作需要派观察员参加现场评估。

中国动物疫病预防控制中心指定实验室开展实验室检测并出具检测报告，养殖场所在地的各级动物疫病预防控制机构负责协助完成采样和送样等工作。

第八条　现场评估专家组应根据《评估技术规范》相关要求逐项进行现场审查、进场监督采样，如实记录检查结果和存在的问题，并依据现场审查和检测结果，提出评估意见，完成评估报告。

第九条　评估意见分为通过、整改后通过和不通过三种：

（一）通过：现场审查结果满足《评估技术规范》要求。专家未提出选址布局、建筑结构以外的不符合项，且检测结果满足《评估技术规范》要求，提出通过评估意见。

（二）整改后通过：现场审查结果满足《评估技术规范》要求，专家提出不符合项。养殖场应按《评估技术规范》要求，在 2 个月内完成不符合项（选址布局、建筑结构除外）的整改，并将整改报告报评估专家组。评估专家组对养殖场的纠正措施进行跟踪验证，并确认其是否有效，必要时可进行现场复核。验证合格，且检测结果满足《评估技术规范》要求，提出整改后通过的评估意见。

（三）不通过：现场审查结果和/或检测结果不满足《评估技术规范》要求，或养殖场 2 个月内未完成整改的，评估专家组提出不通过的评估意见。

第十条 在完成材料评估和现场评估的基础上，中国动物疫病预防控制中心组织召开专家评审会议，确定国家级动物疫病净化场建议名单，报农业农村部畜牧兽医局审核，审核通过的按程序以农业农村部文件发布。

第十一条 未通过评估的养殖场，可按照国家级动物疫病净化场评估工作安排和要求重新申报。

第十二条 自农业农村部发布之日起，国家级动物疫病净化场的有效期：种畜禽场、规模化奶畜场、种公猪站、种公牛站为 5 年，规模化商品畜禽场为 3 年。动物疫病净化场应按照统一制式（附件 1-2）悬挂牌匾。

国家级动物疫病净化场应在有效期到期前 6 个月提出复评估申请。

第十三条 国家级动物疫病净化场实行动态监测制度。中国动物疫病预防控制中心受委托对国家级动物疫病净化场进行不定期现场查看和抽样检测，发现不符合净化要求且未在 6 个月内完成整改的，将结果报告农业农村部畜牧兽医局，建议暂停其国家级动物疫病净化场资格。

第十四条 有下列情形之一的，暂停国家级动物疫病净化场资格：

（一）养殖场停产或部分停产的；

（二）生物安全管理体系不能正常运行的；

（三）动物疫病预防控制机构监测结果显示不能证明达到相关疫病净化标准的；

（四）不配合当地农业农村（畜牧兽医）部门对动物疫病净化场进行监管的；

（五）养殖场发生严重质量安全事件的；

（六）其他需要暂停的情形。

第十五条 被暂停资格的国家级动物疫病净化场应在 12 个月内完成整改，并向省级农业农村（畜牧兽医）部门申请评估。省级评估合格后，向农业农村部畜牧兽医局提出恢复申请。经农业农村部畜牧兽医局组织评估合格的，由农业农村部畜牧兽医局发文恢复资格；未按期完成整改或未通过评估的，由农业农村部发文取消资格。被取消资格的国家级动物疫病净化场两年内不得重新申报。

第十六条 有下列情形之一的，取消国家级动物疫病净化场资格：

（一）养殖场地址发生变更的；

（二）未开展年度审查或年度审查审查结果为不合格的；

（三）年度审查发现不符合《评估技术规范》要求，且未根据整改意见按期完成整改的；

（四）连续两年动态监测均发现不符合净化要求的；

（五）隐瞒疫病发生情况的；

（六）不规范使用净化场牌匾（文件）和相关标识的，包括买卖、出租、仿制牌匾等不当操作，或利用牌匾（文件）虚假宣传，造成不良影响的；

（七）严重违反中华人民共和国动物防疫法等法律法规，造成重大负面影响的；

（八）其他需要取消的情形。

第十七条 各地要落实《意见》要求和属地管理责任，对辖区内国家级动物疫病净化场开展日常监管和抽样检测，及时提出暂停、恢复或取消资格的建议，报农业农村部畜牧兽医局并抄送中国动物疫病预防控制中心。

第十八条 本指南由中国动物疫病预防控制中心负责解释。

各地可参照本指南制定本辖区动物疫病净化场评估的相关规定和申报要求，组织开展动物疫病净化场评估工作。对于《评估技术规范》未涵盖的部分，各省可结合实际情况，制定相应的省级动物疫病净化场评估标准。

第十九条　本指南自发布之日起施行。

附件：1-1　国家级动物疫病净化场申报书

1-2　动物疫病净化场牌匾制式

附件 1－1

国家级动物疫病净化场申报书

养殖场名称（公章）：

养殖场类型：

养殖场地址：

申请评估病种：

申请日期：

联系人：

联系方式：

填写说明

1. 本申报书由中国动物疫病预防控制中心统一编制。

2. 本申报书由申请单位填写，经县、市、省级农业农村（畜牧兽医）主管部门审核后由省级农业农村（畜牧兽医）主管部门统一报送。

3. 本申报书通过系统进行申报，纸质版同时寄送至农业农村部畜牧兽医局防疫处（北京市朝阳区农展南里 11 号，010-59191402）和中国动物疫病预防控制中心创新中心工作组（北京市大兴区天贵大街 17 号，010-59198881）。

4. 填报内容必须客观真实。

5. 1-9 项由申请单位填写，第 10 项由审核机构填写。

6. 11-15 项由申报单位提供，第 16-24 项由县级农业农村主管部门核对原件后复印并加盖公章。

7. 需要提交的材料按顺序装订成册。

申报材料目录

序号	材料名称	材料内容	备注
1	表1基本信息登记表	根据申报养殖场畜禽类别不同填写相应内容	系统申报并提供纸质材料
2	表2生产情况汇总表		
3	表3种源管理情况表		
4	表4免疫情况表		
5	表5消毒及无害化处理措施		
6	表6本年度主要疫病监测计划		
7	表7近三年疫病监测情况汇总表	至少提供在申报评审前三年的自行检测或委托其它检测机构检测的检测报告，由县级农业农村主管部门现场审核报告原件并核实表7（不需提供检测报告复印件）；根据申报养殖场畜禽类别不同，提供相应的内容	
8	表8人员情况（主要管理人员、技术人员名单）	名单列表	
9	表9技术规程与管理制度清单	提供清单目录	
10	表10国家级动物疫病净化场资格评审意见表	根据申报类型不同填写相应表格	
11	申请单位基本情况介绍	集团企业概况，本场概况（包括场址选择与周围环境）、生产能力（养殖品种、来源及规模；种畜禽生产技术水平情况；生产及配套设施情况；生产经营管理、档案管理等制度制订情况）、防疫情况（设施建设，免疫程序执行情况，消毒、无害化处理设施设备购置和运行等）、技术水平（管理及技术人员配备情况、管理及技术人员学历职称等）、经济效益等。	
12	养殖场布局平面图	场址位置平面图和场内各功能区平面布局图，要求标注各分区及栋舍号	
13	净化技术方案	场内本底情况、净化的病种，采取的技术路线和措施；如申报多个病种，将各疫病分开写。	
14	净化工作总结	净化背景、组织实施、基础保障、净化进展（疫病状况、生产性能、经济效益等）、当前面临的难点问题及今后的思路	
15	声明	承诺近两年内未发生过重大动物疫情及净化病种（病名）的流行，自查符合《动物疫病净化评估技术规范》，所提供材料真实可信，本场承担未如实报告的责任和后果（法定代表人签字、公章、日期）	

（续）

序号	材料名称	材料内容	备注
16	近一年内有资质的兽医实验室动物疫病检测合格报告复印件	提供报告复印件及资质证明	系统申报并提供纸质材料，县级农业农村主管部门审核原件后在复印件加盖公章
17	《种畜禽生产经营许可证》复印件	奶畜场、规模场除外	
18	《动物防疫条件合格证》复印件		
19	营业执照复印件		
20	法人或业主身份证明复印件		
21	本场专职兽医人员执业兽医资格证书		
22	省级动物疫病净化场证明复印件	包括主管部门发文、省级净化场评估报告、近一年内有资质的兽医实验室评估检测合格报告（含抽样方案）	
23	养殖场自评报告	提供养殖场自评表及自评报告	
24	现场审查证明材料（仅复评估场提供）	提出复评估申请的养殖场，依据现场审查评分表，逐项提供证明材料	

表 1-1　基本信息登记表

一、基础信息

名称			场址		
纬度（度°分′秒″）		经度（度°分′秒″）		海拔（m）	
动物种类		场点类型		启用时间	
企业性质		投资（万元）		上年度销售额（万元）	
占地总面积（m²）		生产区面积（m²）		辅助区面积（m²）	
总建筑面积（m²）		生产建筑面积（m²）		辅助建筑面积（m²）	

二、联系方式

法人代表		联系电话		邮箱	
场长		联系电话		邮箱	
净化负责人		联系电话		邮箱	

三、人员情况（职工总数　人）

管理人员总数		技术员总数		饲养员总数	
硕士及以上人数		本科生人数		大专生人数	
高级职称人数		中级职称人数		初级职称人数	

（续）

四、卫生防疫情况调查

项目	内容	结果	备注
基本条件	本场是否有专职驻场兽医		
	3公里内是否有其他养殖场、交易市场或者屠宰场		
	是否与主要交通干道有效隔离		
	生活区、生产区是否完全分开		
	栋舍情况（开放、半开放、全封闭）		
	生产区、无害化处理区是否完全分开		
	是否为全进全出生产模式		
	全进全出饲养模式（按舍/按场）		
	是否有独立产房		
	饮水来源		
	饲料来源		
无害化处理	栋舍粪污处理方式		
	病死动物处理方式		
	粪便处理方式		
消毒	饲料进入场区是否有专用通道		
	人员进入场区是否有专用通道		
	外售动物是否有专用通道		
	是否有废弃物出场专用通道		
	车辆、人员进出场区是否消毒		
	饮用水是否消毒		
	饲料是否消毒		
种源	本场是否从场外其他地方引种		
	引种来源		
	最近一次引种时间		
	本场引进种畜禽/精液是否对其进行疫病病原学检测		
	引进种畜禽是否进行隔离		
	引进种畜禽隔离方式		
	本场对外销售动物或精液的方式		
监测净化	本场是否定期进行免疫抗体检测		
	本场是否定期进行病原监测		
	本场是否自行开展血清学监测		
	本场开展疫病净化的时间		
	开展的主要净化病种		
	最希望开展净化的病种		

（续）

防疫支出	上年度疫病检测费用支出（万元）		
	上年度消毒药支出（万元）		
	上年度疫苗支出（万元）		
	上年度兽药支出（不含疫苗）（万元）		
	上年度防疫设施建设支出（万元）		
生产效益	净化规模（头/只）		
	净化投入（万元）		
	净化收益（万元）		
	净化减少损失（万元）		
	总经济效益（万元）		

注：1. 净化投入可依据本年度用于净化的设施设备投资金额、畜舍用具损耗投资金额、净化后多生新仔猪成本、淘汰死猪损失费、净化用额外水电费、淘汰死猪无害化处理费、净化用额外消耗品（工作服、帽子、鞋等）、疫苗费用（元）、检测费、消毒药费等进行测算。

2. 净化收益可依据成活生猪净收益、净化后销售价格的净提高、政府补贴等进行测算。

3. 净化减少损失可依据疫苗节约、医疗费节约、母猪淘汰减低的节约、母猪流产降低的节约、淘汰猪残值、感染其他传染病节约等进行测算。

表1-2　基本信息登记表

一、基础信息

名称			场址		
纬度（度°分′秒″）		经度（度°分′秒″）		海拔（m）	
动物种类		场点类型		启用时间	
企业性质		投资（万元）		上年度销售额（万元）	
占地总面积（m²）		生产区面积（m²）		辅助区面积（m²）	
总建筑面积（m²）		生产建筑面积（m²）		辅助建筑面积（m²）	

二、联系方式

法人代表		联系电话		邮箱	
场长		联系电话		邮箱	
净化负责人		联系电话		邮箱	

三、人员情况（职工总数　人）

管理人员总数		技术员总数		饲养员总数	
硕士及以上人数		本科生人数		大专生人数	
高级职称人数		中级职称人数		初级职称人数	

（续）

四、卫生防疫情况调查

项目	内容	结果	备注
基本条件	本场是否有专职驻场兽医		
	3公里内是否有其他养殖场、交易市场或者屠宰场		
	是否与主要交通干道有效隔离		
	生活区、生产区是否完全分开		
	栋舍情况（开放、半开放、全封闭）		
	生产区、无害化处理区是否完全分开		
	是否为全进全出生产模式		
	全进全出饲养模式（按舍/按场）		
	是否有独立产房		
	饮水来源		
	饲料来源		
无害化处理	栋舍粪污处理方式		
	病死动物处理方式		
	粪便处理方式		
消毒	饲料进入场区是否有专用通道		
	人员进入场区是否有专用通道		
	外售动物是否有专用通道		
	是否有废弃物出场专用通道		
	车辆、人员进出场区是否消毒		
	饮用水是否消毒		
	饲料是否消毒		
调入	本场是否从场外其他地方调入		
	调入来源		
	最近一次调入时间		
	本场调入畜禽是否对其进行疫病病原学检测		
	调入畜禽是否进行隔离		
	调入畜禽隔离方式		
	本场对外销售动物及其产品的方式		
监测净化	本场是否定期进行免疫抗体检测		
	本场是否定期进行病原监测		
	本场是否自行开展血清学监测		
	本场开展疫病净化的时间		
	开展的主要净化病种		
	最希望开展净化的病种		

（续）

防疫支出	上年度疫病检测费用支出（万元）		
	上年度消毒药支出（万元）		
	上年度疫苗支出（万元）		
	上年度兽药支出（不含疫苗）（万元）		
	上年度防疫设施建设支出（万元）		
生产效益	净化规模（头/只）		
	净化投入（万元）		
	净化收益（万元）		
	净化减少损失（万元）		
	总经济效益（万元）		

注：1. 净化投入可依据本年度用于净化的设施设备投资金额、畜舍用具损耗投资金额、净化后多生新仔猪成本、淘汰死猪损失费、净化用额外水电费、淘汰死猪无害化处理费、净化用额外消耗品（工作服、帽子、鞋等）、疫苗费用（元）、检测费、消毒药费等进行测算。

2. 净化收益可依据成活生猪净收益、净化后销售价格的净提高、政府补贴等进行测算。

3. 净化减少损失可依据疫苗节约、医疗费节约、母猪淘汰减低的节约、母猪流产降低的节约、淘汰猪残值、感染其他传染病节约等进行测算。

表 2-1　生产情况汇总表（种猪场）

统计周期：＿＿年＿＿月到＿＿年＿＿月　　填报时间：

		种公猪	种母猪	后备猪	保育猪	生长猪	哺乳仔猪	合计
生产规模	上年末存栏数（头）							
	目前总存栏数（头）							
	统计周期出栏数							
	生产母猪存栏数（头）	头胎母猪	2～3胎	4～6胎	6胎以上	总计	—	—
生产指标	母猪配种受胎率（%）			母猪配种分娩率（%）			平均每窝产仔数（头）	
	平均窝产活仔数（头）			平均窝产健仔数（头）			初生仔猪成活率（%）	
	断奶仔猪成活率（%）			保育阶段成活率（%）			育成阶段成活率（%）	
	种公猪死亡数（头）			种公猪淘汰数（不含死亡数）			种公猪年更新率（%）	
	生产母猪死亡数（头）			生产母猪淘汰数（不含死亡数）			生产母猪年更新率（%）	
	后备母猪死亡数			后备母猪淘汰数（不含死亡数）			后备母猪淘汰率（%）	
饲养品种	品种名称	种公猪		种母猪		后备公猪	后备母猪	合计

（续）

	栋舍号	栏位数	设计存栏量	生产阶段	存栏数（产房只填写母猪数）	产房仔猪数
栋舍分布						

注：栋舍分布存栏数一栏产房母猪数、仔猪数分开填写。

表 2-2 生产情况汇总表（种禽场）

统计周期：_____年_____月到_____年_____月　　　填报时间：

		曾祖代	祖代（套）	父母代（套）	商品代（套）	合计
生产规模	上年末存栏数（套）					
	当前总存栏数（套）					
	养殖方式（平养/笼养）		备注			
生产指标	本批次（世代）	引入时间		淘汰时间		引入套数
		平均死亡率（%）		育成期之前死亡率（%）		育成期后死亡率（%）
		育雏成活率（%）		平均淘汰率（%）		产蛋期月死淘率（%）
		总平均产蛋率（%）		种用公禽死亡数（只）		种用公禽淘汰数（不含死亡数）
		高峰期产蛋率（%）		种用母禽死亡数（只）		种用母禽淘汰数（不含死亡数）
	上批次（世代）	引入时间		淘汰时间		饲养周期（天）
		平均死亡率（%）		育成期之前死亡率（%）		育成期后死亡率（%）
		育雏成活率（%）		平均淘汰率（%）		产蛋期月死淘率（%）
		总平均产蛋率（%）		种用公禽死亡数（只）		种用公禽淘汰数（不含死亡数）
		高峰期产蛋率（%）		种用母禽死亡数（只）		种用母禽淘汰数（不含死亡数）
主要饲养品种	品种名称	曾祖代	祖代（套）	父母代（套）	—	—
					—	—
					—	—

	栋舍号	笼位数（栏数）	设计存栏量	周龄	生产阶段	存栏数
栋舍分布						

表 2 - 3　生产情况汇总表（种牛场）

统计周期：_____年_____月到_____年_____月　　　填报时间：

生产规模		种公牛	种母牛	青年牛	犊牛	合计
生产规模	上年末存栏数（头）					
	目前总存栏数（头）					
生产指标	配种母牛头数		情期受胎母牛数		流产母牛数	
	产犊数		犊牛死亡数		—	—
	公畜死亡数（头）		公畜淘汰数（不含死亡数）		公畜年更新率（%）	
	母畜死亡数（头）		母畜淘汰数（不含死亡数）		母畜更新率（%）	
饲养品种	品种名称	种公牛	种母牛	青年牛	合计	
栋舍分布	栋舍号	栏位数	设计存栏量	生产阶段	现存栏数	

表 2 - 4　生产情况汇总表（奶牛场）

统计周期：_____年_____月到_____年_____月　　　填报时间：

生产规模		生产母牛	育成牛	种公牛	犊牛	合计
生产规模	上年末存栏数（头）					
	目前总存栏数（头）					
生产指标	总产奶量（万升）		每头每天平均产奶量（/头/天）		最高产奶牛年产奶量	
	配种母牛头数		情期受胎母牛数		产犊数	
	流产母牛数		生乳体细胞数（周平均数）		生乳细菌总数（周平均数）	
	公畜死亡数（头）		公畜淘汰数（不含死亡数）		公畜年更新率（%）	
	母畜死亡数（头）		母畜淘汰数（不含死亡数）		母畜更新率（%）	
饲养品种	品种名称	生产母牛	青年牛	种公牛	合计	
栋舍分布	栋舍号	栏位数	设计存栏量	生产阶段	现存栏数	

表 2-5 生产情况汇总表（种羊场）

统计周期：_____年_____月到_____年_____月   填报时间：

		种公羊	种母羊	青年羊	羔羊	合计
生产规模	上年末存栏数（只）					
	目前总存栏数（只）					
生产指标	母羊配种头数		母羊分娩头数		母羊流产头数	
	产羔数		羔羊死亡数		—	—
	种用公羊死亡数（只）		种用公羊淘汰数（不含死亡数）		种用公羊年更新率（%）	
	种用母羊死亡数（只）		种用母羊淘汰数（不含死亡数）		种用母羊年更新率（%）	
饲养品种	品种名称	种公羊	种母羊	青年羊	合计	
栋舍分布	栋舍号	栏位数	设计存栏量	生产阶段	现存栏数	

表 2-6 生产情况汇总表（奶羊场）

统计周期：_____年_____月到_____年_____月   填报时间：

		泌乳羊	青年羊	种公羊	羔羊	合计
生产规模	上年末存栏数（头）					
	目前总存栏数（头）					
生产指标	总产奶量（万千克）		泌乳羊平均日产奶量（千克）		年平均泌乳天数（天）	
	配种母羊头数		情期受胎母羊数		产羔数	
	流产母羊数		羔羊死亡数		—	—
	公畜死亡数（头）		公畜淘汰数（不含死亡数）		公畜年更新率（%）	
	母畜死亡数（头）		母畜淘汰数（不含死亡数）		母畜更新率（%）	
饲养品种	品种名称	泌乳羊	青年羊	种公羊	羔羊	合计
栋舍分布	栋舍号	栏位数	设计存栏量	生产阶段	现存栏数	

附　录

表 2-7　生产情况汇总表（种鹿场）

统计周期：_____年_____月到_____年_____月　　　填报时间：

生产规模		种公鹿	种母鹿	青年鹿	仔鹿	合计
	上年末存栏数（头）					
	目前总存栏数（头）					

生产指标	配种母鹿头数		情期受胎母鹿数		流产母鹿数	
	产仔数		仔鹿死亡数		—	—
	公畜死亡数（头）		公畜淘汰数（不含死亡数）		公畜年更新率（%）	
	母畜死亡数（头）		母畜淘汰数（不含死亡数）		母畜更新率（%）	

饲养品种	品种名称	种公鹿	种母鹿	青年鹿	合计

栋舍分布	栋舍号	栏位数	设计存栏量	生产阶段	现存栏数

表 2-8　生产情况汇总表（种公猪站）

统计周期：_____年_____月到_____年_____月　　　填报时间：

生产规模		基础种公猪	后备种公猪	合计	
	上年末存栏数（头）				
	目前总存栏数（头）				

生产指标	种公猪年更新率（%）				
	引入种公猪数（头）				
	种公猪淘汰数（不含死亡数）			后备种公猪来源	
	种公猪死亡数（头）				
	年提供精液数量				

饲养品种	品种名称	基础种公猪	后备种公猪	合计	

栋舍分布	栋舍号	栏位数	设计存栏量	生产阶段	存栏数

表 2-9　生产情况汇总表（种公牛站）

统计周期：_____年_____月到_____年_____月　　　填报时间：

生产规模		基础种公牛	后备种公牛	合计	
生产规模	上年末存栏数（头）				
	目前总存栏数（头）				
生产指标	种公牛年更新率（%）			更新种公牛来源	
	引入种公牛数（头）				
	种公牛淘汰数（不含死亡数）				
	种公牛死亡数（头）				
	年提供精液数量				
饲养品种	品种名称	基础种公牛	后备种公牛	合计	
栋舍分布	栋舍号	栏位数	设计存栏量	生产阶段	存栏数

表 2-10　生产情况汇总表（规模猪场）

统计周期：_____年_____月到_____年_____月　　　填报时间：

		种公猪	种母猪	后备猪	保育猪		育肥猪	哺乳仔猪	合计
生产规模	上年末存栏数（头）								
	目前总存栏数（头）								
	统计周期出栏数								
	生产母猪存栏数（头）	头胎母猪	2～3胎	4～6胎	6胎以上		总计	—	—
								—	—
生产指标	母猪配种受胎率（%）		母猪配种分娩率（%）			平均每窝产仔数（头）			
	平均窝产活仔数（头）		平均窝产健仔数（头）			初生仔猪成活率（%）			
	断奶仔猪成活率（%）		保育阶段成活率（%）			育肥阶段成活率（%）			
	种公猪死亡数（头）		种公猪淘汰数（不含死亡数）			种公猪年更新率（%）			
	生产母猪死亡数（头）		生产母猪淘汰数（不含死亡数）			生产母猪年更新率（%）			
	后备母猪死亡数		后备母猪淘汰数（不含死亡数）			后备母猪淘汰率（%）			
	平均出栏日龄（天）		平均出栏体重（千克）			料肉比			

（续）

	品种名称	种公猪	种母猪	后备公猪	后备母猪	育肥猪	合计
饲养品种							

	栋舍号	栏位数	设计存栏量	生产阶段	存栏数（产房只填写母猪数）	产房仔猪数
栋舍分布						

注：栋舍分布存栏数一栏产房母猪数、仔猪数分开填写。

表 2-11　生产情况汇总表（规模禽场）

统计周期：＿＿＿＿年＿＿＿＿月到＿＿＿＿年＿＿＿＿月　　　　填报时间：

		当前存栏量			上年末存栏量		
生产规模	商品蛋禽	育雏期	育成期	产蛋期	育雏期	育成期	产蛋期
		当前存栏量		今年出栏量		上年出栏量	
	商品肉禽	育雏期	育肥期	出栏批次数	出栏禽数量	出栏批次数	出栏禽数量
	养殖方式（平养/笼养）		备注				

生产指标	商品蛋禽	进场日龄		开产日龄		整群淘汰日龄	
		平均死亡率（%）		育成期之前死亡率（%）		育成期后死亡率（%）	
		产蛋期月死亡率（%）		产蛋期月淘汰率（%）		是否存在强制换羽情况	
		总平均产蛋率（%）		总平均料蛋比		出现的蛋品质异常情况有哪些	
		高峰期产蛋率（%）		高峰期持续时间		高峰期料蛋比	
	商品肉禽	进场日龄（天）		出栏日龄（天）		一年出栏几批禽	
		平均死亡率（%）		育雏期死亡率（%）		育肥期死亡率（%）	
		平均淘汰率（%）		出现的淘汰情况有哪些			
		平均出栏体重（千克）		料肉比		欧洲效益指数	

	品种名称	饲养量	—	—	—	—
主要饲养品种			—	—	—	—
			—	—	—	—
			—	—	—	—

	栋舍号	笼位数（栏数）	设计存栏量	周龄	生产阶段	存栏数
栋舍分布						

表 2-12 生产情况汇总表（规模牛场）

统计周期：＿＿＿年＿＿＿月到＿＿＿年＿＿＿月　　　　填报时间：

生产规模		种公牛	种母牛	成年牛	犊牛	合计
生产规模	上年末存栏数（头）					
	目前总存栏数（头）					
生产指标	配种母牛头数		情期受胎母牛数		流产母牛数	
	产犊数		犊牛死亡率（%）		育肥死亡率（%）	
	公畜死亡数（头）		公畜淘汰数（不含死亡数）		公畜年更新率（%）	
	母畜死亡数（头）		母畜淘汰数（不含死亡数）		母畜更新率（%）	
	平均出栏日龄（天）		平均出栏体重（千克）		料肉比	
饲养品种	品种名称	种公牛	种母牛	成年牛	合计	
栋舍分布	栋舍号	栏位数	设计存栏量	生产阶段	现存栏数	

表 2-13 生产情况汇总表（规模羊场）

统计周期：＿＿＿年＿＿＿月到＿＿＿年＿＿＿月　　　　填报时间：

生产规模		种公羊	种母羊	成年羊	羔羊	合计
生产规模	上年末存栏数（只）					
	目前总存栏数（只）					
生产指标	母羊配种头数		母羊分娩头数		母羊流产头数	
	产羔数		羔羊死亡数		成年羊死亡率（%）	
	种用公羊死亡数（只）		种用公羊淘汰数（不含死亡数）		种用公羊年更新率（%）	
	种用母羊死亡数（只）		种用母羊淘汰数（不含死亡数）		种用母羊年更新率（%）	
	平均出栏日龄（天）		平均出栏体重（千克）		料肉比	
	泌乳羊平均日产奶量（kg）		年平均泌乳天数（天）		平均产毛量（千克）	
饲养品种	品种名称	种公羊	种母羊	成年羊	合计	
栋舍分布	栋舍号	栏位数	设计存栏量	生产阶段	现存栏数	

表 3-1　种源管理情况表

1. 引种情况

	引入时间	品种	数量	性别	引种来源		
					国家	省	公司名称
本场外引入种畜禽							
本场外引入精液							

2. 近一年内提供种用动物情况

年/月	提供种用公畜数量（头）	提供种用母畜数量（头）	提供精液数量（mL）	提供种禽数量（套）	销售范围	主要销售地点
					□本集团公司	
					□本省内	
					□国内其他省	
					□国外	

3. 种源动物疫病监测情况

疫病检测项目	检测范围				检测机构名称	检测范围	检测方法	检测方式
	引进种畜禽	引入精液	外售种畜禽	外售精液				

注：种畜禽场填写。自繁自养场点需填写建场以来主要引种情况，其他场点填写近三年引种情况。

表 3 - 2　调入管理情况表

1. 调入情况

	调入时间	品种	数量	性别	来源		
					国家	省	公司名称
本场调入畜禽							
本场外引入精液							

2. 近一年内外售动物及其产品情况

年/月	畜禽（头/只）	鸡蛋（枚）	乳制品（吨）	其他___	销售范围	主要销售地点
				□本省内		
				□国内其他省		
				□国外		

3. 调入动物疫病监测情况

疫病检测项目	检测范围		检测机构名称	检测范围	检测方法	检测方式
	调入畜禽	外售种畜禽及其产品				

注：自繁自养场点需填写建场以来主要引种情况，其他场点填写近三年引种情况。

表4　免疫情况登记表

	免疫病种	疫苗名称/亚型	疫苗生产厂家	疫苗类型	疫苗来源	疫苗成本（元/头份）
疫苗使用						
本场免疫程序	（详细描述本场疫病免疫程序，包括免疫时间、使用疫苗及数量、免疫阶段，可另附页）					

表5　消毒及无害化处理措施

	消毒对象	消毒方式	消毒频次	消毒药更换频次	消毒药名称	生产厂家	备注
消毒	入场消毒池						
	入场车辆						
	入场人员						
	人员进入生产区						
	栋舍						
	环境						
	其他____						
	其他____						
	其他____						
	处理对象	处理方式		处理能力		设施设备	备注
无害化处理	粪便						
	污水						
	病死动物						
	场区垃圾						

表6 本年度主要疫病监测计划

监测项目	监测动物群体	检测方法	备注（检测方法选择"其他"的需填写）	检测频率（次/年）	抽样方式	每次检测数量（头/只）	每次检测数占所在群比例（%）

注：监测项目一栏填写需具体到某种疫病的某个项目，例如猪瘟病原、猪瘟抗体、禽流感抗体、禽流感病原等。

表7-1　近三年疫病监测情况汇总表（猪场）

报告编号	检测日期	检测类型	检测机构	采样群体	采样群体存栏量	采样数量	检测项目及结果																							
							猪瘟抗体		猪蓝耳病抗体		口蹄疫O型抗体		口蹄疫A型抗体		口蹄疫非结构蛋白抗体		猪伪狂犬病gB抗体		猪伪狂犬病gE抗体		非洲猪瘟病原		猪瘟病原		猪蓝耳病病原		猪口蹄疫病原		其他___	
							检测数	阳性数	检测数	阳性数	检测数	阳性数	检测数	阳性数	检测数	阳性数	检测数	阳性数	检测数	阳性数	检测数	阳性数	检测数	阳性数	检测数	阳性数	检测数	阳性数	检测数	阳性数
汇总																																
平均阳性率/合格率																																

注：以每次检测为单元填写本表，检测类型包括自检（本场自行检测或者本场所在集团公司实验室进行的监测）、委托检验（由本场送样，委托第三方机构进行的检测）、监督检验（由兽医行政部门自行采样或者监督采样进行的检验）；本表最后两行自动统计，若一页不够，可复制本表制作；若一页不够，请勿修改。

表 7-2 近三年疫病监测情况汇总表（鸡场）

报告日期	检测编号	检测机构类型	采样群（采样群体数量）	采样体存栏量	禽流感免疫抗体（H5）		禽流感免疫抗体（H7）		新城疫免疫抗体		禽流感病原（H5）		禽流感病原（H7）		新城疫病原		禽白血病病毒分离		禽白血病p27抗原		禽白血病J亚群抗体		禽白血病A/B亚群抗体		鸡白痢抗体		支原体抗体		支原体病原		其他	
					检测数	阳性数	检测数	阳性数	检测数	阳性数	检测数	阳性数	检测数	阳性数	检测数	阳性数	检测数	阳性数	检测数	阳性数	检测数	阳性数	检测数	阳性数	检测数	阳性数	检测数	阳性数	检测数	阳性数	检测数	阳性数

检测项目及结果

汇总

平均阳性率/合格率

注：以每次检测为单元填写本表。检测类型包括自检（本场自行检测或者本场所在集团公司实验室进行的监测）、委托检验（由本场送样、委托第三方机构进行的检测）、监督检验（由兽医行政相关部门自行采样或者监督采样进行的检验）；本表最后两行自动统计；请勿修改；若一页不够，可复制本表填写。

表 7 - 3　近三年疫病监测情况汇总表（牛场）

报告编号	检测日期	检测类型	检测机构	采样群体	采样群体存栏量	采样数量	口蹄疫O型抗体		口蹄疫A型抗体		口蹄疫非结构蛋白抗体		口蹄疫病原		布鲁氏菌病抗体		布鲁氏菌病病原		结核菌素γ干扰素		结核菌素变态反应		其他___	
							检测数	阳性数	检测数	阳性数	检测数	阳性数	检测数	阳性数	检测数	阳性数	检测数	阳性数	检测数	阳性数	检测数	阳性数	检测数	阳性数
汇总 平均阳性率/合格率																								

注：以每次检测为单元填写本表；检测类型包括自检（本场自行检测或者本场所在集团公司实验室进行的监测）、委托检验（由本场送样、委托第三方机构进行的检测），监督检验（由兽医行政部门自行采样或者监督采样采样进行的检验）；本表最后两行自动统计；若一页不够，可复制本表填写。

· 349 ·

表7-4 近三年疫病监测情况汇总表（羊场）

报告编号	检测日期	检测类型	检测机构	采样群体	采样群体存栏量	采样数量	检测项目及结果																
							口蹄疫O型抗体		口蹄疫A型抗体		口蹄疫非结构蛋白抗体		口蹄疫病原		布鲁氏菌病抗体		布鲁氏菌病病原		小反刍兽疫抗体		小反刍兽疫病原		其他___	
							检测数	阳性数	检测数	阳性数	检测数	阳性数	检测数	阳性数	检测数	阳性数	检测数	阳性数	检测数	阳性数	检测数	阳性数	检测数	阳性数

汇总

平均阳性率/合格率

注：以每次检测为单元填写本表。检测类型包括自检（本场自行检测或者本场所在集团公司实验室进行的监测）、委托检验（由本场送样、委托第三方机构进行的检测）、监督检验（由兽医行政相关部门自行采样或者监督采样采样进行的检验）。本表最后两行自动统计；请勿修改；若一页不够，可复制本表填写。

表 7 - 5　近三年疫病监测情况汇总表（鹿场）

报告编号	检测日期	检测类型	检测机构	采样群体	采样群体存栏量	采样数量	检测项目及结果																	
							口蹄疫 O 型抗体		口蹄疫 A 型抗体		口蹄疫非结构蛋白抗体		口蹄疫病原		布鲁氏菌病抗体		布鲁氏菌病病原		结核菌素 r 干扰素		结核菌素变态反应		其他＿＿	
							检测数	阳性数	检测数	阳性数	检测数	阳性数	检测数	阳性数	检测数	阳性数	检测数	阳性数	检测数	阳性数	检测数	阳性数	检测数	阳性数
汇总																								
平均阳性率/合格率																								

注：以每次检测为单元填写本表，检测类型包括自检（本场自行检测或者本场所在集团公司实验室进行的监测）、委托检验（由本场送样，委托第三方机构进行的检测）、监督检验（由兽医行政相关部门自采样或者监督采样采样进行的检验）；本表最后两行自动统计；若一页不够，可复制本表填写。

表 8　主要管理人员、技术人员和获证特有工种人员名单

序号	姓名	性别	出生年月	本场职务	在本场工作时间	从事的本岗位的时间	职称	学历	毕业院校
1									
2									
3									
4									
5									
6									
7									
8									
9									
10									
11									
12									
13									
14									
15									
16									

表 9　技术规程与管理制度清单

序号	技术规程/管理制度名称	制定时间	备注
1			
2			
3			
4			
5			
6			
7			
8			
9			
10			
11			
12			
13			
14			
15			

注：包括种畜禽饲养、防疫、管理等技术规程和制度等；仅提供制度名称，不需要提供制度内容和文件。

表 10　国家级动物疫病净化场资格评审意见表

县级农业农村主管部门审核意见	负责人签字：　　　　　公章： 日期：
市级农业农村主管部门复核意见	负责人签字：　　　　　公章： 日期：
省级农业农村主管部门初评及推荐意见	负责人签字：　　　　　公章： 日期：
备注	

附件 1-2

动物疫病净化场牌匾制式

一、国家级动物疫病净化场牌匾制式

（一）样式及说明

（二）制式及说明

材质：铝合金板
工艺：主画面"UV平面彩印"，花纹边框"蚀刻烤漆"
尺寸：600*380 mm
厚度：平面双折2 cm

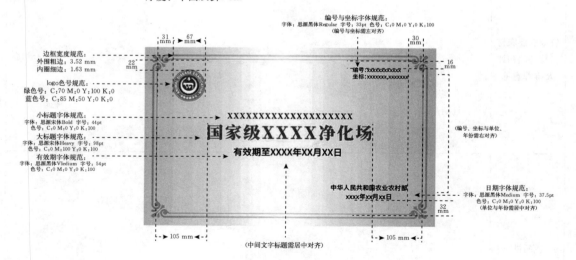

（三）编号规则

1. 编号示例及说明

2. 净化病种及编号

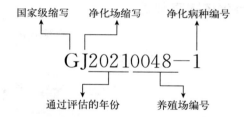

猪伪狂犬病：1

猪瘟：2

猪繁殖与呼吸综合征：3

禽白血病：4

牛布鲁氏菌病：5

牛结核病：6

羊布鲁氏菌病：7

非洲猪瘟：8

猪口蹄疫：9

牛口蹄疫：10

羊口蹄疫：11

高致病性禽流感：12

鸡白痢：13

新城疫：14

禽支原体病：15

小反刍兽疫：16

鹿布鲁氏菌病：17

鹿结核病：18

鹿口蹄疫：19

（四）牌匾示例

二、省级动物疫病净化场牌匾制式

(一) 样式及说明

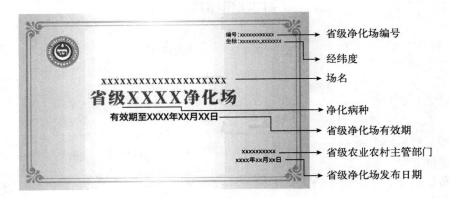

(二) 制式及说明

材质：铝合金板
工艺：主画面"UV平面彩印"，花纹边框"蚀刻烤漆"
尺寸：600*380 mm
厚度：平面双折2 cm

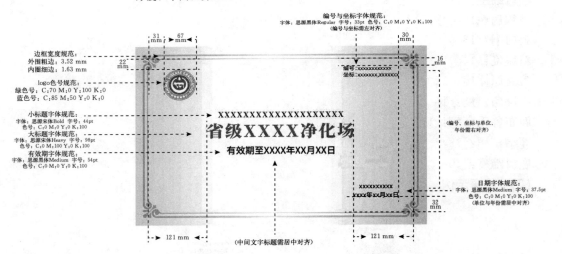

(三) 编号规则

1. 编号示例及说明

2. 净化病种及编号

猪伪狂犬病：1

猪瘟：2

猪繁殖与呼吸综合征：3

禽白血病：4

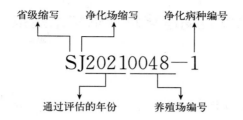

牛布鲁氏菌病：5

牛结核病：6

羊布鲁氏菌病：7

非洲猪瘟：8

猪口蹄疫：9

牛口蹄疫：10

羊口蹄疫：11

高致病性禽流感：12

鸡白痢：13

新城疫：14

禽支原体病：15

小反刍兽疫：16

鹿布鲁氏菌病：17

鹿结核病：18

鹿口蹄疫：19

（四）示例

附录 5　动物疫病净化场评估技术规范（2025 版）

1. 总则

为了规范种畜禽场、规模化商品畜禽场、规模化奶畜场主要动物疫病净化标准及评估技术过程，特制定《动物疫病净化场评估技术规范》（以下简称"本规范"）。

2. 评估范围

本规范适用于种畜禽场、规模化商品畜禽场、规模化奶畜场主要动物疫病净化效果的评估。主要动物疫病包括：猪伪狂犬病、猪瘟、猪繁殖与呼吸综合征、口蹄疫、非洲猪瘟、禽白血病、鸡白痢、新城疫、禽支原体病、高致病性禽流感、布鲁氏菌病、牛结核病、小反刍兽疫。本规范未涉及的场点类型和其他重要疫病的净化评估标准，将结合动物疫病净化工作进展及时修订完善。

3. 术语和定义

下列术语和定义适用于本文件。

3.1　种畜禽场

从事猪、禽、牛、羊、鹿等畜禽的品种培育、选育、资源保护和生产经营种畜禽及其遗传材料，并取得畜牧兽医行政主管部门颁发的《种畜禽生产经营许可证》《动物防疫条件合格证》的畜禽养殖场。

3.2　规模化商品畜禽场

依法取得《动物防疫条件合格证》，从事商品代猪、禽、牛、羊、鹿等畜禽的生产经营，具备一定规模并具有独立法人资格的畜禽养殖场（不含奶畜场）。

3.3　规模化奶畜场

依法取得《动物防疫条件合格证》，从事奶牛、奶羊的品种培育、选育、饲养并生产牛奶、羊奶原料，具备一定规模并具有独立法人资格的养殖场（不含种畜场）。

3.4　种公猪站

具有一定规模的种公猪，从事种公猪的品种培育、选育、资源保护和生产经营种公猪及其遗传材料，并取得畜牧兽医行政主管部门颁发的《种畜禽生产经营许可证》的养殖场。

3.5　种公牛站

具有一定规模的种公牛，从事种公牛的品种培育、选育、资源保护和生产经营种公牛及其遗传材料，并取得畜牧兽医行政主管部门颁发的《种畜禽生产经营许可证》的养殖场。

3.6　动物疫病净化

指有计划地在特定区域或场所对特定动物疫病，通过优化选址布局、完善防疫设施设备，落实免疫、监测、检疫、隔离、消毒、淘汰、扑杀、无害化处理等一系列技术和生物安全管理措施，消灭和清除特定病原，最终达到并维持在该范围内动物个体不发病和不感染特定动物疫病的过程。

4. 规模化猪场主要疫病净化标准

4.1 猪伪狂犬病净化标准

4.1.1 适用范围

免疫净化标准适用于种猪场、商品猪场免疫净化效果的评估；非免疫净化标准适用于种猪场、种公猪站、商品猪场非免疫净化效果的评估。

4.1.2 净化标准

4.1.2.1 同时满足以下要求，视为达到免疫净化标准：

（1）种猪场生产母猪、后备种猪抽检，商品猪场各类猪群抽检，猪伪狂犬病病毒 gB 抗体合格率大于 90％；

（2）种猪场生产公猪、生产母猪和后备种猪抽检，商品猪场各类种群抽检，猪伪狂犬病病毒 gE 抗体检测均为阴性；

（3）连续两年以上无临床病例；

（4）现场综合审查通过。

4.1.2.2 同时满足以下要求，视为达到非免疫净化标准：

（1）种猪场生产公猪、生产母猪、后备种猪抽检，商品猪场各类猪群抽检，猪伪狂犬病病毒抗体检测均为阴性；

（2）未免疫或停止免疫两年以上，无临床病例；

（3）现场综合审查通过。

备注：生产公猪包括种公猪和查情公猪，后备种猪指处在 150—200 日龄的育成猪，包括后备公猪和后备母猪。

4.1.3 抽样检测要求

净化评估专家负责设计抽样方案并监督抽样，所在地各级动物疫病预防控制机构配合完成。

表 1　猪伪狂犬病免疫净化评估抽样及实验室检测要求

检测项目	检测方法	抽样群体	抽样数量	样本类型
抗体检测	gE - ELISA	生产公猪	种公猪存栏 50 头以下，100％采样；种公猪存栏 50 头以上，按照证明无疫公式计算（CL＝95％，P＝3％）；对查情公猪，按 100％采样	血清
		生产母猪 后备种猪 商品猪	按照证明无疫公式计算（CL＝95％，P＝3％）；随机抽样，覆盖不同猪群和栋舍	血清
抗体检测	gB - ELISA	生产母猪	按照预估期望值公式计算（CL＝95％，P＝90％，e＝10％）；随机抽样，覆盖不同栋舍	血清
		后备种猪 商品猪	按照预估期望值公式计算（CL＝95％，P＝90％，e＝10％）；随机抽样，覆盖不同猪群和栋舍	血清

表 2　猪伪狂犬病非免疫净化评估抽样及实验室检测要求

检测项目	检测方法	抽样群体	抽样数量	样本类型
抗体检测	gE-ELISA	生产公猪	种公猪存栏 50 头以下，100%采样；种公猪存栏 50 头以上，按照证明无疫公式计算（CL＝95%，P＝3%）；对查情公猪，按 100%采样	血清
		生产母猪 后备种猪 商品猪	按照证明无疫公式计算（CL＝95%，P＝3%）；随机抽样，覆盖不同猪群和栋舍	血清
抗体检测	gB-ELISA	生产母猪	按照预估期望值公式计算（CL＝95%，P＝90%，e＝10%）；随机抽样，覆盖不同栋舍	血清
		后备种猪 商品猪	按照预估期望值公式计算（CL＝95%，P＝90%，e＝10%）；随机抽样，覆盖不同猪群和栋舍	血清

4.2　猪瘟净化标准
4.2.1　适用范围
免疫净化标准适用于种猪场、商品猪场免疫净化效果的评估；非免疫净化标准适用于种猪场、种公猪站、商品猪场非免疫净化效果的评估。
4.2.2　净化标准
4.2.2.1　同时满足以下要求，视为达到免疫净化标准：
（1）种猪场生产母猪、后备种猪抽检，商品猪场各类猪群抽检，猪瘟免疫抗体合格率 90%以上；
（2）种猪场生产公猪、生产母猪和后备种猪抽检，商品猪场各类猪群抽检，猪瘟病原学检测均为阴性；
（3）连续两年以上无临床病例；
（4）现场综合审查通过。
4.2.2.2　同时满足以下要求，视为达到非免疫净化标准：
（1）种猪场生产公猪、生产母猪和后备种猪抽检，商品猪场各类猪群抽检，猪瘟病毒抗体检测均为阴性；
（2）未免疫或停止免疫两年以上，无临床病例；
（3）现场综合审查通过。
备注：生产公猪包括种公猪和查情公猪，后备种猪指处在 150—200 日龄的育成猪，包括后备公猪和后备母猪。
4.2.3　抽样检测要求
净化评估专家负责设计抽样方案并监督抽样，所在地各级动物疫病预防控制机构配合完成。

表3　猪瘟免疫净化评估抽样及实验室检测要求

检测项目	检测方法	抽样群体	抽样数量	样本类型
病原检测	荧光RT-PCR	生产公猪	种公猪存栏50头以下，100%采样；种公猪存栏50头以上，按照证明无疫公式计算（CL＝95%，P＝3%）；若有查情公猪，按100%采样	扁桃体或抗凝血
		生产母猪后备种猪商品猪	按照证明无疫公式计算（CL＝95%，P＝3%）；随机抽样，覆盖不同猪群和栋舍	
抗体检测	ELISA	生产母猪后备种猪商品猪	按照预估期望值公式计算（CL＝95%，P＝90%，e＝10%）；随机抽样，覆盖不同猪群和栋舍	血清

表4　猪瘟非免疫净化评估抽样及实验室检测要求

检测项目	检测方法	抽样群体	抽样数量	样本类型
抗体检测	ELISA	生产公猪	种公猪存栏50头以下，100%采样；种公猪存栏50头以上，按照证明无疫公式计算（CL＝95%，P＝3%）；若有查情公猪，按100%采样	血清
		生产母猪后备种猪商品猪	按照证明无疫公式计算（CL＝95%，P＝3%）；随机抽样，覆盖不同猪群和栋舍	

4.3　猪繁殖与呼吸综合征净化标准

4.3.1　适用范围

适用于种猪场、种公猪站、商品猪场非免疫净化效果的评估。

4.3.2　净化标准

同时满足以下要求，视为达到非免疫净化标准：

（1）种猪场生产公猪、生产母猪、后备种猪抽检，商品猪场各类猪群抽检，猪繁殖与呼吸综合征病毒抗体检测均为阴性；

（2）猪场栋舍出猪口、病死猪暂存冰箱或冻库、场内无害化车辆、栋舍出风口、采食后料槽、水槽/饮水口环境样品病原学检测为阴性。

（3）未免疫或停止免疫两年以上，无临床病例；

（4）现场综合审查通过。

备注：生产公猪包括种公猪和查情公猪，后备种猪指处在150—200日龄的育成猪，包括后备公猪和后备母猪。

4.3.3　抽样检测要求

净化评估专家负责设计抽样方案并监督抽样，所在地各级动物疫病预防控制机构配合完成。

表5　猪繁殖与呼吸综合征非免疫净化评估抽样及实验室检测要求

检测项目	检测方法	抽样群体	抽样数量	样本类型
病原检测	荧光 RT-PCR	环境样品	栋舍出猪口（5个）、场内病死猪暂存冰箱或冻库（3个）、场内无害化车辆（2个）、栋舍出风口（5个）、采食后料槽（5个）、水槽/饮水口（5个）	环境样品
抗体检测	ELISA	生产公猪	种公猪存栏50头以下，100%采样；种公猪存栏50头以上，按照证明无疫公式计算（CL＝95％，P＝3％）；若有查情公猪，按100%采样	血清
		生产母猪 后备种猪 商品猪	按照证明无疫公式计算（CL＝95％，P＝3％）；随机抽样，覆盖不同猪群和栋舍	血清

4.4　口蹄疫净化标准

4.4.1　适用范围

适用于种猪场、种公猪站、商品猪场免疫净化效果的评估。

4.4.2　净化标准

同时满足以下要求，视为达到免疫净化标准：

（1）种猪场生产公猪、生产母猪和后备种猪抽检，商品猪场各类猪群抽检，口蹄疫免疫抗体合格率90％以上；

（2）种猪场生产公猪、生产母猪、后备种猪抽检，商品猪场各类猪群抽检，口蹄疫病原学或感染抗体检测阴性；

（3）连续两年以上无临床病例；

（4）现场综合审查通过。

备注：生产公猪包括种公猪和查情公猪，后备种猪指处在150—200日龄的育成猪，包括后备公猪和后备母猪。

4.4.3　抽样检测要求

净化评估专家负责设计抽样方案并监督抽样，所在地各级动物疫病预防控制机构配合完成。

表6　口蹄疫免疫净化评估抽样及实验室检测要求

检测项目	检测方法	抽样群体	抽样数量	样本类型
病原检测	荧光 RT-PCR	生产公猪	种公猪存栏50头以下，100%采样；种公猪存栏50头以上，按照证明无疫公式计算（CL＝95％，P＝3％）；若有查情公猪，按100%采样	O-P液
		生产母猪 后备种猪 商品猪	按照证明无疫公式计算（CL＝95％，P＝3％）；随机抽样，覆盖不同猪群和栋舍	

（续）

检测项目	检测方法	抽样群体	抽样数量	样本类型
感染抗体检测	ELISA	生产公猪	种公猪存栏 50 头以下，100%采样；种公猪存栏 50 头以上，按照证明无疫公式计算（CL＝95%，P＝3%）；若有查情公猪，按 100%采样	血清
		生产母猪 后备种猪 商品猪	按照证明无疫公式计算（CL＝95%，P＝3%）；随机抽样，覆盖不同猪群和栋舍	
抗体检测	ELISA	生产公猪	按照预估期望值公式计算（CL＝95%，P＝90%，e＝10%）；随机抽样，覆盖不同栋舍；若有查情公猪，按 100%采样	血清
		生产母猪 后备种猪 商品猪	按照预估期望值公式计算（CL＝95%，P＝90%，e＝10%）；随机抽样，覆盖不同猪群和栋舍	

4.5　非洲猪瘟净化标准

4.5.1　适用范围

适用于种猪场、种公猪站、商品猪场净化效果的评估。

4.5.2　净化标准

同时满足以下要求，视为达到净化标准：

（1）种猪场生产公猪、生产母猪、后备种猪抽检，商品猪场各类种群抽检，非洲猪瘟病原学和病毒抗体检测均为阴性；

（2）猪场栋舍出猪口、病死猪暂存冰箱或冻库、场内无害化车辆、栋舍出风口、采食后料槽、水槽/饮水口环境样品病原学检测为阴性；

（3）连续两年以上无临床病例；

（4）现场综合审查通过。

备注：生产公猪包括种公猪和查情公猪，后备种猪指处在 150—200 日龄的育成猪，包括后备公猪和后备母猪。

4.5.3　抽样检测要求

净化评估专家负责设计抽样方案并监督抽样，所在地各级动物疫病预防控制机构配合完成。

表 7　非洲猪瘟净化评估抽样及实验室检测要求

检测项目	检测方法	抽样群体	抽样数量	样本类型
病原检测	荧光 PCR	生产公猪	种公猪存栏 50 头以下，100%采样；种公猪存栏 50 头以上，按照证明无疫公式计算（CL＝95%，P＝3%）；若有查情公猪，按 100%采样	抗凝血

（续）

检测项目	检测方法	抽样群体	抽样数量	样本类型
病原检测	荧光 PCR	生产母猪 后备种猪 商品猪	按照证明无疫公式计算（CL＝95％，P＝3％）；随机抽样，覆盖不同猪群和栋舍	抗凝血
		环境样品	栋舍出猪口（5 个）、场内病死猪暂存冰箱或冻库（3 个）、场内无害化车辆（2 个）、栋舍出风口（5 个）、采食后料槽（5 个）、水槽/饮水口（5 个）	环境样品
抗体检测	ELISA	生产公猪	种公猪存栏 50 头以下，100％采样；种公猪存栏 50 头以上，按照证明无疫公式计算（CL＝95％，P＝3％）；若有查情公猪，按 100％采样	血清
		生产母猪 后备种猪 商品猪	按照证明无疫公式计算（CL＝95％，P＝3％）；随机抽样，覆盖不同猪群和栋舍	血清

4.6　现场综合审查

4.6.1　国家级动物疫病净化场现场综合审查

依据 4.6.3 开展现场综合审查并打分。必备条件全部满足，总分不低于 90 分，且关键项（＊项）全部满分，为国家级动物疫病净化场现场综合审查通过。

4.6.2　省级动物疫病净化场现场综合审查

依据 4.6.3 开展现场综合审查并打分。必备条件全部满足，总分不低于 80 分，且关键项（＊项）全部满分，为省级动物疫病净化场现场综合审查通过。

4.6.3　规模化猪场主要疫病净化现场审查评分表

类别	编号	具体内容及评分标准	关键项	分值	得分	合计
必备条件	I	土地使用应符合相关法律法规与区域内土地使用规划，场址选择应符合《中华人民共和国畜牧法》和《中华人民共和国动物防疫法》的有关规定	必备条件			
	II	应具有县级以上农业农村主管部门备案登记证明，并按照农业农村部《畜禽标识和养殖档案管理办法》的要求，建立养殖档案				
	III	应具有县级以上农业农村主管部门颁发的《动物防疫条件合格证》，两年内无重大疫病和产品质量安全事件发生记录				
	IV	应有病死动物和粪污无害化处理设施设备或有效措施				
	V	种猪场生产母猪存栏 500 头以上（地方猪保种场除外），种公猪站存栏采精公猪 50 头以上，商品猪场生产母猪存栏 250 头以上且年出栏猪只 5 000 头以上				

（续）

类别	编号	具体内容及评分标准	关键项	分值	得分	合计
人员管理 5分	1	应建立净化工作团队，并有名单和责任分工等证明材料，有员工管理制度		1		
	2	全面负责疫病防治工作的技术负责人应具有畜牧兽医相关专业专科以上学历或中级以上职称，从事养猪业三年以上		1		
	3	应有员工疫病防治培训制度和培训计划，有员工培训考核记录		1		
	4	从业人员应有健康证明		1		
	5	本场专职兽医技术人员至少1名获得《执业兽医师资格证书》，并有专职证明材料（如社保或工资发放证明等）		1		
结构布局 7分	6	场区/站区位置独立，与其他动物饲养场、动物隔离场所、动物屠宰加工场所、动物和动物产品无害化处理场所、交易市场、动物诊疗场所、居民生活区、生活饮用水水源地、学校、医院等公共场所之间保持符合规定的距离，并有相关行之有效的生物安全隔离防护措施		1		
	7	场区/站区周围应有围墙、防风林、灌木、防疫沟或其他有效物理屏障等隔离设施或措施		1		
	8	养殖场明显位置应有防疫警示标语、警示标牌等防疫标志		1		
	9	办公区、生产区、生活区、粪污处理区和无害化处理区应严格分开，界限分明；生产区距离其他功能区50 m以上或通过物理屏障有效隔离；场内出猪台与生产区应相距50 m以上且通过物理屏障有效隔离		1		
	10	场区/站区内外净道与污道应分开，如存在交叉，应有交叉部分规定使用时间和科学有效的消毒措施；淘汰猪、病死猪、健康猪运送通道应采取有效隔离措施		3		
栏舍设置 4分	11	应有相对独立的引种隔离舍或区域或后备培育舍或区域，有有效的消毒切断措施		2		
	12	猪舍应有自动饮水系统		1		
	13	猪舍内应有通风、换气和温控等设备并运转良好		1		
卫生环保 7分	14	场区/站区应无垃圾及杂物堆放		1		
	15	场区/站区实行雨污分流		1		
	16	生产区应具备防鼠、防虫媒、防犬猫、防鸟进入的设施或措施且运行良好		1		
	17	场区/站区禁养其他动物，并应有防止周围其他动物进入场区/站区的设施或措施		1		
	18	应有固定的粪污贮存、堆放设施设备和场所，存放地点有防雨、防渗漏、防溢流措施		1		
	19	水质检测应符合人畜饮水卫生标准		1		
	20	应具有县级以上生态环境主管部门批复的环境影响报告书、报告表或登记表		1		

（续）

类别	编号	具体内容及评分标准	关键项	分值	得分	合计
无害化处理8分	21	应有粪污无害化处理制度，场区/站区内应有与生产规模相匹配的粪污处理设施设备，对粪污进行无害化处理的结果应符合相关要求		2		
	22	应有符合规定要求，且覆盖无害化处理全流程的病死畜（包括流产胎儿和流产物）无害化处理制度		1		
	23	病死猪的收集、包裹、运输、储存、交接等过程符合生物安全要求		1		
	24	病死猪无害化处理设施或措施应运转有效并符合生物安全要求		2		
	25	应有完整的病死猪无害化处理记录并具有可追溯性		2		
消毒管理9分	26	场区/站区外设置有独立的车辆洗消中心/站，洗消中心/站的设置、布局、建设、运行管理等应符合生物安全要求		1		
	27	场区/站区入口应设置符合规定的车辆消毒池，覆盖全车的消毒设施设备以及人员消毒设施设备		1		
	28	应有车辆及人员出入场区/站区消毒及管理制度和岗位操作规程，并对车辆及人员出入和消毒情况进行记录		1		
	29	生活区、生产区入口应设置人员消毒、淋浴、更衣设施设备，消毒、淋浴、更衣室布局科学合理		1		
	30	应有本场职工、外来人员进入生产区消毒及管理制度和非洲猪瘟等病原检测要求，有出入登记制度，对人员出入和消毒情况进行记录		1		
	31	每栋猪舍入口应设置消毒设施设备，人员进入猪舍前消毒措施执行良好		1		
	32	栋舍、生产区内部有定期消毒措施，有消毒制度和岗位操作规程，对栋舍、生产区内部消毒情况进行记录		1		
	33	应有科学合理的消毒液配制和管理制度，有消毒液配制及更换记录		1		
	34	应开展消毒效果评估或有科学合理的环境监测报告，并有近一年评估记录或检测报告		1		
生产管理8分	35	应制定投入品（含饲料、兽药、生物制品）使用管理制度，应有投入品使用记录		2		
	36	应将投入品分类分开储藏，标识清晰		1		
	37	生产记录完整，有发病治疗淘汰记录、饲料添加剂使用记录		1		
	38	饲料来源固定，有本场专用的封闭饲料运输车辆或者专用的封闭料线传送饲料，并根据风险评估制定专门的运输路线		1		
	39	应有健康巡查制度及记录		2		
	40	根据当年生产报表，全群成活率应在90%以上		1		

（续）

类别	编号	具体内容及评分标准	关键项	分值	得分	合计
防疫管理 10 分	41	应建立适合本场的卫生防疫制度和针对特定动物疫病、符合本场实际的突发传染病应急预案		2		
	42	应有独立兽医室，兽医室具备正常开展临床诊疗、采样、高压灭菌、消毒等设施，有兽医诊疗与用药记录		3		
	43	应有动物发病记录、阶段性疫病流行记录和符合本场实际并具有防控指导意义的定期猪群健康状态分析总结		2		
	44	应有预防、治疗生猪常见病的规程或方案		2		
	45	应有科学合理的免疫制度、计划、程序和完整的记录		1		
种源/调运 管理 10 分	46	应有猪只和精液的引种（调入）管理制度和相应记录		1		
	47	应有符合规定要求的引种（调入）隔离管理制度，完整的隔离观察记录和隔离期间或期满检测报告		1		
	48	应从具有相同净化病种的国家级/省级净化场/无疫（小）区，或引入猪只/精液经检测符合净化病种要求		1		
	49	国内引种应来源于具有《种畜禽生产经营许可证》的种猪场；国外引进种猪、精液应有国务院农业农村或畜牧兽医行政主管部门签发的审批意见及海关相关部门出具的检测报告		2		
	50	引种种猪、精液应具有动物检疫合格证明、种畜禽合格证、系谱证等证件；引进商品猪，应具有动物检疫合格证明		1		
	51	引入种猪入场前、外购供体/精液使用前、本场供体/精液使用前应有相应净化病种的检测报告且结果为阴性	*	2		
	52	本场销售种猪、精液或商品猪应有相关净化病种的抽检记录，并附具《动物检疫合格证明》		1		
	53	应有近 3 年完整的动物淘汰和销售记录、精液销售记录		1		
监测净化 12 分	54	应有符合本场实际且科学合理的猪伪狂犬病、猪瘟、猪繁殖与呼吸综合征、非洲猪瘟、口蹄疫等病年度（或更短周期）等监测净化方案、监测报告和记录		4		
	55	应根据监测净化方案开展疫病净化，检测、淘汰记录能追溯到种猪及后备猪群的唯一性标识（如耳标号）		2		
	56	应有 3 年以上的净化工作实施记录，记录保存 3 年以上	*	1		
	57	应有定期净化效果评估和分析报告（生产性能、发病率、病死率、阳性率、用药投入、提高的直接经济效益等）		2		
	58	实际检测数量与应检测数量基本一致，检测试剂购置数量或委托检测凭证与检测量相符		1		
	59	净化病种的检测报告应符合相应疫病的净化检测要求		2		

（续）

类别	编号	具体内容及评分标准	关键项	分值	得分	合计
场群健康 9分		应具有近一年内有资质的兽医实验室检测报告（每次抽检数不少于30头），并且结果符合：				
	60	猪伪狂犬病净化场：符合净化标准；其他病种净化场：种猪群或后备猪群猪伪狂犬病免疫抗体阳性率≥80%，病原或感染抗体阳性率≤10%	*	1/5#		
	61	猪瘟净化场：符合净化标准；其他病种净化场：种猪群或后备猪群猪瘟免疫抗体阳性率≥80%，近两年内无猪瘟病例	*	1/5#		
	62	猪繁殖与呼吸综合征净化场：符合净化标准；其他病种净化场：近两年内无猪繁殖与呼吸综合征病例	*	1/5#		
	63	口蹄疫净化场：符合净化标准；其他病种净化场：口蹄疫免疫抗体阳性率≥90%，病原或感染抗体阳性率≤5%，近两年内无口蹄疫病例	*	1/5#		
	64	非洲猪瘟净化场：符合净化标准；其他病种净化场：近两年内无非洲猪瘟病例	*	1/5#		

特定项11分

①种猪场

必备条件	I	应具有县级以上农业农村主管部门颁发的《种畜禽生产经营许可证》	*			
结构布局	1	种猪、生长猪等宜按照饲养阶段分别饲养在不同地点或单元，每个地点相对独立且相隔一定距离或是每个地点具备有效的物理隔离		2		
	2	应在距离养殖场合适的位置设置独立的、符合生物安全要求的出猪中转站及内部专用转运车辆		2		
栏舍设置	3	场内有称重装置、装卸平台等设施设备		1		
	4	有自动料线和自动饮水设施设备		2		
生产管理	5	产房、保育舍和生长/后备舍应实现猪群全进全出		2		
	6	根据当年生产报表，母猪配种分娩率（分娩母猪/当期配种母猪）应在85%（含）以上		2		

②种公猪站

必备条件	I	应具有县级以上农业农村主管部门颁发的《种畜禽生产经营许可证》	*			
人员管理	1	有专职从事采精、精液分装等工作的技术人员，经过专业培训并取得相关证明		1		
栏舍设置	2	种公猪站宜有独立高效空气过滤系统，并有定期清洗、更换记录		2		
	3	应有独立的采精区、精液制备室、精液质量检测室和精液销售区，功能室布局合理		2		

（续）

类别	编号	具体内容及评分标准	关键项	分值	得分	合计
栏舍设置	4	采精区、精液制备室、精液质量检测室有控温、通风换气和消毒设备，运转良好；精液制备室、精液质量检测室、精液分装区洁净级别应达到万级		2		
	5	采精室和精液制备室进出应分别设有独立的人员淋浴、更衣室		1		
生产管理	6	应有公猪生产技术、精液检测技术和饲养管理技术规程并遵照执行，档案记录完整		1		
	7	应有种公猪精液采集、制备、质量检测、分装等操作流程和记录；各操作环节应符合生物安全要求和质量要求，并按照操作规程执行		1		
	8	精液运输流程应符合生物安全要求		1		
③商品猪场						
结构布局	1	保育猪、生长猪、育肥猪等宜按照饲养阶段分别饲养在不同地点，每个地点相对独立且相隔1 000米以上或通过物理屏障有效隔离		2		
	2	应在距离养殖场合适的位置设置独立的、符合生物安全要求的出猪中转站及内部专用转运车辆		2		
栏舍设置	3	保育舍应有可控的饮水加药系统		1		
	4	应有称重装置、装（卸）平台等设施设备		2		
生产管理	5	产房、保育舍和生长舍应实现猪群全进全出		2		
	6	根据当年生产报表，母猪配种分娩率（分娩母猪/同期配种母猪）应在85%（含）以上		2		
总分				100		

注：1. ♯申报评估的病种该项分值为5分，其余病种为1分。2. 不适用项不扣分。

5　规模化禽场主要疫病净化标准

5.1　禽白血病净化标准

5.1.1　适用范围

适用于种鸡场净化效果的评估。

5.1.2　净化标准

同时满足以下要求，视为达到净化标准：

（1）产蛋鸡群抽检，禽白血病病原学检测均为阴性；

（2）连续两年以上无临床病例；

（3）现场综合审查通过。

5.1.3　抽样检测要求

净化评估专家负责设计抽样方案并监督抽样，所在地各级动物疫病预防控制机构配合完成。

表 1 禽白血病净化评估抽样及实验室检测要求

检测项目	检测方法	抽样群体	抽样数量	样本类型
病原检测	p27 抗原 ELISA	产蛋鸡群	500 枚蛋（随机抽样，覆盖不同栋鸡群）	蛋清

备注：p27 抗原检测全部为阴性，实验室检测通过。

5.2 鸡白痢净化标准

5.2.1 适用范围

适用于种鸡场净化效果的评估。

5.2.2 净化标准

同时满足以下要求，视为达到净化标准：

（1）血清学抽检，祖代及以上种鸡场阳性率低于 0.2%，父母代种鸡场阳性率低于 0.5%；

（2）连续两年以上无临床病例；

（3）现场综合审查通过。

5.2.3 抽样检测要求

净化评估专家负责设计抽样方案并监督抽样，所在地各级动物疫病预防控制机构配合完成。

表 2 鸡白痢净化评估抽样及实验室检测要求

检测项目	检测方法	抽样群体	抽样数量	样本类型
抗体检测	平板凝集	鸡群	按照证明无疫公式计算（CL＝95%，P＝0.5%）；随机抽样，覆盖不同栋鸡群	血清

5.3 高致病性禽流感净化标准

5.3.1 适用范围

适用于种鸡场、种鸭场、种鹅场、商品鸡场、商品鸭场、商品鹅场免疫净化效果的评估。

5.3.2 净化标准

同时满足以下要求，视为达到免疫净化标准：

（1）除商品肉鸡、商品肉鸭外，鸡、鸭、鹅群的 H5 和 H7 亚型禽流感免疫抗体合格率90% 以上；

（2）鸡、鸭、鹅群抽检，H5 和 H7 亚型禽流感病原学检测均为阴性；

（3）连续两年以上无临床病例；

（4）现场综合审查通过。

5.3.3 抽样检测要求

净化评估专家负责设计抽样方案并监督抽样，所在地各级动物疫病预防控制机构配合完成。

表3　高致病性禽流感免疫净化评估抽样及实验室检测要求

检测项目	检测方法	抽样群体	抽样数量	样本类型
病原检测	实时荧光定量RT-PCR（H5/H7）	鸡、鸭、鹅群	按照证明无疫公式计算（CL＝95％，P＝1％）；随机抽样，覆盖不同栋舍禽群	咽喉和泄殖腔拭子
抗体检测	HI（H5/H7）	鸡、鸭、鹅群	按照预估期望值公式计算（CL＝95％，P＝90％，e＝10％）；随机抽样，覆盖不同栋舍禽群	血清

5.4　新城疫净化标准
5.4.1　适用范围
适用于种鸡场、商品鸡场免疫净化和非免疫净化效果的评估。
5.4.2　净化标准
5.4.2.1　同时满足以下要求，视为达到免疫净化标准：
（1）除商品肉鸡外，鸡群抽检，新城疫免疫抗体合格率90％以上；
（2）鸡群抽检，新城疫病原学检测均为阴性；
（3）连续两年以上无临床病例；
（4）现场综合审查通过。
5.4.2.2　同时满足以下要求，视为达到非免疫净化标准：
（1）鸡群抽检，新城疫病毒抗体检测均为阴性；
（2）未免疫或停止免疫两年以上，无临床病例；
（3）现场综合审查通过。
5.4.3　抽样检测要求
净化评估专家负责设计抽样方案并监督抽样，所在地各级动物疫病预防控制机构配合完成。

表4　新城疫免疫净化评估抽样及实验室检测要求

检测项目	检测方法	抽样群体	抽样数量	样本类型
病原检测	实时荧光定量RT-PCR及序列分析	鸡群	按照证明无疫公式计算（CL＝95％，P＝1％）；随机抽样，覆盖不同栋舍鸡群	咽喉和泄殖腔拭子
抗体检测	HI	鸡群	按照预估期望值公式计算（CL＝95％，P＝90％，e＝10％）；随机抽样，覆盖不同栋鸡群	血清

表5　新城疫非免疫净化评估抽样及实验室检测要求

检测项目	检测方法	抽样群体	抽样数量	样本类型
抗体检测	HI	鸡群	按照证明无疫公式计算（CL＝95％，P＝1％）；随机抽样，覆盖不同栋舍鸡群	血清

5.5　禽支原体病净化标准
5.5.1　适用范围
适用于种鸡场非免疫净化效果的评估。

5.5.2 净化标准

同时满足以下要求，视为达到非免疫净化标准：

（1）血清学抽检，祖代及以上种鸡场滑液囊支原体和鸡毒支原体抗体阳性率均低于 0.2%，父母代种鸡场滑液囊支原体和鸡毒支原体抗体阳性率均低于 0.5%；

（2）滑液囊支原体和鸡毒支原体病原学检测均为阴性；

（3）连续两年以上无临床病例；

（4）现场综合审查通过。

5.5.3 抽样检测要求

净化评估专家负责设计抽样方案并监督抽样，所在地各级动物疫病预防控制机构配合完成。

表 6　禽支原体病非免疫净化评估抽样及实验室检测要求

检测项目	检测方法	抽样群体	抽样数量	样本类型
抗体检测	ELISA	鸡群	按照证明无疫公式计算（CL＝95%，P＝0.5%）；随机抽样，覆盖不同栋鸡群	血清
病原检测	荧光定量 PCR	鸡群	按照证明无疫公式计算（CL＝95%，P＝0.5%）；随机抽样，覆盖不同栋鸡群	咽喉和泄殖腔拭子

5.6　现场综合审查

5.6.1 国家级动物疫病净化场现场综合审查

依据 5.6.3 开展现场综合审查并打分。必备条件全部满足，总分不低于 90 分，且关键项（＊项）全部满分，为国家级动物疫病净化场现场综合审查通过。

5.6.2 省级动物疫病净化场现场综合审查

依据 5.6.3 开展现场综合审查并打分。必备条件全部满足，总分不低于 80 分，且关键项（＊项）全部满分，为省级动物疫病净化场现场综合审查通过。

5.6.3 规模化禽场主要疫病净化现场审查评分表

类别	编号	具体内容及评分标准	关键项	分值	得分	合计
必备条件	I	土地使用应符合相关法律法规与区域内土地使用规划，场址选择应符合《中华人民共和国畜牧法》和《中华人民共和国动物防疫法》的有关规定	必备条件			
	II	应具有县级以上农业农村主管部门备案登记证明，并按照农业农村部《畜禽标识和养殖档案管理办法》的要求，建立养殖档案				
	III	应具有县级以上农业农村主管部门颁发的《动物防疫条件合格证》，两年内无重大疫病和产品质量安全事件发生记录				
	IV	应有病死动物和粪污无害化处理设施设备或有效措施				
	V	祖代种禽场存栏 2 万套以上，父母代种禽场存栏 5 万套以上（地方保种场除外），商品代禽场存栏 10 万羽以上。				

（续）

类别	编号	具体内容及评分标准	关键项	分值	得分	合计
人员管理 5分	1	应建立净化工作团队，并有名单和责任分工等证明材料，有员工管理制度		1		
	2	全面负责疫病防治工作的技术负责人应具有畜牧兽医相关专业专科以上学历或中级以上职称，从事养禽业三年以上		1		
	3	应有员工疫病防治培训制度和培训计划，有员工培训考核记录		1		
	4	从业人员应有健康证明		1		
	5	本场专职兽医技术人员至少1名获得《执业兽医师资格证书》，并有专职证明材料（如社保或工资发放证明等）		1		
结构布局 6分	6	场区位置独立，与其他动物饲养场、动物隔离场所、动物屠宰加工场所、动物和动物产品无害化处理场所、交易市场、动物诊疗场所、居民生活区、生活饮用水水源地、学校、医院等公共场所之间保持符合规定的距离，并有相关行之有效的生物安全隔离防护措施		1		
	7	场区周围应有围墙、防风林、灌木、防疫沟或其他物理屏障等隔离设施或措施		1		
	8	养殖场明显位置应有防疫警示标语、警示标牌等防疫标志		1		
	9	办公区、生活区、生产区、粪污处理区和无害化处理区应严格分开，界限分明；生产区距离其他功能区50 m以上或通过物理屏障有效隔离		1		
	10	场内净道与污道应分开，如存在交叉，应有交叉部分规定使用时间和科学有效的消毒措施		2		
栏舍设置 6分	11	应有全封闭式鸡舍（鸭、鹅舍可以为半开放式）		2		
	12	禽舍内应有通风、换气和温控等设备并运转良好（鸭、鹅舍能满足保暖、防风、防晒、通风、换气等要求）		2		
	13	禽舍应有饮水消毒设施及可控的自动加药系统		1		
	14	笼养方式养殖场应有自动清粪系统		1		
卫生环保 7分	15	场区应无垃圾及杂物堆放		1		
	16	场区实行雨污分流		1		
	17	生产区应具备防鼠、防虫媒、防犬猫、防鸟进入的设施或措施（鸭、鹅室外活动场地满足生物安全要求）		1		
	18	场区禁养其他动物，并应有防止其他动物进入场区的设施或措施		1		
	19	应有固定的粪污贮存、堆放设施设备和场所，存放地点有防雨、防渗漏、防溢流措施		1		
	20	水质检测应符合人畜饮水卫生标准		1		
	21	应具有县级以上生态环境主管部门批复的环境影响报告书、报告表或登记表		1		

（续）

类别	编号	具体内容及评分标准	关键项	分值	得分	合计
无害化处理8分	22	应有粪污无害化处理制度，场区内应有与生产规模相匹配的粪污处理设施设备，宜采用堆肥发酵方式对粪污进行无害化处理，处理结果应符合相关要求		2		
	23	应有符合规定要求，且覆盖无害化处理全流程的病死禽无害化处理制度		1		
	24	病死禽的收集、包裹、运输、储存、交接等过程符合生物安全要求		1		
	25	病死禽无害化处理设施或措施应运转有效并符合生物安全要求		2		
	26	应有完整的病死禽无害化处理记录并具有可追溯性		2		
消毒管理8分	27	场区入口应设置车辆消毒池、覆盖全车的消毒设施设备以及人员消毒设施设备		1		
	28	应有车辆及人员出入场区消毒及管理制度和岗位操作规程，并对车辆及人员出入和消毒情况进行记录		1		
	29	生活区、生产区入口应设置人员消毒、淋浴、更衣设施设备，消毒、淋浴、更衣室布局科学合理		1		
	30	应有本场职工、外来人员进入生产区消毒及管理制度，有出入登记制度，对人员出入和消毒情况进行记录		1		
	31	每栋禽舍入口应设置消毒设施设备，人员进入禽舍前消毒执行良好		1		
	32	栋舍、生产区内部有定期消毒措施，有消毒制度和岗位操作规程，对栋舍、生产区内部消毒情况进行记录		1		
	33	应有科学合理的消毒液配制和管理制度，有消毒液配制及更换记录		1		
	34	应开展消毒效果评估或有科学合理的环境监测报告，并有近一年评估记录或检测报告		1		
生产管理8分	35	应采用按区或按栋全进全出饲养模式		1		
	36	应制定投入品（含饲料、兽药、生物制品）使用管理制度，应有投入品使用记录		1		
	37	应将投入品分类分开储藏，标识清晰		1		
	38	生产记录完整，有日产蛋、日死亡淘汰、日饲料消耗和饲料添加剂使用记录		1		
	39	种蛋孵化、育雏、转群、育成、产蛋管理应有良好的管理规范，记录完整		1		
	40	应有健康巡查制度及记录		2		
	41	根据当年生产报表，育雏成活率应在95%（含）以上，育成率应在95%（含）以上		1		

（续）

类别	编号	具体内容及评分标准	关键项	分值	得分	合计
防疫管理 11分	42	应建立适合本场的卫生防疫制度和针对特定动物疫病、符合本场实际的突发传染病应急预案		2		
	43	应有独立兽医室，兽医室具备正常开展临床诊疗、采样、高压灭菌、消毒等设施，有兽医诊疗与用药记录		2		
	44	所用活疫苗应有外源病毒的检测证明（自检或委托第三方）		2		
	45	应有动物发病记录、阶段性疫病流行记录和符合本场实际并具有防控指导意义的定期禽群健康状态分析总结		3		
	46	应有预防、治疗家禽常见病的规程或方案		1		
	47	应有科学合理的免疫制度、计划、程序和完整的记录		1		
种源或 调运管理 10分	48	应有引种（调入）管理制度和相应记录		1		
	49	应有符合规定要求的引种（调入）隔离管理制度，完整的隔离观察记录和隔离期间或期满检测报告		1		
	50	国内引种应来源于具有《种畜禽生产经营许可证》的种禽场；国外引进种禽或种蛋应有国务院农业农村或畜牧兽医行政主管部门签发的审批意见及海关相关部门出具的检测报告		2		
	51	引进种禽/种蛋，应具有动物检疫合格证明、种畜禽合格证、系谱证等证件；引进商品禽，应具有动物检疫合格证明		2		
	52	引入种禽/种蛋入场前、外购种禽/种蛋使用前、留用种禽/种蛋应有相应净化病种的病原或感染抗体检测报告且结果为阴性	*	2		
	53	本场销售或出栏动物，应有相关净化病种的抽检记录，并附具《动物检疫合格证明》		1		
	54	应有近3年完整的动物淘汰和销售记录		1		
监测净化 11分	55	应有符合本场实际且科学合理的禽白血病、鸡白痢、禽支原体病、高致病性禽流感、新城疫等病年度（或更短周期）监测净化方案、监测报告和记录		4		
	56	应根据监测净化方案开展疫病净化，检测记录能追溯到禽只的唯一性标识（如翅号、笼号、脚号等）		2		
	57	应有3年以上的净化工作实施记录，记录保存3年以上	*	1		
	58	应有定期净化效果评估和分析报告（生产性能、发病率、病死率、阳性率、用药投入、提高的直接经济效益等）		2		
	59	实际检测数量与应检测数量基本一致，检测试剂购置数量或委托检测凭证与检测量相符		1		
	60	净化病种的检测报告应符合相应疫病的净化检测要求		1		
应具有近一年内有资质的兽医实验室检测报告（每次抽检数不少于200羽份）并且结果符合：						

（续）

类别	编号	具体内容及评分标准	关键项	分值	得分	合计
场群健康 9分	61	禽白血病净化场：符合净化标准；其他病种净化场：禽白血病p27抗原阳性率≤3%	*	1/5#		
	62	鸡白痢净化场：符合净化标准；其他病种净化场：鸡白痢检测抗体阳性率≤3%	*	1/5#		
	63	高致病性禽流感净化场：符合净化标准；其他病种净化场：高致病性禽流感免疫抗体合格率≥90%，近两年内无高致病性禽流感临床病例	*	1/5#		
	64	新城疫净化场：符合净化标准；其他病种净化场：新城疫免疫抗体合格率≥90%，近两年内无新城疫临床病例	*	1/5#		
	65	禽支原体病净化场：符合净化标准；其他病种净化场：禽支原体（滑液囊支原体和鸡毒支原体）抗体阳性率≤3%（适用于禽支原体病非免疫场）或禽支原体（滑液囊支原体和鸡毒支原体）荧光定量PCR检测阳性率≤1%，近两年内无禽支原体病临床病例	*	1/5#		

特定项 11 分

①种鸡场、种鸭场、种鹅场

必备条件	I	应具有县级以上农业农村主管部门颁发的《种畜禽生产经营许可证》	*			
结构布局	1	应有独立的孵化厅（室），布局结构和人员的流动应符合生物安全要求		3		
消毒管理	2	应有种蛋孵化入孵和出雏消毒及管理制度，并对消毒情况进行记录		2		
	3	应有种蛋收集、储存库和种蛋的消毒及管理制度，并对消毒情况进行记录		2		
生产管理	4	做好孵化记录，定期统计孵化率和健雏率		2		
	5	制定从孵化厅（室）转运雏禽的技术规程，做好记录		2		

②商品鸡场、商品鸭场、商品鹅场

生产管理	1	育雏、育成和成年禽宜分段饲养，不同饲养阶段具备相应的饲养条件		3		
	2	制定不同饲养阶段的生产管理技术规程		2		
	3	对外形和品质异常的蛋进行定期统计，对出栏肉禽的胴体合格率进行统计		2		
消毒管理	4	对商品蛋有清洁措施；禽出栏装运和运输环节有消毒措施		2		
种源或调运管理	5	引进商品禽，应来自开展相关净化病种的国家或省级动物疫病净化场	*	2		
总分				100		

注：1. #申报评估的病种该项分值为5分，其余病种为1分。2. 不适用项不扣分。

6　规模化草食动物养殖场主要疫病净化标准

6.1　布鲁氏菌病净化标准

6.1.1　适用范围

免疫净化标准适用于商品牛场、商品羊场免疫净化效果的评估；非免疫净化标准适用于种牛场、种公牛站、奶牛场、商品牛场、种羊场、奶羊场、商品羊场、规模鹿场非免疫净化效果的评估。

6.1.2　净化标准

6.1.2.1　同时满足以下要求，视为达到免疫净化标准：

（1）经免牛羊群和未免疫的犊牛或羔羊群抽检，布鲁氏菌抗体检测均为阴性；

（2）连续两年以上无临床病例；

（3）现场综合审查通过。

6.1.2.2　同时满足以下要求，视为达到非免疫净化标准：

（1）成年畜群抽检，布鲁氏菌抗体检测均为阴性；

（2）连续两年以上无临床病例；

（3）现场综合审查通过。

6.1.3　抽样检测要求

净化评估专家负责设计抽样方案并监督抽样，所在地各级动物疫病预防控制机构配合完成。

表 1　布鲁氏菌病免疫净化评估抽样及实验室检测要求

检测项目	检测方法	抽样群体	抽样数量	样本类型
抗体检测	虎红平板凝集试验初筛（或 iELISA 试验初筛）及试管凝集试验确诊（或 cELISA 试验确诊）	免疫畜群 未免疫的 犊牛或羔羊群	按照证明无疫公式计算（CL＝95％，P＝3％）；随机抽样，覆盖不同栋畜群	血清

备注：实施免疫的牛羊，牛免疫后 18 个月，羊免疫后 12 个月，作为抽样群体进行抽样检测。

表 2　布鲁氏菌病非免疫净化评估抽样及实验室检测要求

检测项目	检测方法	抽样群体	抽样数量	样本类型
抗体检测	虎红平板凝集试验初筛（或 iELISA 试验初筛）及试管凝集试验确诊（或 cELISA 试验确诊）	成年畜群	按照证明无疫公式计算（CL＝95％，P＝3％）；随机抽样，覆盖不同栋畜群	血清

6.2　牛结核病净化标准

6.2.1　适用范围

适用于种牛场、种公牛站、奶牛场、商品牛场、规模鹿场净化效果的评估。

6.2.2　净化标准

同时满足以下要求，视为达到净化标准：

（1）畜群抽检，牛结核菌素皮内变态反应或γ-干扰素体外检测法阴性；

（2）连续两年以上无临床病例；

（3）现场综合审查通过。

6.2.3 抽样检测要求

净化评估专家负责设计抽样方案并监督抽样，所在地各级动物疫病预防控制机构配合完成。

表3 牛结核病净化评估抽样及实验室检测要求

检测项目	检测方法	抽样群体	抽样数量	样本类型
病原检测	牛结核菌素皮内变态反应（或γ-干扰素体外检测法）	成年牛群鹿群	按照证明无疫公式计算（CL=95%，P=3%）；随机抽样，覆盖不同栋畜群	畜体（或肝素钠抗凝全血）

6.3 口蹄疫净化标准

6.3.1 适用范围

适用于种牛场、种公牛站、奶牛场、商品牛场、种羊场、奶羊场、商品羊场、规模鹿场免疫净化效果的评估。

6.3.2 净化标准

同时满足以下要求，视为达到免疫净化标准：

（1）成年畜抽检，口蹄疫免疫抗体合格率90%以上；

（2）成年畜抽检，口蹄疫病原学或感染抗体检测均为阴性；

（3）连续两年以上无临床病例；

（4）现场综合审查通过。

6.3.3 抽样检测要求

净化评估专家负责设计抽样方案并监督抽样，所在地各级动物疫病预防控制机构配合完成。

表4 口蹄疫免疫净化评估抽样及实验室检测要求

检测项目	检测方法	抽样群体	抽样数量	样本类型
病原检测	荧光RT-PCR	成年牛群羊群鹿群	按照证明无疫公式计算（CL=95%，P=3%）；随机抽样，覆盖不同栋畜群	O-P液
感染抗体检测	ELISA	成年牛群羊群鹿群	按照证明无疫公式计算（CL=95%，P=3%）；随机抽样，覆盖不同栋畜群	血清
抗体检测	ELISA	成年牛群羊群鹿群	按照预估期望值公式计算（CL=95%，P=90%，e=10%）；随机抽样，覆盖不同栋畜群	血清

6.4　小反刍兽疫净化标准

6.4.1　适用范围

适用于种羊场、奶羊场、商品羊场免疫净化效果的评估。

6.4.2　净化标准

6.4.2.1　同时满足以下要求，视为达到免疫净化标准：

（1）全群抽检，小反刍兽疫免疫抗体合格率90％以上；

（2）全群抽检，小反刍兽疫病原学检测均为阴性；

（3）连续两年以上无临床病例；

（4）现场综合审查通过。

6.4.2.2　同时满足以下要求，视为达到非免疫净化标准：

（1）全群抽检，小反刍兽疫病毒抗体均为阴性；

（2）停止免疫两年以上，无临床病例；

（3）现场综合审查通过。

6.4.3　抽样检测要求

净化评估专家负责设计抽样方案并监督抽样，所在地各级动物疫病预防控制机构配合完成。

表 5　小反刍兽疫免疫净化评估抽样及实验室检测要求

检测项目	检测方法	抽样群体	抽样数量	样本类型
病原检测	荧光 RT－PCR	羊群	按照证明无疫公式计算（CL＝95％，P＝3％）；随机抽样，覆盖不同栋羊群	眼鼻拭子
抗体检测	ELISA	羊群	按照预估期望值公式计算（CL＝95％，P＝90％，e＝10％）；随机抽样，覆盖不同栋羊群	血清

表 6　小反刍兽疫非免疫净化评估抽样及实验室检测要求

检测项目	检测方法	抽样群体	抽样数量	样本类型
抗体检测	ELISA	羊群	按照证明无疫公式计算（CL＝95％，P＝3％）；随机抽样，覆盖不同栋羊群	血清

6.5　现场综合审查

6.5.1　国家级动物疫病净化场现场综合审查

依据 6.5.3 开展现场综合审查并打分。必备条件全部满足，总分不低于 90 分，且关键项（＊项）全部满分，为国家级动物疫病净化场现场综合审查通过。

6.5.2　省级动物疫病净化场现场综合审查

依据 6.5.3 开展现场综合审查并打分。必备条件全部满足，总分不低于 80 分，且关键项（＊项）全部满分，为省级动物疫病净化场现场综合审查通过。

6.5.3 规模化草食动物养殖场主要疫病净化现场审查评分表

类别	编号	具体内容及评分标准	关键项	分值	得分	合计
必备条件	I	土地使用应符合相关法律法规与区域内土地使用规划，场址选择应符合《中华人民共和国畜牧法》和《中华人民共和国动物防疫法》的有关规定	必备条件			
	II	应具有县级以上农业农村主管部门备案登记证明，并按照农业农村部《畜禽标识和养殖档案管理办法》的要求，建立养殖档案				
	III	应具有县级以上农业农村主管部门颁发的《动物防疫条件合格证》，两年内无重大疫病和产品质量安全事件发生记录				
	IV	应有病死动物和粪污无害化处理设施设备或有效措施				
	V	种公牛站存栏采精种用公牛不少于50头，其他牛羊养殖场存栏500头（只）以上，规模鹿场存栏300头以上（地方保种场除外）				
人员管理 5分	1	应建立净化工作团队，并有名单和责任分工等证明材料，有员工管理制度		1		
	2	全面负责疫病防治工作的技术负责人应具有畜牧兽医相关专业专科以上学历或中级以上职称，从事养殖业三年以上		1		
	3	应有员工疫病防治培训制度和培训计划，有员工培训考核记录		1		
	4	从业人员应有（有关布鲁氏菌病、结核病）健康证明		1		
	5	本场专职兽医技术人员至少1名获得《执业兽医师资格证书》，并有专职证明材料（如社保或工资发放证明等）		1		
结构布局 6分	6	场区/站区位置独立，与其他动物饲养场、动物隔离场所、动物屠宰加工场所、动物和动物产品无害化处理场所、交易市场、动物诊疗场所、居民生活区、生活饮用水水源地、学校、医院等公共场所之间保持符合规定的距离，并有相关行之有效的生物安全隔离防护措施		1		
	7	场区/站区周围应有围墙、防风林、灌木、防疫沟或其他有效物理屏障等隔离设施或措施		1		
	8	养殖场明显位置应有防疫警示标语、警示标牌等防疫标志		1		
	9	办公区、生活区、生产区、粪污处理区和无害化处理区应严格分开，界限分明；生产区距离其他功能区50 m以上或通过物理屏障有效隔离		1		
	10	场内净道与污道应分开，如存在交叉，应有交叉部分规定使用时间和科学有效的消毒措施		2		
栏舍设置 6分	11	应有封闭式、半开放式或开放式畜舍		1		
	12	应有相对独立的引种隔离舍（区域）和后备培育舍（区域）		1		
	13	应有病畜专用隔离治疗舍，生产区间隔300 m以上或通过物理屏障有效隔离		1		
	14	畜舍内有专用饲槽，牧区养殖场或放牧场应设有围栏，并有防鼠害及其他野生动物装置		1		
	15	畜舍内应有通风、换气和温控等设施并运转良好		1		
	16	应有与养殖规模相适应的青贮设施设备和干草棚		1		

（续）

类别	编号	具体内容及评分标准	关键项	分值	得分	合计
卫生环保 7分	17	场区/站区应无垃圾及杂物堆放		1		
	18	生产区应具备防鼠、防虫媒、防犬猫进入的设施或措施		1		
	19	场区/站区禁养其他动物，并应有防止周围其他动物进入场区/站区的设施或措施		1		
	20	应有固定的粪污贮存、堆放设施设备和场所，存放地点有防雨、防渗漏、防溢流措施		2		
	21	水质检测应符合人畜饮水卫生标准		1		
	22	应具有县级以上生态环境主管部门批复的环境影响报告书、报告表或登记表		1		
无害化处理 8分	23	应有粪污无害化处理制度，场区/站区内应有与生产规模相匹配的粪污处理设施设备，对粪污进行无害化处理的结果应符合相关要求		2		
	24	应有符合规定要求，且覆盖无害化处理全流程的病死畜（包括流产胎儿和流产物）无害化处理制度		1		
	25	病死畜的收集、包裹、运输、储存、交接等过程符合生物安全要求		1		
	26	病死畜（包括流产胎儿和流产物）无害化处理设施或措施应运转有效并符合生物安全要求		2		
	27	应有完整的（包括流产胎儿和流产物）无害化处理记录并具有可追溯性		1		
	28	应按相应技术规范或应急实施方案规定处置监测到的阳性动物并进行记录		1		
消毒管理 8分	29	场区/站区入口应设置符合规定的车辆消毒池，覆盖全车的消毒设施设备，以及人员消毒设施设备		1		
	30	应有车辆及人员出入场区/站区消毒及管理制度和岗位操作规程，并对车辆及人员出入和消毒情况进行记录		1		
	31	生活区、生产区入口应设置人员消毒、淋浴、更衣设施设备，消毒、淋浴、更衣室布局科学合理		1		
	32	应有本场职工、外来人员进入生产区消毒及管理制度，有出入登记制度，对人员出入和消毒情况进行记录		2		
	33	每栋畜舍（棚圈）入口应设置消毒设施设备，人员进入畜舍前消毒执行良好		1		
	34	栋舍、生产区内部有定期消毒措施，有消毒制度和岗位操作规程，对栋舍、生产区内部消毒情况进行记录		1		
	35	应有科学合理的消毒液配制和管理制度，有消毒液配制及更换记录		1		

（续）

类别	编号	具体内容及评分标准	关键项	分值	得分	合计
生产管理 8分	36	应制定投入品（含饲料、兽药、生物制品）使用管理制度，应有投入品使用记录		2		
	37	应将投入品分类分开储藏，标识清晰		2		
	38	生产记录完整，有发病治疗淘汰记录、日饲料消耗记录和饲料添加剂使用记录		2		
	39	应有健康巡查制度及记录		2		
防疫管理 10分	40	应建立适合本场的卫生防疫制度和针对特定动物疫病、符合本场实际的突发传染病应急预案		2		
	41	应有独立兽医室，兽医室具备正常开展临床诊疗、采样、高压灭菌、消毒等设施，有兽医诊疗与用药记录		2		
	42	应有动物发病记录、阶段性疫病流行记录和符合本场实际并具有防控指导意义的定期群体健康状态分析总结		2		
	43	应有预防、治疗家畜常见病的规程或方案		2		
	44	病死动物剖检场所应符合生物安全要求，有完整的病死动物剖检记录及剖检场所消毒记录；不具备符合生物安全要求条件的不得剖检		1		
	45	应有科学合理的免疫制度、计划、程序和完整的记录		1		
种源管理 10分	46	应有引种（调入）管理制度和相应记录		1		
	47	应有符合规定要求的引种（调入）隔离管理制度，完整的隔离观察记录和隔离期间或期满检测报告		1		
	48	国内引种应来源于具有《种畜禽生产经营许可证》的种畜场；国外引进种畜或精液应有国务院农业农村或畜牧兽医行政主管部门签发的审批意见及海关相关部门出具的相关证明		2		
	49	引种种畜、精液或胚胎应具有动物检疫合格证明、种畜禽合格证、系谱证等证件；引进商品动物，应具有动物检疫合格证明		2		
	50	引入种畜混群前、外购种畜/精液使用前、留用种畜/精液应有相应净化病种的病原或感染抗体检测报告且结果为阴性	*	2		
	51	本场销售动物、胚胎或精液应有相关净化病种的抽检记录，并附具《动物检疫合格证明》		1		
	52	应有近3年完整的动物淘汰和销售记录、精液销售记录		1		
监测净化 12分	53	应有符合本场实际且科学合理的口蹄疫、布鲁氏菌病、牛结核病等疫病监测净化方案、监测报告和记录		4		
	54	应根据监测净化方案开展疫病净化，检测、淘汰记录能追溯到种畜及后备畜群的唯一性标识（如耳标号）		2		
	55	应有3年以上的净化工作实施记录，记录保存3年以上	*	1		

附　录

（续）

类别	编号	具体内容及评分标准	关键项	分值	得分	合计
监测净化 12 分	56	应有定期净化效果评估和分析报告（生产性能、发病率、病死率、阳性率、用药投入、提高的直接经济效益等）		2		
	57	实际检测数量与应检测数量基本一致，检测试剂购置数量或委托检测凭证与检测量相符		1		
	58	净化病种的检测报告应符合相应疫病的净化检测要求		2		
场群健康 9 分		应具有近一年内有资质的兽医实验室检测报告（每次抽检数不少于 30 只）并且结果符合：				
		①牛、鹿				
	59	布鲁氏菌病净化场：符合净化标准；其他病种净化场：布鲁氏菌病阳性检出率≤0.5%，近两年内无布鲁氏菌病临床病例	*	1/7#		
	60	结核病净化场：符合净化标准；其他病种净化场：结核病阳性检出率≤0.5%，近两年内无结核病临床病例	*	1/7#		
	61	口蹄疫净化场：符合净化标准；其他病种净化场：口蹄疫免疫抗体合格率≥80%，近两年内无口蹄疫临床病例	*	1/7#		
		②羊				
	59	布鲁氏菌病净化场：符合净化标准；其他病种净化场：布鲁氏菌病阳性检出率≤0.5%，近两年内无布鲁氏菌病临床病例	*	1/7#		
	60	口蹄疫净化场：符合净化标准；其他病种净化场：口蹄疫免疫抗体合格率≥80%，近两年内无口蹄疫临床病例	*	1/7#		
	61	小反刍兽疫净化场：符合净化标准；其他病种净化场：小反刍兽疫免疫抗体合格率≥80%，近两年内无小反刍兽疫临床病例	*	1/7#		

特定项 11 分

①种公牛站

类别	编号	具体内容及评分标准	关键项	分值	得分	合计
必备条件	I	应具有县级以上农业农村主管部门颁发的《种畜禽生产经营许可证》	*			
结构布局	1	应有独立的采精室、精液制备室和精液销售区，且功能室布局合理，有专用的精液销售区		2		
栏舍设置	2	生产区圈舍布局合理，种牛舍、运动场应设钢管围栏将种公牛隔开；种牛舍及运动场应用围墙与生活区及管理区隔离；种牛运动场内应设置荫棚		1		
	3	采精室和精液制备室应有效隔离，分别有独立的淋浴、更衣室		2		
	4	精液生产室应有控温、通风换气和消毒设施设备		1		
消毒管理	5	采精各功能室及生产用器具应定期消毒，有消毒记录		1		
生产管理	6	应有饲养管理、卫生保健技术规程		1		
	7	应有精液生产技术规程、精液质量检测技术规程和种公牛饲养管理技术规程，有完整执行记录		1		
	8	精液采集、传递、配制、储存等各生产环节符合 GB/T 4143 的要求；计量器具应通过检定合格或校准		2		

（续）

类别	编号	具体内容及评分标准	关键项	分值	得分	合计
		②种牛场				
必备条件	I	应具有县级以上农业农村主管部门颁发的《种畜禽生产经营许可证》	*			
栏舍设置	1	生产区有基础母牛舍、后备母牛舍、育成牛舍和犊牛舍，各栋舍之间距离50 m以上或有隔离设施		2		
	2	应有装牛台和预售牛观察设施		1		
	3	有独立产房，配置产圈或产栏，面积16 m²/头以上		1		
无害化处理	4	应对流产物实施无害化处理并记录		2		
消毒管理	5	应有牛分娩后场地和用具消毒措施		1		
生产管理	6	应有饲养管理、卫生保健技术规程		1		
	7	年流产率应不高于8%		1		
防疫管理	8	应对流产牛及时隔离并进行布鲁氏菌病检测，检测结果为阴性，检测记录完整		2		
		③奶牛场				
结构布局	1	应有独立的挤奶厅或自动化挤奶设施设备		1		
栏舍设置	2	生产区有犊牛舍、育成（青年）牛舍、泌乳牛舍、干奶牛舍，各栋舍之间距离50 m以上或有隔离设施		1		
	3	犊牛舍设置合理，出生至断奶前犊牛宜采用犊牛岛饲养		0.5		
	4	有独立产房，配置产圈或产栏，面积16 m²/头以上		0.5		
无害化处理	5	应对流产物实施无害化处理并记录		1		
消毒管理	6	应有牛分娩后场地和用具消毒措施		1		
生产管理	7	应有饲养管理、卫生保健技术规程		1		
	8	年流产率应不高于5%		1		
	9	奶牛场应开展DHI生产性能测定，结果符合要求		1		
	10	奶牛场应有挤奶操作制度，有完整的生鲜乳卫生检测记录		1		
防疫管理	11	应对流产牛及时隔离并进行布鲁氏菌病检测，检测记录完整		1		
	12	应有非正常生鲜乳处理规定和处理记录，有抗生素使用隔离、解除制度和记录		1		
		④商品牛场				
无害化处理	1	应对流产物实施无害化处理并记录		2		
消毒管理	2	应有牛分娩后场地和用具消毒措施		2		
生产管理	3	应有饲养管理、卫生保健技术规程		2		
	4	年流产率应不高于5%		2		
防疫管理	5	应对流产牛及时隔离并进行布鲁氏菌病检测，检测记录完整		3		

附　　录

（续）

类别	编号	具体内容及评分标准	关键项	分值	得分	合计
		⑤种羊场				
必备条件	I	应具有县级以上农业农村主管部门颁发的《种畜禽生产经营许可证》	*			
结构布局	1	生产区内种羊、母羊、羔羊、育成（育肥）羊应分开饲养或有相应羊舍		2		
栏舍设置	2	有预售种羊观察舍或称重装置、装（卸）平台等设施		1		
	3	应有专用分娩舍或栋舍内有专用分娩栏		1		
无害化处理	4	应对流产物实施无害化处理并记录		2		
	5	应有羊分娩后场地和用具消毒措施		1		
消毒管理	6	应开展消毒效果评估或有科学合理的环境监测报告，并有近一年评估记录或检测报告		1		
生产管理	7	年流产率应不高于5％		1		
防疫管理	8	应对流产羊及时隔离并进行布鲁氏菌病检测，检测记录完整		2		
		⑥奶羊场				
结构布局	1	生产区内种羊、母羊、羔羊、育成（育肥）羊应分开饲养或有相应羊舍		1		
栏舍设置	2	应有专用分娩舍或栋舍内有专用分娩栏或分娩区		1		
无害化处理	3	应对流产物实施无害化处理并记录		1		
	4	应有羊分娩后场地和用具消毒措施		1		
消毒管理	5	应开展消毒效果评估或有科学合理的环境监测报告，并有近一年评估记录或检测报告		1		
	6	应有挤奶操作制度，有完整的生鲜乳卫生检测记录		1		
	7	应有自动化挤奶设施设备		1		
生产管理	8	年流产率应不高于5％		1		
	9	应有乳房炎防治方案		1		
防疫管理	10	应有非正常生鲜乳处理规定和处理记录，有抗生素使用隔离、解除制度和记录		1		
	11	应对流产羊及时隔离并进行布鲁氏菌病检测，检测记录完整		1		
		⑦商品羊场				
消毒管理	1	应有羊分娩后消毒措施		3		
防疫管理	2	应对流产羊及时隔离并进行布鲁氏菌病检测，检测记录完整		2		
调入管理	3	如需调入商品代羊，应来自相同净化病种的国家级/省级动物疫病净化场		4		
	4	有近2年完整的商品羊/淘汰种羊销售记录		2		

· 385 ·

（续）

⑧规模鹿场

类别	编号	具体内容及评分标准	关键项	分值	得分	合计
结构布局	1	生产区内种公鹿、种母鹿、仔鹿、育成鹿根据实际情况分开饲养或有相应鹿舍		3		
消毒管理	2	应有鹿分娩后消毒措施		3		
防疫管理	3	应对流产鹿及时隔离并进行布鲁氏菌病检测，检测记录完整		2		
引种管理	4	应有引种管理制度和引种记录		3		
总分				100		

注：1. ♯申报评估的病种该项分值为7分，其余病种为1分。2. 不适用项不扣分。